U0315752

普通高等教育"十二五"规划教材

真空镀膜技术与设备

张以忱　主编

北京
冶金工业出版社
2021

内容提要

本书系统阐述了各种真空镀膜技术的基本概念、工作原理和应用，真空镀膜机结构及蒸发源，磁控靶的设计计算，薄膜厚度的测量技术，薄膜与表面分析和检测技术；重点介绍了近年来出现的一些镀膜新方法与技术，以及真空镀膜机设计计算等方面的内容。

本书理论与实际应用结合，可作为真空技术与工程、薄膜与表面应用、材料工程、应用物理以及与真空镀膜技术相关专业的教材，也可供有关的技术人员参考。

图书在版编目(CIP)数据

真空镀膜技术与设备/张以忱主编. —北京：冶金工业出版社，2014.7（2021.1 重印）

普通高等教育“十二五”规划教材

ISBN 978-7-5024-6638-1

Ⅰ.①真…　Ⅱ.①张…　Ⅲ.①真空技术—镀膜—高等学校—教材　Ⅳ.①TN305.8

中国版本图书馆 CIP 数据核字（2014）第 153244 号

出 版 人　苏长永

地　　址　北京市东城区嵩祝院北巷 39 号　邮编　100009　电话　(010)64027926

网　　址　www.cnmip.com.cn　电子信箱　yjcbs@cnmip.com.cn

责任编辑　杨　敏　美术编辑　吕欣童　版式设计　孙跃红

责任校对　禹　蕊　责任印制　禹　蕊

ISBN 978-7-5024-6638-1

冶金工业出版社出版发行；各地新华书店经销；北京建宏印刷有限公司印刷

2014 年 7 月第 1 版，2021 年 1 月第 3 次印刷

787mm×1092mm　1/16；16.5 印张；394 千字；249 页

40.00 元

冶金工业出版社　投稿电话　(010)64027932　投稿信箱　tougao@cnmip.com.cn

冶金工业出版社营销中心　电话：(010)64044283　传真　(010)64027893

冶金工业出版社天猫旗舰店　yjgycbs.tmall.com

（本书如有印装质量问题，本社营销中心负责退换）

前　言

本书是高等学校相关专业规划教材，是在《真空镀膜技术》（冶金工业出版社，2009）和《真空镀膜设备》（冶金工业出版社，2009）两本专著的基础上，考虑到本学科的发展现状和工程实际，依据专业的教学要求和教材特点改编而成的。在编写过程中，总结了多年来的科研实践成果和教学经验，参阅了国内外的大量相关文献，参考并采用了国内外在薄膜制备设备与技术方面的成熟资料与经验。书中深入浅出地阐述了真空镀膜技术与设备的基础理论、各种薄膜制备技术、真空镀膜设备及工艺、真空镀膜机的设计方法与镀膜机各机构元件的设计计算，还详细介绍了薄膜沉积与薄膜厚度的监控与测量，以及表面与薄膜分析检测技术等方面的内容。为了便于学生理解和复习，在每章的前面给出学习要点，在每章的末尾给出本章应掌握的重点，每章还给出相应的思考题供学生练习。

参加本书编写工作的有张以忱（第2、6、7章），蔺增（第4章），岳向吉（第5、8章），孙少妮（第1、9章），杜广煜（第3章），全书由张以忱统稿，巴德纯教授审核。

本书的编写和出版工作，得到了东北大学真空与流体工程研究所各位老师及有关单位和专家们的大力支持，得到了东北大学教材出版基金的资助，在此深致谢意。

由于作者的水平有限，书中不足之处，诚请读者批评指正。

编　者

2014年3月

目　　录

1 真空蒸发镀膜

本章学习要点：

了解真空蒸发镀膜的基本概念和镀膜工艺必须具备的基本条件（真空条件和蒸发条件）；掌握不同真空蒸发镀膜技术的工作原理、特点和应用；掌握饱和蒸气压和分子平均自由程概念；了解各种蒸发镀膜的工艺过程，各种蒸发源的结构原理和应用，真空蒸发镀膜技术的发展态势。

1.1 概 述

真空蒸发镀膜是在真空环境下，用蒸发器加热膜材使之气化，膜材蒸发的粒子流直接射向基片并在基片上沉积，形成固态薄膜的技术。真空蒸镀是PVD技术中发展最早，应用较为广泛的镀膜技术，尽管后来发展起来的溅射镀和离子镀在许多方面要比真空蒸镀优越，但真空蒸发镀膜技术仍有许多优点，如设备与工艺相对比较简单，即可沉积非常纯净的膜层，又可制备具有特定结构和性质的膜层等，所以仍然是当今应用的重要真空镀膜技术。近年来由于电子轰击蒸发、高频感应蒸发以及激光蒸发等技术在真空蒸发镀膜技术中的广泛应用，使这一技术更趋完善。

1.2 真空蒸发镀膜基础理论

1.2.1 真空蒸发镀膜的物理过程

将膜材置于图1-1所示的真空室内的蒸发源中，在高真空条件下，通过蒸发源将膜材加热并蒸发，当蒸气分子的平均自由程远大于真空室的线性尺寸以后，膜材蒸气的原子和分子从蒸发源表面逸出后，很少受到其他分子或原子的冲击与阻碍，可直接到达被镀的基片表面上，由于基片温度较低，膜材分子凝结其上而成膜。为了提高蒸发分子与基片的附着力，有必要对基片进行适当的加热或离子清洗使其活化。

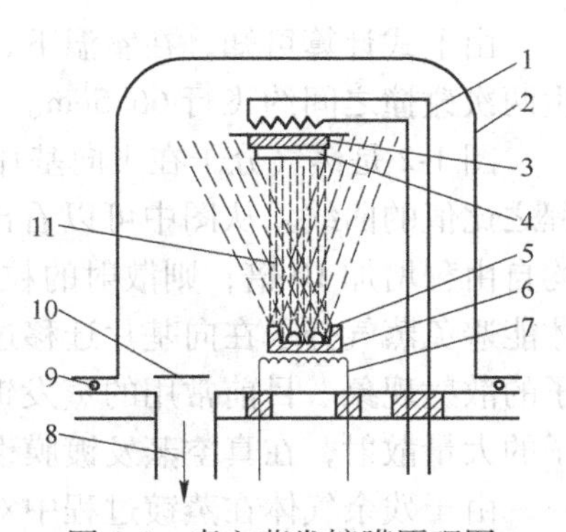

图1-1 真空蒸发镀膜原理图

1—基片加热器；2—真空室；3—基片架；4—基片；5—膜材；6—蒸发舟；7—蒸发热源；8—排气口；9—密封圈；10—挡板；11—膜材蒸气流

真空蒸发镀膜从物料蒸发输运到沉积成膜，经历的物理过程为：

（1）采用各种能源方式转换成热能，加热膜材使之蒸发或升华，成为具有一定能量（0.1~0.3eV）的气态粒子（原子、分子或原子团）。

（2）膜材蒸发的气态粒子离开蒸发源后具有一定的运动速度，以基本上无碰撞的直线飞行输运到基片表面。

（3）到达基片表面的气态粒子凝聚形核后生长成固相薄膜。

（4）组成薄膜的原子重组排列或产生化学键合。

为使蒸发镀膜顺利进行，应具备如下两个条件：蒸发过程中的真空条件和镀膜过程中的蒸发条件。

1.2.2 蒸发镀膜的真空条件

在蒸发镀膜过程中，从膜材表面蒸发的粒子以一定的速度在空间沿直线运动，直到与其他粒子碰撞为止。在真空室内，当气相中的粒子浓度和残余气体的压力足够低时，这些粒子从蒸发源到基片之间可以保持直线飞行，否则，就会产生碰撞而改变运动方向。为此，增加残余气体的平均自由程，借以减少其与蒸气分子的碰撞几率，把真空室内抽成高真空是必要的。当真空容器内蒸气分子的平均自由程大于蒸发源与基片的距离（以下称蒸距）时，就会获得充分的真空条件。

设蒸距（蒸发源与基片的距离）为 L，并把 L 看成是蒸气分子已知的实际行程，λ 为气体分子的平均自由程，设从蒸发源蒸发出来的蒸气分子数为 N_0，在相距为 L 的蒸发源与基片之间发生碰撞而散射的蒸气分子数为 N_1，而且假设蒸发粒子主要与残余气体的原子或分子碰撞而散射，则有

$$\frac{N_1}{N_0} = 1 - \exp\left(-\frac{L}{\lambda}\right) \tag{1-1}$$

在室温（25℃）和气体压力为 p(Pa) 的条件下，残余气体分子的平均自由程 λ（cm）为

$$\lambda = \frac{6.65 \times 10^{-1}}{p} \tag{1-2}$$

由上式计算可知，在室温下，$p=10^{-2}$Pa 时，$\lambda=66.5$cm，即一个分子在与其他分子发生两次碰撞之间约飞行 66.5cm。

图 1-2 是蒸气分子在飞向基片途中发生碰撞的比例与气体分子的实际路程对平均自由程之比值的曲线。从图中可以看出，当 $\lambda=L$ 时，有 63% 的蒸发分子会发生碰撞。如果平均自由程增加 10 倍，则散射的粒子数减少到 9%，因此，平均自由程必须远远大于蒸距，才能避免蒸气分子在向基片迁移过程中与残余气体分子发生碰撞，从而有效地减少蒸发粒子的散射现象。目前常用的蒸发镀膜机的蒸距均不大于 50cm，因此，如果要防止蒸发粒子的大量散射，在真空蒸发镀膜设备中，真空镀膜室的起始真空度必须高于 10^{-2}Pa。

由于残余气体在蒸镀过程中对膜层的影响很大，因此分析真空室内残余气体的来源，借以消除残余气体对薄膜质量的影响是重要的。

真空室中残余气体分子的来源主要是真空镀膜室表面上的解吸放气、蒸发源释放的气体、抽气系统的返流以及设备的漏气等。若镀膜设备的结构设计良好，则真空抽气系统的返流及设备的漏气并不会对镀膜工艺造成严重的影响。表 1-1 给出了真空镀膜室壁上单分

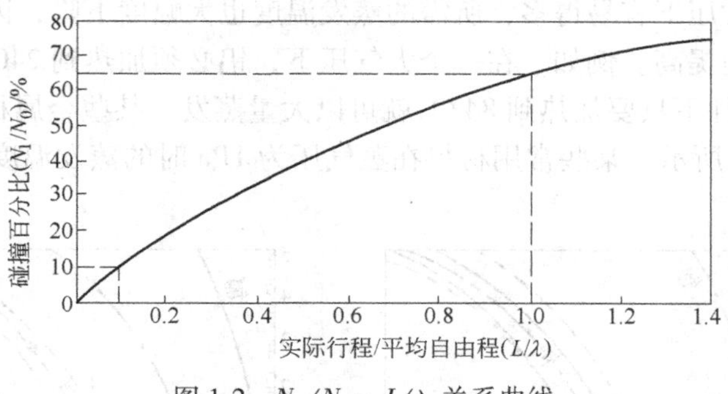

图 1-2　$N_1/N_0 \sim L/\lambda$ 关系曲线

子层所吸附的分子数 N_s 与气相中分子数 N 的比值近似值。通常在常用的高真空系统中，其内表面上所吸附的单层分子数，远远超过气相中的分子数。因此，除了蒸发源在蒸镀过程中所释放的气体外，在密封和抽气系统性能均良好和清洁的真空系统中，若气压处于 10^{-4}Pa 时，从真空室壁表面上解吸出来的气体分子就是真空系统内的主要气体来源。

表 1-1　高真空下室壁单分子层所吸附的分子数与气相分子数之比近似值

气体压力/Pa	$N_s/N=n_s \cdot A/(n \cdot V)$
10^3	$2.0\times10^{-5}\ A/V$
10^2	$1.5\times10^{-2}A/V$
1	$1.5\quad A/V$
10^{-4}	$1.5\times10^4 A/V$

注：A—镀膜室的内表面积，cm^2；V—镀膜室的容积，cm^3；n_s—单分子层内吸附分子数，个/cm^2；n—气相分子数，个/cm^3。

残余气体分子撞击着真空室内的所有表面，包括正在生长着的膜层表面。在室温和 10^{-4}Pa 压力下的空气环境中，形成单一分子层吸附所需的时间只有 2.2s。可见，在蒸发镀膜过程中，如果要获得高纯度的膜层，必须使膜材原子或分子到达基片上的速率大于残余气体到达基片上的速率，只有这样才能制备出纯度好的膜层。这一点对于活性金属基片更为重要，因为这些金属的清洁表面的黏着系数均接近于 1。

在 $10^{-2}\sim10^{-4}$Pa 压力下蒸发时，膜材蒸气分子与残余气体分子到达基片上的数量大致相等，这必将影响制备的膜层质量。因此需要合理设计镀膜设备的抽气系统，保证膜材蒸气分子到达基片表面的速率高于残余气体分子到达的速率，以减少残余气体分子对膜层的撞击和污染，提高膜层的纯度。

此外，在 10^{-4}Pa 时真空室内残余气体的主要组分为水蒸气（约占 90%以上），水气与金属膜层或蒸发源均会发生化学反应，生成氧化物而释放出氢气。因此，为了减少残余气体中的水分，可以提高真空室内的温度，使水分解，也是提高膜层质量的一种有效办法。

还应注意蒸发源在高温下的放气。可先用挡板挡住基片，然后对膜材加热去气，在正式镀膜开始时再移开挡板。如此可有效提高膜层的质量。

1.2.3　真空镀膜的蒸发条件

1.2.3.1　真空条件下物质的蒸发特点

膜材加热到一定温度时就会发生气化现象，即由固相或液相进入到气相。在真空条件下物质的蒸发比在常压下容易得多，所需的蒸发温度也大幅度下降，因此熔化蒸发过程缩短，蒸发效率明显地提高。例如，在一个大气压下，铝必须加热到2400℃才能蒸发，但是在10^{-3}Pa的真空条件下只要加热到847℃就可以大量蒸发。某些金属材料的蒸气压与温度的关系曲线如图1-3所示，某些常用材料在蒸气压为1Pa时的蒸发温度见表1-2。

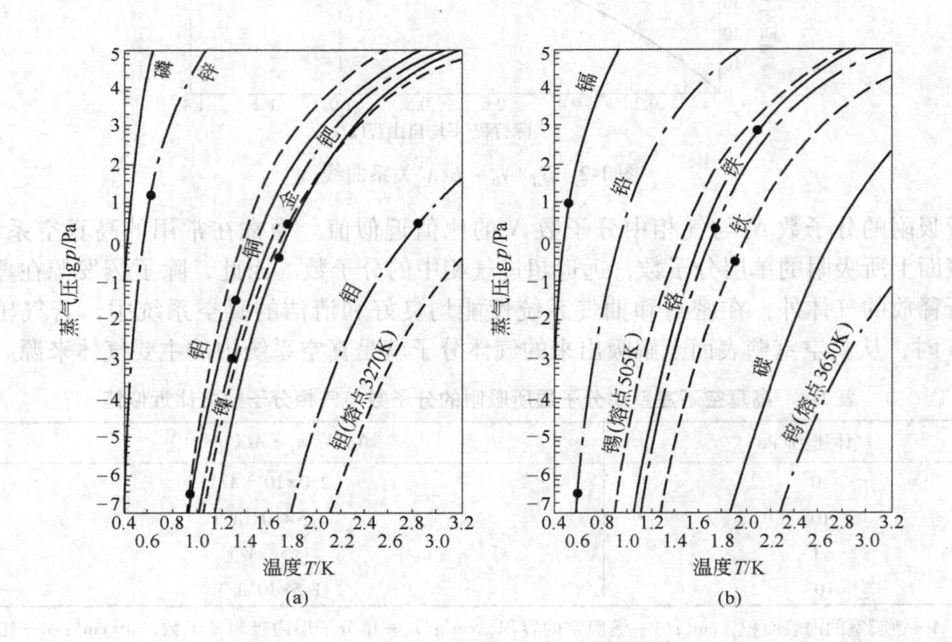

图1-3　某些常用膜材蒸气压与温度的关系曲线

表1-2　常用膜材的熔化与蒸发温度（蒸气压1Pa）

材料	熔化温度/℃	蒸发温度/℃	材料	熔化温度/℃	蒸发温度/℃	材料	熔化温度/℃	蒸发温度/℃
铝	660	1272	钛	1667	1737	锌	420	408
铁	1535	1477	钨	3373	3227	镍	1452	1527
金	1063	1397	铜	1084	1084	钯	1550	1462
铟	157	957	锡	232	1189	Al_2O_3	2050	1781
镉	321	271	银	961	1027	SiO_2	1710	1760
硅	1410	1343	铬	1900	1397	B_2O_3	450	1187

从表中数据可以看出，某些材料如铁、镉、硅、钨、铬、锌等可从固态直接升华到气态，而大多数材料则是先熔化，然后从液相中蒸发。一般来说，金属及其热稳定化合物在真空中只要加热到高于其饱和蒸气压1Pa以上时，均能迅速蒸发，而且除了锑以分子形式蒸发外，其他金属均以单原子形式蒸发进入气相。

1.2.3.2　蒸发热力学

液相或固相的膜材原子或分子要从其表面逃逸出来，必须获得足够的热能，有足够大的热运动；当其垂直表面的速度分量的动能足以克服原子或分子间相互吸引的能量时，才可能逸出表面，完成蒸发或升华。在蒸发过程中，膜材气化的量（表现为膜材上方的蒸气压）与膜材受热（温升）有密切关系。加热温度越高，分子动能越大，蒸发或升华的粒子量就越多。蒸发过程不断地消耗膜材的内能，要维持蒸发，就要不断地补给膜材热能。蒸发过程中膜材的蒸发速率及其影响因素等与其饱和蒸气压密切相关。

在一定温度下，真空室中蒸发材料的蒸气在固相或液相分子平衡状态下所呈现的压力为饱和蒸气压。在饱和平衡状态下，分子不断地从冷凝液相或固相表面蒸发，同时有相同数量的分子与冷凝液相或固相表面相碰撞而返回到冷凝液相或固相中。

饱和蒸气压 p_v 可以按照克拉珀龙-克劳修斯方程进行计算：

$$\frac{\mathrm{d}p_v}{\mathrm{d}T} = \frac{\Delta H_v}{T(V_g - V_L)} \tag{1-3}$$

式中，ΔH_v 为摩尔气化热；V_g、V_L 为气相和液相的摩尔体积；T 为绝对温度。

因为 $V_g \gg V_L$，则 $V_g - V_L \approx V_g$，在低气压下符合理想气体定律，有

$$\frac{pV}{T} = R$$

式中，R 为气体常数，$R = 8.31\mathrm{J/(mol \cdot K)}$。

据此，令 $V_g = RT/p_v$，代入式（1-3），则有

$$\frac{\mathrm{d}p_v}{p_v} = \frac{\Delta H_v}{R} \cdot \frac{\mathrm{d}T}{T^2} \tag{1-4}$$

通常材料的气化热 ΔH_v 随温度微变，几种常用金属气化热与温度的关系式见表 1-3。

表 1-3 几种常用金属膜材气化热与温度的关系式

材　料	气化热 ΔH_v/ $\mathrm{kJ \cdot mol^{-1}}$
Al	$(67580-0.20T-1.61\times10^{-3}T^2)\times4.1868$
Cr	$(89400+0.20T-1.48\times10^{-3}T^2)\times4.1868$
Cu	$(80070-2.53T)\times4.1868$
Au	$(88280-2.00T)\times4.1868$
Ni	$(95820-2.84T)\times4.1868$
W	$(202900-0.68T-0.33\times10^{-3}T^2)\times4.1868$

注：Cr 从固态直接升华到气态。

由于在 T 为 $10 \sim 10^3\mathrm{K}$ 范围内，蒸发热 ΔH_v 是温度的缓变函数，可近似地把 ΔH_v 看作常数，于是对式（1-4）积分得

$$\ln p_v = \frac{\Delta S_v}{R} - \frac{\Delta H_v}{RT} \tag{1-5}$$

式中，ΔS_v 为摩尔蒸发熵。在热平衡条件下，可近似为常数。

令 $A = \Delta S_v/(2.302R)$，$B = \Delta H_v/(2.302R)$，则式（1-5）近似为

$$\log p_v = A - \frac{B}{T} \tag{1-6}$$

式（1-6）比较精确地表示了大多数物质在蒸气压小于 $10^2\mathrm{Pa}$ 的压力范围内蒸气压与

温度的关系。表 1-4 给出了一些金属材料的 A、B 常数值。

表 1-4 一些金属膜材的 A、B 常数值

材料	A	B	材料	A	B	材料	A	B
Li	10.12	8.07×10^3	Sr	9.84	7.83×10^3	Si	11.84	2.13×10^4
Na	9.84	5.49×10^3	Ba	9.82	8.76×10^3	Ti	11.62	2.32×10^4
K	9.40	4.48×10^3	Zn	10.76	6.54×10^3	Zr	11.46	3.03×10^4
Cs	9.04	3.80×10^3	Cd	10.68	5.72×10^3	Th	11.64	2.84×10^4
Cu	11.08	16.98×10^3	B	12.20	2.962×10^4	Ge	10.84	1.803×10^4
Ag	10.98	14.27×10^3	Al	10.92	1.594×10^4	Sn	10.00	1.487×10^4
Au	11.02	15.78×10^3	La	10.72	2.058×10^4	Pb	9.90	9.71×10^4
Be	11.14	16.47×10^3	Ga	10.54	1.384×10^4	Sb	10.28	8.63×10^3
Mg	10.76	7.65×10^3	In	10.36	1.248×10^4	Bi	10.30	9.53×10^3
Ca	10.34	8.94×10^3	C	14.86	4.0×10^4	Cr	12.06	2.0×10^4
Mo	10.76	3.085×10^4	Co	11.82	2.111×10^4	Os	12.72	3.7×10^4
W	11.52	4.068×10^4	Ni	11.88	2.096×10^4	Ir	12.20	3.123×10^4
U	10.72	2.33×10^4	Ru	12.62	3.38×10^4	Pt	11.66	2.728×10^4
Mn	11.26	1.274×10^4	Rh	12.06	2.772×10^4	V	12.20	2.57×10^4
Fe	11.56	1.997×10^4	Pd	10.90	1.970×10^4	Ta	12.16	4.021×10^4

1.2.3.3 合金与化合物的蒸发

由两种或两种以上组元所组成的合金，在蒸发时遵循拉乌尔定律。

拉乌尔（Raoult）定律：在合金溶液中，合金中各组分的平衡蒸气压 p_i 与其摩尔分数 x_i 成正比，其比例常数就是同温度下该组元单独存在时的平衡蒸气压 p_i^0，即

$$p_i = x_i p_i^0 \tag{1-7}$$

当在溶液的全部浓度范围内都是理想溶液时，按分压定律得到总的蒸气压

$$p = \sum_i x_i p_i^0 \tag{1-8}$$

实际合金溶液是非理想溶液，需要将式（1-8）修正为

$$p_i = \gamma_i x_i p_i^0 \tag{1-9}$$

式中，γ_i 是活度系数。

对于二元合金 AB 蒸发时的 A 和 B 组元的蒸发速率比值

$$\frac{R_A}{R_B} = \frac{\gamma_A x_A p_A^0}{\gamma_B x_B p_B^0}\sqrt{\frac{M_B}{M_A}} \tag{1-10}$$

在二元合金的蒸发过程中，随着蒸发的进行，溶池内比较容易挥发的组分（即在同样温度下蒸气压较高的组元）逐渐减少，溶池中 A、B 成分随时间发生变化，膜层的成分也呈连续变化，但是沉积物的组分与溶池中的合金组分是不一致的。为了得到成分精确的合金薄膜，需要采用一些特殊的蒸镀方法。

大多数化合物在热蒸发时会全部或部分分解，所以简单的蒸镀技术很难用化合物膜材

镀料制得组分符合化学计量的膜层。但有一些化合物如氯化物、硫化物、硒化物和碲化物，甚至少数氧化物和聚合物也可以采用蒸镀，因为它们很少分解或者当其凝聚时各种组元又重新化合。

为了得到接近化学计算的化合物薄膜，热蒸镀可采用多种方法来解决热分解问题，其中最有效的方法是采用反应蒸镀，即在蒸发过程中，导入反应气体与蒸发的组元进行反应形成化合物。反应蒸镀可以制备氧化物、碳化物、氮化物薄膜。当然直接蒸镀方法最为简单，可直接蒸发化合物膜材镀料，形成化合物薄膜的有 SiO_2、B_2O_3、GeO、SnO、AlN、CaF_2和 MgF_2、ZnS 等。

1.2.4 膜材的蒸发速率

在蒸发物固（或液）相与其气相共存体系中，在热平衡状态下，根据气体分子运动论，若气体压力为 p，温度为 T，则单位时间内碰撞单位蒸发面积的分子数为

$$z = \frac{1}{4}n\bar{v} = \frac{p}{\sqrt{2\pi mkT}} = \frac{pN_A}{\sqrt{2\pi MRT}} \tag{1-11}$$

式中，z 为碰撞频率；n 为分子密度；$\bar{v}$ 为气体分子的算术平均速度；m、M 为气体分子的质量（g）和摩尔质量（g/mol）；k 为玻耳兹曼常数（1.38×10^{-23} J/K）；N_A为阿伏加德罗常数（6.022×10^{23}/mol）。

碰撞蒸发面的部分分子 a_v被蒸发面发射至气相中，而 $1-a_v$部分分子回到蒸发面，则称 a_v为蒸发系数，其值为 $0< a_v \leqslant 1$。当 $a_v=1$ 时，相当于蒸发物分子一旦离开了蒸发物表面不再返回；当 $0<a_v<1$ 时，则有部分分子返回。a_v与蒸发物的表面性质和表面清洁程度有关。

在饱和蒸气压 p_v下，按照赫兹-克努森（Hertz-Knudsen）公式，膜材的蒸发速率 R_v（$(cm^2\cdot s)^{-1}$）有

$$R_v = \frac{dN}{Adt} = a_v\frac{p_v - p_h}{\sqrt{2\pi mkT}} \tag{1-12}$$

式中，dN 为膜材蒸发的粒子数；A 为蒸发表面积；p_v为膜材在温度 T 时的饱和蒸气压，Pa；p_h为蒸发物分子对蒸发表面造成的静压力。

当 $p_h=0$ 和 $a_v=1$ 时，可得到最大蒸发速率 R_v（$(cm^2\cdot s)^{-1}$）

$$R_v = \frac{p_v}{\sqrt{2\pi mkT}} = \frac{N_A p_v}{\sqrt{2\pi MRT}} \approx 2.64\times10^{24}\frac{p_v}{\sqrt{MT}} \tag{1-13}$$

单位时间内单位面积上蒸发的膜材质量，即最大质量蒸发速率 R_m（$g/(cm^2\cdot s)$）

$$R_m = mR_v = p_v\sqrt{\frac{m}{2\pi kT}} = p_v\sqrt{\frac{M}{2\pi RT}} \approx 4.37\times10^{-4}\sqrt{\frac{M}{T}}p_v \tag{1-14}$$

膜材在真空中的蒸发速率可用式（1-13）和式（1-14）描述和计算，它们表达了最大蒸发速率、蒸气压和蒸发温度之间的关系。图 1-4 表示某些元素蒸发速率随蒸发温度的上升，其变化规律接近指数关系。计算蒸发速率时，必须采用以实验为根据的蒸气压测量值。

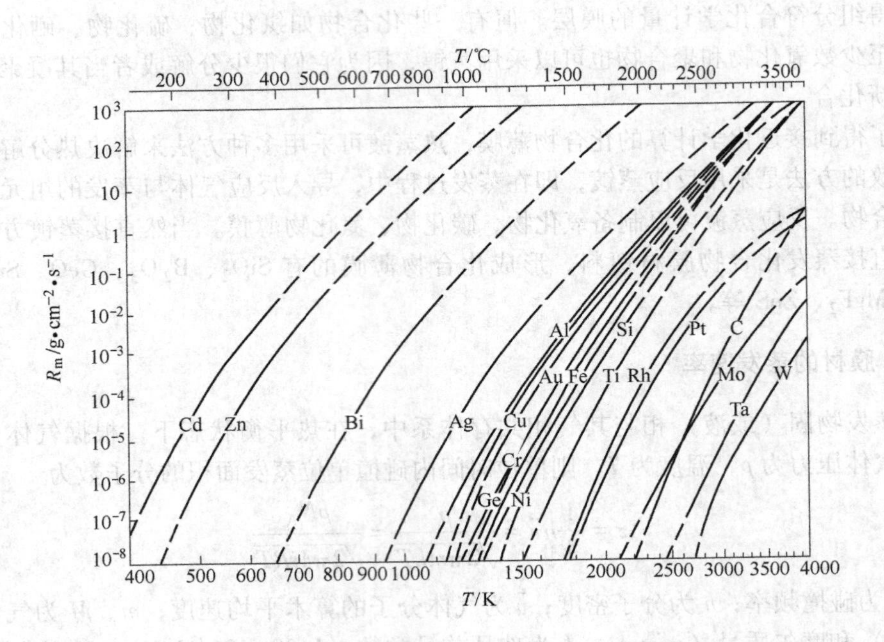

图 1-4 某些元素在 400~4000K 范围内的蒸发速率

1.2.5 残余气体对膜层的影响

真空系统中的残余气体分子（如 H_2O、CO_2、O_2、N_2、有机蒸气等）会和蒸发粒子一起被吸附或结合，对薄膜造成污染。在平衡状态下，单位面积基片或薄膜表面吸附的残余气体分子的浓度 n_g 是碰撞频率 z 和吸附分子的平均滞留时间 τ_g 的函数，即

$$n_g = z\tau_g \tag{1-15}$$

式中，z 可由式（1-11）给出，τ_g 按统计力学由下式表示

$$\tau_g = \tau_a \exp\left(\frac{E_a}{kT}\right) \tag{1-16}$$

式中，E_a 是每个分子的吸附能，eV；τ_a 是常数，表征吸附态分子沿表面垂直方向的振动周期。实验测得 τ_a 在室温时约为 10^{-13}s。若已知吸附能，则 τ_g(s) 的近似值可由下式计算得到

$$\tau_g = 10^{-13}\exp\left(\frac{1.16 \times 10^4 E_a}{T}\right) \tag{1-17}$$

由式（1-11）、式（1-15）和式（1-17）得吸附在基片表面的残余气体达到平衡时的浓度为

$$n_g = 4.68 \times 10^{11}\frac{p}{\sqrt{MT}}\exp\left(\frac{1.16 \times 10^4 E_a}{T}\right) \tag{1-18}$$

根据式（1-18）计算，在一般蒸发镀膜的压力下，基片温度从 300K 增加到 600K 时，可以显著地降低残余气体的污染。

在实际应用中，引入杂质浓度 C_i 的概念。C_i 是在 $1cm^2$ 基片表面上每秒钟残余气体分

子碰撞的数目与蒸发沉积粒子数目之比。

若沉积速率用膜厚沉积速率表示，即 $R_d = \dfrac{R_e M_a}{\rho N_A}$，那么根据式（1-13）可以得出

$$C_i = 7.77 \frac{p_g M_a}{\sqrt{M_g T \rho R_d}} \tag{1-19}$$

式中，p_g为残余气体的压力，Pa；M_a、M_g为蒸发粒子、残余气体的相对原子质量、相对分子质量；ρ 为蒸发材料的密度，g/cm^3。

表 1-5 说明了剩余气体压力和沉积速率对 Sb 膜中氧杂质浓度的影响，由表 1-5 可见，即使在相当低的残余气体压力下，剩余气体粒子的碰撞数目也可能接近蒸发粒子的碰撞数目。在不同的残余气体压力下（如 1.33×10^{-3}Pa），当提高沉积速率为 100nm/s 时，C_i值则下降至 10^{-2}。

表 1-5 室温下沉积 Sb 膜的最大 O_2杂质含量 C_i值

p_{O_2} / Pa	沉积速率 /nm · s^{-1}			
	0.1	1	10	100
1.33×10^{-7}	10^{-3}	10^{-4}	10^{-5}	10^{-6}
1.33×10^{-5}	10^{-1}	10^{-2}	10^{-3}	10^{-4}
1.33×10^{-3}	10	1	10^{-1}	10^{-2}
1.33×10^{-1}	10^{3}	10^{2}	10	1

1.2.6 蒸镀粒子在基片上的沉积

1.2.6.1 蒸发粒子在基片上的行为

蒸发粒子到达基片上产生一系列的形核和生长行为后沉积成膜，其具体过程如下：

（1）从蒸发源蒸发出的蒸气流和基片碰撞，一部分被反射，一部分被基片吸附后沉积在基片表面上。

（2）被吸附的原子在基片表面上发生表面扩散，沉积原子之间产生二维碰撞，形成簇团，其中部分沉积原子可能在表面停留一段时间后，发生再蒸发。

（3）原子簇团与表面扩散的原子相碰撞，或吸附单原子，或放出单原子，这种过程反复进行，当原子数超过某一临界值时即可生成稳定核。

（4）稳定核通过捕获表面扩散原子或靠入射原子的直接碰撞而长大。

（5）稳定核继续生长，进而和邻近的稳定核相连合并后逐渐形成连续薄膜。

1.2.6.2 薄膜的生长模式

薄膜的形成过程由于受到基片表面性质、蒸镀时基片的温度、蒸镀速率、真空度等诸多因素的影响，因此薄膜形成中的形核生长过程是十分复杂的。在薄膜形成初期，其生长模式有三种类型（如图 1-5 所示）。

图 1-5（a）为核生长模式（Volmer-Weber 型）。在生长的初期阶段形成三维晶核，随着蒸镀量的增加，晶核长大合并，进而形成连续膜，沉积膜中大多数属于该类型。

图 1-5（b）为单层生长模式（Frank-Van der Merwe 型）。从生长开始，沉积原子在基

片表面均匀地覆盖，形成二维的单原子层，并逐层生长。在膜厚很小的多层薄膜沉积中可以见到，如 Au/Pd、Fe/Cu 膜系。

图 1-5（c）为 SK 生长模式（Stranski-Krastanov 型）。在生长的初期，首先形成几层二维膜层，而后在其上形成三维的晶核，通过后者长大而加入到平滑、连续的膜层中。一般在非常清洁的金属表面上沉积金属膜材时容易形成这种生长模式。

薄膜以哪种形式生长，与薄膜物质的凝聚力、薄膜-基片间的吸附力、基片温度等因素有关。薄膜的形式和生长过程的详细机理还有待于进一步的研究。

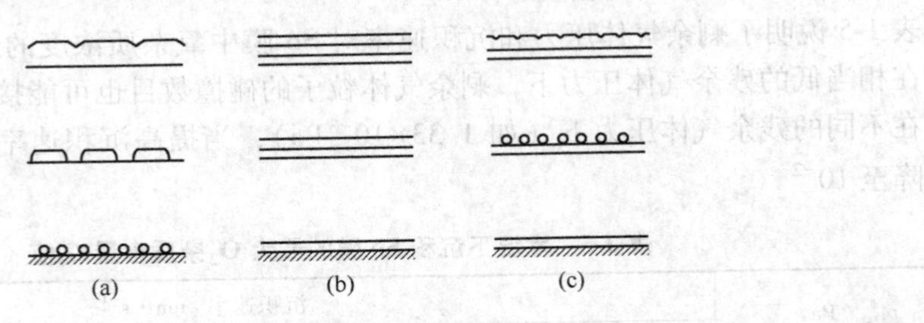

图 1-5 薄膜生长的三种类型

1.3 蒸 发 源

蒸发源是用来加热膜材使之气化蒸发的装置。目前所用的蒸发源主要有电阻加热、电子束加热、感应加热、电弧加热和激光加热等多种形式。

1.3.1 电阻加热式蒸发源

电阻加热式蒸发源简单、经济、可靠，可以做成容量、形状不同并具有不同的电特性。电阻加热式蒸发源的发热材料一般选用 W、Mo、Ta、Nb 等高熔点金属及 Ni、Ni-Cr 合金。把它们加工成各种合适的形状，在其上盛装待蒸发的膜材。一般采用大电流通过蒸发源使之发热，对膜材直接加热蒸发，或把膜材放入石墨及某些耐高温的金属氧化物（如 Al_2O_3、BeO）等材料制成的坩埚中进行间接加热蒸发。电阻加热蒸发装置结构较简单，成本低，操作简便，应用普遍。

电阻加热式蒸发源材料需具有以下特点：

（1）高熔点：必须高于待蒸发膜材的熔点（常用膜材熔点 1000~2000℃）。

（2）低的饱和蒸气压：保证足够低的自蒸发量，不至于影响系统真空度和污染膜层。

（3）化学性能稳定：在高温下不应与膜材发生反应生成化合物或合金化。

表 1-6 列出了电阻加热法中常用蒸发源材料的熔点和达到规定的饱和蒸气压时的温度。因为镀膜材料的蒸发温度（饱和蒸气压为 1.33Pa 时的温度）多数在 1000~2000℃之间，所以蒸发源的熔点应高于这一温度。另外，选择蒸发源材料时还必须考虑蒸发源材料会随着蒸镀材料蒸发而成为杂质进入镀膜中的问题，因此，为减少蒸发源材料蒸发量，镀膜材料的蒸发温度要低于表 1-6 中蒸发源的饱和蒸气压为 1.33×10^{-6}Pa 时的温度，在要求不高时可采用与 1.33×10^{-3}Pa 对应的温度。其中钨在加热到蒸发温度时，会因加热结晶而变脆；钽不会变脆；钼则会因纯度不同而不同，有的会变脆，有的则不会变脆。钨和水汽

起反应，会形成挥发性氧化物 WO_3，因此钨在残余水汽中加热时，加热材料会不断受到损耗。当残余气体压力较低时，虽然材料损耗并不多，但是它对膜的污染是较严重的。耐高温的金属氧化物如铝土、镁土作为蒸发源材料时，它们不能直接通电加热，而只能采用间接的加热方法。

表 1-6　各种蒸发源材料的熔点和相应饱和蒸气压的温度

蒸发源材料	熔点/K	相应饱和蒸气压的温度/K		
		1.33×10^{-6} Pa	1.33×10^{-3} Pa	1.33Pa
C	3427	1527	1853	2407
W	3683	2390	2840	3500
Ta	3269	2230	2680	3330
Mo	2890	1865	2230	2800
Nb	2714	2035	2400	2930
Pt	2045	1565	1885	2180
Fe	1808	1165	1400	1750
Ni	1726	1200	1430	1800

电阻加热法还应考虑蒸发源材料与镀膜材料之间产生反应和扩散而形成化合物和合金的问题，如钽和金在高温时形成合金，又如高温时铝、铁、镍等也会与钨、钼、钽等蒸发源形成合金。一旦形成合金，熔点下降，蒸发源容易烧断。因此，蒸发源应选择不与镀膜材料形成合金的材料。

另一个问题，就是镀膜材料对蒸发源材料的湿润性问题，它关系到蒸发源形状的选择。多数蒸发材料在蒸发温度时呈熔融状态，它们和蒸发源支持体表面会形成三种不同的接触状态，即湿润、半湿润和不湿润。这是由两种材料间的表面张力的大小决定的。在湿润的情况下，高温熔化的薄膜材料容易在蒸发源材料上展开，蒸发会从较大面积上发生，其蒸发状态稳定，且蒸发材料与支持体间黏着良好，可认为是面蒸发源的蒸发；在湿润小的时候，可认为是点蒸发源的蒸发，这种情况下蒸发材料容易从蒸发源上掉下来。半湿润情况则介于上述两种情况之间，在高温表面上不呈点状，虽沿表面有扩展倾向，但仅限于较小区域内，薄膜材料熔化后呈凸形分布。润湿状态的几种情况如图 1-6 所示。

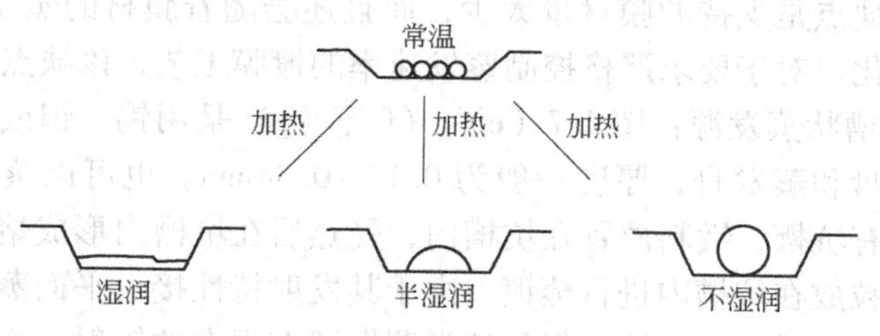

图 1-6　蒸发源材料和镀膜材料湿润状态

根据前面的论述，电阻蒸发源的材料应选择熔点高、蒸气压低、不与被蒸发材料反应、无放气现象和其他污染、具有合适的电阻率等性能的材料。常用的金属蒸发源材料通常选用难熔金属 W、Mo、Ta 等。石墨和合成导电氮化硼也是重要的电阻蒸发源材料。石墨作蒸发源材料时应选用高纯度、高密度的石墨。合成导电氮化硼是近年来广泛采用的新型蒸发源材料，它耐融熔金属的腐蚀性和抗热冲击性能优良，对膜层的纯度影响最小，但成本较高。用这些金属做成形状适当的蒸发源，让电流通过，从而产生热量直接加热蒸发材料。

根据膜材的性质、蒸发量以及它与蒸发源材料的浸润性，电阻加热蒸发源可以制成筐状或舟状等不同的结构形式。图 1-7 为各种典型形状的电阻蒸发源。

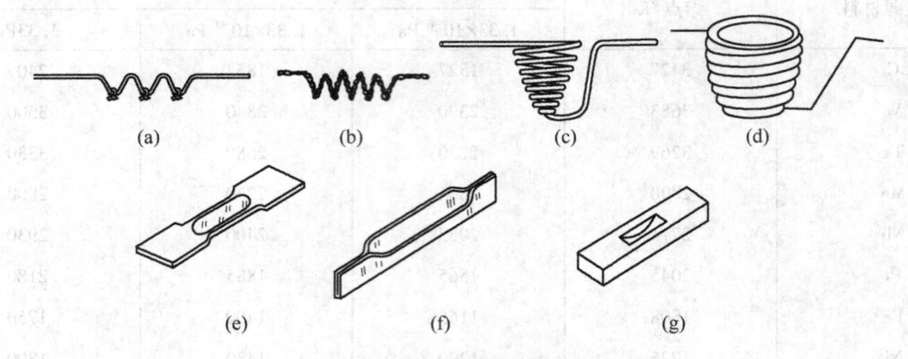

图 1-7 各种形状的电阻蒸发源

(a) V 形丝状；(b) 螺旋丝状；(c) 锥形丝状；(d) 篮式丝状；(e) 凹坑箔；(f) 舟形箔；(g) 成形舟

(1) 丝状和螺旋丝状蒸发源：常用的丝状蒸发源结构的金属丝可以是单股丝，也可以是多股丝。图 1-7 (a)、(b) 中的结构适合蒸镀小量的具有极好浸润性的材料，如铝材。蒸发物直接置于丝状蒸发源上，加热时，蒸发物润湿电阻丝，通过表面张力得到支撑。蒸发源线径一般为 0.5~1mm，可采用多股丝以防止蒸发过程中断线，且能增大蒸发表面和蒸发量。使用时，在蒸发材料熔融的最初阶段必须缓慢地加大电流，防止蒸发料溅出或掉下。图 1-7 (c)、(d) 所示结构为螺旋锥形和篮式蒸发源，一般用于蒸发粗颗粒或块状电介质或金属和不易与蒸发源相湿润的材料。

采用丝状源时应注意膜材对热丝的浸润性。如热丝温升太快，膜材不易立刻熔化致使膜材对热丝浸润不充分，从而会使没有充分熔化的膜材从热丝上脱落下来；同时温升太快也会造成膜材中气体突然释放引起的小液滴飞溅现象。因此，使用丝状源时应注意温度的控制。

丝状源的主要缺点是支持的膜材量太少，而且还会随着膜材的蒸发使热丝温度升高，导致蒸发速率的变化。对于要求严格控制蒸发速率的镀膜工艺，该缺点应予注意。

(2) 箔盘状和槽状蒸发源：图 1-7 (e)、(f)、(g) 是用钨、钽或钼的片箔状或块状材料加工成的蒸发盘和蒸发舟，厚度一般为 0.13~0.38mm。也可以蒸发不湿润蒸发源的材料。这些蒸发源有坑槽，镀料放置在坑槽内，受热后在坑槽内形成熔池。粉末状镀料可制成适当大小的团粒放在坑槽内进行蒸镀。由于其发射特性接近平面蒸发源，发射的蒸气限于半球面，所以装料量比较经济。但是这类蒸发源有很大的辐射表面，功率消耗要比同样横截面的丝状蒸发源大 4~5 倍。此外，用这类蒸发源蒸发材料时，蒸发材料与蒸发源之间要有良好的热接触，以避免产生较大的温度梯度，否则蒸发材料容易形成局部过热，会使材料分解，甚至造成蒸发料的喷溅。

当只有少量的蒸发材料时，最适合使用这种蒸发源装置。在真空中加热后，钨、钼或钼都会变脆，特别是当它们与蒸发材料发生合金化时更是如此。

（3）坩埚：对于蒸发温度不是很高，但与蒸发源材料容易发生反应的材料，可置于坩埚（石英、玻璃、氧化铝、石墨、氧化铍、氧化锆等）中，采用间接加热方式蒸镀。

在真空镀膜技术中，铝膜材是经常应用的镀料。由于铝的化学性能活泼，熔融后的流动性很好，因此在高温下它会腐蚀许多金属或化合物。对于石墨加热器，铝会渗入石墨使其胀裂。所以，采用高纯度石墨或氮化硼合成导电陶瓷材料作为铝膜材蒸发源是比较理想的。

氮化硼导电陶瓷是比石墨更为理想的蒸发器材料，它是由耐腐蚀、耐热性能优良的氮化物、硼化物等材料通过热压，涂复制成的一种具有导电性的陶瓷材料。这种氮化硼导电陶瓷一般由下面三种材料组成：

1）氮化硼，10%~20%（质量比，以下同），粒度 20~50μm。

2）耐火材料，20%~80%，有氮化铝、氮化硅、硼化铝等，粒度 20~50μm。

3）导电材料，80%~20%，有石墨、碳化硼、碳化钛、碳化锆、碳化铬、碳化硅、硼化钛、硼化锆、硼化铬、硼化铍、硼化镁和硼化钙等。常用二硼化钛或二硼化锆，粒度不大于 50μm。

制作方法如下：将上述三种材料按质量比混合均匀，用氮化硼或石墨作模具，在压力为 10~40MPa 和温度为 1500~1900℃ 的条件下热压成型。

用氮化硼导电陶瓷制成的蒸发器的形式如图 1-8 所示。

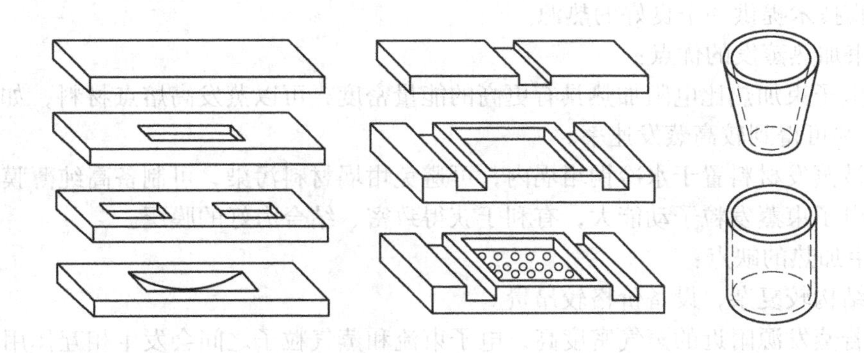

图 1-8　氮化硼导电陶瓷蒸发器（舟）

氮化硼合成导电陶瓷材料的最大缺点是成本太高。近年来人们又把注意力集中到提高石墨坩埚的寿命，研究高寿命的石墨发热体上来。日本真空株式会社（ULVAC）制造的 EW 系列高真空镀铝设备中所采用的耐高温熔铝浸蚀的高寿命石墨坩埚，其平均寿命可达 18 次。国内有关单位已采用将液态热固性合成树脂涂复在坩埚内外壁上，或将其浸入到液态树脂中，然后加热使树脂固化，再经高温碳化处理，使树脂分解碳化的工艺方法，成功地制成了在 1400℃ 和 10^{-3}Pa 下进行高温熔铝的特性石墨坩埚，其平均使用寿命为 10~15 次。

1.3.2　电子束加热蒸发源

有时很多材料不能用电阻加热的形式蒸发，例如常用于可见光和近红外光学器件镀膜的绝缘材料。在这种情况下，必须采用电子束加热方式。电子束加热所用的电子枪有多种类型可供选择，多坩埚电子枪可采用一个源对多种材料进行蒸发，这种枪在镀制多层膜且膜层较薄的工艺中应用效果很好。当需要每种镀膜材料用量较大，或每个源都需要占用不同的位置时，可以选用单坩埚电子枪。电子枪所用电源的大小更多地取决于蒸发材料的导热性，而不是其蒸发温度。电源功率一般在4~10kW之间，对于大多数的绝缘材料，4kW就足够了；而如果想达到很高的沉积速率，或在一个很大的真空室内对导热材料进行蒸发时，则需要10 kW以上更大功率的电源。

1.3.2.1 电子束加热原理及特点

电子束加热蒸发源是利用热阴极发射电子在电场作用下，成为高能量密度的电子束，直接轰击到镀料上。电子束的动能转化为热能，使镀料加热气化，完成蒸发镀膜。

电子在电位为 U 的电场中，所获得的动能（eV）为

$$eU = \frac{1}{2}mv^2$$

式中，$1\text{eV} = 1.602 \times 10^{-19}\text{J}$；$v = \sqrt{2\eta U}$，$\eta = e/m$（电子的荷质比）。

如果电子束的电子流率为 n_e，则电子束产生的热效应 Q_e 为

$$Q_e = n_e eUt = IU \cdot t \tag{1-20}$$

式中，I 为电子束的束流，A；t 为电子束流的作用时间，s；U 为电位差，V。

当电位差（加速电压）很高时，式（1-20）所产生的热能即可使膜材气化蒸发，从而为真空镀膜技术提供一个良好的热源。

电子束加热蒸发的优点：

（1）电子束加热比电阻加热具有更高的能量密度，可以蒸发高熔点材料，如W、Mo、Al_2O_3等，并可得到较高蒸发速率。

（2）被蒸发材料置于水冷铜坩埚内，可避免坩埚材料污染，可制备高纯薄膜。

（3）电子束蒸发粒子动能大，有利于获得致密、结合力好的膜层。

电子束加热的缺点：

（1）结构较复杂，设备价格较昂贵。

（2）若蒸发源附近的蒸气密度高，电子束流和蒸气粒子之间会发生相互作用，电子的能量将散失和发生轨道偏移。同时引起蒸气和残余气体的激发和电离，会影响膜层质量。

1.3.2.2 e型电子枪蒸发源

A e型电子枪蒸发源的工作原理

e型电子枪的工作原理如图1-9所示，热电子是由位于水冷坩埚下面的热阴极所发射，这种结构可以避免阴极灯丝被坩埚中蒸发出来的膜材污染。阴极灯丝加热后发射出具有0.3eV初始动能的热电子，具有0.3eV初始动能的热电子在阴极与阳极之间所加的6~10kV的高压电场的作用下加速并聚成束状。该电子束在电磁线圈的

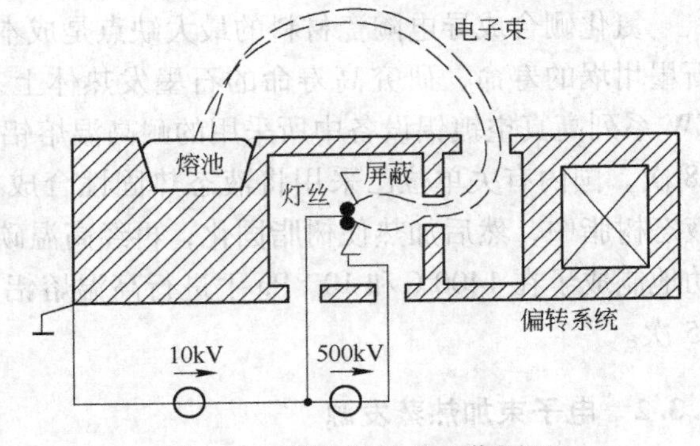

图1-9 e型电子枪的工作原理

磁场中可沿 $\boldsymbol{E}\times\boldsymbol{B}$ 的方向偏转。到达和通过阳极时，电子的能量可提高到 10kV。由于电子束通过阳极孔之后只在磁场空间运行，因此在偏转磁场的作用下，电子束偏转 270°角之后，入射到坩埚内的膜材表面上，轰击膜材使其加热蒸发。

B e 型电子枪蒸发源的结构形式

e 型电子枪主要由阴极灯丝、聚焦极、阳极、磁偏转系统、高压电极、低压电极、水冷坩埚及换位机构等部分组成。

目前国内常用的 e 型电子枪蒸发源的结构形式主要有图 1-10 所示的单坩埚结构和图 1-11 所示的多坩埚结构两种。前者用于单一膜材的蒸发，而后者可实现多种膜材交替式的蒸发。

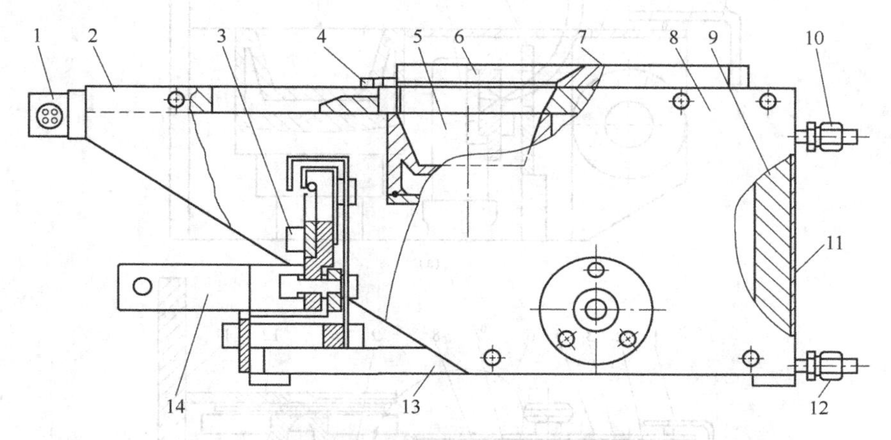

图 1-10 永磁体偏转单坩埚 e 型电子枪蒸发源结构示意图

1—电磁扫描线圈；2—前屏蔽罩板；3—电子枪头组件；4—调制极块；5—后部罩板；6—旋转坩埚组件；7—坩埚罩板；8—偏转极靴；9—偏转磁钢；10—水冷出口接头；11—磁钢罩板；12—水冷入口接头；13—底板；14—高压馈入电极

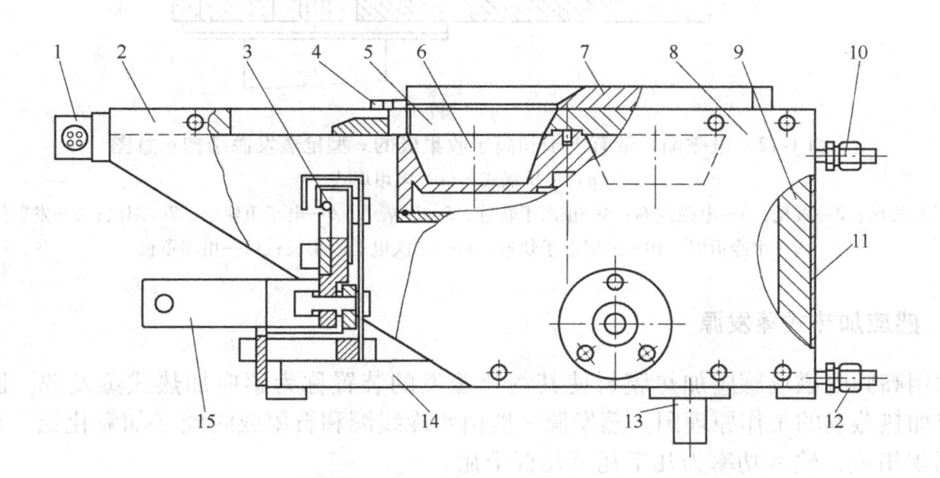

图 1-11 永磁体偏转多坩埚 e 型电子枪蒸发源结构示意图

1—电磁扫描线圈；2—前屏蔽罩板；3—电子枪头组件；4—调制极块；5—后部罩板；6—旋转坩埚组件；7—坩埚罩板；8—偏转极靴；9—偏转磁钢；10—水冷出口接头；11—磁钢罩板；12—水冷入口接头；13—坩埚旋转驱动轴；14—底板；15—高压馈入电极

由于电子束轰击膜材时将激发出许多有害的散射电子，诸如反射电子、背散射电子和二次电子等，图 1-12 中的电子收集极 11 就是为了保护基片和膜层，把这些有害电子吸收掉而设置的。同时，由于入射电子与膜材蒸气中性原子碰撞而电离出来的正离子，在偏转磁场的作用下会沿着与入射电子相反的方向运动，可利用图 1-12 中所设置的离子收集极 1 捕获这些正离子，从而减少正离子对膜层的污染。

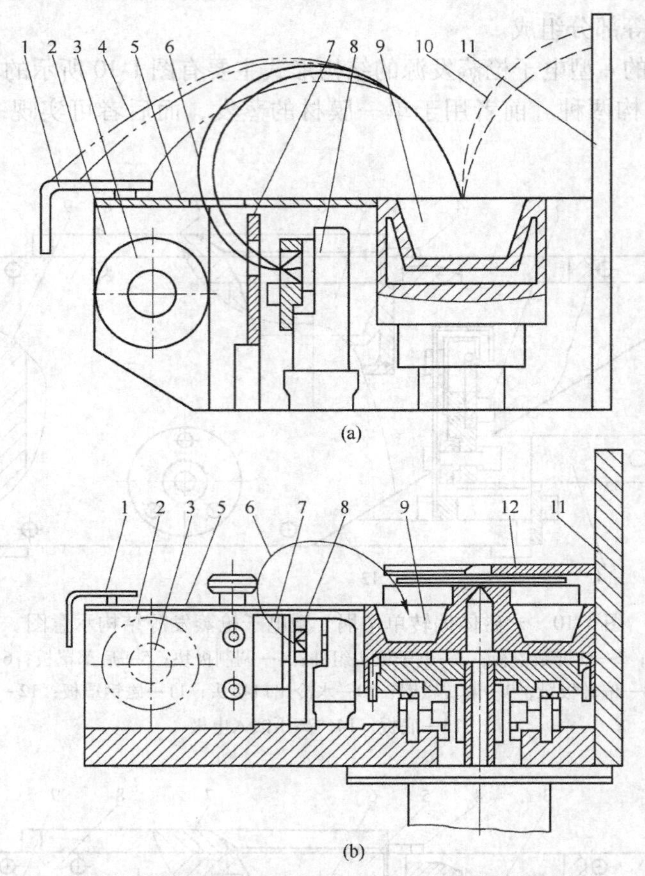

图 1-12 电磁偏转带有电子和离子收集极的 e 型枪蒸发源结构示意图

（a）单坩埚式；（b）多坩埚式

1—离子收集极；2—极靴；3—电磁线圈；4—正离子轨迹；5—屏蔽罩；6—电子束轨迹；7—阳极；8—发射体组件；9—水冷坩埚；10—散射电子轨迹；11—二次电子收集极；12—坩埚罩板

1.3.3 感应加热式蒸发源

利用高频电磁场感应加热膜材使其气化蒸发的装置称为感应加热式蒸发源。图 1-13 为感应加热蒸发的工作原理图。蒸发源一般由水冷线圈和石墨或陶瓷（如氧化铝、氧化镁等）坩埚组成，输入功率为几千瓦至几百千瓦。

将装有膜材的坩埚放在螺旋线圈的中央（不接触），在线圈中通以高频（一般为 1 万至几十万赫兹）感应电流，膜材在高频电磁场感应下产生强大的涡流电流和磁滞效应，致使膜材升温，直至气化蒸发。膜材体积越小，感应频率应越高。如对每块仅有几毫克重的材料则应采用几兆赫频率的感应电源。感应线圈常用铜管制成并通以冷却水，其线圈功率均可单独调节。

感应加热式蒸发源具有如下特点：

（1）蒸发速率大。在卷绕蒸发镀膜中，当沉积铝膜厚度为 40nm 时，卷绕速度可达 270m/min，比电阻加热式蒸发源高 10 倍左右。

（2）蒸发源温度均匀稳定，不易产生液滴飞溅现象。可避免液滴沉积在薄膜上产生针孔缺陷，提高膜层质量。

（3）蒸发源一次装料，无需送丝机构，温度控制比较容易，操作简单。

（4）对膜材纯度要求略宽些，如一般真空感应加热式蒸发源用 99.9%纯度的铝即可，而电阻加热式蒸发源要求铝的纯度为 99.99%。因此膜材的生产成本亦可降低。

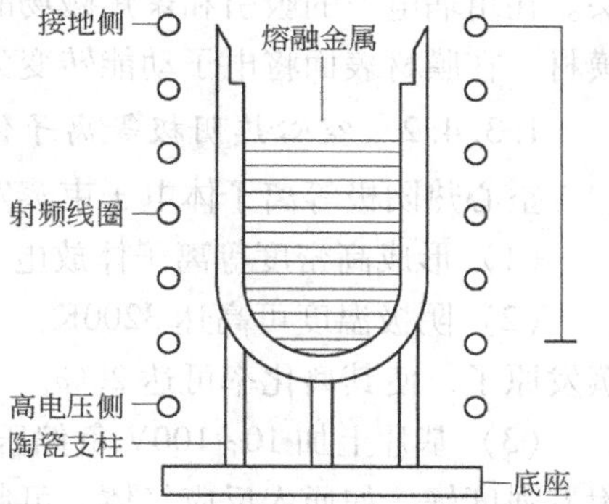

接地侧
熔融金属
射频线圈
高电压侧
陶瓷支柱
底座

图 1-13　高频感应加热蒸发的工作原理

（5）坩埚温度较低，坩埚材料对膜层污染较少。

（6）缺点是不易对输入功率进行微调。

1.3.4　空心热阴极电子束蒸发源

空心热阴极电子束蒸发源是由空心热阴极电子枪（简称 HCD 枪）、坩埚组件及其电路组成的蒸发源。这种蒸发源多用于真空蒸发离子镀膜设备中。

1.3.4.1　空心热阴极电子束蒸发源的工作原理

空心热阴极等离子体电子束蒸发源的原理如图 1-14 所示。在本底真空为高真空的条件下，向阴极钽管中通入氩气，氩气压力为 $10^{-2}\sim1$Pa，在阴极与辅助阳极之间加上引弧电压，使氩气辉光放电。这样在空心阴极内产生低压等离子体放电，直流放电电压约为 100~150V，电流为几个安培。当等离子体中的正离子 Ar^+ 不断轰击阴极钽管，使其升温至 2300~2400K 时，即由冷阴极放电转变为热阴极放电，钽管阴极开始热电子发射。此时放电转变为稳定状态，电压下降到 20~50V，电子束流增大到定值，该状态就是空心热阴极等离子体电子束放电。

Ar
1
2
3
4
5
9
E_1
K
E_2
E_3
p
6
7
8

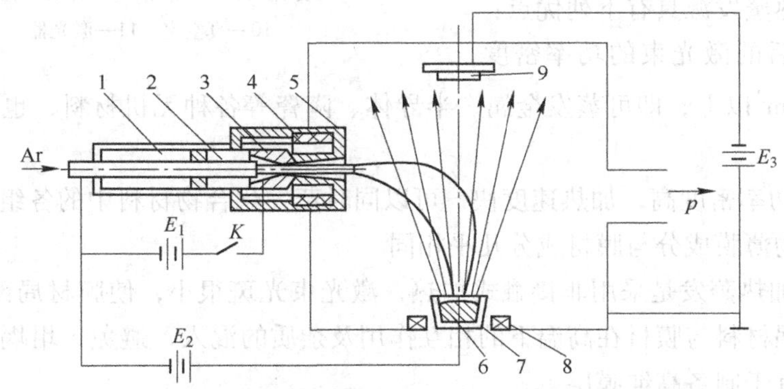

图 1-14　空心热阴极等离子体电子束蒸发源原理图

1—冷却水套；2—空心阴极；3—辅助阳极；4—聚束线圈；5—枪头；6—膜材；7—坩埚；8—聚焦磁场；9—基片；E_1，E_2，E_3—电源

空心阴极中的电子束在辅助阳极的加速电压作用下，经聚束线圈的磁场聚束后射出枪头。在坩埚电位的吸引和聚焦磁场的聚束偏转作用下，高速电子束轰击水冷坩埚中放置的膜材，在膜材表面将电子动能转变为热能，加热膜材使其蒸发、沉积在基片上。

1.3.4.2 空心热阴极等离子体电子束蒸发源的特点

空心热阴极等离子体电子束蒸发源具有如下特点：

(1) 形成高密度等离子体放电，通过阴极的气体可大部分被电离。

(2) 阴极温度可高达 3200K，电子束的电流密度高而且可在坩埚上方激发电离膜材的蒸发原子，使其离化率可达 20%。

(3) 基片上加 10~100V 负偏压时可实现金属离子轰击基片且沉积成膜，因此膜层的附着强度好。如通入反应气体，可制备化合物薄膜（例如，TiC、TiN 等）。

(4) 由于在低电压大电流状态下工作，因此较安全且易于自动控制。

(5) 阴极寿命长，结构简单。

1.3.5 激光加热蒸发源

激光束加热蒸发的原理是利用激光源发射的光子束的光能作为加热膜材的热源，使膜材吸热气化蒸发，其装置和工作原理如图 1-15 所示。

通常采用的激光源是连续输出光束的 CO_2 激光器。它的工作波长为 10.6μm，在此波长下许多介质材料和半导体材料均有较高的吸收率。最好采用在空间和时间上能量高度集中的脉冲激光，以准分子激光效果最好。一般地，将蒸发膜材制成粉末状，以便增加对激光能的吸收。激光束加热蒸发技术是真空蒸发镀膜工艺中的一项新技术。

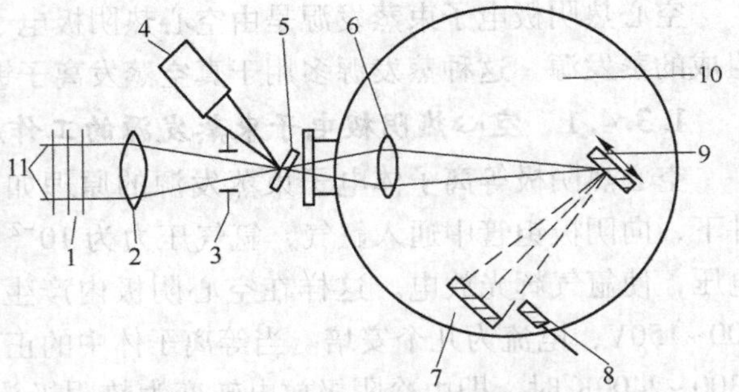

图 1-15 激光蒸发装置原理图
1—玻璃衰减器；2，6—透镜；3—光圈；4—光电池；5—分光器；7—基片；8—探头；9—靶；10—真空室；11—激光器

激光束加热蒸发源具有下列优点：

(1) 聚焦后的激光束的功率密度可高达 10^6 W/cm^2 以上，即可蒸发金属、半导体、陶瓷等各种无机材料，也可蒸发任何高熔点材料。

(2) 由于功率密度高，加热速度快，可以同时蒸发化合物材料中的各组分，因而能够使沉积的化合物薄膜成分与膜材成分几乎相同。

(3) 激光加热蒸发是采用非接触式加热，激光束光斑很小，使膜材局部加热而气化，因此防止了坩埚材料与膜材在高温下的相互作用及杂质的混入，避免了坩埚污染，保证了薄膜的纯度，宜于制备高纯膜层。

(4) 镀膜室结构简单，工作真空度高。易于控制，效率高，不会引起靶材料带电。

(5) 无 X 射线产生，对元件和工作人员无损伤，也不存在散射电子对基片的影响。

激光加热蒸发源的缺点是激光加热的膜材在蒸发过程中有颗粒喷溅现象，设备成本较贵，大面积沉积尚有困难，而且大功率激光器的价格昂贵，影响其应用范围。

1.3.6 电弧加热蒸发源

电弧加热蒸发源（简称电弧源）是在高真空下通过两导电材料制成的电极之间产生电弧放电，利用电弧高温使电极材料蒸发。

电弧源的形式有交流电弧放电蒸发源、直流电弧放电蒸发源和电子轰击电弧放电蒸发源等形式。

电弧加热蒸发的特点是既可避免电阻加热法中存在的加热丝、坩埚与蒸发物质发生反应和污染问题，还可以蒸发高熔点的难熔材料。

电弧加热蒸发的缺点是电弧放电会飞溅出微米级的靶电极材料微粒，对膜层不利。

本章小结

（1）真空物理气相沉积工艺的三个基本环节：固态镀料气化 → 气相输运 → 沉积成膜。

（2）真空蒸发的物理过程：1）用各种能源方式加热镀料使之蒸发（升华），成为具有一定能量的气态粒子；2）离开镀料表面，具有相当运动速度的气态粒子基本上以无碰撞的直线飞行到基片表面；3）到达基片表面的气态粒子凝聚形核，生长成固相薄膜；4）组成薄膜的原子重组排列或产生化学键合。

（3）真空蒸发镀膜应具备的两个必备条件：

1）蒸发过程中的真空条件：真空容器内蒸气分子的平均自由程大于蒸发源与基片的距离（蒸距）。

2）镀膜过程中的蒸发条件：在真空条件下物质的蒸发比在常压下容易得多，所需的蒸发温度也大幅度下降，因此熔化蒸发过程缩短，蒸发效率明显地提高。膜材镀料在真空中加热到其相应饱和温度以上即可蒸发。

（4）蒸发制备不同膜材和获得不同薄膜，需采用不同蒸发源。

思 考 题

1-1 简述真空蒸发镀膜技术的特点及分类。

1-2 叙述真空蒸发镀膜技术原理、成膜条件及蒸发源的类型。

1-3 为什么真空蒸发镀膜工艺中，气体分子的平均自由程要远远大于膜材的蒸镀距离？

1-4 物理气相沉积（PVD）技术包括哪些具体的工艺过程？

1-5 在薄膜形成初期的生长模式有哪几种？试辅以图片进行说明。

1-6 蒸发源有几种？简述每一种蒸发源的工作原理。

2 真空溅射镀膜

本章学习要点：

了解真空溅射镀膜的基本原理和镀膜工艺必须具备的基本条件；了解真空蒸发镀膜与真空溅射镀膜技术的各自特点和不同；了解各种真空溅射镀膜的工作原理和工艺过程；了解薄膜沉积生长过程；掌握各种磁控溅射靶的结构原理和应用特点；了解真空溅射镀膜技术的发展态势。

用高能粒子（通常是由电场加速的正离子）轰击固体靶材表面，靶材表面的原子、分子与入射的高能粒子交换动能后从靶材表面飞溅出来的现象称为溅射。溅射出来的原子（或原子团）具有一定的能量，它们可以重新沉积凝聚在固体基片表面上形成薄膜，称为溅射镀膜。通常是利用气体放电使气体电离，气体的正离子在电场作用下高速轰击阴极靶材，溅射击出阴极靶材的原子或分子，飞向被镀基片表面沉积成薄膜。

2.1 溅射镀膜原理

具有一定能量的离子入射到靶材表面时，入射离子与靶材中的原子和电子相互作用，可能发生图 2-1 所示的一系列物理现象。一是引起靶材表面的粒子发射，包括溅射原子或分子、二次电子发射、正负离子发射、吸附杂质解吸和分解、光子辐射等；二是在靶材表面产生一系列的物理化学效应，有表面加热、表面清洗、表面刻蚀，表面物质的化学反应或分解；三是一部分入射离子进入靶材的表面层，成为注入离子，在表面层中产生包括级联碰撞、晶格损伤及晶态与无定型态的相互转化、亚稳态的形成和退火、由表面物质传输而引起的表面形貌变化、组分及组织结构变化等现象。

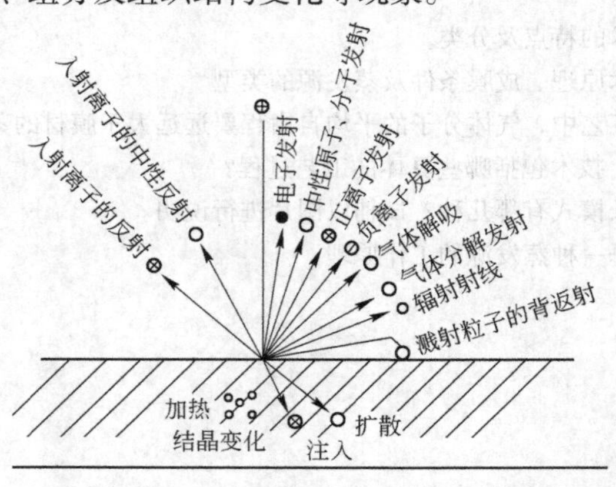

图 2-1 入射荷能离子与靶材表面的相互作用

通常被荷能粒子轰击的靶材处于负电位，将靶材置于等离子体中，当其表面具有一定的负电位时，就会发生溅射现象，只需要调整其相对等离子体的电位，就可以获得不同程度的溅射效应，从而实现溅射镀膜、溅射清洗或溅射刻蚀以及辅助沉积过程。在溅射镀膜、离子镀和离子注入过程中都利用了离子与固体材料的这些作用，但侧重点不同。溅射镀膜中注重靶材原子被溅射的速率；离子镀着重利用荷能离子轰击基片表层和薄膜生长面中的混合作用，以提高薄膜附着力和膜层质量；而离子注入则利用注入元素的掺杂、强化作用，以及辐照损伤引起的材料表面的组织结构与性能的变化。荷能粒子轰击固体表面产生各种效应的几率见表 2-1。

表 2-1 粒子轰击固体表面所产生各种效应的几率

效应	名称	发生几率
溅射	溅射率 η	$\eta=0.1\sim10$
离子溅射	一次离子反射系数 ρ	$\rho=10^{-4}\sim10^{-2}$
离子溅射	被中和的一次离子反射系数 ρ_m	$\rho_m=10^{-3}\sim10^{-2}$
离子注入	离子注入系数 α	$\alpha=1-(\rho-\rho_m)$
离子注入	离子注入深度 d	$d=1\sim10$mm
二次电子发射	二次电子发射系数 γ	$\gamma=0.1\sim1$
二次离子发射	二次离子发射系数 κ	$\kappa=10^{-5}\sim10^{-4}$

2.2 溅射与沉积成膜

一般采用正离子作为溅射荷能粒子，溅射阴极所加电源的常见模式有直流、中频交流和射频交流等。此外在实用的溅射系统中，为了改善辉光放电的效率和稳定性，提高薄膜的沉积速率和降低基体温度，通常采用附加电极、轴向磁场和磁控源等辉光放电增强模式，其中应用最广的是磁控溅射源。

2.2.1 放电溅射模式

2.2.1.1 直流放电溅射

在压力为 $10^{-1}\sim10^{2}$ Pa 的真空容器内，在两个电极间加上由高输出阻抗直流电源控制的直流电压后的低压气体放电的 $I-V$ 特性曲线如图 2-2 所示。

开始给阴极施加负电压时，放电电流密度非常小，仅为 $10^{-16}\sim10^{-14}$ A/cm^2 数量级，这时通常称为暗光放电。当电压达到一定值时，放电进入 Townsend 放电区。其特点是电压受电源输出阻抗限制而稳定，电流密度则可在一定范围内变化。这是因为电场给二次电子提供足够能量，通过离化气体原子（分子）再生繁衍荷电粒子，因此 BD 段也称为繁流放电区。正离子轰击阴极，释放出的二次电子与中性原子（分子）碰撞，产生更多的正离子，导致平衡的破坏，因此电压迅速下降，同时电流密度自动增大，产生可见放电辉光。D 点称为放电破裂或着火。经过这个过渡区域后，二次电子离化气体形成正离子的过程和正离子轰击靶面产生二次电子的反馈过程达到平衡，这个放电区域一般称为正常辉光放电

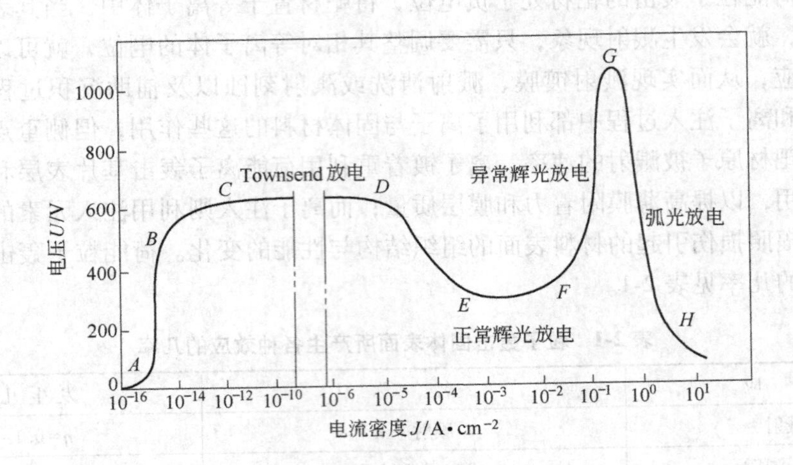

图 2-2 直流辉光放电 I–V 特性曲线

区。开始进入正常放电区时，正离子对阴极的轰击主要集中在阴极的边缘和不规则表面。继续增大功率，正离子的轰击逐渐变得均匀，同时电压维持不变。如果正离子达到均匀轰击阴极后进一步增大电流密度，则放电进入异常辉光放电区。因为这时不能依靠正离子轰击表面的扩大来维持放电，电源需要提供更高的能量场，所以在异常辉光放电区，电压随电流密度增大而升高。正常放电区和异常放电区都伴随着光子发射，可观察到辉光，因此又称为辉光放电。溅射和几乎所有的辉光放电工艺实际上都工作在异常辉光放电区，其主要原因在于该区可提供适当的功率密度和正离子轰击覆盖整个阴极表面。当电流密度继续增大，将产生低电压、大电流的弧光放电，电弧离子镀膜就是利用了这一现象。

2.2.1.2 交流放电溅射

交流电源可在反应溅射薄膜时用于中频双靶溅射。

2.2.1.3 射频交流放电溅射

因为在辉光放电区内，振荡的电子可获得足够的能量进行离化碰撞，用射频电源取代直流电源可以减小放电对二次电子的依赖程度，降低溅射电压和气体分压。射频电源的另一个重要的效应是电极不再局限于导电体，因此可以溅射任何物质。射频溅射常常采用 Davidse 不对称电极。为了提高薄膜厚度的均匀性，也有些设计采用对称式电极。

射频溅射的原理如下：假定给靶加上矩形波电压 V_m，在电压正半周，由于绝缘体的极化作用，表面很快吸引了等离子体中位于绝缘体表面附近的电子，致使表面与等离子体电位相等。这相当于对电压 V_m的电容充电。在电压负半周，靶电位为负 V_m，其最低点相当于电源电压的两倍。这时，正离子对绝缘体靶进行溅射。由于离子质量远大于电子，前者移动速率小，因此靶电位上升比电子充电过程缓慢。到了下个周期，又重复上述过程。总的效果等于在绝缘体上加了一个负偏压，从而可实现对绝缘体靶的溅射。射频电源的频率一般在 10 MHz 以上，以消除由正离子轰击引起的靶表面正电荷的累积。实际应用的商用溅射设备中多采用 13. 56MH 或更高频率的射频电源。当采用金属靶时，必须在靶和电源之间串联一个电容。电源匹配回路是射频溅射装置一个重要的设计问题，以便使射频功率有效地得到利用。

2.2.1.4 辉光放电增强溅射

A 附加电极

在二极溅射的基础上加入热电子支持系统（热阴极），称为三极溅射。由于三极溅射中惰性气体离化率的提高大大降低了维持辉光放电所需要的溅射气压，并使电流和电压可分别控制，从而解决了电压-电流-气压之间的相互制约关系。三极溅射的缺点是靶尺寸不能太大，因此其应用通常限于溅射刻蚀工艺中。

但热阴极灯丝的电子发射不稳定，三极溅射并未完全解决放电的稳定性问题。因此就出现了所谓的四极溅射，即在三极溅射的基础上再加入一个稳定电极。

B 磁控放电

利用磁场约束电子行为可增强辉光等离子体溅射放电，增大薄膜的沉积速率。磁控阴极的主要特征是电子在正交电磁场作用下，在阴极表面附近沿闭合轨迹做漂移运动。平面磁控辉光放电与电子动能、势能分布、磁流密度分布、碰撞频率和离化率有关，可表示为平均电场强度和磁流密度的函数。磁控源对电子的收集作用不仅使得电离碰撞的频率大大提高，从而得到很大的正离子电流密度和溅射速率，而且也大大降低了电子对基片的轰击作用，实现了高速低温溅射。

2.2.2 溅射原子的能量与角分布

入射离子能量大约在100~500eV之间时，靶材上溅射出来的粒子绝大部分是单原子态，离化状态的粒子仅占1%左右。如果入射离子的能量很高，会溅射出较多的复合粒子。

由于溅射粒子是与具有几百至几千电子伏特能量的正离子交换动能后飞溅出来的，所以溅射粒子的能量分布必定与靶材种类、入射离子的种类和能量以及溅射粒子逸出的方向有关。通常不同的靶材逸出的溅射粒子的能量不同，其能量分布的峰位一般随入射离子能量增大而增大，并与靶材原子的表面结合能有明显的关系。而溅射原子的角分布除取决于靶和入射离子的种类外，还取决于入射离子的入射角和入射能量以及靶的温度。

溅射产额高的轻元素靶材平均逸出粒子的能量较低，而重元素靶材逸出粒子的能量较高。通常溅射原子的动能从几电子伏到几十电子伏，比热蒸发原子所具有的动能0.04~0.3eV要高10~100倍。考虑到溅射空间的气压较高以及溅射粒子与气体原子碰撞导致部分能量耗失的因素，溅射粒子的能量至少也比热蒸发能量高1~2数量级。这是溅射镀膜比热蒸发镀膜的膜/基结合力较高和膜层更加致密的主要原因。

图2-3是铜蒸发粒子和溅射粒子的速度分布对比曲线。图2-4中的纵坐标是单位速度区间的粒子数（任意单位）。

当入射离子正向轰击多晶或非晶靶面时，溅射原子在空间各个方向的散射密度（角分布）大致符合余弦分布（见图2-5）。但在离子斜入射的情况下，则完全不符合余弦分布规则。

2.2.3 溅射产额与溅射速率

平均一个入射离子入射到靶材表面从其表面上所溅射出来的靶材的原子数定义为溅射产额，又称溅射系数或溅射率，以η（原子/离子）表示。溅射产额η越大，薄膜的生成速度越快。溅射出的粒子的动能大部分在 20eV 以下，而且大部分为电中性。实验表明溅射产额与入射离子的种类、能量、入射角和靶材的种类、结构、温度等因素有关，也与溅射时靶材表面发生的分解、扩散、化合等状况有关，还与溅射气体的压力有关，但在很宽的温度范围内与靶材的温度无关。

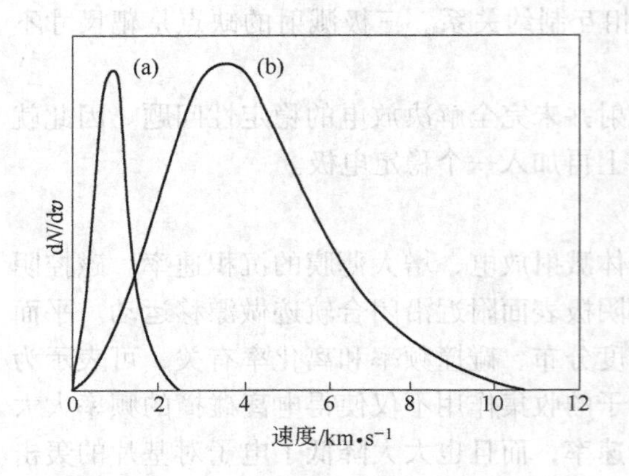

图 2-3 蒸发铜粒子（a）和 溅射铜粒子（b）的速度分布

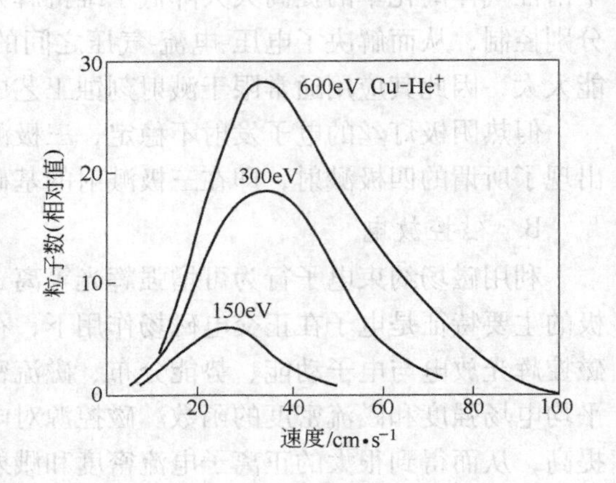

图 2-4 溅射原子的能量分布

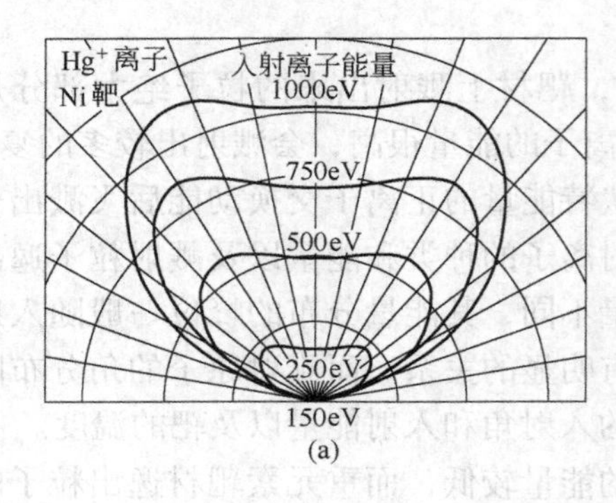

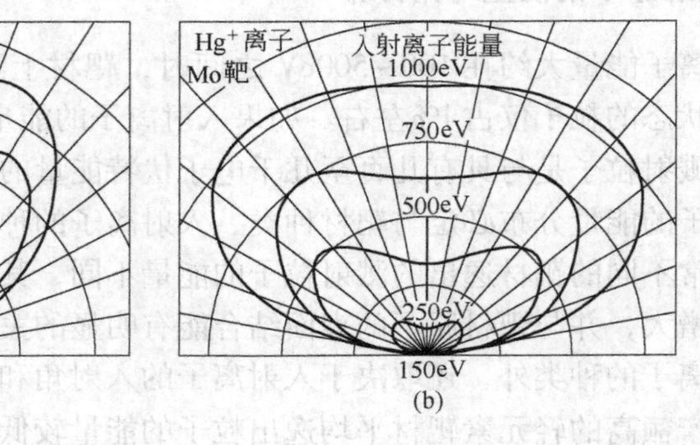

图 2-5 溅射原子的角分布

（垂直入射 100~1000eV 的 Hg^+，图中数字为入射离子的能量）

靶材的溅射速率（R）与溅射产额（η）和入射离子流（j_i）的乘积成正比，即

$$R \propto \eta \times j_i \tag{2-1}$$

2.2.3.1 溅射产额和入射离子能量之间的关系

当入射离子的能量小于或等于某个能量值时，不会发生溅射，当离子能量增加到某值时，才发生溅射现象，此时 $\eta=0$，该值称为溅射能量阈值（阈能）。

低于溅射能量阈值的离子入射几乎没有溅射，离子能量超过阈值后，才产生溅射效应。在 $10\sim10^4$eV 时，溅射产额随着入射离子能量的增大而增大，在数百电子伏之内，溅射产额随离子能量线性增加；能量更高时，增加的趋势逐渐减少而偏离线性。在 3×10^4eV 以上，溅射产额随着入射离子能量上升而下降，这是由于入射离子此时将注入靶材表面更深部位的晶格内，把大部分能量损失在靶材体内，导致很难溅射出原子。

图 2-6 是入射离子能量与溅射产额之间的典型曲线，整个曲线分三部分。Ⅰ是当入射

离子的能量低于溅射阈值时，不产生溅射。Ⅱ为当离子能量低于 150eV 时，溅射率与离子能量的平方成正比；在 150～10000eV 范围内，溅射率与离子能量成正比，在这一区域，溅射率随电压增大而增大，大多数薄膜沉积研究工作所集中的区域在这一部分。Ⅲ是继续增大入射离子能量，溅射率呈下降的区域。这是由于入射离子此时将深入到晶格内，其大部分能量损失在靶材体内，而不是在表面交换能量的缘故。

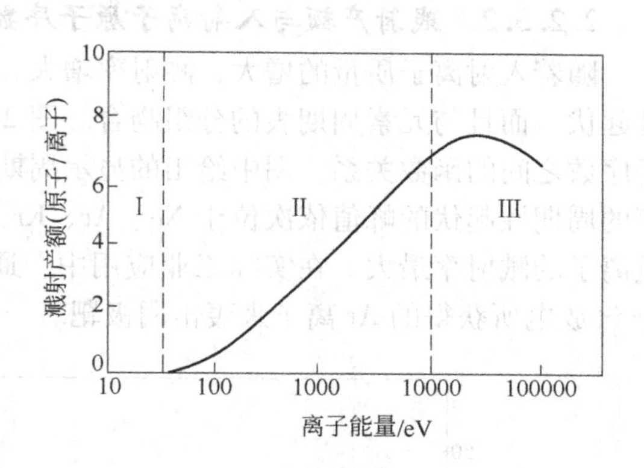

图 2-6　入射离子能量与溅射产额的关系曲线

表 2-2 列出了大多数金属的溅射阈值，不同靶材的溅射能量阈值不同。

表 2-2　溅射能量阈值　eV

元　素	Ne	Ar	Kr	Xe	Hg	热升华
Be	12	15	15	15	—	—
Al	13	13	15	18	18	—
Ti	22	20	17	18	25	4.40
V	21	23	25	28	25	5.28
Cr	22	22	18	20	23	4.03
Fe	22	20	25	23	25	4.12
Co	20	25	22	22	—	4.40
Ni	23	21	25	20	—	4.41
Cu	17	17	16	15	20	3.53
Ge	23	25	22	18	25	4.07
Zr	23	22	18	25	30	6.14
Nb	27	25	26	32	—	7.71
Mo	24	24	28	27	32	6.15
Rh	25	24	25	25	—	5.98
Pb	20	20	20	15	20	4.08
Ag	12	15	15	17	—	3.35
Ta	25	26	30	30	30	8.02
W	35	33	30	30	30	8.80
Re	35	35	30	30	35	—
Pt	27	25	22	22	25	5.60
Au	20	20	20	18	—	3.90
Th	20	24	25	25	—	7.07
U	20	23	25	22	27	9.57
Ir		8				5.22

2.2.3.2 溅射产额与入射离子原子序数之间的关系

随着入射离子质量的增大，溅射率增大，溅射产额保持总的上升趋势，但其中有周期性起伏，而且与元素周期表的分组吻合。图 2-7 示出几种金属的溅射产额与入射离子的原子序数之间的函数关系。图中给出的显示周期性关系的实验数据表明，各类入射离子溅射率的周期性起伏的峰值依次位于 Ne、Ar、Kr、Xe、Hg 的原子序数处。惰性气体正离子和重离子的溅射率最大。在实际工业应用中，通常选择容易得到的 Ar 作为溅射气体，通过 Ar 气放电所获得的 Ar 离子来轰击阴极靶。

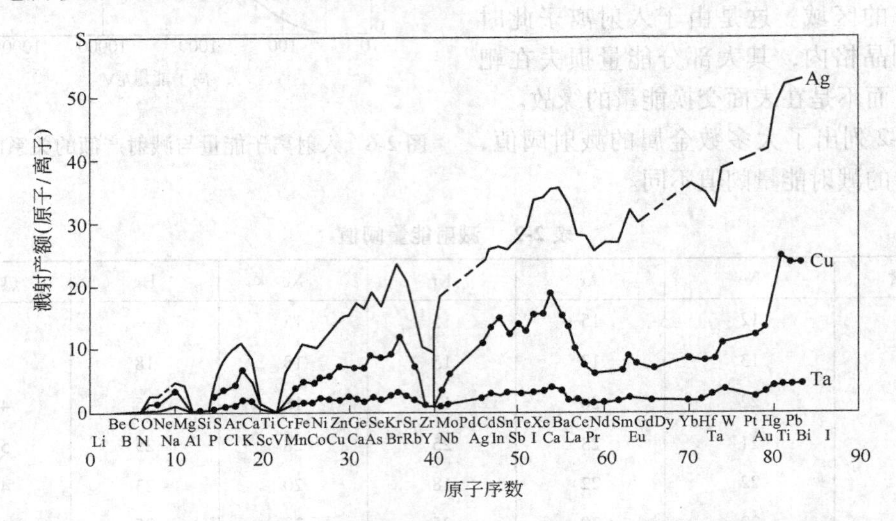

图 2-7 银、铜、钽三种金属靶的溅射产额与入射离子原子序数之间的函数关系

（入射离子能量 45keV，实验误差 10%）

2.2.3.3 溅射产额与靶材原子序数之间的关系

用同一种入射离子（例如 Ar^+），在同一能量范围内轰击不同原子序数的靶材，随着靶材原子外层电子填满程度的增加，溅射产额 η 增大，呈现出周期性涨落变化，如图 2-8 所示。即 Cu、Ag、Au 等溅射产额最高，Ti、Zr、Nb、Mo、Hf、Ta、W 等溅射产额最少。

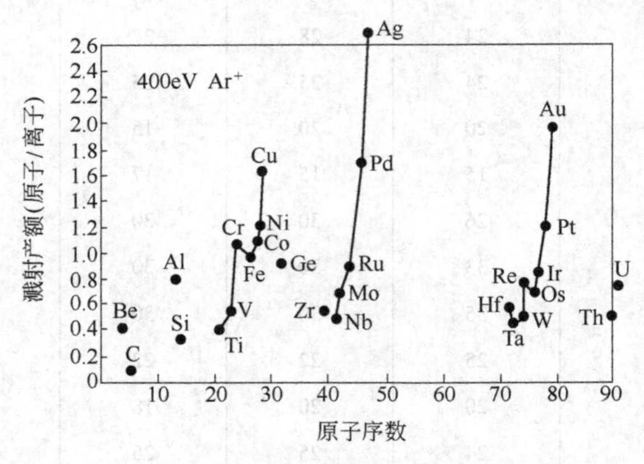

图 2-8 各种靶材的溅射产额

（入射离子能量 400eV，Ar^+轰击）

2.2.3.4 溅射产额与离子入射角的关系

对相同的靶材和入射离子，溅射率 η 随离子入射角的增大而增大。垂直入射时，$\theta=0$，当 θ 逐渐增加，溅射产额 $\eta(\theta)$ 也增加；当 θ 达到 70°~80°之间时，溅射产额 η 最大，呈现一个峰值。此后，继续增大溅射角 θ，溅射率 η 急剧减小，直至为零。不同靶材的溅射产额 η 随入射角 θ 的变化情况是不同的。对于 Mo、Fe、Ta 等溅射产额较小的金属，入射角对 η 的影响较大，而对于 Pt、Au、Ag、Cu 等溅射产额较大的金属，则影响较小。溅射产额与离子入射角的典型关系曲线如图 2-9 所示。

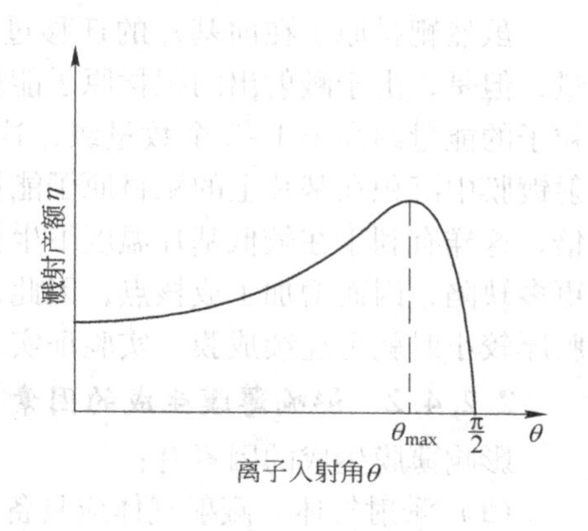

图 2-9 溅射产额与离子入射角的关系

对单晶材料来说，当入射方向平行于低密度的晶体指数面时，溅射产额比多晶材料低；当入射方向平行于高密度的晶体指数面时，溅射产额比多晶材料高。

2.2.3.5 溅射产额与工作气体压力的关系

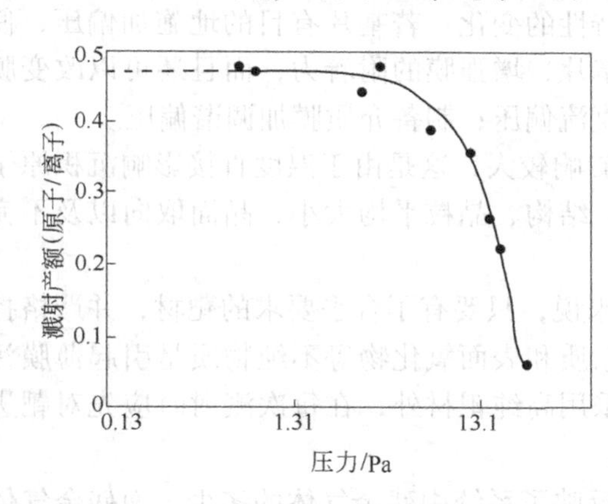

图 2-10 溅射系数与工作气体压力的关系
（入射离子能量 150eV，Ar^{+}轰击 Ni 靶）

在较低工作气体压力时，溅射产额不随压力变化，在较高工作气体压力时，溅射产额随压力增大而减小，见图 2-10。这是因为工作气体压力高时，溅射粒子与气体分子碰撞而返回阴极（靶）表面所致。

2.2.4 薄膜沉积

2.2.4.1 薄膜的生长

在靶材受到离子轰击所溅射出的粒子中，正离子由于逆向电场的作用，不易到达基片上，其余粒子均会向基片迁移。溅射镀膜的气体压力为 10^{-1}~10Pa，粒子平均自由程约为1~10cm，因此，靶至基片的空间距离应与该值大致相等。否则，粒子在迁移过程中将发生多次碰撞，即降低靶材原子的能量又增加靶材的散射损失。

溅射沉积薄膜的生长过程与蒸发沉积成膜过程相似，大致可分成成核、岛状结构、网状结构、连续薄膜几个阶段。被溅射出来的粒子常以原子或分子形态到达基体表面，到达的原子吸附在基体表面，也有部分被再蒸发离开表面。吸附在表面上的原子通过迁移结合成原子对，再结合成原子团。原子团不断与原子结合增大到一定尺寸成稳定的临界晶核，此时约 10 个原子左右。临界晶核与到达表面原子再结合长大，通过迁移凝聚成小岛，小岛再互聚成大岛，形成岛状薄膜，岛的大小为 10^{-7}cm 左右。继续沉积过程，大岛与大岛相互接触连通，形成网状结构，称为网状薄膜。后续原子继续沉积，在网格的洞孔中发生二次或三次成核，核长大与网状薄膜结合，或形成二次小岛，小岛长大再与网状薄膜结合，渐渐填满网格的洞孔，网状连接加厚，形成连续薄膜，此时薄膜厚度约几十纳米。

虽然靶材原子在向基片的迁移过程中，因碰撞（主要与工作气体分子）而降低其能量，但是，由于溅射出的靶材原子能量远远高于蒸发原子的能量，溅射粒子的能量比蒸发粒子的能量约高出 1~2 个数量级，这样溅射粒子比蒸发粒子有更大的迁移能力，所以溅射镀膜中沉积在基片上的靶材原子能量比较大，其值相当于蒸发原子能量的几十倍至一百倍，这样有利于在较低基片温度下生长致密的薄膜。此外，高能量溅射粒子在基片上产生更多缺陷，因而增加了成核点，因此，溅射沉积比蒸发沉积的成核密度高，故溅射沉积在膜厚较小时就可连续成膜。实验证实，溅射还可在极低温度下实现外延生长。

2.2.4.2 影响薄膜生成的因素

影响薄膜生成的因素有：

（1）溅射气体。溅射气体应具备溅射产额高，对靶材呈惰性，价格便宜，易于获得高纯度等特点。一般来说，氩气是较为理想的溅射气体。

（2）溅射电压及基片电压。这两个参数对膜的特性有重要影响，溅射电压不但影响沉积速率，而且还严重影响沉积薄膜的结构。基片电位直接影响入射的电子流或离子流。若基片接地，则受到等同的电子轰击；若基片悬浮，则在辉光放电区取得相对于地的电位稍负的悬浮电位 V_1，而基片周围等离子体的电位 V_2要高于基片电位，这将引起一定程度的电子和正离子的轰击，导致膜厚、成分和其他特性的变化；若基片有目的地施加偏压，使其按电的极性接受电子或离子，不仅可以净化基片，增强膜的附着力，而且还可以改变膜的结构。在用射频溅射镀膜时，制备导体膜加直流偏压；制备介质膜加调谐偏压。

（3）基片温度。基片温度对薄膜的内应力影响较大，这是由于温度直接影响沉积原子在基片上的活动能力，从而决定了薄膜的成分、结构、晶粒平均大小、晶面取向以及不完整性的数量、种类和分布。

（4）靶材。靶材是溅射镀膜的关键，一般来说，只要有了合乎要求的靶材，并严格控制工艺参数就可得到所需要的膜层。靶材中的杂质和表面氧化物等不纯物质是引起薄膜污染的重要来源，所以为得到高纯度的膜层，除采用高纯靶材外，在每次溅射时应先对靶进行预溅射以清洗靶表面，去除靶表面的氧化层。

（5）本底真空度。本底真空度的高低直接反映了系统中残余气体的多少，而残余气体也是膜层的重要污染源，故应尽可能提高本底真空度。关于污染的另一问题是油扩散泵的返油，造成膜中碳的掺杂，对那些要求较严的膜应采取适当措施或采用无油的高真空抽气系统。

（6）溅射工作气压。工作气压的高低直接影响膜的沉积速率。

另外，由于不同的溅射装置中的电场、气氛、靶材、基片温度及几何结构参数间的相互影响，要制取合乎要求的膜，必须对工艺参数做实验，从中选出最佳工艺条件。

2.2.5 沉积速率

沉积速率是表征成膜速度的参数，薄膜材料在基片上的沉积速率是指从阴极靶上逸出的材料，在单位时间内沉积到基片上的厚度。由于阴极靶的不均匀溅射和基片的运动方式决定了薄膜沉积的不均匀性，因此，一般以单位时间沉积的平均膜厚（膜层平均厚度除以沉积时间）来表征沉积速率。沉积速率 Q 与溅射场产额 η 和离子流 J_i成正比，可用下式表示

$$Q = C\eta I_i \tag{2-2}$$

式中，C 为表征溅射装置特性的比例常数；I_i 为离子流；η 为溅射率。

η 和 J_i 的大小取决于溅射气体的种类和压强、靶材种类、溅射时工作电压和电流、靶体和基片的温度以及溅射靶源与基片之间的距离等。

沉积速率的数值与溅射速率成正比，如果溅射粒子在输运过程没有损失并全部沉积到基片上成膜，则沉积速率等于溅射速率。我们必须关注溅射粒子在输运过程和达到基片时的行为，比如在溅射粒子飞行过程中发生碰撞及在基片发生的吸附、解吸、反溅射等现象，都将对沉积速率产生影响。

提高溅射沉积速率主要取决于靶的正离子电流密度，其次取决于离子能量。实际上，磁控溅射的沉积速率与靶的功率密度成正比。影响沉积速率的因素按其重要性大致可排列为刻蚀区功率密度、刻蚀区面积、靶-基距离、靶材料和工作气体压力。提高靶的功率密度是提高沉积速率的有效途径。但如果溅射气体正离子轰击强度过大，靶的温度将升高，甚至可能导致靶开裂、升华和熔化。因此，溅射靶的力学性质和导热性能是限制提高沉积速率的重要因素。为了得到最大的沉积速率，应将基片尽可能靠近溅射源，但是必须保证稳定的异常辉光放电。通常，其最小间距为 5~7cm。

溅射时，工作电压决定轰击离子的能量，从而影响溅射产额。在溅射沉积的能量范围内，其影响是缓和的。而工作电流与离子流成正比，因此，工作电流对沉积速率的影响比工作电压大得多，见图 2-11。

式（2-2）表明，当溅射装置一定（即 C 为确定值），又选定了工作气体，此时，提高沉积速率的最好办法是提高离子流 I_i。但是，在不增加电压的条件下增加 I_i 值就只有增高工作气体的压力。图 2-12 给出了工作气体压力对平面磁控溅射沉积速率的影响，从图中可见，其相对沉积速率对应一个最佳气压值，在该工作压力下，相对沉积速率最大，而且这个现象是磁控溅射的共同规律。图 2-13 示出了 Ni 靶的溅射率（溅射产额）与气体总

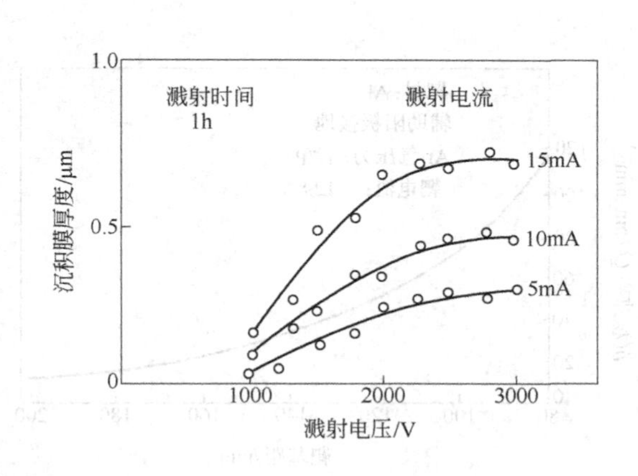

图 2-11　放电电流不同时，钽膜沉积速率和电压的关系曲线

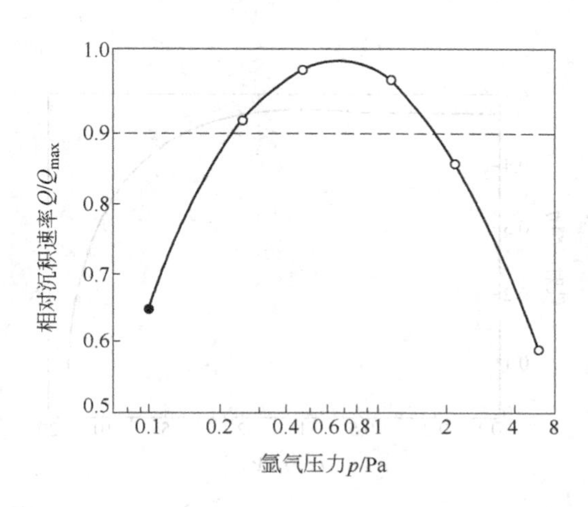

图 2-12 沉积速率与工作气体（氩气）压力的关系
（圆形平面 Cr 靶，靶基距 5cm，功率密度约 18W/cm²）

压力的关系曲线。在溅射工作气体压力不太高的情况下，沉积速率随气压增加而线性上升，当气体压力增高到一定值时，溅射率开始明显下降。其原因是靶材溅射粒子的背返射和散射增大，粒子因遭散射而回到靶上，导致溅射产额下降，致使沉积速率下降。实际上，在约 10Pa 的气压下，从阴极靶溅射出来的粒子只有 10%能够穿过阴极暗区。所以，由溅射产额来考虑气压的最佳值是比较合适的。

应当注意的是，提高溅射气体分压，虽然能提高溅射速率，但容易造成薄膜中氩含量高，使薄膜性能下降，内应力增大，甚至发生膜龟裂或剥落，影响了薄膜质量的提高。

当溅射气体中有杂质气体存在时，会明显影响沉积速率。用 Ar 离子溅射 SiO_2时，Ar 气中含有 H_2、He 和 O_2等都会使沉积速率下降；当含有 CO_2和水蒸气时，因为它们在辉光放电时分解产生 O_2，有类似 O_2的作用。CO 会增加沉积速率，而 N_2基本无影响，氧的存在主要是在溅射过程中在靶面生成氧化膜从而降低溅射产额。

提高靶溅射的功率密度，也能提高沉积速率，但容易引起荷能粒子对膜的损伤、基片温度升高和晶粒取向不良。许多材料如 SiO_2等，在基片温度高时，沉积速率稍有下降，可能是到达的溅射原子较易解吸。但是在反应溅射沉积化合物时，基片的温度升高可能有利于反应进行，因此沉积速率随基片温度的上升而有所增加。最大靶功率密度是限制沉积速率的一个重要因素。在高于靶最大功率密度下工作时，靶材很容易发生开裂、升华或熔化现象。

靶基距对沉积速率有很大影响，图 2-14 给出了 S-枪的靶基距对沉积速率的影响。从图中可见，随着靶基距的增加，沉积速率呈双曲线状下降。沉积速率随靶基距的增加而下降是由于靶材粒子在迁移过程中的散射效应引起的。为了提高薄膜的沉积速率，可在保证阴极靶稳定放电和统筹考虑保证膜层厚度均匀性的前提下，尽量减小靶基距，一般靶基距的最小值为 5~7cm。

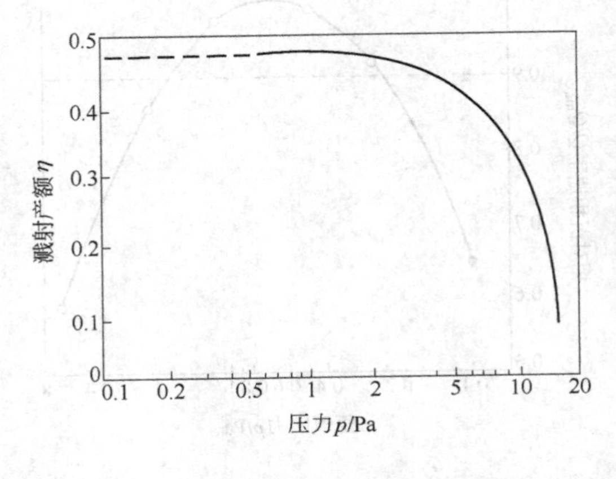

图 2-13 在 150eV 的 Ar^+轰击下，Ni 的溅射率与气体总压力的函数关系

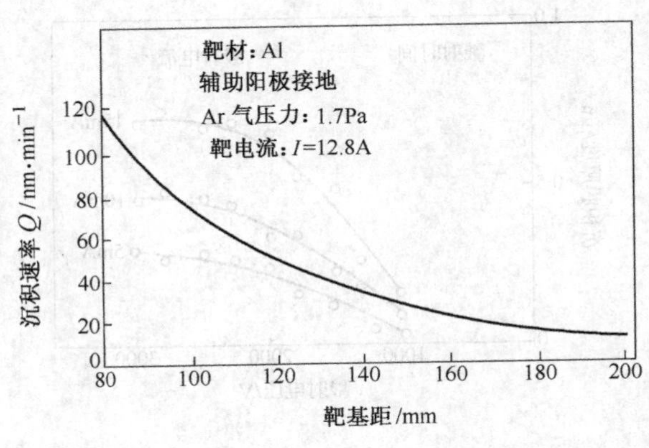

图 2-14 ϕ150mmS-枪的沉积速率与靶基距的关系曲线

2.3 溅射镀膜方法

溅射镀膜的基本原理就是让具有足够高能量的粒子轰击固体靶表面使靶中的原子发射出来，沉积到基片上成膜。溅射镀膜有多种方式，其典型方式如表2-3所示，表中列出了各种溅射镀膜的特点及原理图。从电极结构上可分为二极溅射、三极或四极溅射和磁控溅射。射频溅射适合于制备绝缘薄膜；反应溅射可制备化合物薄膜；中频溅射是为了解决反应溅射中出现的靶中毒、弧光放电及阳极消失等现象；为了提高薄膜纯度而分别研制出偏压溅射、非对称交流溅射和吸气溅射；为了改善膜层的沉积质量，研究开发了非平衡磁控溅射技术。

近年来，随着溅射设备及工艺方法的不断创新，无论是金属，还是其他材料，均可用溅射技术制备薄膜，满足各行各业的需求。

表2-3 各种溅射镀膜方法的原理及特点

序号	溅射方式	溅射电源	工作压力/Pa	特点	原理图①
1	二极溅射	DC 1~5kV 0.15~1.5mA/cm^2 RF 0.3~10kW 1~10W/m^2	约1	构造简单。在大面积基体上可沉积均匀膜层。通过改变工作压力和电压来控制放电电流	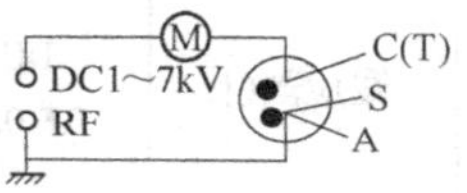
2	三极或四极溅射	DC 0~2kV RF 0~1kW	约0.1	低压力，低电压放电。可独立控制靶的放电电流和离子能量，也可采用射频电源	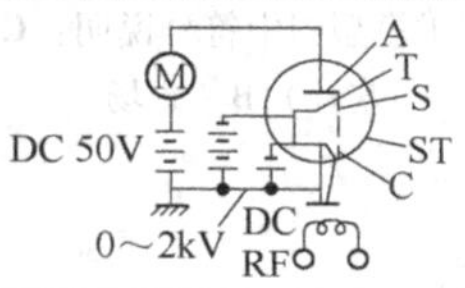
3	磁控溅射	DC 0.2~1kV 3~30W/cm^2	约0.1	磁场方向与阴极（靶材）表面平行，电场与磁场正交，减少电子对基体的轰击，实现高速低温溅射	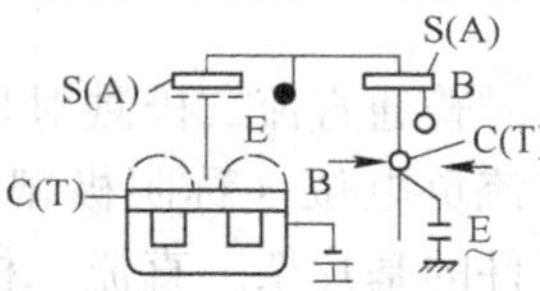
4	射频溅射	RF 0.3~10kW 0~2kV	约1	可以制备绝缘薄膜如石英、玻璃、氧化铝等，也可以溅射金属靶材	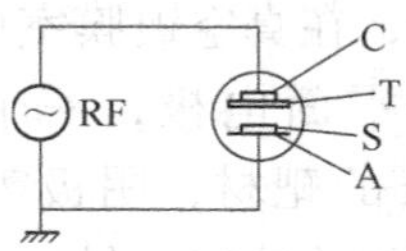
5	偏压溅射	工件偏压0~500V	1	用轻电荷轰击工件表面，可得到不含H_2O、N_2等残留气体的薄膜	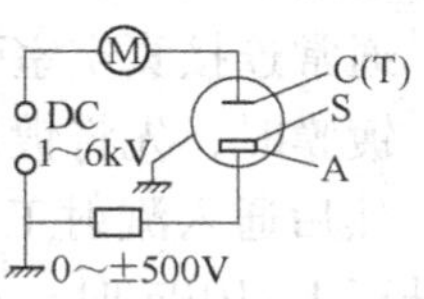
6	非对称交流溅射	AC 1~5kV 0.1~2mA/cm^2	1	振幅大的半周期溅射阴极，振幅小的半周期轰击基板放出所吸附气体，提高镀膜纯度	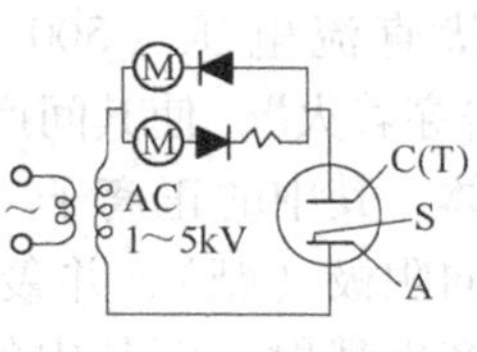

续表 2-3

序号	溅射方式	溅射电源	工作压力/Pa	特　点	原理图[①]
7	离子束溅射镀膜	DC	约 10^{-3}	在高真空下，利用离子束镀膜，是非等离子体状态下的成膜过程。靶也可以接地电位	A T 离子源
8	对向靶溅射	DC RF	约 0.1	两个靶对向放置，在垂直靶的表面方向加磁场，可以对磁性材料进行高速低温溅射	A T
9	吸气溅射	DC 1~5kV 0.15~1.5mA/cm² RF 0.3~10kW 1~10W/cm²	1	利用对溅射粒子的吸气作用，除去杂质气体，能获得纯度高的薄膜	M DC 1~5kV C(T) S(A) C(T) M
10	反应溅射	DC 1~7kV RF 0.3~10kW	在氩气中混入活性反应气体（N_2等）	可制作化合物氮化钽、氮化硅、氮化钛等	从原理上讲，上述各种方案都可以进行反应溅射，当然 1、9 两种方法一般不用于反应溅射

①模型图中符号说明：C(T)—靶；S—工件；C—加热电子极；ST—稳定极；A—基片；T—靶材；S(A)—工件(基片)；B—磁场。

2.4 直流二级溅射

普通直流二极溅射是在溅射靶材上施加直流负电位（称阴极靶），阳极为放置被镀工件的基片架。直流二极溅射装置如图 2-15 所示，在真空镀膜室中设置相距 5~10cm 的两个平面电极，一个为阴极，装有 ϕ10~30cm 的靶材，阴极需有冷却结构，而且可附有加热功能；另一个为阳极，放置被镀基片，通常连接真空室壳体并接地。

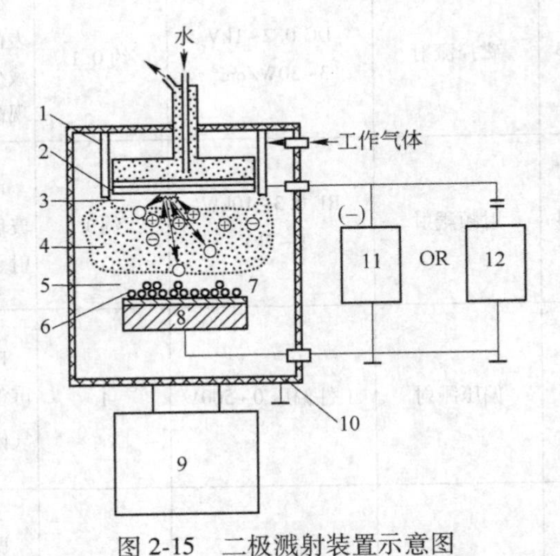

图 2-15　二极溅射装置示意图

1—接地屏蔽；2—水冷阴极（靶）；3—阴极暗区；4—等离子体；5—阳极鞘层；6—溅射原子；7—基片；8—阳极；9—真空泵；10—真空室；11—直流电源；12—射频电源

镀膜时，先将镀膜室预抽至 10^{-3}~10^{-4} Pa，然后通入溅射工作气体（Ar 气），当气压升至 1~10Pa 时，在阴极和阳极间施加数千伏直流电压（500~5000V），引起气体“击穿着火”，使其间产生辉光放电形成等离子体，其中的正离子（Ar^+）在电场中加速飞向阴极（靶），并轰击阴极靶，从而使靶材产生溅射。而其中的电子则继续与 Ar 气体原子发生电离碰撞，产生新的正离子和二次电子，以维持放电。最终，电子在电场作用下以较高的能量碰撞阳极。由阴极靶溅射出来的靶材原子飞向基片，最终沉积到基片上形成薄膜。

另外，在溅射阴极过程中也能产生二次电子发射，离开靶面后立即被阴极暗区电场加速，最终获得几千电子伏特能量，飞去暗区进入等离子体。这些快电子经过多次与 Ar 原子碰撞后，快电子逐渐失去能量变成慢电子。

在溅射过程中 Ar 气体放电通常处于异常辉光放电状态，放电辉光覆盖整个阴极靶面，使溅射和成膜都均匀。同时，在异常辉光放电状态，可通过调节溅射电压，改变溅射电流，最终改变沉积速率。在溅射镀膜中，电离效应是条件，溅射效应是手段，沉积效应是目的。

按照 Ar 的巴邢曲线（见图 2-16），对于二极溅射金属靶而言，若 Ar 压力为 10Pa，电极间距为 4cm，则 $p \cdot d = 4\times10\text{Pa}\cdot\text{cm}$，相应击穿电压约为 400V。此时，处于巴邢曲线的最低点左侧。若提高气压，还可以降低击穿电压。

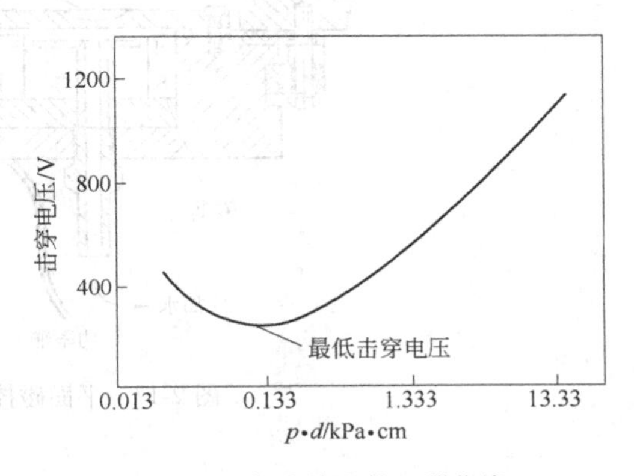

图 2-16　辉光放电的巴邢曲线

对直流二极溅射，气压 p 和放电电压 V 以及放电电流 I 三个参量之间，只能独立改变其中两个参量。典型的二极溅射工艺条件为：工作气体压力 10Pa（10～100Pa），靶电压 3000V（1000～5000V），两极距离 4～5cm，靶电流密度 1～10mA/cm^2。对于 Ni 靶，其溅射产额为 3 原子/离子，可推算出 Ni 靶刻蚀速率为 1.5nm/s，若不考虑气体散射对沉积原子通量的影响，可认为其沉积速率也是 1.5 nm/s。

在辉光放电等离子体中，电子能量和离子能量的典型值分别为 2eV 和 0.04eV，而电子质量仅为离子的 1/10^5，结果是电子的运动速度比离子的高几千倍。在等离子体中，电子和离子的密度是相等的，但由于它们的热扩散运动速度相差三个数量级，结果，电子的扩散电流密度也比离子的扩散密度高三个数量级，那么，它们向置于等离子体中的悬浮基片自发扩散时，大量电子先行达到并在其上积累负电荷，使悬浮基片表面相对等离子体带某一负电位，它起排斥电子作用，直到电子和离子的到达速率相等为止。这时悬浮基片的电位称为悬浮电位，相对等离子体电位约-10V。

2.5 磁控溅射

为提高二极溅射的溅射速率，减弱二次电子撞击基片发热对膜层的不利影响，发展了磁控溅射技术。1940 年前后，首先出现了实心柱状磁控管式的溅射装置。从 1969 年以来，柱状磁控溅射技术非常活跃。1971 年发表了 S 枪式磁控溅射源专利。1974 年出现平面磁控溅射源，很快磁控溅射成为镀膜的主流技术之一。

磁控溅射镀膜设备是在直流溅射阴极靶中增加了磁场，利用磁场的洛伦兹力束缚和延长电子在电场中的运动轨迹，增加电子与气体原子的碰撞机会，导致气体原子的离化率增加，使得轰击靶材的高能离子增多和轰击被镀基片的高能电子减少。磁控溅射的基本原理即是以磁场改变电子运动方向，束缚和延长电子的运动轨迹，提高了电子对工作气体的电离率和有效利用了电子的能量，使正离子对靶材轰击引起的靶材溅射更有效。

2.5.1 磁控溅射工作原理

图 2-17 和图 2-18 所示为平面磁控溅射靶基本结构及磁控溅射工作原理。

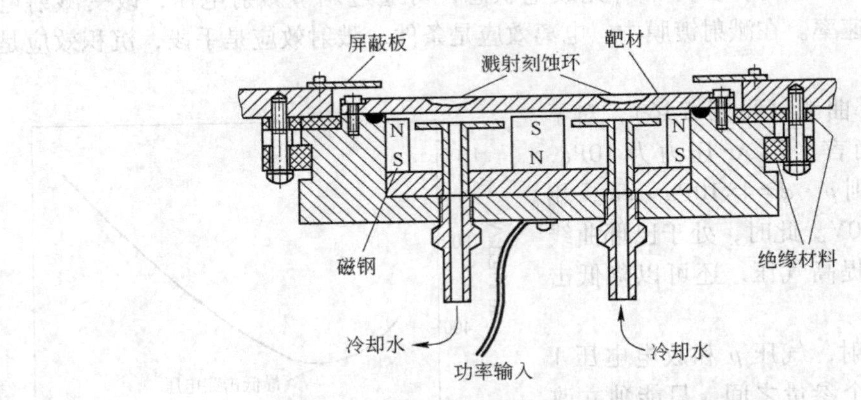

图 2-17 平面磁控溅射靶结构示意图

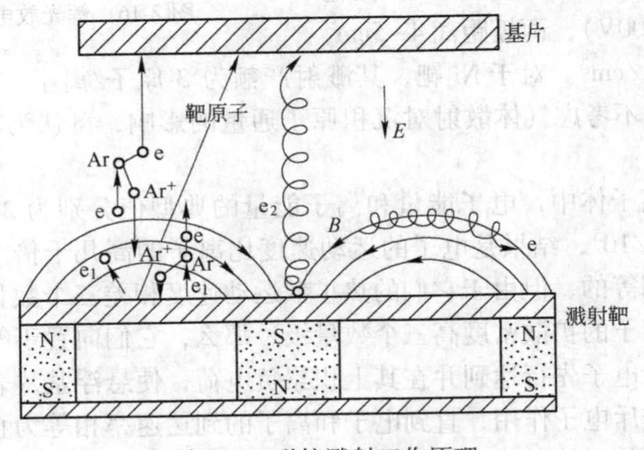

图 2-18 磁控溅射工作原理

磁控溅射是在二极溅射的阴极靶面上，建立一个环形的封闭磁场，它具有平行于靶面的横向磁场分量，磁场由靶体内的磁体产生。该横向磁场与垂直于靶面的电场构成正交的电磁场，成为一个平行于靶面的约束二次电子的电子捕集阱。

电子 e 在电场 E 作用下被加速，在飞向基体的过程中与 Ar 气原子发生碰撞，若电子具有足够的能量（约 30eV），则电离出 Ar^+和一个 e，电子飞向基片，Ar^+在电场 E 作用下加速飞向阴极靶并以高能量轰击靶表面，使靶材产生溅射。在溅射粒子中，中性的靶原子（或分子）沉积在基片上形成薄膜。同时被溅射出的二次电子在阴极暗区被加速，在飞向基片的过程中，落入正交电磁场的电子阱中，不能直接被阳极接收，而是利用磁场的洛伦兹力束缚，受到磁场 B 的洛伦兹力作用，以旋轮线和螺旋线的复合形式在靶表面附近做回旋运动。电子 e_1 的运动被电磁场束缚在靠近靶表面的等离子区域内，使其到达阳极前的行程大大增长，大大增加碰撞电离几率，使得使该区域内气体原子的离化率增加，轰击靶材的高能 Ar^+ 离子增多，从而实现了磁控溅射高速沉积特点。部分磁场束缚电子经过多次碰撞，能量逐渐降低，耗失能量成为低能电子（慢电子）。这部分低能电子在电场 E 作用下远离靶面最终到达基片。它传给基片的能量很小，致使基片温度很低。在磁极轴线处电场与磁场平行，电子 e_2 将直接飞向基片。通常此处离子密度很低，故 e_2 电子很少，对基体温升作用不大。因此，磁控溅射又具有“低温”的特点。

在磁控溅射系统中，提高电离效率增加薄膜沉积速度的关键是磁场的运用，正是磁场将从靶面发射的二次电子约束起来，从而提高了电子和气体的碰撞几率。磁控的关键在于建立有效的电子束缚阱，这必须建立正交的电磁场和利用磁力线与阴极靶面封闭等离子体，其中平行靶表面的 $B_{//}$ 参数设计特别重要。

磁控溅射属高速低温溅射技术；其工作气压为 0.1Pa，溅射电压为几百伏，靶电流密度可达几十毫安，沉积速率达每分钟几百纳米至 2000nm。

2.5.2 磁场在磁控溅射中的作用

磁控溅射主要包括放电等离子体输运、靶材刻蚀、薄膜沉积等过程，磁场对磁控溅射各个过程都会产生影响。在磁控溅射系统中加上正交磁场后，电子受到洛伦兹力的作用而做螺旋径迹运动，必须经过不断的碰撞才能渐渐运动到阳极，由于碰撞使得部分电子到达阳极后能量较小，对基片的轰击热也就不大。另外，由于电子受靶磁场的约束，在靶面上的磁作用区域以内即放电跑道这一局部小范围内的电子浓度很高，而在磁作用区域以外特别是远离磁场的基片表面附近，电子浓度就因发散而低得多且分布相对均匀，甚至比二极溅射条件下的还要低（因为二者的工作气体压力相差一个数量级）。轰击基片表面的电子密度低，使得轰击基片造成的温升较低，这就是磁控溅射基片温升低的主要机理。

另外，如果只有电场，电子到达阳极经过的路程将很短，与工作气体的碰撞几率只有 63.8%。而加上磁场后，电子在向阳极运动的过程中做螺旋运动，磁场束缚和延长了电子的运动轨迹，大大提高了电子与工作气体的碰撞几率，进而大大促进了电离的发生，电离后再次产生的电子也加入到碰撞的过程中，能将碰撞的几率提高几个数量级，有效地利用了电子的能量，因而在形成高密度等离子体的异常辉光放电中，等离子体密度增加，溅射出靶材原子的速率也随之增加，正离子对靶材轰击所引起的靶材溅射更加有效，这就是磁控溅射沉积速率高的原因。此外，磁场的存在还可以使溅射系统在较低气压下运行，低的工作气压可以使离子在鞘层区域减少碰撞，以比较大的动能轰击靶材，并且能够降低溅射出的靶材原子和中性气体的碰撞，防止靶材原子被散射到器壁或被反弹到靶表面，提高薄膜沉积的速率和质量。

靶磁场能够有效约束电子的运动轨迹，进而影响等离子体特性以及离子对靶的刻蚀轨迹；增加靶磁场的均匀性能够增加靶面刻蚀的均匀性，从而提高靶材的利用率；合理的电磁场分布还能够有效地提高溅射过程的稳定性。因此，对于磁控溅射靶来说，磁场的大小及分布是极其重要的。

2.5.3　磁控溅射镀膜的特点

磁控溅射镀膜与其他镀膜技术相比，其显著特征为：工作参数有大的动态调节范围，镀膜沉积速度和厚度（镀膜区域的状态）容易控制；对磁控靶的几何形状没有设计上的限制，以保证镀膜的均匀性；膜层没有液滴颗粒问题；几乎所有金属、合金和陶瓷材料都可以制成靶材料；通过直流或射频磁控溅射，可以生成纯金属或配比精确恒定的合金镀膜，以及气体参与的金属反应膜，满足薄膜多样和高精度的要求。磁控溅射镀膜的典型工艺参数为：工作压强为0.1Pa；靶电压300~700V；靶功率密度1~36W/cm^2。磁控溅射的具体特点有：

（1）沉积速率高。由于采用磁控电极，可以获得非常大的靶轰击离子电流，因此，靶表面的溅射刻蚀速率和基片面上的膜沉积速率都很高。

（2）功率效率高。低能电子与气体原子的碰撞几率高，因此气体离化率大大增加。相应地，放电气体（或等离子体）的阻抗大幅度降低。因此，直流磁控溅射与直流二极溅射相比，即使工作压力由1~10Pa降低到10^{-2}~10^{-1}Pa，溅射电压也同时由几千伏降低到几百伏，溅射效率和沉积速率反而成数量级增加。

（3）低能溅射。由于靶上施加的阴极电压低，等离子体被磁场束缚在阴极附近的空间中，从而抑制了高能带电粒子向基片一侧入射。因此，由带电粒子轰击引起的，对半导体器件等基体造成的损伤程度比其他溅射方式低。

（4）基片温度低。磁控溅射的溅射率高，是因为在阴极靶的磁场作用区域以内，即靶放电跑道上的局部小范围内的电子浓度高，而在磁作用区域以外特别是远离磁场的基片表面附近，电子浓度就因发散而低得多，甚至可能比二极溅射还要低（因为二者的工作气体压力相差一个数量级）。因此，在磁控溅射条件下，轰击基片表面的电子浓度要远低于普通二级溅射中的电子浓度，而由于入射基片的电子数量的减少，从而避免了基片温度的过度升高。此外，在磁控溅射方式中，磁控溅射装置的阳极可以设在阴极附近四周，基片架也可以不接地，处于悬浮电位，这样电子可不经过接地的基片架，而通过阳极流走，从而使得轰击被镀基片的高能电子减少，减少了由电子入射造成的基片热量增加，大大地减弱二次电子轰击基片导致的发热。

（5）靶的不均匀刻蚀。在传统的磁控溅射靶中，采用的是不均匀磁场，因此会使等离子体产生局部收聚效应，会使靶上局部位置的溅射刻蚀速率极大，其结果是靶上会产生显著的不均匀刻蚀。靶材的利用率一般为30%左右。为提高靶材的利用率，可以采取各种改进措施，如改善靶磁场的形状及分布，使磁铁在靶阴极内部移动等等。

（6）磁性材料靶溅射困难。如果溅射靶是由高磁导率的材料制成，磁力线会直接通过靶的内部发生磁短路现象，从而使磁控放电难于进行。为了产生空间磁场，人们进行了各种研究，例如，使靶材内部的磁场达到饱和，在靶上留许多缝隙促使其产生更多的漏磁，使靶的温度升高，或使靶材的磁导率减小等等。

2.5.4　平面磁控溅射靶

磁控溅射靶是镀膜机的关键部件，平面磁控溅射靶是目前应用最多的溅射源，其结构简单，加工方便。在平面磁控溅射镀膜中，按靶的平面形状分为圆形平面磁控溅射靶和矩形平面磁控溅射靶。两者的差别在于靶材及靶体的形状不同，其工作原理完全相同。通常在靶材的背面安装永久磁铁或电磁铁，或二者的复合结构。为控制靶温，应采用水冷却；为防止非靶材零件的溅射，应设置屏蔽罩。靶材一般为3~10mm厚的平板。

平面磁控溅射的典型工艺为：工作压强0.1Pa；靶电压300~700V；靶功率密度1~36W/cm²。平面磁控溅射靶功率密度大，靶电压小，工作气压低，而磁控溅射速率大。其缺点是靶材在跑道区形成溅射沟道，整个靶面刻蚀不均匀，靶材利用率只有约30%。

2.5.4.1 圆形平面磁控靶

A 圆形平面磁控靶的基本结构

圆形平面磁控溅射靶的结构如图2-19所示。靶的电位及磁场分布如图2-20所示。圆形平面靶材采用螺钉或钎焊方式紧紧固定在由永磁体（包括环形磁铁和中心磁柱）、水冷套、极靴（轭铁）和靶座等零件组成的阴极体上。通常，溅射靶接500~600V负电位，真空室接地，基片放置在溅射靶的对面，其电位接地、悬浮或偏压。因此，构成基本上是均匀的静电场。永磁体或电磁线圈在靶材表面建立如图2-21所示的曲线形静磁场。该磁场是以圆形平面磁控靶轴线为对称轴的环状场，从而实现了电磁场的正交和等离子体区域封闭的磁控溅射所必备的条件。由磁场形状决定了异常辉光放电等离子体区的形状，故而决定了靶材刻蚀区是一个与磁场形状相对称的圆环，其形状如图2-22所示。

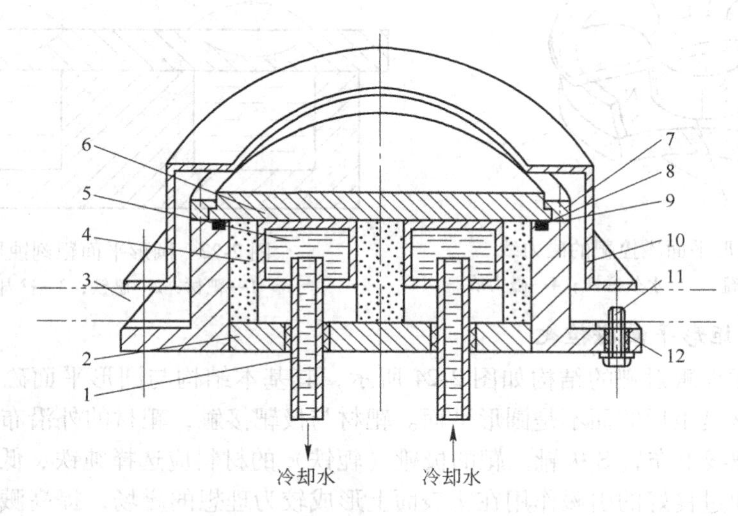

图2-19 圆形平面磁控溅射靶的结构示意图

1—冷却水管；2—极靴；3—靶座；4—环形磁铁；5—冷却水套；6—靶材；7—压环；8，11—螺钉；9—密封圈；10—屏蔽罩；12—绝缘套

图2-19中极靴（轭铁）的材料应选择纯铁、低碳钢等导磁性好的材料制成，以通过良好的引磁作用在靶表面上形成较为理想的磁场，提高溅射速率和拓宽靶的溅射区域。图中的水套作用是控制靶温以保证溅射靶处于合适的冷却状态。温度过高将引起靶材熔化，或靶表面合金成分偏析溅射，温度过低则导致溅射速率下降。图中屏蔽罩的设置，是为了防止非靶材零件的溅射，提高薄膜纯度。该屏蔽罩接地，还能起到吸收低能电子的辅助阳极的作用。

B 磁控靶的磁场

磁控溅射的磁场是由磁路结构和永久磁铁的剩磁（或电磁线圈的安匝数）所决定的，最终表现为溅射靶材表面的磁感应强度 B 的大小及分布。通常，圆形平面磁控溅射靶表面磁感应强度的水平分量 $B_{/\!/}$ 为 0.02～0.06T，其较好值为 0.04～0.05T 左右。因此，无论磁路如何布置，磁体如何选材，都必须保证上述的 $B_{/\!/}$ 要求。磁场 B 的大小及分布可以通过测试或计算得到。

单一磁路的圆形平面磁控溅射靶永磁体布置的几种形式见图 2-23。

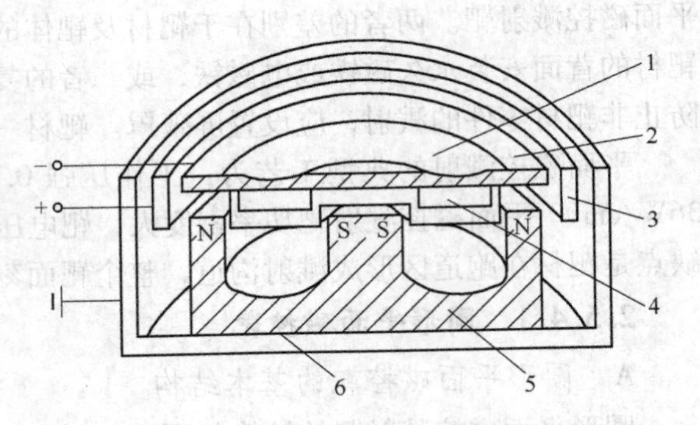

图 2-20 圆形平面磁控靶磁场示意图
1—溅射腐蚀区；2—靶；3—阳极；4—水冷阴极；5—磁体；6—屏蔽罩

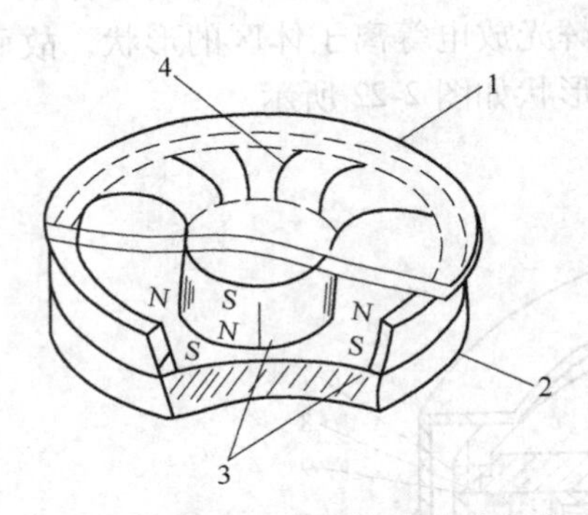

图 2-21 圆形平面磁控靶的磁力线
1—靶材；2—极靴；3—永久磁铁；4—磁力线

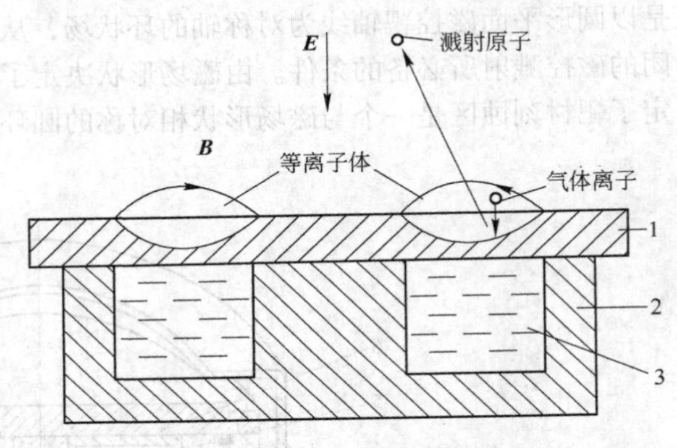

图 2-22 圆形平面靶刻蚀形状
1—靶材；2—磁铁；3—冷却水

2.5.4.2 矩形平面磁控靶

矩形平面磁控溅射靶的结构如图 2-24 所示，其基本结构与圆形平面磁控溅射靶基本相同，只是靶材是矩形的而不是圆形平面。靶材与极靴接触，靶材的外沿布置永久磁体的 N 极靴，中心靶线上布置 S 极靴。靶的极靴（轭铁）的材料应选择纯铁、低碳钢等导磁性好的材料，以通过良好的引磁作用在靶表面上形成较为理想的磁场，提高溅射速率和拓宽靶的溅射区域。N 和 S 极靴上分别放置极性相反的永磁体，再放一导磁的纯铁背板（轭铁）将永磁体的另一端联结，构成产生跑道磁场的整体磁路，这样，在靶面上形成一个如图 2-25 所示的封闭的环形跑道磁场。

如图 2-25 所示，矩形靶的封闭环形磁场磁力线由跑道外圈穿出靶面，再由内圈进入靶面，每条磁力线都横贯跑道，并要求靶面磁场强度的水平分量峰值达到 0.03～0.08T。阴极表面的靶厚 3～10mm，由溅射材料制成。其下面是水冷通道，有直冷式和间接冷却式两种。前者冷却水直接通入靶背面，后者为水冷却铜靶座，靶贴在靶座上。水冷却作用是控制靶温以保证溅射靶处于合适的冷却状态。温度过高将引起靶材熔化，或靶表面合金成分偏析溅射，温度过低则导致溅射速率下降。对于非直冷式的大功率溅射，为了导热良

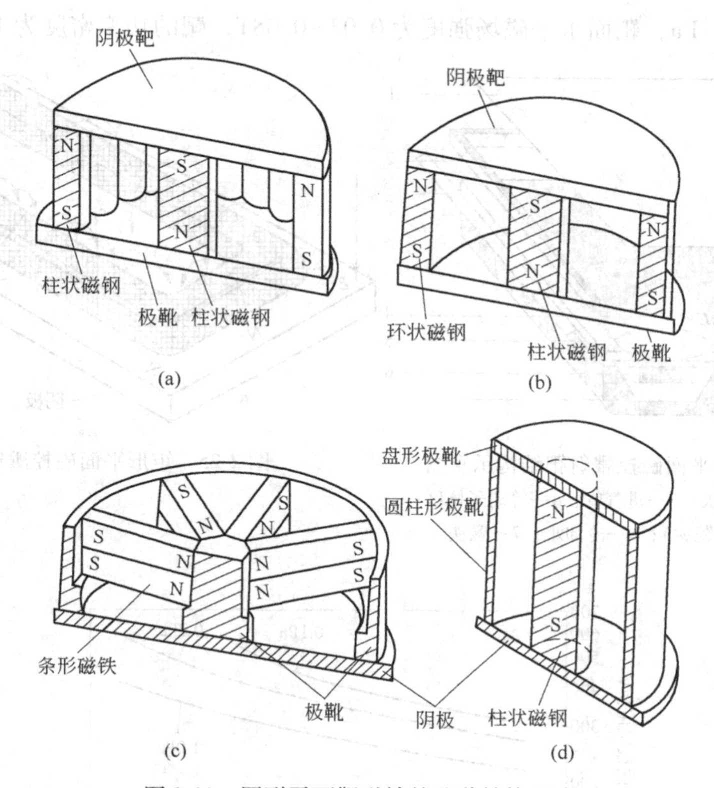

图 2-23　圆形平面靶磁铁的几种结构形式

（a）柱状磁铁；（b）环状磁铁；（c）径向磁铁；（d）轴心柱状磁铁

好，靶与靶座的连接极为重要。

平面磁控溅射靶，特别是工业生产用的矩形平面靶，多数采用小块永磁体拼接成一个环形的磁场。用小块永磁体拼凑磁场，对于调整靶磁场的场强分布来说较为方便。在实际应用中调整靶的磁场分布是必要的，它根据磁铁的剩磁磁场强度和靶材表面溅射刻蚀深浅的分布，对靶磁场进行调整，通过调整磁场来保证溅射镀膜的均匀性。

通常，溅射靶接 500~600V 负电位，真空室接地，基片放置在溅射靶的对面，接地、悬浮或加偏压。

2.5.4.3　平面磁控靶的放电特性

图 2-26（a）示出在各种工作气压下，矩形平面磁控溅射靶的放电电流-电压特性。在最佳的磁场强度和磁力线分布条件下，该特性曲线服从：

$$I = KU^n \tag{2-3}$$

式中，I 为阴极电流，A；U 为阴极电位，V；n 为等离子体内电子束缚效应系数；K 为常数。

图 2-26（b）示出了在恒定的阴极电流密度条件下，阴极电压与气压的关系曲线。此时功率 P 为：

$$P = KU^{n+1} \tag{2-4}$$

式中，参数 U、n、K 意义与式（2-3）相同。

平面磁控溅射靶的阴极电压一般为 300~600V，电流密度为 4~60mA/cm²，沉积压力为 1.3~1.3×10^{-1}Pa，靶面水平磁场强度为 0.03~0.08T，靶的功率密度为 1~36W/cm^2。

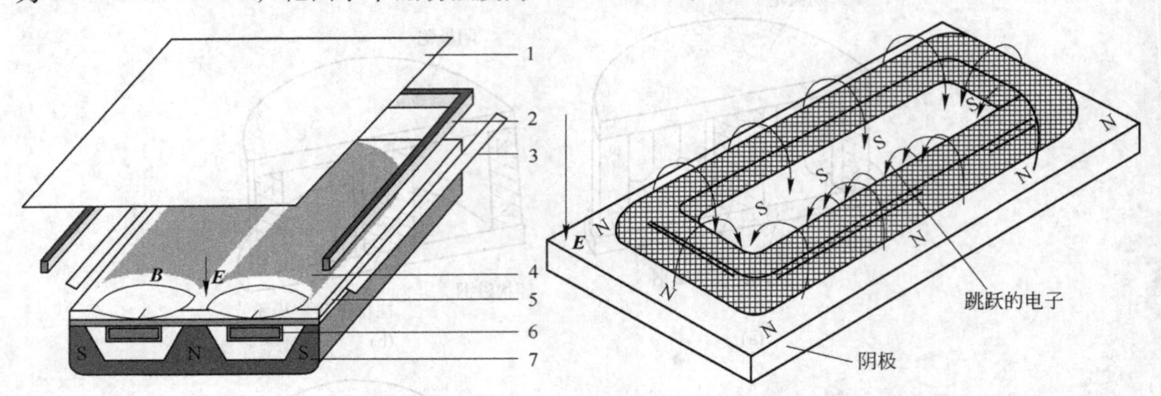

图 2-24 矩形平面磁控溅射靶结构示意图

1—基体；2—阳极；3—进气管；4—等离子体区；5—靶阴极（靶材）；6—冷却水；7—磁铁

图 2-25 矩形平面磁控溅射靶的跑道

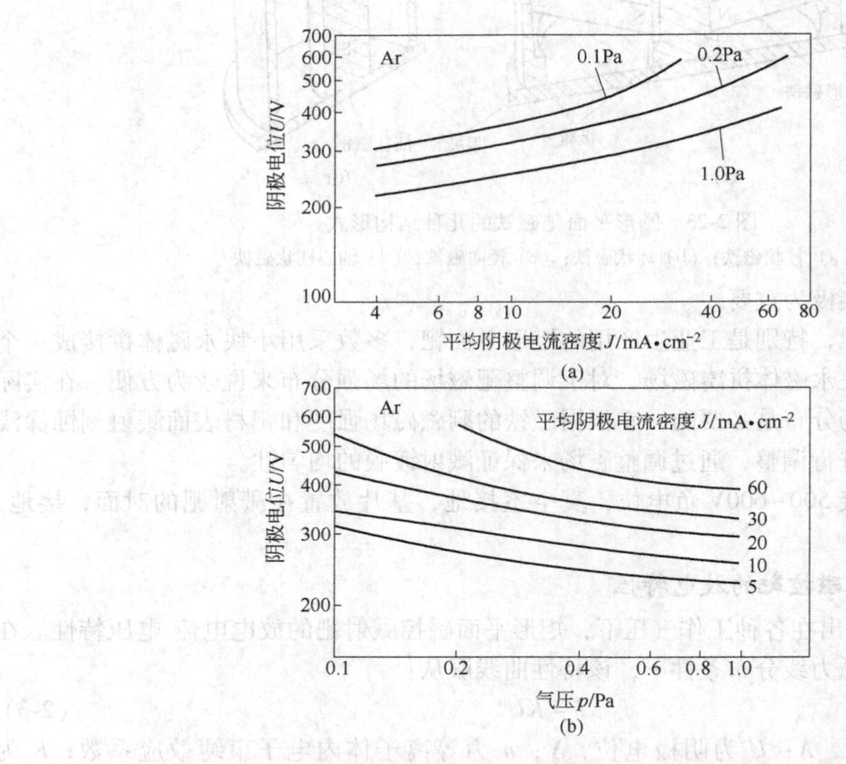

图 2-26 平面磁控溅射靶的电压、电流及气压的关系曲线

（a）不同气压下矩形平面磁控靶的电流与电压特性；（b）恒定平均靶电流密度下磁控靶电压与气压关系

2.5.5 圆柱形磁控溅射靶

2.5.5.1 同轴圆柱环状磁体溅射靶

典型的同轴圆柱形磁环磁控溅射靶的结构如图 2-27 所示。一般构成以溅射靶为阴极，

基体为阳极的对数电场，靶磁场基本上是均匀的静磁场。阴极靶材通常用无缝管材，壁厚5~15mm。内孔要考虑磁体的安装和冷却水通道。环状磁体是同极性相邻（即N-N，S-S）安装，在两同性极之间插入3~5mm厚的纯铁垫片，其形成的磁场和磁力线形式如图2-28所示。通常，磁体端面剩磁要求0.15T，保证靶表面的平行磁场强度$B_{//}\approx 0.03T$。

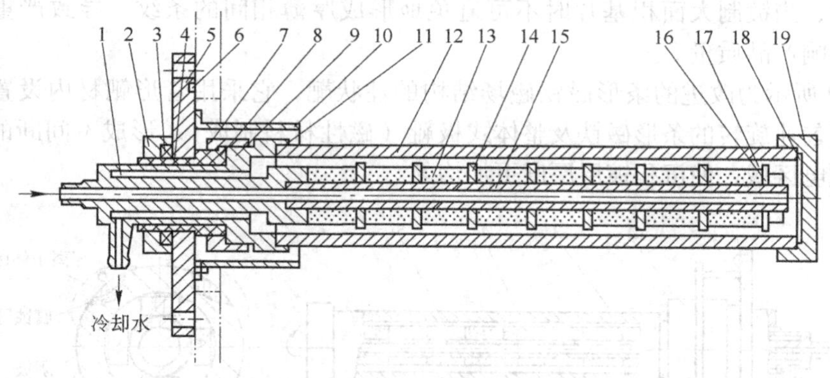

图2-27　圆柱形磁环磁控溅射靶的结构示意图

1—水嘴座；2，8，17—螺母；3—垫片；4，6，9，11，18—密封圈；5—法兰；7—绝缘套；10—屏蔽罩；12—阴极靶；13—永磁体；14—垫片；15—水管；16—支撑；19—螺帽

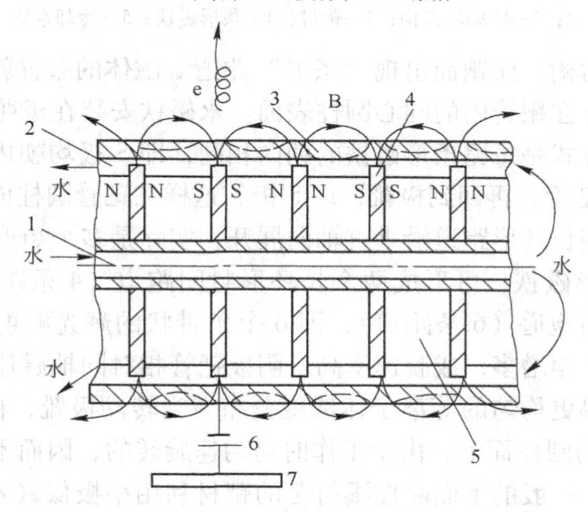

图2-28　圆柱形磁控溅射靶磁力线示意图

1—进水管；2—出水管；3—靶材；4—导磁垫片；5—环状永磁体；6—靶电源；7—阳极

在每个永磁体单元的对称面上，磁力线平行于靶表面并与电场正交，磁力线与靶表面封闭的空间就是束缚电子运动的等离子体区域。在异常辉光放电中，电子绕靶表面做圆周运动，而离子不断地轰击靶表面并使之溅射，材料沉积在基片上，形成薄膜。

靶结构中永磁体可以沿轴向整体上下往复运动，以便提高靶材利用率。在柱状靶面两端不可避免地有电子逃出放电区，影响到端部放电和溅射均匀性（端部效应）。可在端部设置反射阴极，以减少电子从端部逃出电磁场约束的损失。

通常靶接400~600V的负电位，基片（或工件车）接地、悬浮或加偏压，构成放电场。

2.5.5.2 同轴圆柱条状磁体溅射靶

上述圆柱状的磁控溅射阴极靶，是采用环状磁体，辉光放电等离子体区是环绕柱状阴极表面一圈的相当磁环高度的环状区域，相对应的柱靶表面被不均匀刻蚀一圈，成为“糖葫芦串”状。这种圆柱形磁控溅射靶在溅射时形成若干个与靶轴线垂直的有间隙的环状辉光放电区域，当镀制大面积基片时不可避免地形成厚薄相间的条纹，导致严重的膜厚不均，严重影响产品质量。

图 2-29 所示为改进的条形磁铁磁场结构的柱状靶，它采用管形靶材内设置与靶轴线平行的、可匀速旋转的条形磁铁及整体式极靴（磁性材料制成），形成不间断的、均匀的条形辉光放电区域，使沉积镀层厚度更加均匀。

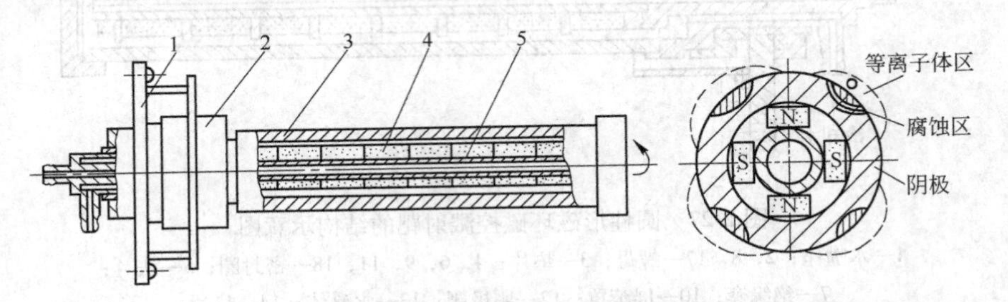

图 2-29　圆柱旋转式双面矩形磁条磁控溅射靶结构示意图
1—靶支架；2—靶旋转机构；3—靶材；4—条形磁铁；5—冷却水管（极靴）

通过改进磁场的结构，使靶面出现“条形”跑道。磁体的布置就是把两个或三个矩形平面靶的磁体结构安排在靶管内的同心圆柱表面。永磁铁安装在极靴的定位槽内组成条形磁铁，永磁铁的组合方式是每路条形磁铁的朝向相同，即 S 极均朝内，N 极均朝外。磁力线从 N 极出发，穿过靶管，再回到极靴，即 S 极，这样在靶管圆柱面上构成了封闭的磁力线长环形跑道。把这些长环形跑道沿垂直轴向展开，实际是多个矩形平面磁控溅射靶沿轴向拼接起来。两路条形磁铁，可形成两个长环形封闭跑道（4 条跑道）；三路条形磁铁，则形成三个长环形封闭跑道（6 条跑道），即 6 个条带状的辉光溅射区。这样，离子轰击区域面积增大，溅射产额增多，成膜速率高。阴极靶管相对同轴磁体总成转动，起辉时均匀刻蚀靶面，同时获得更均匀的等离子体浓度分布。当转动极靴，使之相对于靶管旋转，则溅射区存在于 360°的圆柱面上。由于工作时是匀速旋转的，因而不但溅射更加均匀，靶材利用率也大大提高，一般的平面磁控溅射靶的靶材利用率极低（不足 20%），而这种结构靶材利用率超过 70%。

在靶的端部采用矩形连续闭合磁路连接装置，它设置在条形磁铁的两端，用来使条形磁铁的磁场在端部闭合，保证辉光放电时形成一个闭合的电子跑道，使溅射稳定进行，避免了端部的放电（拉弧）问题，靶可在较大电流密度下工作。

圆柱旋转式条形磁体磁控溅射靶的磁场结构特征是由若干根长条形永磁体沿靶轴线方向排列成数列，从而可以产生对称分布的细长形封闭跑道，因此靶所具有的性能与平面矩形磁控溅射源基本相同。它吸收了平面磁控溅射靶的优点，其特点是可以在靶磁场两侧的大面积平面基片上沉积出膜厚均匀的涂层，这样就解决了同轴圆柱形磁控靶由于环状磁场所引起的膜层均匀性不好的问题。同时由于这种靶具有较高的磁场强度，因此靶的沉积速率高、溅射效率也高，可在较短的时间内，在较大面积的范围内沉积成膜质优良、膜牢固度高、均匀性好的单质膜、合金膜或反应膜。为了提高靶材的利用率，在溅射镀膜过程中，通过设置在靶座上的旋转机构，使靶的圆柱筒形靶材产生匀速的旋转运动，从而可以使靶材利用率提高。

典型的圆柱磁控溅射靶的主要工作参数：放电电压 450～600V，磁场强度 $B_{//}$ = 0.035～0.06T，压强 p=0.5Pa，电流密度 J=10～40mA/cm^2。

2.5.6 传统平面磁控溅射靶存在的问题

磁控溅射具有诸多优点的同时，也存在沉积速率低和靶面刻蚀不均匀、靶材利用率低等缺点。如平面靶的靶材利用率一般只有20%～30%左右，致使其溅射效率也比较低。对于某些如金、银、铂等以及一些高纯度合金材料，如制备 ITO 膜、电磁膜、超导膜、电介质薄膜等膜层需要的贵重金属靶材来说，如何克服磁控溅射靶靶材利用率低、薄膜沉积不均匀等缺点，就显得相当重要。

2.5.6.1 矩形平面磁控靶靶材刻蚀不均匀

矩形平面磁控溅射靶靶材刻蚀不均匀性主要体现在两个方面：一方面是在靶宽度方向上刻蚀不均匀，刻蚀形状为图 2-30 所示的倒正态分布曲线形状，刻蚀形貌很窄很尖；另一方面，传统设计的矩形平面溅射靶的溅射沟道呈封闭的跑道形，在靶端部对角线位置上容易出现反常刻蚀现象，而且在靶端部与直道连接处的刻蚀异常严重，而中部区域的刻蚀较浅，并且刻蚀严重的部位总是成对角线分布，所以该现象又称为端部效应或对角线效应。靶的端部刻蚀效应大大降低了刻蚀沟道深度的一致性。传统设计的矩形平面溅射靶的端部刻蚀情况如图 2-31 所示。

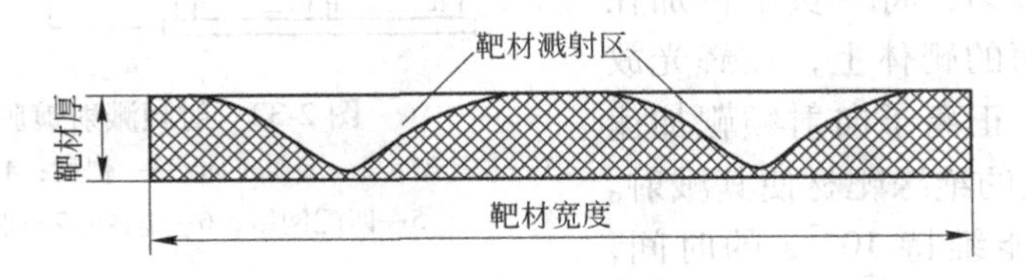

图 2-30 传统矩形平面靶的溅射刻蚀区

2.5.6.2 膜层沉积不均匀

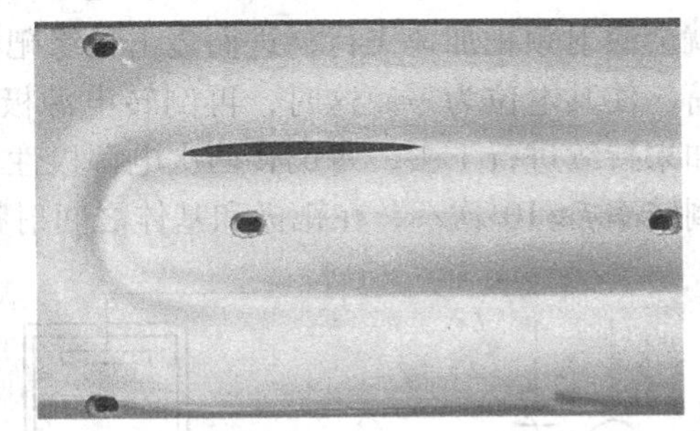

图 2-31 矩形平面靶的端部刻蚀效应

薄膜厚度均匀性是衡量薄膜质量和镀膜装置性能的一项重要指标。任何一种有实际应用价值的薄膜，都对膜厚分布有特定的要求，都要求所镀的膜层厚度尽可能均匀一致，有尽可能好的膜厚均匀性。

提高膜厚均匀性有多种方法，比如将溅射靶源和基片放置在合适的位置，采用旋转基片，增加遮挡机构等等。对于磁控溅射镀膜，理想的磁场应该是在整个靶面范围内均匀分布，尽量增强靶面范围内各处磁场的水平分量，提高其均匀性。但在实际的经典结构中，由于阴极靶面电磁场的非均匀分布，造成等离子体密度的分布不均，最终导致靶面上不同位置的溅射速率不同，刻蚀速率不同，膜层沉积的均匀性也不好。

薄膜沉积速率主要受靶的刻蚀情况影响，靶的刻蚀与等离子体的浓度成正比关系，而等离子体浓度与空间中的磁场分布有着密切关系。因此，靶的刻蚀与空间的磁场分布有着密切关系。磁场的作用在于控制并延长电子的运动轨迹，以此增大与工作气体的碰撞几率，使等离子体密度增加，溅射出靶材原子的速率也随之增加。

因此，通过改进磁路布置，改变磁场的施加方式，开发出不同结构和磁场强度的阴极磁控靶，优化等离子体分布，以获得更好的薄膜质量和更高的膜层沉积速率，是目前改善磁控溅射的膜厚均匀性，提高沉积速率的有效方法。

2.6　射频（RF）溅射

由于直流溅射和直流磁控溅射镀膜装置都需要在溅射靶上加上一负电位，因而只能溅射良导体，而不能制备绝缘介质膜。绝缘材料的靶材，若采用直流二极溅射，正离子轰击靶的电荷不能导走，造成正电荷积累，靶面正电位不断上升，最后正离子不能到达靶面进行溅射，因此对绝缘靶材需要采用射频（高频）溅射技术。

射频溅射装置与直流溅射装置类似，只是电源换成了射频电源。为使溅射功率有效地传输到靶-基板间，还有一套专门的功率匹配网络。图 2-32 是射频装置的结构简图。采用 RF 技术在基片上沉积绝缘薄膜的原理为：将一负电位加在置于绝缘靶材背面的靶体上，在辉光放电的等离子体中，正离子向射频靶加速飞行，轰击其前置的绝缘靶材使其溅射。但是这种溅射只能维持 10^{-7}s 的时间，此后在绝缘靶材上积累的正电荷形成的正电位抵消了靶材背后靶体上的负电位，故而停止了高能正离子对绝缘靶材的轰击。此时，如果倒转电源的极性，即靶体上加正电位，电子就会向射频靶加速飞行，进而轰击绝缘靶材，并在 10^{-9}s 时间内中和掉绝缘靶材上的正电荷，使其电位为零。这时，再倒转电源极性，又能产生 10^{-7}s 时间的对绝缘靶材的溅射。如果持续进行下去，每倒转两次电源极性，就能产生 10^{-7}s 的溅射，因此必须使电源极性倒转率 $f \geqslant 10^7$次/s，在靶极和基体之间射频等离子体中的正离子和电子交替轰击绝缘靶而产生溅射，才能满足正常薄膜沉积的需要，以上即为射频溅射技术。

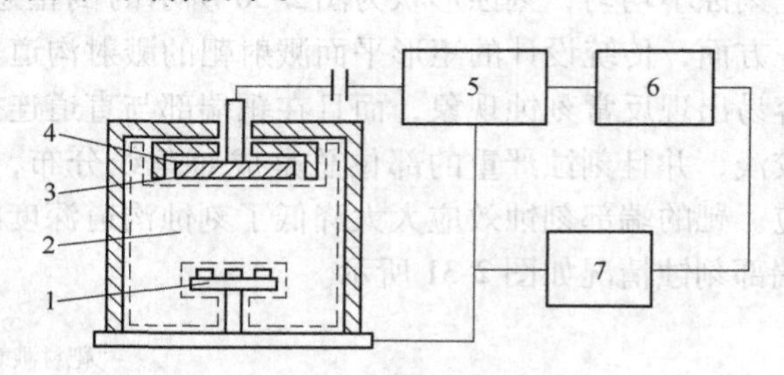

图 2-32　射频溅射镀膜装置

1—基片架；2—等离子体；3—靶材；4—射频溅射靶靶体；5—匹配网络；6—电源；7—射频发生器

射频溅射频率的极性转换可利用射频发生器完成，射频发生器实际上就是一个 LC 振荡电路。如图 2-33 所示，射频溅射装置相当于直流溅射装置中的直流电源部分由射频发生器、匹配网络和电源组成的。射频发生的频率通常为 10MHz 以上，国内射频电源的频

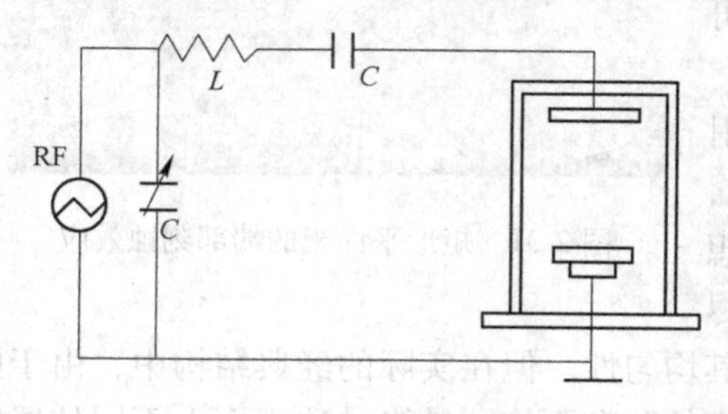

图 2-33　射频电源原理示意图

率规定多采用 13.56MHz。在射频溅射镀膜装置的两极之间加上高频电场（13.56MHz）后，电子在振荡的作用下的运动也是振荡式的，利用电子在射频电场中的振荡，电子吸收射频电场的能量，与 Ar 原子产生碰撞电离而获得等离子体。等离子体内电子容易在射频电场中吸收能量并在电场中振荡，因此电子与气体粒子碰撞的几率大大增加，气体的电离几率也相应提高，使射频溅射的击穿电压和放电电压显著降低，其值只有直流溅射装置的十分之一左右。由于电子与气体分子碰撞几率增大，从而使气体离化率变大，所以 RF 溅射可以在 0.1Pa 甚至更低的气压下进行。射频溅射能沉积包括导体、半导体、绝缘体在内的几乎所有材料。

如果在射频溅射装置中，将射频靶与基片完全对称配置，则两电极的负电位相等，正离子轰击靶及基片的能量和几率相同，正离子以均等的几率轰击溅射靶和基片，即使溅射粒子附着在基片上，由于产生的反溅射也会被打落下去，这样在基片表面上是不能沉积薄膜的。在射频溅射装置中，设辉光放电空间与靶之间的电压为 V_1，辉光放电空间与直接耦合电极（基片）之间电压为 V_2，S_1、S_2分别为容性耦合电极（溅射靶）和直接耦合电极（即基片及真空室壁等接地部分）的面积，则两电极的面积和电位有如下关系

$$\frac{V_1}{V_2}=\left(\frac{S_2}{S_1}\right)^4 \tag{2-5}$$

2.7 非平衡磁控溅射

在传统的磁控溅射镀膜系统中，为了形成连续稳定的等离子体区，必须采用平衡磁场来控制等离子体。由于电子被靶面平行磁场紧紧地约束在靶面附近，所以辉光放电产生的等离子体也分布在靶面附近。一般情况下，这种等离子体分布在距离靶面 60mm 的范围内。随着离开靶面距离的增大，等离子体浓度迅速降低。相应地只有中性粒子不受磁场的束缚能够飞向工件沉积区域。中性粒子的能量一般在 4~10eV 之间，在工件表面上不足以产生致密的、结合力好的膜层。如果将工件布置在磁控靶表面附近区域内（距离靶面 50~90mm 的范围内），可以增强工件受到离子轰击的效果。但是在距离溅射靶源过近区域沉积的膜层不均匀，膜层的内应力大，也不稳定。而且，靶基距过近也限制了工件的几何尺寸，影响膜层的性能。另外，若在复杂形状或具有立体表面的工件上沉积膜层，阴影问题比较突出。因而，传统的磁控溅射镀膜系统只能镀制结构简单、表面平整的工件。

为了解决这些问题，人们进行了长期大量的研究，其中非平衡磁控溅射系统是较为成功的解决方案之一。非平衡磁控溅射技术是在传统磁控溅射技术的基础上发展而来的。1985 年，澳大利亚的 B. Window 及其同事首先提出了“非平衡磁控溅射”概念。其主要特征是改变阴极磁场，使得通过磁控溅射靶的内外两个磁极端面的磁通量不相等，磁场线在同一阴极靶面内不形成闭合曲线，从而将等离子体扩展到远离靶处，使基片浸没其中，使溅射系统中的约束磁场所控制的等离子体区不仅仅局限在靶面附近，在基片表面也引起大量的离子轰击，使等离子体直接干涉基片表面的成膜过程，从而改善了薄膜的性能。

2.7.1 非平衡磁控溅射原理

传统的“平衡”磁控溅射靶，其外环磁极的磁场强度与中部磁极的磁场强度相等或相

近，即指靶边缘和靶中心的磁场强度相同，磁力线全部在靶表面闭合。一旦某一磁极的磁场相对于另一极性相反的部分增强或者减弱，就导致了溅射靶磁场的“非平衡”状态，即如果通过磁控溅射阴极的内、外两个磁极端面的磁通量不相等，则为非平衡磁控溅射靶。

普通磁控溅射靶的磁场集中在靶面附近（见图 2-34a），靶的磁场将等离子体紧密地约束在靶面附近，而基片附近的等离子体很弱，基片不会受到离子和电子较强的轰击。而非平衡磁控溅射阴极的磁场大量向靶外发散（见图 2-34b），非平衡磁控溅射阴极的磁场可将等离子体扩展到远离靶面处，使基片浸没其中。通过改变磁控靶中磁体的配置方式，有意识地增强或削弱其中一个磁极的磁通量，改变靶表面区域磁场的分布，使得对靶前二次电子和等离子体的控制发生变化，提高镀膜区域的等离子体密度，从而改善镀膜质量，即为非平衡磁控溅射。

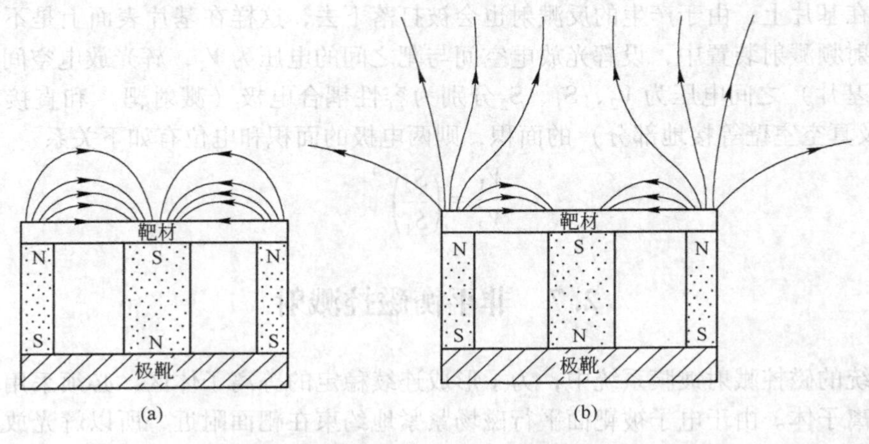

图 2-34　普通磁控溅射靶磁场（a）和非平衡磁控溅射的磁场（b）

对于普通平衡磁控溅射系统，在电子飞向被镀基片过程中，随着磁场强度的减弱，电子容易挣脱磁场的束缚，跑到真空室壁损失掉，导致电子和离子浓度的下降。在原有靶的外侧，再加一约束磁场，构成非平衡磁场，以补充镀膜区域内磁场强度的减弱。典型单靶非平衡磁控溅射系统原理和磁场分布如图 2-35 所示。在阴极靶上施加溅射电源，使系统在一定真空度下形成辉光放电，产生离子、原子等粒子形成的等离子体。在永磁铁产生的磁场、基片上施加的负偏压形成的电场及粒子初始动能作用下，等离子体流向基片。同时，在阴极和基片之间增加电磁线圈，增加靶周边的额外磁场，用它来改变阴极靶和基片之间的磁场分布，使得靶的外部磁场强于中心磁场，此时，部分不封闭的磁力线从阴极靶周边扩展到基片，电子沿该磁力线运动，增加了电子与靶材原子和中性气体分子的碰撞电离机会，使得离化率大大提高，并且将等离子体区域扩展到基片，进一步增加镀膜区域的离子浓度。因此，即使基片保持不动，也可以从等离子体区得到很大密度的离子流。可见，非平衡磁控系统为溅射离子镀膜提供了强大的电动势，特别是对镀制具有外部复合特性的膜层十分有利。

2.7.2　非平衡磁控溅射与平衡磁控溅射比较

非平衡磁控溅射与平衡磁控溅射的根本差异在于对等离子体的限制程度不同，两者尽管在结构设计上差别不大，但在薄膜的沉积过程中，等离子体中带电粒子的表现却大不

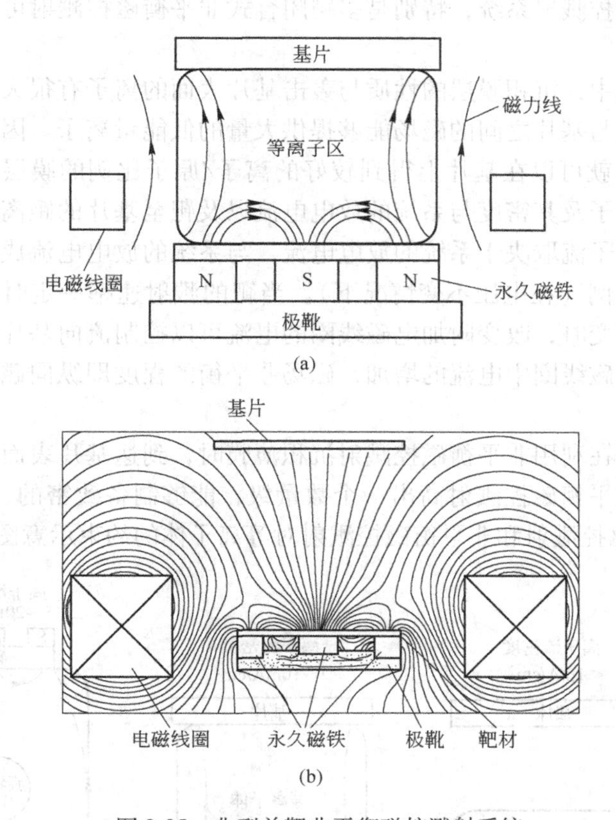

图 2-35　典型单靶非平衡磁控溅射系统

(a) 典型单靶非平衡磁控溅射系统原理；(b) 典型单靶非平衡磁控溅射系统的磁场分布

相同。

在平衡磁控溅射沉积系统中，溅射靶表面闭合的磁场不仅约束二次电子，而且对离子也有强烈的约束作用，即交叉场放电产生的等离子体被约束在离靶表面约 60mm 的区域内。沉积薄膜时，若基片放置在这个区域，则基片会受到高能电子和离子的轰击，这样除了对基片造成损伤等不利因素外，还会由于再溅射效应使沉积速率降低；若基片不放置在这个区域，则在电子飞向被镀基片的过程中，随着磁场强度的减弱，电子容易挣脱磁场束缚，跑到真空室壁损失掉，导致电子和离子的密度下降，致使到达基片的离子电流密度很小，不足以影响或改变薄膜的应力状态和微观结构。因此，平衡磁控溅射很难制备致密的、应力小的薄膜，尤其是在较大的或结构复杂的表面上成膜。

非平衡磁控溅射系统可以弥补薄膜沉积区域内磁场强度的减弱，其特征是在溅射系统中约束磁场所控制的等离子体区不仅仅局限在靶面附近，由于非平衡磁控溅射靶表面的磁场部分地扩展到基片表面，正交场放电产生的等离子体不是被强烈地约束在溅射靶的附近，能够导致一定量的二次电子脱离靶面，在磁场梯度的作用下，带动正离子一起扩散到基片表面的薄膜沉积区域，将等离子体区扩展到远离靶面的基片处。这样，使到达基片的离子流密度大大增加。在薄膜沉积的过程中，同时有一定数目和能量的带电粒子轰击基片表面，直接参与基片表面的沉积成膜过程，改善了沉积膜层的性能和质量。非平衡磁控溅射技术的使用，可以解决利用磁控溅射技术沉积膜层致密、成分复杂的薄膜问题，并且由此发展出各种多靶磁控溅射系统，特别是多靶闭合式非平衡磁控溅射可用于制备各种大面积优良性能的薄膜。

在溅射镀膜工艺中，沉积膜层的性质与轰击基片表面的离子有很大的关系。在非平衡磁控溅射系统中，靶与基片之间的磁场能够提供大量的低能量离子。因此，在较低的工作气压（10^{-2}Pa）下，就可以在基片上得到较好的离子/原子比例的膜层。在非平衡磁控系统中，流向基片的离子及其密度与系统的放电电流以及靶至基片的距离有很大关系。实验表明，流向基片的离子流取决于系统的放电电流，与系统的放电电流成正比，薄膜的沉积速度与放电电流成比例（在电压不变情况下）。当靶的溅射速率一定时，即溅射电源的放电电压和放电电流不变时，改变附加电磁线圈的电流可以控制流向基片离子流中的离子与原子的比例。随着电磁线圈中电流的增加，磁场非平衡的程度即纵向磁场强度增加，流向基片的离子流增加。

研究结果表明，在利用非平衡磁控溅射沉积薄膜时，到达基片表面的离子流密度可以高达 10 mA/cm^2，比平衡磁控溅射高出一个数量级，能够制备致密的、内应力小的薄膜。图 2-36 给出了平衡磁控溅射和非平衡磁控溅射对等离子体的约束示意图。

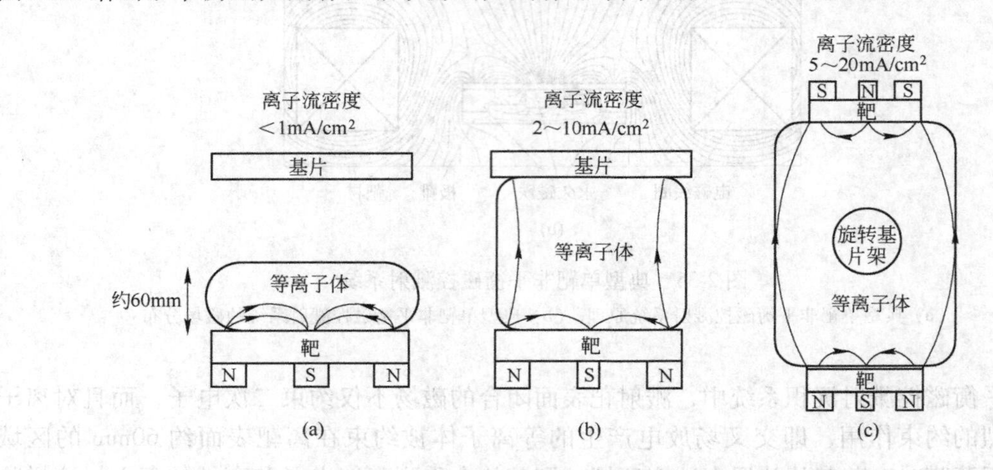

图 2-36 平衡磁控溅射和非平衡磁控溅射对等离子体的约束
（a）传统平衡磁控溅射；（b）单靶非平衡磁控溅射；（c）双靶闭合磁场非平衡磁控溅射

2.8 反应磁控溅射

在现代薄膜材料应用中，化合物薄膜约占全部薄膜材料的 70%。制备化合物薄膜可以用各种化学气相沉积或物理气相沉积方法。过去，大多数化合物薄膜采用 CVD 方法制备。CVD 技术目前已经开发了等离子增强 CVD、金属有机化合物 CVD 等新工艺。但因 CVD 方法需要高温，材料来源又受到限制，有的还带毒性、腐蚀性，污染环境以及镀膜均匀性等问题，在一定程度上限制了化合物膜的制备。

采用 CVD 方法制备介质薄膜和化合物薄膜，除了可采用射频溅射法外，还可以采用反应溅射法，即在溅射镀膜过程中，人为控制地引入某些活性反应气体，与溅射出来的靶材物质进行反应沉积在基片上，可获得不同于靶材物质的薄膜。例如在 O_2 中溅射反应而获得氧化物，在 N_2或 NH_3中获得氮化物，在 O_2+N_2混合气体中得到氮氧化合物，在 C_2H_2或 CH_4中得到碳化物，在硅烷中得到硅化物和在 HF 或 CF_4中得到氟化物等。目前从工业规模大生产化合物薄膜的需求来看，反应磁控溅射沉积技术具有明显的优势。

2.8.1 反应溅射的机理

反应溅射的过程如图 2-37 所示。通常的反应气体有氧、氮、甲烷、乙炔、一氧化碳等。在溅射过程中，根据反应气体压力的不同，反应过程可以发生在基片上或发生在阴极上（反应后以化合物形式迁移到基片上）。当反应气体的压力较高时，则可能在阴极溅射靶上发生反应，然后以化合物的形式迁移到基片上成膜。一般情况下，反应溅射的气压比较低，因此气相反应不显著，主要表现为在基片表面的固相反应。通常由于等离子体中的流通电流很高，可以有效地促进反应气体分子的分解、激发和电离过程。在反应溅射过程中产生一股较强的由载能游离原子组成的粒子流，伴随着溅射出来的靶原子从阴极靶流向基片，在基片上克服薄膜扩散生长的激活阈能后形成化合物，以上即为反应溅射的主要机理。

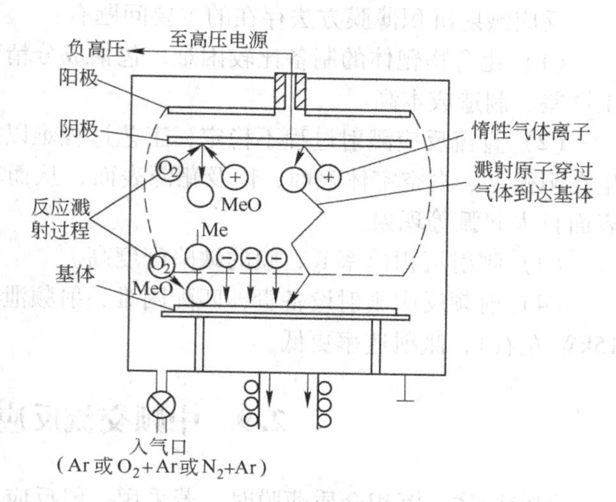

图 2-37 反应溅射原理图

2.8.2 反应溅射的特性

反应磁控溅射即在溅射过程中供入反应气体与溅射粒子进行反应，生成化合物薄膜。它可以在溅射化合物靶的同时供应反应气体与之反应，也可以在溅射金属或合金靶的同时供应反应气体与之反应来制备既定化学配比的化合物薄膜。反应磁控溅射制备化合物薄膜的特点是：

（1）反应磁控溅射所用的靶材料（单元素靶或多元素靶）和反应气体等很容易获得高的纯度，因而有利于制备高纯度的化合物薄膜。

（2）在反应磁控溅射中，通过调节沉积工艺参数，可以制备化学配比或非化学配比的化合物薄膜，从而达到通过调节薄膜的组成来调控薄膜特性的目的。

（3）在反应磁控溅射沉积过程中，基片的温度一般不太高，而且成膜过程通常也并不要求对基片进行很高温度的加热，因此对基片材料的限制较少。

（4）反应磁控溅射适于制备大面积均匀薄膜，并能实现单机年产量百万平方米镀膜的工业化生产。

在很多情况下，只要简单地改变溅射时反应气体与惰性气体的比例，就可改变薄膜的性质。例如，可使薄膜由金属改变为半导体或非金属。

目前，工业上常用的采用反应溅射方法制备的薄膜有：建筑玻璃上使用的 ZnO、

SnO_2、TiO_2、SiO_2等；电子工业使用的有ITO透明导电膜，SiO_2、Si_3N_4和Al_2O_3等钝化膜、隔离膜；光学工业用的TiO_2、SiO_2、Ta_2O_5等。目前通用的化合物溅射成膜方式有：

（1）某些化合物可以采用金属靶材直流反应磁控溅射合成化合物薄膜；

（2）对于高阻靶材也可以用直流反应磁控溅射形成化合物薄膜；

（3）对于绝缘靶材采用射频反应溅射形成化合物薄膜。

反应溅射沉积薄膜方法存在的主要问题有：

（1）化合物靶体的制备比较困难，包括成分精确控制、高温高压成型、化合物和机加工性差、制造成本高。

（2）直流反应溅射过程不稳定，工艺过程难以控制，反应不仅发生在工件表面，也发生在阳极上、真空室体表面，以及靶源表面，从而容易引起靶中毒（灭火）、靶源和工件表面打火起弧等现象。

（3）溅射沉积速率低，膜的缺陷密度高。

（4）射频反应溅射设备贵，匹配困难，射频泄漏对人身有伤害。电源功率不大（10~15kW左右），溅射速率更低。

2.9 中频交流反应磁控溅射

如前所述，沉积介质薄膜时，若采用一般反应溅射，阳极表面逐渐被化合物覆盖，使接地电阻越来越高，直到完全被绝缘物覆盖，导致二次电子没有去处，形成“阳极消失”现象。阳极消失现象使辉光放电阻断，放电过程变得越来越不稳定，最后导致频繁的异常辉光放电，这对成膜是非常有害的。改变溅射靶供电电源的频率可以很好地控制弧光放电，解决阳极消失和靶中毒现象。

2.9.1 中频交流磁控溅射原理

对于绝缘层来说，高频电流是可以穿透导通的。当阴极表面积累了一定的正电荷时，在没有引起弧光放电之前，电源产生一个反向电压，使积累在绝缘层上的正电荷及时被中和，就可抑制靶中毒和靶面打火。从绝缘膜上积累正电荷到发生击穿所需的时间t_B可由下式计算

$$t_B = \varepsilon_r \varepsilon_0 \frac{E_B}{J_i} \tag{2-6}$$

式中，ε_r和E_B分别为绝缘膜的相对介电常数和击穿场强；ε_0为真空的介电常数；J_i为轰击到绝缘膜上的正离子电流密度。显然若能够设法让绝缘膜积累的正电荷以短于t_B的周期通过一定的途径释放掉，就能够避免靶面发生中毒打火。

通过对反应磁控溅射中靶面化合物层中的电场强度进行的研究发现，在靶面的刻蚀区（跑道）与非刻蚀区之间的过渡区（即跑道边缘区）存在电场强度的极大值（见图2-38）。大量的实验也观察到打火经常发生在跑道边缘区。当靶面上形成一层绝缘膜时，其对应地构成一定的电容，显然它能隔断直流而通过适当频率的交流。设在绝缘靶面上施加电位时，靶和接地构件之间的电容为C，电压为V，被积累的电量为Q，则有

$$V = Q/C$$

再设，在 Δt 时间内，电压变化为 ΔV，那么

$$\frac{\Delta V}{\Delta t}=\frac{\Delta Q}{C}\cdot\frac{1}{\Delta t}=\frac{\bar{I}}{C} \tag{2-7}$$

式中，$\bar{I}$ 为 Δt（s）时间内流过靶电极的平均电流。

在一般实验条件下，可以认为：$\bar{I}=10^{-2}\sim10^{-3}$ A；$C=10^{-11}\sim10^{-12}$F；如果取 $\Delta V=10^3$V，则

$$\Delta t=10^{-5}\sim10^{-7}\text{s} \tag{2-8}$$

也就是 100kHz。若溅射电压只需几百伏的话，则几十千赫就可能通导绝缘膜层。

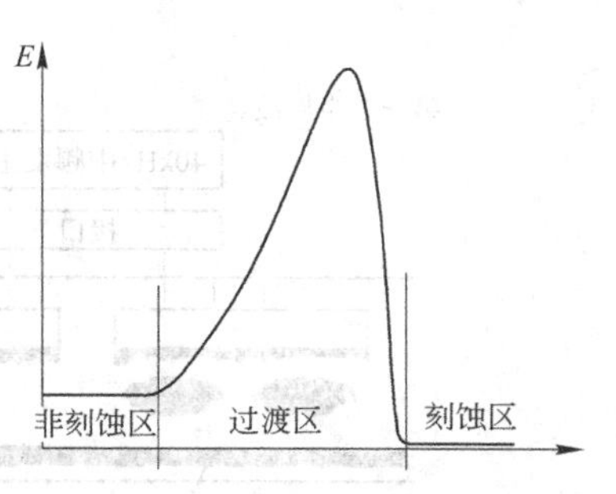

图 2-38 反应磁控溅射时靶面化合物层中的电场强度

按照上述抑制靶面中毒打火的原理，显然溅射电源电压的波形不能是直流的，而应该是交变的。从式（2-6）可以看出，交变溅射电源的频率必须大于 $1/t_B$，对于具有不同 ε_r 和 E_B 的化合物薄膜，频率通常需要大于 10kHz。从绝缘材料靶的导通频率（几十千赫）和靶面上绝缘层击穿临界频率（>10kHz）两个角度考虑，采用中等频率几十千赫的交流供电可抑制打火，同时实现绝缘材料靶的溅射，这种采用交流电源的反应溅射称为交流反应溅射。交流溅射的电源电压波形可以是方波或正弦波，可以是对称的，也可以是不对称的。通常将电源电压波形为对称方波或正弦波的交流溅射称为中频溅射，而将电源电压波形为不对称的矩形波的交流溅射称为脉冲溅射。

目前介于直流和射频（13. 56MHz）之间的中频脉冲电源成为化合物反应磁控溅射电源的新模式。常用的电源有：（1）中频交流磁控溅射电源；（2）非对称脉冲磁控溅射电源。脉冲磁控溅射一般使用矩形波电压。

中频交流磁控溅射电源的频率，可选在 10~100kHz，可以保证绝缘材料靶和金属靶面上的绝缘沉积层导通。对中频溅射电源频率与溅射速率的关系的研究表明，在确定的工作场强下，频率越高，等离子体中正离子被加速的时间越短，正离子从外电场吸收的能量就越少，轰击靶的正离子能量也越低，靶的溅射速率也越低。在频率为 60 kHz、80 kHz、500 kHz 和 13. 56MHz 时的溅射速率是直流溅射时的 100%、85%、70% 和 55%。S. Schiller 等人计算得出，在典型的磁控溅射工作场强 300V/cm 的情况下，电源频率为 300 kHz 时，离子的最大动能约为 300eV，而频率升高到 500 kHz 时，离子最大动能只有 110eV。因此为了维持较高的溅射速率，在满足抑制靶面中毒打火的前提下，电源频率应取较低的值，一般不应高于 60~80 kHz。

在中频交流磁控溅射设备中，通常采用图 2-39 所示的两个尺寸大小和外形完全相同的靶并排配置，也称为孪生靶。孪生靶在溅射室中是悬浮电位安装。通常对两个靶同时供电，其脉冲电流的正负波形对称。

在中频交流磁控反应溅射过程中，抛弃了传统溅射靶的固定阳极概念，在悬浮交流电位的激励下，两个孪生靶周期性交替互为阳极和阴极，使其周期轮回溅射。如图 2-39 所示，在溅射过程中，当其中一个靶上所加的电压处于负半周时，其主要功能是做阴极，靶面处于被正离子轰击溅射状态；而另一个靶处于正电位，充当阳极，等离子体中的电子被加速到达靶面，中和了在靶面绝缘层上累积的正电荷。在下半个周期，两者的角色互换。

在每个负半周时，靶面被溅射，同时也是对靶面上可能沉积的介质层的清理过程；而

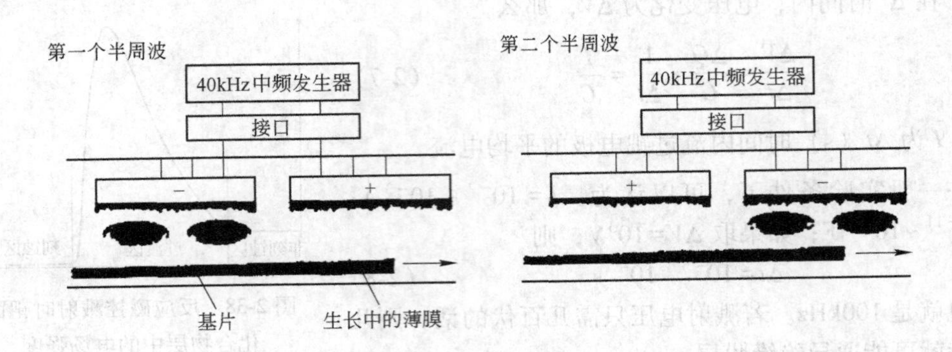

图 2-39　中频双靶（Twin Target）溅射系统

每个正半周，靶面积累的正电荷被中和，因此孪生靶不但保证了在任何时刻系统都有一个有效的阳极，消除了“阳极消失”现象，而且还能抑制普通直流反应磁控溅射中的靶面中毒和弧光放电现象，使溅射过程得以稳定地进行。

构成孪生靶的两个靶在以下方面一定要严格一致：结构、材料、形状、尺寸、加工与安装精度，而且两个靶在工作中应处于同一环境条件，例如，气体压力及气体组分、抽气速率、靶电源等。

实验证实，交流电的波形对溅射工艺有影响。矩形波电流响应曲线不理想，如果匹配不合适，电流滞后较严重，而正弦波形电源的电流响应要好得多。正弦波实现半波调节功率相对较困难，一般采用图 2-40 所示的对称输出波形。现在一般推荐的中频交流磁控溅射电源是 40kHz 正弦波形，对称供电，带有自匹配网络的交流电源。

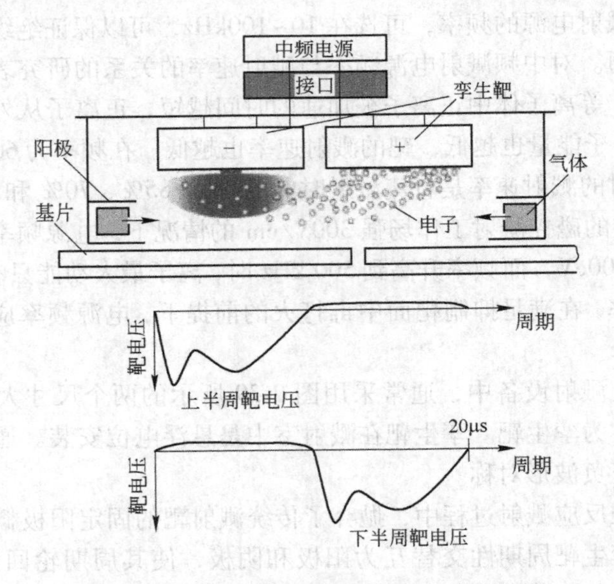

图 2-40　用于中频溅射的交流对称输出波形

2.9.2　中频双靶反应溅射的特点

中频磁控溅射法制备薄膜有许多优点，许多是普通直流磁控溅射或者射频溅射所无法达到的。其主要特点如下：

（1）中频反应溅射制备的薄膜质量高，成膜均匀性和结构特性也优于直流反应溅射法。例如，中频反应溅射所制备的绝缘膜相对于直流溅射基本无大颗粒，薄膜的缺陷密度比直流反应溅射法少几个数量级。膜层致密程度与射频溅射成膜质量接近，完全能够满足绝大多数领域的应用需要。用扫描电镜对采用射频溅射和中频溅射所得的薄膜样品的表面形貌进行了观察，射频溅射的薄膜样品和中频溅射样品的表面都很平整，没有龟裂、针孔等缺陷。二者在放大50000倍的条件下得到的表面情况存在明显区别。射频溅射的薄膜样品表面有20nm左右的密密麻麻的小圆丘，而中频溅射的薄膜样品的表面显得很平。

（2）中频溅射的沉积速率高。对硅靶，中频反应溅射的沉积速率是直流反应溅射速率的10倍，比射频溅射高五倍左右。

（3）中频溅射过程可稳定在设定的工作点。它既消除了“打火”现象，又能够克服直流放电状态下常出现的靶中毒和阳极消失现象。

（4）中频电源的制作成本较低，设备安装、调试及维护比射频溅射容易，运行稳定，中频电源与靶的匹配比射频电源容易。

（5）基板温度较高，有利于改善膜的质量和结合力。

（6）中频溅射可以达到与直流溅射相近的溅射速率。一些研究表明，用这种方法获得的反应溅射沉积速率能达到金属溅射速率的60%~70%，而射频溅射通常要比直流溅射低一个数量级。

中频反应磁控溅射由于其较高的沉积速率和良好的工作稳定性，已经在工业化生产中得到应用，并日益受到重视。

2.10 非对称脉冲溅射

脉冲磁控溅射一般使用矩形波电压，这不仅是因为用现有的电子器件采用开关工作方式可以方便地获得矩形波电压波形，而且矩形波电压波形有利于研究溅射放电等离子体的变化过程。图2-41为用于脉冲溅射的矩形波电压波形，脉冲周期为T，每个周期中靶被溅射的时间为$T-\Delta T$，ΔT为加到靶上的正脉冲时间（宽度）。V^-和V^+分别为加到靶上的负脉冲与正脉冲的电压幅值。为了保持较高的溅射速率，正脉冲的持续时间ΔT要远小于脉冲周期T。为了能在较短的ΔT时间内完全中和靶面绝缘层上累积的正电荷，靶面上的正电压V^+不能过低，但一般也不高于100V。由于所用的脉冲波形是非对称性的，因此得名为非对称脉冲磁控溅射。

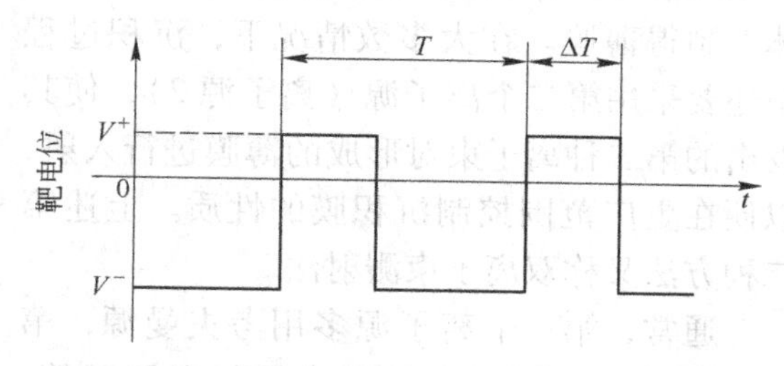

图2-41 用于脉冲溅射的矩形波电压波形

脉冲溅射与中频双靶溅射不同，它一般只使用一个靶。采用脉冲反应磁控溅射技术，P. Frach等人实现了长时间稳定的Al_2O_3薄膜沉积，沉积速率达到240nm/min，制备的Al_2O_3薄膜厚度达50μm。由于成功地消除了靶的打火，Al_2O_3薄膜中的缺陷减少了3~4个数量级。脉冲反应磁控溅射在沉积SiO_2、TiO_x、TaO_x、SiN_x、DLC、Al_2O_3、ITO等多种薄膜的过程中都显示了它的优越性。

脉冲溅射对于靶材的散热更有利，也就是有可能以高功率脉冲供电，因此，溅射工艺有更大的选择性和灵活性。中频交流磁控溅射技术和非对称脉冲溅射技术的出现，为化合物反应溅射成膜技术实现工业化奠定了基础。

2.11 离子束溅射

前述的各种溅射方法，都是直接利用辉光放电中产生的离子进行溅射，并且基体也处于等离子体中，因此，基体在成膜过程中不断地受到周围环境气体原子和带电粒子的轰击，以及快速电子的轰击，而且沉积粒子的能量随基体电位和等离子体电位的不同而变化。因此，在等离子体状态下镀制的薄膜，性质往往差异较大。而且，溅射条件，如溅射气压、靶电压、放电电流等不能独立控制，这使得对成膜条件难以进行精确而严格的控制。

离子束溅射沉积是在离子束技术基础上发展起来的新的成膜技术。按用于薄膜沉积的离子束功能的不同，可分为两类，一类为一次离子束沉积，这时离子束由需要沉积的薄膜组分材料的离子组成，离子能量较低，它们在到达基体后就沉积成膜，又称低能离子束沉积。另一类为二次离子束沉积，离子束系由惰性气体或反应气体的离子组成，离子的能量较高，它们打到由需要沉积的材料组成的靶上，引起靶原子溅射，再沉积到基体上形成薄膜，因此，又称离子束溅射。

离子束溅射沉积原理如图 2-42 所示，由大口径离子束发生源（离子源 1）引出惰性气体离子（Ar^+、Xe^+等），使其入射在靶上产生溅射作用，利用溅射出的粒子沉积在基体上制得薄膜。在大多数情况下，沉积过程中还要采用第二个离子源（离子源 2），使其发出的第二种离子束对形成的薄膜进行入射，以便在更广范围控制沉积膜的性质。上述第二种方法又称双离子束溅射法。

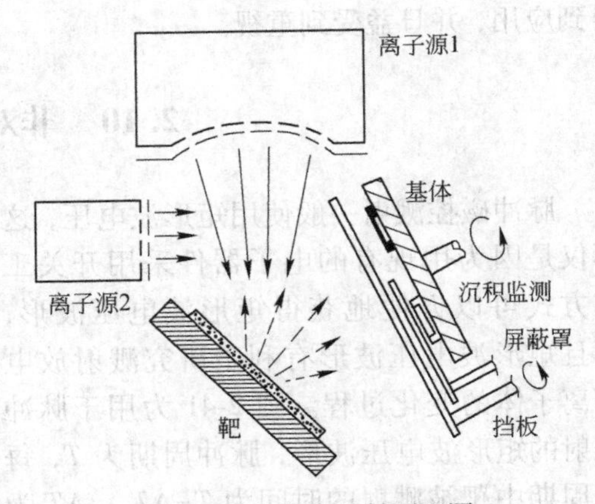

图 2-42 离子束溅射原理图

通常，第一个离子源多用考夫曼源，第二个离子源可用考夫曼源或霍尔离子源等。离子束溅射与等离子溅射镀膜相比，虽然装置较复杂，成膜速率较低，但具有以下优点：

（1）在 10^{-3}Pa 的高真空下，在非等离子状态下成膜，沉积的薄膜很少掺有气体杂质，所以膜的纯度较高。

（2）沉积发生在无场区域，基体不再是电路的一部分，不会由于快速电子轰击引起基体过热，所以基体的温升低。

（3）可以对制膜参数进行独立的控制，重复性较好。

（4）适合用于制备多成分的多层膜。

（5）许多材料都可以用离子束溅射，其中包括各种粉末、介质材料、金属材料和化合物等。特别是对于饱和蒸气压低的金属和化合物以及高熔点物质的沉积等，用离子束溅射沉积比较适合。

离子束溅射技术中所用的离子源可以是单源、双源和多源。虽然这种镀膜技术所涉及的现象比较复杂，但是，通过适当地选择靶及离子的能量、种类等，可以比较容易地制取各种不同的金属、氧化物、氮化物及其他化合物等薄膜，特别适合制作多组元金属氧化物薄膜。目前这一技术已在磁性材料、超导材料以及其他电子材料的薄膜制备方面得到应用。另外，由于离子束的方向性强，离子流的能量和通量较易控制，所以也可用于研究溅射过程特性，如高能离子的轰击效应、单晶体的溅射角分布以及离子注入和辐射损伤过程等。

本章小结

（1）溅射镀膜及其机理：在真空镀膜室中，将靶材置于等离子体中，当其表面具有一定的负电位时，就会发生溅射现象，只需要调整其相对等离子体的电位，就可以获得不同程度的溅射效应，从而实现溅射镀膜。溅射现象是弹性碰撞的直接结果，溅射完全是动能的交换过程。当正离子轰击阴极靶，入射离子最初撞击靶表面上的原子时，产生弹性碰撞，它直接将其动能传递给靶表面上的某个原子或分子，该表面原子获得动能再向靶内部原子传递，经过一系列的级联碰撞过程，当其中某一个原子或分子获得指向靶表面外的动量，并且具有了克服表面势垒（结合能）的能量，它就可以脱离附近其他原子或分子的束缚，逸出靶面而成为溅射原子。

（2）溅射产额：平均一个入射离子入射到靶材表面从其表面上所溅射出来的靶材的原子数定义为溅射产额，又称溅射系数或溅射率。

靶材的溅射速率与溅射产额和入射离子流的乘积成正比。

（3）磁控溅射：在直流溅射阴极靶中增加磁场，利用磁场的洛伦兹力束缚和延长电子在电场中的运动轨迹，增加电子与气体原子的碰撞机会，导致气体原子的离化率增加，使得轰击靶材的高能离子增多和轰击被镀基片的高能电子减少。磁控技术的关键在于在靶面上建立有效的电子束缚阱。靶磁场能够有效约束电子的运动轨迹，进而影响等离子体特性以及离子对靶的刻蚀轨迹；增加靶磁场的均匀性能够增加靶面刻蚀的均匀性，从而提高靶材的利用率；合理的电磁场分布还能够有效地提高溅射过程的稳定性。

对于磁控溅射靶来说，磁场的大小及分布是极其重要的。

（4）射频溅射的工作原理与主要用途：利用正负电位在置于绝缘靶材背面的靶体上的高频转换来完成绝缘靶材的溅射沉积。

（5）非平衡磁控溅射技术

非平衡磁控溅射原理：改变靶阴极磁场中磁铁的配置方式，使通过磁控靶的内外两个磁极端面的磁通量不相等，改变靶表面区域磁场的分布，使得对靶前二次电子和等离子体的控制发生变化。

非平衡磁控溅射的特点：非平衡磁控溅射技术扩大了等离子体区域，在保证沉积速率的同时，使适当能量的离子对基体和生长薄膜轰击，改善薄膜结构和性能，进一步强化了溅射沉积技术制备薄膜的优势。

(6) 反应磁控溅射技术

在溅射过程中，通入反应气体。根据反应气体压力的不同，反应过程可以发生在基体上或发生在阴极上（或反应后以化合物形式迁移到基体上）。

反应磁控溅射工艺过程中的主要问题：(1) 迟滞效应与“靶中毒”现象；(2) 靶中毒现象；(3) 阳极消失和弧光放电现象。

解决方法之一：采用中频交流反应磁控溅射技术。

(7) 中频交流磁控溅射靶：在中频交流磁控溅射镀膜设备中，采用两个尺寸大小和外形完全相同的靶并排配置，称为孪生靶。孪生靶在溅射室中是悬浮电位安装。对两个靶同时供电，其脉冲电流的正负波形对称。

思 考 题

2-1 溅射镀膜工艺所用气体放电属于哪种放电类型？

2-2 简述真空溅射镀膜技术的工作原理及影响溅射率的因素。

2-3 在直流溅射中，磁场对溅射有何影响？

2-4 磁场在真空镀膜设备中起什么作用，在溅射镀膜设备中采用非平衡磁场设计的目的是什么？

2-5 反应溅射镀技术与离子镀技术有何区别？

2-6 比较真空蒸发镀膜技术与溅射镀膜技术的区别及各自特点。

2-7 “在靶材溅射现象中，要提高靶材溅射出来的原子数量的唯一方法是增加等离子体中的正离子数量。”以上结论是否正确？

2-8 要想获得表面光滑致密的薄膜，采用哪种镀膜方法较好？说明理由。

2-9 在溅射镀膜中出现靶放电不稳定的现象，可以看到有弧光在靶面闪动，详述产生的原因，如何解决该问题？

2-10 中频溅射能否在比普通磁控直流溅射高的真空度条件下工作，详细论述为什么？

2-11 普通磁控溅射靶与中频溅射靶的结构和工作原理有何异同？

3 真空离子镀膜

本章学习要点：

了解并掌握真空离子镀膜技术的原理、特点、分类以及目前应用情况；了解真空离子镀与真空溅射镀膜技术的各自特点和异同；了解真空离子镀的成膜条件，等离子体在离子镀膜过程中的作用以及离化率等概念；重点掌握本章所述各种真空离子镀膜技术的工作原理、设备组成、工作特点；重点了解真空阴极电弧离子镀的原理和工艺过程，以及其应用特点；掌握各种参数条件对镀膜工艺的影响规律；了解真空弧源靶的结构原理和应用特点；了解真空离子镀膜技术的发展态势。

真空离子镀膜技术（简称离子镀）是由美国 Sandin 公司开发的将真空蒸发和真空溅射结合的一种镀膜技术。离子镀膜过程是在真空条件下，利用气体放电使工作气体或被蒸发物质（膜材）部分离化，在工作气体离子或被蒸发物质的离子轰击作用下，把蒸发物或其反应物沉积在被镀基片表面的过程。

3.1 离子镀的类型

离子镀膜层的沉积离子来源于各种类型的蒸发源或溅射源，从离子来源的角度可分成蒸发离子镀和溅射离子镀两大类：

（1）蒸发离子镀：通过各种加热方式加热镀膜材料，使之蒸发产生金属蒸气，将其引入以各种方式激励产生的气体放电空间中使之电离成金属离子，它们到达施加负偏压的基片上沉积成膜。

蒸发离子镀的类型较多，按膜材的气化方式分，有电阻加热、电子束加热、等离子体束加热、高频或中频感应加热、电弧放电加热蒸发等；按气化分子或原子的离化和激发方式分，有辉光放电型、电子束型、热电子束型、等离子束型、磁场增强型以及各类型离子源等。

不同的蒸发源和不同原子的电离与激发的方式有多种组合，因此出现了许多种蒸发源型离子镀的方法，常见的有直流放电式（二极或三极）离子镀、反应蒸发离子镀（电子枪蒸发或空心阴极蒸发）、高频电离式离子镀、电弧放电式离子镀（柱形阴极弧源或平面阴极弧源）、热阴极电弧强流离子镀、离化团束离子镀等几种形式。

（2）溅射离子镀：通过采用高能离子对膜材表面进行溅射而产生金属粒子，金属粒子在气体放电空间电离成金属离子，它们到达施加负偏压的基片上沉积成膜。

溅射离子镀有磁控溅射离子镀、非平衡磁控溅射离子镀、中频交流磁控离子镀和射频溅射离子镀等几种形式。

按膜材原子被电离时的空间位置，又可分成普通的离子镀和离子束镀。前者一般指在膜材蒸发源与基片之间的空间气体放电并让膜材原子被电离。后者一般是指从离子源发射出来的离子束在基片上沉积，它的离子是在专用的离子源内电离产生，不是在蒸发源与基片之间的空间中被电离的。

从有无反应气体参与镀膜过程以及其沉积产物分类，又可分为真空离子镀和反应离子镀。真空离子镀是指在镀膜过程中只有惰性气体而没有反应气体参与，沉积产物就是膜材本身。而反应离子镀则指在镀膜过程中，除惰性气体外还有反应气体参与（如 N_2、碳氢类气、O_2等）。反应气体在放电空间也会被电离激发，并在基片表面与膜材的原子、离子进行反应，以反应产物形式沉积在基片上成膜（如 TiN 等）。反应离子镀已获得广泛应用。

3.2 真空离子镀原理及成膜条件

3.2.1 离子镀原理

真空离子镀的原理如图 3-1 所示。真空室抽至 10^{-3}~10^{-4}Pa，随后通入工作气体（Ar），使其真空度达到 1~10^{-1}Pa，接通高压电源，在蒸发源（阳极）和基片（阴极）之间建立起一个低压气体放电的低温等离子体区。基片成为辉光放电的阴极，其附近成为阴极暗区。在负辉区附近产生的工作气体离子进入阴极暗区被电场加速并轰击基片表面，可有效地清除基片表面的气体和污物。随后，使膜材气化，蒸发的粒子进入等离子体区，并与等离子体区中的正离子和被激发的工作气体原子以及电子发生碰撞，其中一部分蒸发粒子被电离成正离子，大部分原子达不到离化的能量，处于激发状态。被电离的膜材离子和工作气体离子一起受到负高压电场加速，以较高的能量轰击基片和镀层的表面，并沉积成膜。由于荷能离子的轰击可贯穿沉积膜成核和生长的全过程，因此，离子镀成膜过程中所需的能量完全是靠荷能离子供给，而离子的能量是在电离碰撞以及离子被电场加速中获得的，这与蒸发镀的能量是靠加热方式获得的截然不同。

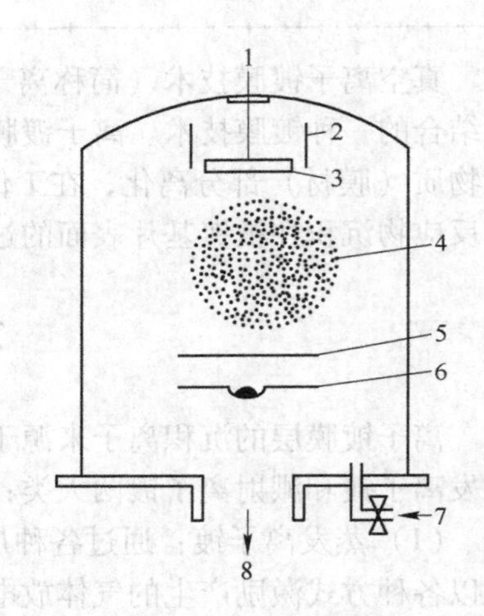

图 3-1 离子镀原理图

1—接负高压；2—接地屏蔽；3—基板；4—等离子体；5—挡板；6—蒸发源；7—充气阀；8—真空系统

在离子镀膜的过程中，荷能粒子参与或干预了整个镀膜过程。膜材气化粒子来源于蒸发和溅射，而膜材粒子的电离则发生在膜材与基片之间的气体放电空间。处于负电位的基片表面受到等离子体的包围，在镀膜前受到工作气体正离子的轰击溅射，清理了表面。在镀膜过程中始终受到工作气体离子和镀料离子的轰击溅射，致使沉积与反溅共存。

离子镀技术的一个重要特征是在基片上施加负偏压，用来加速离子，增加和调节离子的能量。负偏压的供电方式，除传统的可调直流偏压外，近年来又引入了高频脉冲偏压技术。脉冲的频率、幅值、占空比可调，有单极脉冲，也有双极脉冲。脉冲偏压技术的引入，使偏压值与基片温度参数可分别控制。

在基片上施加负偏压，可产生更大的电场力使等离子体中部分正离子加速到达基片上轰击和沉积，即利用气体放电产生等离子体，通过碰撞电离，除部分工作气体电离外，使膜材原子也部分电离，同时在基片上加负偏压，可对工作气体和膜材的电离离子加速增加能量，并吸引它们到达基片，一边轰击基片，一边沉积，这对膜的品质、性能均有较大改善。这是离子镀技术突出特点。

由上述可见，离子镀技术必须具备三个条件：一是有一个气体放电空间，工作气体部分电离产生等离子体；二是要将膜材原子或反应气体引进放电空间，在其中进行电荷交换和能量交换，使之部分离化，产生膜材物质或反应气体的等离子体；三是在基片上施加负电位，形成对离子加速的电场。

3.2.2 离子镀的成膜条件

离子镀成膜时，入射离子的能量和离子通量对膜的成核与生长以及膜的结构和性能有重要影响。在镀膜过程中，原子和离子的沉积与离子引起的反溅所产生的剥离作用是同时存在的，当沉积作用超过溅射剥离作用时，才能发生薄膜的沉积。

只考虑蒸发原子的沉积作用，则单位时间入射到单位基片表面上的金属原子数 n（个/(cm^2·s)）可用下式表示

$$n = R_{\mathrm{v}}\frac{10^{-4}\rho N_{\mathrm{A}}}{60M} \tag{3-1}$$

式中，R_{v}为沉积原子在基体表面上的成膜速率，μm/（cm^2·min）；ρ 为沉积膜材的密度，g/cm^3；M 为沉积原子的摩尔质量，g/mol；N_{A}为阿伏加德罗常数，$N_{\mathrm{A}}=6.022\times10^{23}\mathrm{mol}^{-1}$。

对于 Ag（$M=107.88$g/mol，$\rho=10.49$g/cm^3），当蒸发速率为 1μm/min 时，$n=9.76\times10^{16}$原子/(cm^2·s)。

式（3-1）中未考虑溅射剥离作用，如考虑离子轰击的剥离效应，则应引入溅射率的概念。如果轰击基体的是 1 价正离子，测得离子流密度为 j_{i}，则每秒内轰击基体表面的离子数 n_{i}(1/(cm^2·s))为

$$n_{\mathrm{i}} = \frac{10^{-3}j_{\mathrm{i}}}{1.6\times10^{-19}} = 6.3\times10^{15}j_{\mathrm{i}} \tag{3-2}$$

式中，1.6×10^{-19}为 1 价正离子的电荷量，C；j_{i}为入射离子形成的电流密度，mA/cm^2。

一般假定入射离子都具有反溅剥离能力，则由式（3-1）和式（3-2）可知，在离子镀中，要想沉积成膜，必须使沉积效果大于溅射剥离效果，即成膜条件为

$$n > n_{\mathrm{i}} \tag{3-3}$$

通常，n_{i}中应包括附加气体所产生的附加气体的离子数，还应考虑入射离子的能量，它才能最终决定反溅射的几率。实验数据表明，在某些能量条件下，$n<n_{\mathrm{i}}$也能成膜。由于反溅射的关系，离子到达比越高，则成膜速率越低。

在离子镀中，要想制备致密的高质量的薄膜，并能控制薄膜的微观结构，到达基片的离子通量和能量起着决定性作用。离子镀工艺必须满足如下三个基本条件：

（1）在基片附近要有足够高的离化率。

（2）到达基片的离子流密度 $j_i \geq 0.77mA/(cm^2 \cdot s)$。

（3）膜材粒子的流通量要满足 $n>n_i$。

在通常的离子镀过程中，传递给基体的能量中，离子带给的仅占10%，而中性粒子所带给的占90%。在离子镀过程中沉积粒子小部分是高能离子，大部分是高能中性粒子，而离子和中性粒子的能量取决于基体上的负偏压。

3.3 等离子体在离子镀膜过程中的作用

在离子镀膜过程中，放电等离子体的作用为：1）在被蒸发的膜材粒子与反应气体分子之间产生激活反应，增强了化合物膜的形成；2）改变薄膜生长动力学，使其组织结构发生变化，导致薄膜物理性能的变化。由离化粒子组成的等离子体具有一定的能量，为激发沉积粒子到较高的能量水平提供了必要的激活能，因此使沉积具有特定性能的薄膜变得更加容易，速率更快。并且，等离子体中具有一定能量的正离子的轰击，对薄膜的微观结构和物理性能具有重要影响。所以，人们力图开发出新的沉积装置，使基片处于密集的等离子体中，以便实现基片上具有较大的离子流。

3.3.1 离子镀过程中的离子轰击效应

在离子镀过程中离子参与了沉积成膜的全过程，它的最大特色就是离子轰击基片引起的各种效应。其中包括：离子轰击基片表面，离子轰击膜/基界面，以及离子轰击生长中的膜层所发生的物理化学效应。

（1）离子溅射对基片表面产生清洗作用。这一作用可清除基片表面上的吸附污染层和氧化物，如果轰击粒子能量高，化学活性大，则可与基片发生化学反应，其产物是易挥发或易溅射的。

（2）产生表面缺陷。轰击离子传递给晶格原子的能量 E_t 决定于粒子的相对质量，其值为

$$E_t = \frac{4M_i \cdot M_p}{M_i + M_p}E \tag{3-4}$$

式中，M_i 为入射粒子的质量；M_p 为基片原子的质量；E 为入射粒子的能量。

若入射粒子传递给基片原子的能量超过离位阈能（约25eV）时，则晶格原子就会产生离位并迁移到间隙位置中去，从而形成了空位和间隙原子等缺陷，这些缺陷的凝聚会形成位错网络。尽管有缺陷的聚集，但在离子轰击的表面层区域仍然保留着极高的残余浓度的点缺陷。

（3）破坏表面结晶结构。如果离子轰击产生的缺陷是充分稳定的，则表面的晶体结构会被破坏，从而变成非晶态结构。同时，气体的掺入也会破坏表面结晶的结构。

（4）改变表面形貌。无论对晶态基片还是非晶态基片，离子的轰击作用都会使表面形貌发生很大的变化，使表面粗糙度增加。

（5）离子掺入。低能离子轰击会造成气体掺入到表面和沉积膜之中。不溶性气体的掺入能力决定于迁移率、捕集位置、温度以及沉积粒子的能量。一般来说，非晶材料捕集气体的能力比晶体材料强。当然，轰击加热作用也会引起捕集气体的释放。

（6）温度升高。轰击粒子能量的大部分变成表面热能。

（7）表面成分发生变化。溅射及扩散作用会造成表面成分与整体材料成分的不同。表面区域的扩散会对成分产生明显的影响。高缺陷浓度和高温会增强扩散。点缺陷易于在表面富集，缺陷的流动会使溶质偏析并使较小的离子在表面富集。

3.3.2 离子轰击对膜/基界面的影响

当膜材原子开始沉积时，离子轰击对膜/基界面会产生如下影响：

（1）物理混合。因为高能离子注入，沉积原子的被溅射以及表面原子的反冲注入与级联碰撞现象，将引起近表面区膜/基界面的基片元素和膜材元素的非扩散型混合，这种混合效果将有利于在膜/基界面间形成“伪扩散层”，即膜/基界面间的过渡层，厚达几微米，其中甚至会出现新相。这对提高膜/基界面的附着强度是十分有利的。

（2）增强扩散。近表面区的高缺陷浓度和较高的温度会提高扩散率。由于表面是点缺陷，小离子有偏析表面的倾向，离子轰击有进一步强化表面偏折的作用并增强沉积原子和基片原子的相互扩散。

（3）改善成核模式。原子凝结在基片表面上的特性是由它的表面的相互作用及它在表面上的迁移特性所决定。如果凝结原子和基片表面之间没有很强的相互作用，原子将在表面上扩散，直到它在高能位置上成核或被其他扩散原子碰撞为止。这种成核模式称非反应性成核。即使原来属于非反应性成核模式的情况，经离子轰击基片表面可产生更多缺陷，增加了成核密度，从而更有利于形成扩散-反应型成核模式。

（4）优先除掉松散结合的原子。表面原子的溅射决定于局部的结合状态，对表面的离子轰击更有可能溅射掉结合较为松散的原子。这种效果在形成扩散-反应型的界面时更为明显。

（5）改善表面覆盖度，增强绕镀性。由于离子镀的工作气压较高，蒸发或溅射的原子受到气体原子的碰撞使散射作用增强，产生了良好的镀膜绕射性。

3.4 离子镀中基片负偏压的影响

离子镀中的基片可以采取不同的连接方式，使其处于不同的电位。一是接地，与机壳等电位，定为零电位，它相对等离子体约负几伏；二是使基片悬浮，相对等离子体负十几至几十伏。负的电位可以把等离子体中一部分正离子拉到基片上轰击和沉积；三是在基片上施加负电位几十至几百伏、几千伏，产生更大的电场力使等离子体中部分正离子加速到达基片上轰击和沉积。调节施加基片上的负偏压，建立不同的等离子鞘电位从而使离子获得不同的能量。

调节施加到基片上的负偏压，建立不同的加速离子的离子鞘电位使离子获得不同的能量，实现离子轰击清洗工件表面或离子参与成膜等。

3.5 离子镀的离化率

离子镀区别于蒸发镀和溅射镀的许多特点均与放电等离子体中的离子和高能中性粒子

参与镀膜过程有关。因此，被蒸发膜材粒子和反应气体分子的离化率及膜层表面的能量对沉积薄膜的各种性质都能产生直接影响。

某物质的离化率是指被电离的原子数占该物质全部总蒸发原子数的百分比，是衡量离子镀特性的一个重要指标。特别是在反应离子镀中尤其重要，它是衡量活化程度的重要参量。

在真空镀膜技术中，一般考虑单组分，离化率定义为

$$\alpha = \frac{n_i}{n_a + n_i} = \frac{n_i}{n} \tag{3-5}$$

式中，n_i为离子密度；n_a为中性粒子密度，n 为等离子体云的密度。

3.6 离子镀膜工艺及其参数选择

离子镀要获得符合性能所要求的薄膜，必须使沉积的薄膜具有合适的成分和组织结构及膜/基结合力，可以利用前述的离子轰击效应对成膜过程各环节的有利影响来实现。离子镀影响成膜的主要因素是到达基片的各种粒子（包括膜材原子和离子、工作气体的原子和离子、反应气体的原子和离子）的能量、通量和各通量的比例。

3.6.1 镀膜室的气体压力

对于普通离子镀，镀膜室的气体压力就是工作气体的气压；对于反应离子镀，镀膜室的气体压力是指工作气体分压和反应气体分压之和。镀膜室气体压力是决定气体放电和维持稳定放电的条件，它对蒸发膜材的粒子的碰撞电离至关重要。所以，镀膜室气体压力是建立等离子体，调控等离子体浓度和各种粒子、离子到达基片的数量的重要参数之一，因此，它也影响着沉积速率。气压还会影响成膜的渗气量。另外，膜材粒子在飞越放电空间时会受到气体粒子的散射。随着气体压力值增加，散射也增加，即可提高沉积粒子的绕射性，使工件正反面的涂层趋于均匀，也有利于镀层的均匀性。当然，过大的散射会使沉积速率下降。如图 3-2 所示，随着气体压力的增加，沉积速率先增大，待达到最大值后随之减小，存在一个最佳气压值。

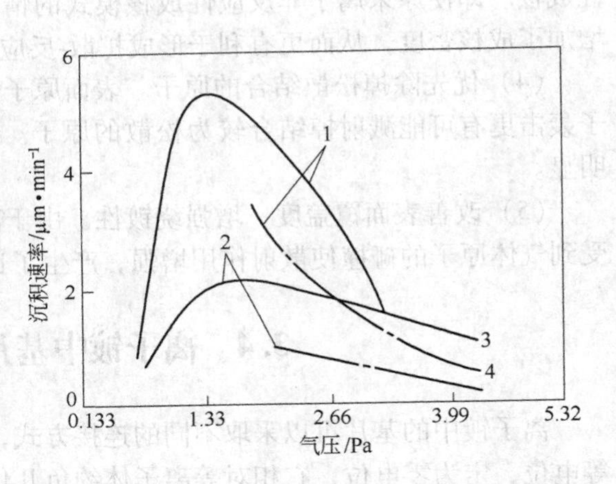

图 3-2 平板形基片电子束蒸发离子镀过程中沉积速率与 Ar 气压力之间的关系曲线

1—正对蒸发源的基片表面；2—背对蒸发源的基片表面；3—镀金膜，蒸发功率 7. 2kW；4—镀不锈钢（304）膜，蒸发功率 6kW，蒸距 140mm；工作电压 2000V

3.6.2 反应气体的分压

在反应离子镀中，一般通入工作气体和反应气体的混合气体。例如，要沉积 TiN，除蒸发膜材 Ti 外，还会通入 Ar+N_2混合气体，以工作气体 Ar 稳定放电，以 N_2与 Ti 进行反

应生成 TiN。除控制 $Ar+N_2$ 总气压外，还应调节 Ar 与 N_2 的比例。在恒定压力控制时，只调节 N_2 的分压，在恒流量控制时，调节 Ar 和 N_2 的流量比例。N_2 的分压（或流量）的高低会影响合成反应产物的化学计量配比，它们可以生成 TiN、TiN_2、Ti_2N 或 Ti_xN_y，也会影响生成各种不同反应产物的比例，最终会影响膜的硬度和颜色。特别是反应离子镀合成 $TiAlC_xN_y$ 等多元化合物，反应气体涉及 N_2、O_2、CH_4 等，它们的分压（流量）都必须有精确和灵敏的调控，同时还要配合合理的反应气体的均匀布气系统，才能获得良好的成膜效果。

3.6.3 蒸发源功率

调控蒸发源功率最主要的目的是以最快速度得到最好质量的沉积薄膜。质量好的膜层可能要在适当的成核生长速度下成膜，所以要调控合适的蒸发功率来进行离子镀过程。

当阴极电弧源的功率过高时，易产生大而多的“液滴”，从而会导致膜层表面粗糙，不光亮。因此，要限制蒸发功率，但过低的蒸发功率和等离子体浓度，又会影响成膜的速率，甚至会影响膜层厚度的增长。因此，合理地选择蒸发源的功率是十分必要的。

3.6.4 蒸发速率

在离子镀中，当蒸发速率增大时，沉积在基片上的未经散射的中性膜材原子数随之增大，并且，蒸发的膜材原子倾向于沉积在正对蒸发源的基片表面，因此导致基片上膜厚的均匀度降低。所以，当离子镀的蒸发速率增大时，工作气体压力等工艺条件也应随之变化，以保证膜厚的均匀性。

3.6.5 蒸发源和基片间的距离

蒸发源和基片之间的最佳距离对不同的离子镀技术和装置是不同的。确定最佳蒸距实际是划定最佳镀膜区域，它涉及最有效的等离子体区、蒸发源蒸发粒子浓度、几何分布、蒸发源的热辐射效应以及膜层的沉积速率和均匀性要求等。

随着蒸发源与基片间距离的增加，由于膜材粒子在迁移过程中的碰撞几率增大，导致膜材粒子的离化率和散射率亦增大，因此提高了基片上膜厚的均匀性。一般来说，平面靶磁控溅射离子镀的靶基距为 70mm。平面圆靶阴极电弧离子镀的靶基距在 150~200mm，在此区域内有较高的沉积速率和膜层品质。增加靶基距可改善基片的正、背面膜层厚度的均匀性，但沉积速率会相应下降，离子能量也会受到损失。

3.6.6 基片的负偏压

基片的负偏压促使膜材粒子电离并加速，赋予离子轰击基片的能量，膜材粒子在沉积的同时还具有轰击作用。负偏压增加，轰击能量加大，膜由粗大的柱状结构向细晶结构变化。细晶结构稳定、致密，附着性能好。但过高的负偏压会使反溅射增大，沉积速率下降，甚至会因轰击造成大的缺陷，损伤膜层。负偏压一般取 -50~-200V。高的基片偏压（>600V）用于轰击清洁基体的表面，溅出附着在基体表面上的污染物、氧化物等，获得离子清洁的活性表面。

3.6.7 基体温度

基体温度是影响离子镀膜层晶体组织结构的重要因素，不同的基体温度可以生长出晶粒形状、大小、结构完全不同的薄膜涂层。涂层表面的粗糙度也完全不同。

在离子镀过程中，基体表面温度一般在室温至450℃范围内。表面温度的高低，主要取决于要求得到何种膜层组织结构。因为离子轰击能量在基片表面进行能量交换，所以还要考虑在镀膜过程中离子轰击引起的温升，特别在轰击清洗阶段。

3.7 离子镀的特点及应用

3.7.1 离子镀的特点

离子镀与蒸发镀、溅射镀相比的最大特点是荷能离子一边轰击基片与膜层，一边进行沉积。荷能离子的轰击作用产生一系列的效应，具体如下：

（1）膜/基结合力（附着力）强，膜层不易脱落。由于离子轰击基片产生的溅射作用，使基片受到清洗、激活及加热，去除了基片表面吸附的气体和污染层，同时还可去除基片表面的氧化物。离子轰击时产生的加热和缺陷可引起基片的增强扩散效应，提高了基片表面层组织的结晶性能，提供了合金相形成的条件。较高能量的离子轰击，还可出现离子注入和离子束混合效应。

（2）绕射性好，改善了表面的覆盖度。由于膜材蒸发原子在压力较高的情况下(≥1Pa)被电离，其蒸气的离子或分子在它到达基体前的路程上将会遇到气体分子的多次碰撞，因此可使膜材粒子散射在基片的周围，而且被电离的膜材粒子也将在电场的作用下易于沉积在具有负电位基体表面的任意位置上，因此离子镀就可以在基体的所有表面上沉积薄膜。而这一点蒸发镀是无法达到的。因此，在普通的真空蒸镀中，如果蒸发达到较高的气压时，会造成蒸气相在空间成核，结果会以细粉末的形式沉积，而在离子镀的气体放电中，气相成核的粒子将呈现负电位，从而会受到处于负电位的基体的排斥。

（3）镀层质量好。由于离子轰击可提高膜的致密度，改善膜的组织结构，使得膜层的均匀度好，镀层组织致密，针孔和气泡少，因此提高了膜层质量。

（4）沉积速率高，成膜速度快，可镀制30μm的厚膜。

（5）镀膜所适用的基体材料与膜材范围广泛。适用于在金属或非金属表面上镀制金属、化合物、非金属材料的膜层，如在钢铁、有色金属、石英、陶瓷、塑料等各种材料的表面镀膜。由于等离子体的活性有利于降低化合物的合成温度，离子镀可以容易地镀制各种超硬化合物薄膜。

3.7.2 离子镀技术的应用

由于离子镀具有上述特点，所以其应用范围极为广泛。利用离子镀技术可以在金属、合金、导电材料，甚至非导电材料（采用高频偏压）基体上进行镀膜。离子镀沉积的膜层可以是金属膜、多元合金膜、化合物膜；既可镀单一镀层，也可镀复合镀层，还可以镀梯度镀层和纳米多层镀层。采用不同的膜材，不同的反应气体以及不同的工艺方法和参数，可以获得表面强化的硬质耐磨镀层，致密且化学性质稳定的耐蚀镀层，固体润滑镀层，各种色泽的装饰镀层，以及电子学、光学、能源科学等所需的特殊功能镀层。目前，离子镀技术和离子镀的镀层产品已得到非常广泛的应用。表 3-1 给出了适用于不同基片材料上的离子镀膜的特点及用途。

表 3-1 离子镀膜的特点及用途

膜层类别	膜层材料	基片材料	膜层特性及用途
金属膜	Cr	型钢、软钢	抗磨损（机械零件）
	Al、Zn	钛合金、高碳钢、软钢	防腐蚀（飞机、船舶、汽车）
	Pt	钛合金	抗氧化，抗疲劳
	Ni	硬玻璃	抗磨损
	Au、Cu、Al	塑料	增加反射率、装饰
	Au	镍、镍铬铁合金	润滑
	Au、W、Ti、Ta	钢、不锈钢	耐热（排气管、汽车、飞机发动机）
	Ag、Au、Al、Pt	硅	电接触点、引线
合金膜	Al、青铜	中、高碳钢	润滑（高速转动件）
	Co-Cr-Al	镍合金、高温合金	抗氧化
	不锈钢	塑料	装饰
非金属膜	B	钛	抗磨损
	C	硅、铁、铝、玻璃	防腐蚀
	P	镍铬合金、不锈钢	润滑
化合物膜	TiN	各种钢	防腐蚀、抗磨损（机械零件、工具）
	AlN	Mo	抗氧化
	CrN	Al	抗磨损
	Si_3N_4	Mo	抗氧化
	TiC、VC	Mo	抗磨损（超硬工模具）

离子镀技术特别适用于沉积硬质薄膜。离子镀硬质耐磨镀层广泛应用于刀具、模具、抗磨零件作超硬抗磨损保护膜。常用膜系包括 TiN、ZrN、HfN、TiAlN、TiC、TiCN、CrN、Al_2O_3等，此外，还有更坚硬的类金刚石（DLC）、TiB_2和碳氮（CN_x）膜。

被镀基体材质包括高速钢、模具钢、硬质合金、高级合金钢等。镀层厚度一般为 2.5~5μm。镀膜产品包括钻头、铣刀、齿轮刀具、拉刀、丝锥、剪刀、刮面刀片、铸模、注塑模、磁粉成型模、冲剪模以及汽车的耐磨件、医疗器械等。这些超硬镀层大大提高了工模具的抗磨损能力，延长了使用寿命（如 TiN 涂层麻花钻头，使用寿命可提高 3~10 倍），降低了生产成本，提高了加工精度。

离子镀技术还广泛用于其他功能膜的制备，比如，微型磁头的 DLC 保护膜、陀螺仪用轴承的干式固体润滑膜（MoS_2，DLC）以及各种磁性膜系、通信和电子器件的功能膜等。

3.8 直流二极型离子镀装置

直流二极型离子镀装置如图 3-3 所示。采用电阻加热式蒸发源，利用基片和蒸发源两电极之间的辉光放电产生离子，在基片上施加 1~5kV 负偏压对离子加速，沉积成膜。当真空室抽至真空度为 10^{-4}Pa 后，充入工作气体（Ar），使真空室内气压为 0.5~5Pa，基片加 1~5kV 负偏压，放电功率为 1.5~5kW，蒸发源和真空室体接地。在满足着火条件下，蒸发源与基体之间产生辉光放电。由于基片处于负电位，因此在基片前面形成阴极位降区和负辉区，在基体与蒸发源之间形成低温等离子体区。蒸发源产生金属蒸气原子在向基体运动过程中，与高能电子产生非弹性碰撞，使部分蒸气原子电离，产生离子。离子在阴极位降区加速，其能量高达 10~1000eV，轰击基体表面。当离子的沉积速率大于反溅射速率时，即可在基体表面沉积成膜。由于气体压强较高，对 Au、Ag、Cu、Cr 等熔点在 1400℃以下的金属膜材，多采用电阻加热蒸发源。对熔点更高的膜材需采用电子束蒸发源。为了保证电子枪工作所需的高真空条件，利用压差板将电子枪室与离子镀室分开，并采用两套真空系统。

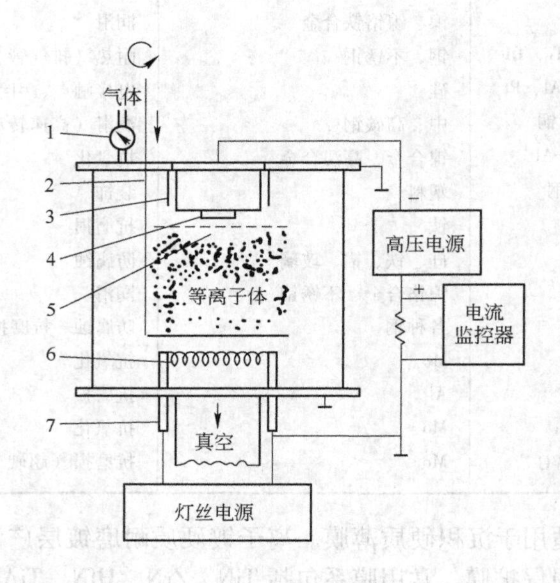

图 3-3　直流二极型离子镀装置

1—阀门；2—可动挡板；3—接地屏蔽；4—基体；
5—阴极暗区；6—蒸发灯丝；7—强电流连通线

在直流二极型离子镀中，放电空间的电荷密度较低，阴极电流密度仅为 0.25~0.4mA/cm^2，故离化率较低，一般只有千分之几，最高也只有 2%以下。但由于基体上所加的负偏压较高，阴极暗区的电场强度可达 10^6V/cm，离子或高能粒子所带能量可达10^2~10^3eV，因此膜层可获得较高的附着力。同时，又在 1Pa 压强下镀膜，粒子的平均自由程大约为几个毫米，粒子可受到充分散射，可以从各个方向入射到基体上，从而导致膜层均匀。其缺点是由于轰击粒子能量大，对形成的膜层有剥蚀作用，并引起基片温升，膜层呈柱状晶结构，使得膜层表面较粗糙及成膜速度慢。此外，由于辉光放电电压与离子加速电压不能分别控制和调节，因此镀膜的工艺参数较难控制。

3.9 射频放电离子镀装置

射频放电离子镀装置如图 3-4 所示。这种离子镀的蒸发源采用电阻加热或电子束加热。蒸发源与基片间距为 20cm，在两者中间设置高频感应线圈。感应线圈一般为 7 匝，用直径 3mm 的铜丝绕成，高 7cm。射频频率为 13.56MHz，射频功率一般为 0.5～2kW。基片接 0～2000V 的负偏压，通入反应气体后的放电工作压力约为 10^{-2}～10^{-1}Pa，只有直流二极型的1%。

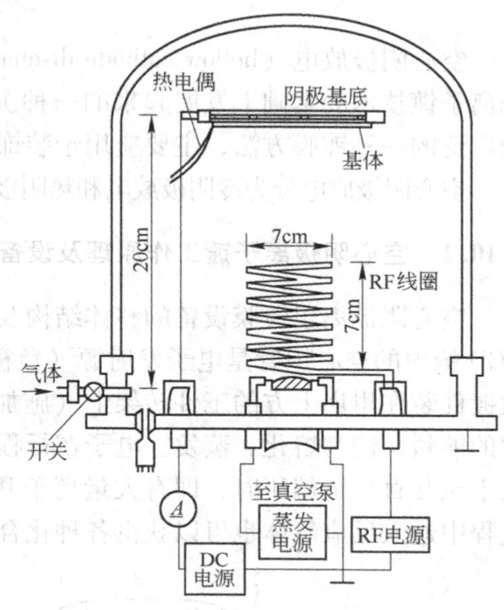

图 3-4 射频放电离子镀装置

镀膜室内分成三个区域：（1）以蒸发源为中心的蒸发区；（2）以感应线圈为中心的离化区；（3）以基片为中心的离子加速区和离子到达区。通过分别调节蒸发源功率、感应线圈的射频激励功率、基片偏压等，可以对三个区域进行独立的控制，从而有效地控制沉积过程，改善了镀层的物理性质。

射频离子镀除了可以制备高质量的金属薄膜外，还能镀制化合物薄膜和合金薄膜。镀化合物薄膜采用活性反应法。在反应离子镀合成化合物薄膜和用多蒸发源配制合金膜时，精确调节蒸发源功率，控制物料的蒸发速率是十分重要的。

在感应线圈射频激励区中，电子在高频电场作用下做振荡运动，延长了电子到达阳极的路径，增加了电子与反应气体及金属蒸气碰撞的几率，这样可提高放电电流密度。正是由于高频电场的作用，使着火气体压力降低到 10^{-3}～10^{-1}Pa，即可在高真空中进行高频放电。因而以电子束加热蒸发源的射频离子镀，不必设置差压板。

射频离子镀的特点是：

（1）蒸发、离化和加速三种过程可分别独立控制。离化是靠射频激励不是靠加速直流电场激励，基体周围并不产生阴极暗区。

（2）射频离子镀在 10^{-3}～10^{-1}Pa 高真空环境下也可稳定放电工作，离化率高，可达 5%～15%，提高了沉积粒子的总能量，改善了镀层的致密度和结晶的结构。因此制备的镀层表面缺陷及针孔少，膜层质量均匀致密，纯度高，质量好，尤其对制备氧化膜和氮化膜等化合物膜十分有利。

（3）易进行活性反应离子镀，合成化合物和对非金属基体沉积具有优势。

（4）基片温升低，操作方便，易于控制。

射频离子镀的不足之处是：

（1）由于在高真空下镀膜，沉积粒子受气体粒子的碰撞散射较小，绕镀性较差。

（2）射频辐射对人体有伤害，必须注意采用合适的电源与负载的耦合匹配网络，同时要有良好的接地，防止射频泄漏。另外，要有良好的射频屏蔽，减少或防止射频电源对测量仪表的干扰。

3.10 空心阴极离子镀

空心阴极放电（hollow cathode discharge，HCD）离子镀是在空心热阴极弧光放电技术和离子镀技术的基础上发展起来的一种沉积薄膜技术，它是 ARE 活性反应离子镀中应用较广泛的一种镀膜方法，主要应用于装饰镀膜和刀具镀超硬膜工业生产。

空心阴极放电分为冷阴极放电和热阴极放电两种，在离子镀中通常采用热空心阴极放电。

3.10.1 空心阴极离子镀工作原理及设备

空心阴极离子镀膜设备的整体结构及其工作原理如图 3-5 所示。设有聚焦线圈的水冷 HCD 枪内的空心钽管是电子发射源（负极），盛有蒸发材料的水冷坩埚是蒸发源（正极），被镀件装在坩埚上方的工件转架上（施加负偏压）。等离子体的电子束集中飞向阳极坩埚中的镀料，使其熔化、蒸发。电子在行程中不断使氩气和镀料原子电离，当在基体上施加几十至几百伏负偏压时，即有大量离子和中性粒子轰击基体并沉积成膜。在 HCD 离子镀过程中通入反应气体也可以获得各种化合物镀层，如 CrN、TiN、AlN、CrC、TiC 等。

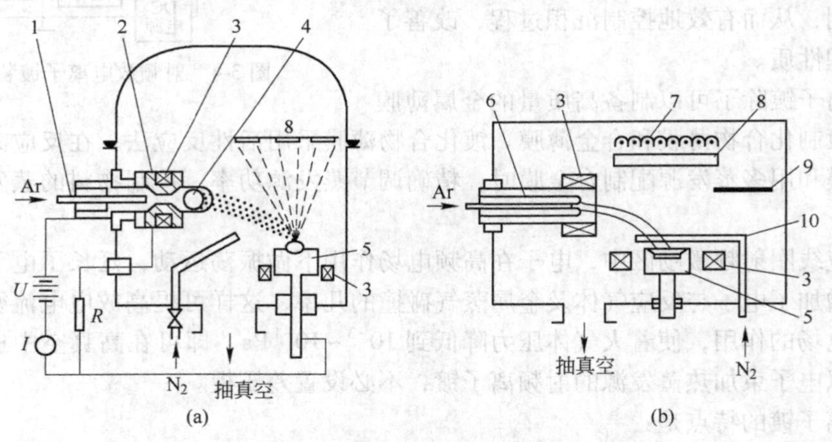

图 3-5 空心阴极离子镀膜设备

（a）磁场与电场垂直；（b）磁场与电场平行

1—钽管；2—辅助阳极；3—聚焦；4—偏转；5—坩埚；6—HCD 枪；
7—加热器；8—工件；9—轰击极；10—充气环

HCD 枪引燃方式有两种。一种是高频引弧方式，另一种是高压引弧方式。镀膜工艺开始之前，首先把镀膜室抽空至 10^{-3} Pa，然后根据引弧方式，通过钽管通入压力为 1~10Pa（或 10^{-1}Pa）工作介质氩气，接通引弧电源，此时钽管和坩埚之间产生异常辉光放电，电压降为 100~150V，电流达到几十安。氩气的正离子不断地轰击钽管使其温度达到 2300~2400K，钽管产生热电子发射，异常辉光放电立刻转变为弧光放电，在电场和聚焦磁场的作用下引出等离子束，经 90°偏转，电子束打到聚焦的靶上。靶的金属（如 Ti）在高密度的电子束轰击下迅速熔化蒸发，当室内通入反应气体氮气时便在工件上沉积 TiN 膜。同时给被镀工件施加负偏压，钛蒸气和氮气在等离子体中被电离，在负偏压的作用下以较大的能量沉积在工件表面形成牢固的 TiN 镀层。由于 HCD 法的电离效率高，根据对称共振型碰撞电荷交换原理，产生大量的高能中性金属粒子撞击工件表面，对工件的热贡献较大，约占30%，这对膜的成核与生长亦十分有利。

HCD 离子镀设备有 90°和 45°偏转两种形式，分别如图 3-6 和图 3-7 所示。90°偏转型可减少铜管受金属蒸气的污染，加大沉积面积。

90°偏转型 HCD 离子镀设备由水平放置的 HCD 枪、水冷铜坩埚、基板和真空系统组成。

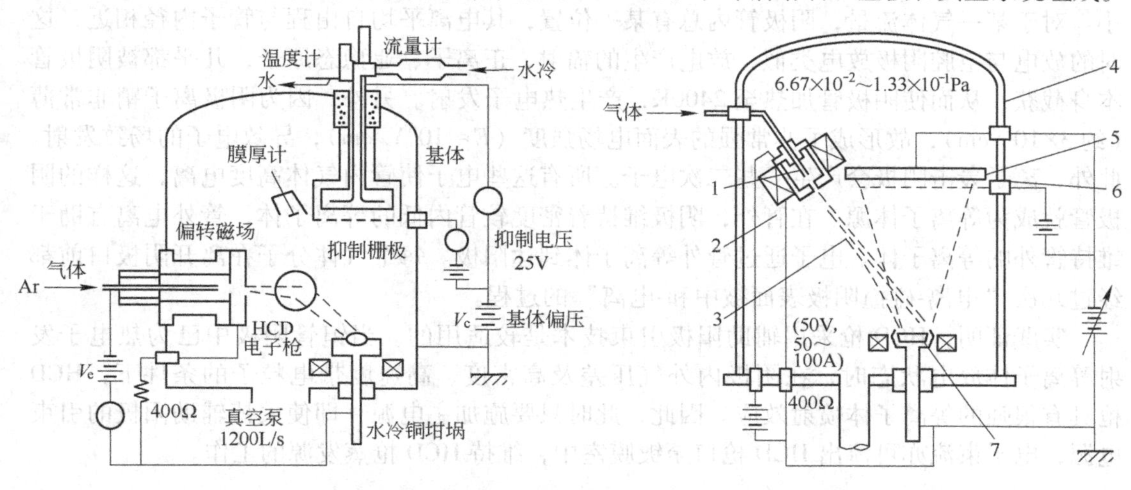

图 3-6 90°偏转型 HCD 电子枪离子镀装置示意图

图 3-7 45°偏转型 HCD 电子枪离子镀装置示意图

1—空心圆筒阳极；2—空心阴极等离子体电子枪；
3—等离子体电子束；4—真空罩；5—基体架；
6—基体；7—蒸发材料

3.10.2 HCD 枪结构及工作特性

基于前节所述的 HCD 枪的工作原理而制成的 HCD 枪结构如图 3-8 所示。图中空心阴极是一直径 3～15mm，壁厚 0.5～3mm，长 60～80mm 的钽管。钽管收成小口，使氮气经过钽管和辅助阳极流进真空室时能维持管内的压强为几百帕，而真空室的压强为 1.33Pa 左右。工作时，在阴极钽管和辅助阳极之间加数百伏的直流电压引燃电弧，产生异常辉光放电。中性的低压氮气在钽管内不断被电离，氩离子又不断地轰击钽管表面，当钽管温度上升到 2300～2400K 时，钽管表面发射出大量的热电子，辉光放电转变成弧光放电。此时，电压降至 30～60V，电流上升至一定值维持弧光放电。图 3-8 中的 HCD 枪装有一个 LaB_6制成的主阴极盘，它由钽管加热，在远低于钽的熔点时就具有很强的电子发射能力，从而可以保护钽管免受过热损伤，并使放电电流最高可达 250A 左右。

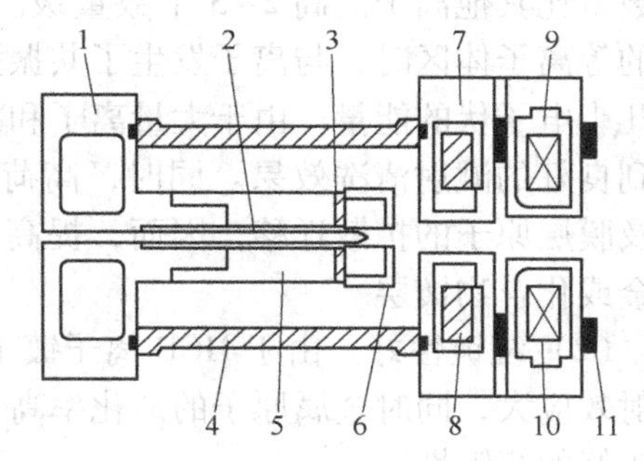

图 3-8 HCD 枪结构示意图

1—阴极支座；2—阴极钽管；3—LaB_6阴极盘；
4—玻璃管；5—钢管；6—钨帽；7—第一辅助阳极；
8—环形永磁铁；9—第二辅助阳极；
10—磁场线圈；11—陶瓷环

弧光放电产生的等离子体主要集中在钽管口，等离子体的电子经辅助阳极初步聚焦后，在偏转磁场作用下偏转90°，再在坩埚聚焦磁场作用下，束直径收缩而聚焦在坩埚上。等离子电子束的聚焦和偏转磁场感应强度为10^{-3}~2×10^{-2}T。HCD枪的使用功率一般为5~10kW，电子束功率密度可达0.1MW/cm^2，仅次于高压电子枪的能量密度（0.1~1MW/cm^2）。蒸发熔点在2000℃以下的高熔点金属由于工作气压高，这种蒸发源的热辐射严重，热效率低些。

当气体在阴极管内流向处于较高真空的阴极口时，气体压力与管内径之积pd逐渐减小。对于某一气体流量，阴极管内总有某一位置，其电离平均自由程与管子内径相近，这时的放电与空腔阴极放电类似，放电产生的辐射、正离子、亚稳态原子，几乎都被阴极管本身截获，从而使阴极管加热至2400K，产生热电子发射。另外，因为阴极离子鞘非常薄（约3×10^{-5}cm），故形成了非常强的表面电场强度（$E\approx10^6$V/cm），导致电子的场致发射。此外，离子轰击阴极会产生一些二次电子。所有这些电子使管内气体高度电离，这样的阴极管就成为等离子体源。在管外，阴极维持着密度较管内低的等离子体，管外电离有助于维持管外的等离子体。电子通过管外等离子体到达阳极。每个气体分子在离开阴极口前都经过几次“电离-碰撞阴极表面被中和-电离”的过程。

实践证明，HCD枪采用辅助阳极引束技术是较适用的。当钽管阴极中已为热电子发射等离子体放电状态时，在阴极内外气压差及高密度、高速度带电粒子的条件下，HCD枪具有很强的等离子体喷射效应。因此，此时只要施加主电源，即使关掉辅助阳极的引束电源，电子束流亦可流出HCD枪口至镀膜室中，维持HCD枪蒸发源的工作。

3.10.3 HCD离子镀的特点

（1）离化率高，高能中性粒子密度大。HCD电子枪产生的等离子体电子束既是镀料气化的热源，又是蒸气粒子的离子源。其束流具有数百安，几十电子伏能量，比其他离子镀方法高100倍。因此HCD的离化率可达20%~40%，离子密度可达$(1\sim9)\times10^{15}$离子/(cm^2·s)，比其他离子镀高1~2个数量级。在沉积过程中还产生大量的高能中性粒子，其数量比其他离子镀高2~3个数量级。这是由于放电气体和蒸气粒子在通过空心阴极产生的等离子体区时，与离子发生了共振型电荷交换碰撞，使每个粒子平均可带有几电子伏至几十电子伏的能量。由于大量离子和高能中性粒子的轰击，即使基片偏压比较低，也能起到良好的溅射清洗效果。同时，高荷能粒子轰击也促进了基-膜原子间的结合和扩散，以及膜层原子的扩散迁移，因而，提高了膜层的附着力和致密度，可获得高质量的金属、合金或化合物镀层。

（2）绕镀性好。由于HCD离子镀工作气压在0.133~1.33Pa，蒸发原子受气体分子的散射效应大，同时金属原子的离化率高，大量金属离子受基板负电位的吸引作用，因此具有较好的绕镀性。

（3）HCD电子枪采用低电压大电流作业，操作安全、简易，易推广。

3.11 真空阴极电弧离子镀

3.11.1 概述

真空阴极电弧离子镀简称真空电弧镀（vacuum arc plating）。如采用两个或两个以上真空电弧蒸发源（简称电弧源）时，则称为多弧离子镀或多弧镀。它是把真空弧光放电用于蒸发源的一种真空离子镀膜技术，它与空心阴极放电的热电子电弧不同，它的电弧形式是在冷阴极表面上形成阴极电弧斑点。

真空阴极电弧离子镀的特点是：（1）蒸发源为固体阴极靶，从阴极靶源直接产生等离子体，不用熔池，电弧靶源可任意方位、多源布置以保证镀膜均匀。（2）设备结构较简单，不需要工作气体，也不需要辅助的离子化手段，电弧靶源既是阴极材料的蒸发源，又是离子源；而在进行反应性沉积时仅有反应气体存在，气氛的控制仅是简单的全压强控制。（3）离化率高，一般可达60%~80%，沉积速率高。（4）入射离子能量高，沉积膜的质量和膜/基结合力好。（5）采用低电压电源工作，较为安全。（6）可以沉积金属膜、合金膜，也可以反应合成各种化合物膜（氨化物、碳化物、氧化物），甚至可以合成 DLC 膜、C-N 膜等。缺点是，沉积时从靶表面飞溅出微细液滴，冷凝在所镀膜层中使膜层的粗糙度增加。目前，已经研究了许多有效的方法，减少和消除这些微滴。

真空电弧离子镀技术已广泛用于涂镀刀具、模具的超硬保护层，膜系包括 TiN、ZrN、HfN、TiAlN、TiC、TiNC、CrN、Al_2O_3、DLC 等，镀层产品包括刀具、工模具等。在仿金和彩色装饰保护膜层方面，膜系包括 TiN、ZrN、TiAlN、TiAlNC、TiC、TiNC、DLC、Ti-O-N、T-O-N-C、ZrCN、Zr-O-N 等，彩色膜系有枪黑、乌黑、紫、棕、蓝、绿、灰等。

多弧离子镀的应用面广，实用性强，特别在刀具、工模具和不锈钢板等材料的表面上镀覆装饰及耐磨硬质膜层等方面发展最为迅速。

3.11.2 真空阴极电弧离子镀工作原理

当阴极受到大量高速正离子轰击而被加热到高温时，因阴极产生显著的热电子发射，从而使等离子体放电中的阴极位降降低，放电电流增大。该阴极位降只需保持阴极区能量（即电流与阴极位降的乘积），即足以使阴极维持电子热发射所需要的温度，就可维持弧光放电。

在阴极电弧放电中，只有那些温度最高、电场最强或逸出功最低的微小区域才发射电子。因此，人们可看到真空电弧在阴极表面有一圈圈闪动的耀眼辉光，它是由一个或数个不连续很小且极亮的辉光斑点（称为阴极辉点或阴极斑点）的生成—熄灭、再移位生成—再熄灭的一系列快速过程的弧斑轨迹而形成的一系列的电弧过程。

由于阴极材料的大量蒸发，蒸发处留下一灼坑，该处尖端消失，且因其正离子空间电荷层被冲散，所以场强下降，不能引发弧光放电。由于放电电流的降低，导致鞘层位降升高，必然在另外一处，即逸出功低或尖端处引发新的弧放电。随着正离子鞘层的不断冲散，阴极灼坑和阴极辉点会不断地变动位置，该变动完全是随机的。真空电弧放电的过程如图 3-9 所示。引发电弧放电前后的阴极表面局部尖端或微凸处的形状如图 3-10 所示。在直流放电电压（通常为 20V）下，尖端发射的电流密度可达 10^6~10^7 A/cm^2。

3.11.3 真空阴极弧光放电特性

真空阴极电弧放电是处在低气压下的电弧放电，它虽然也属于弧光放电工作状态的范畴，但因为是处在低气压下的电弧放电，因此具有一些特殊的现象：

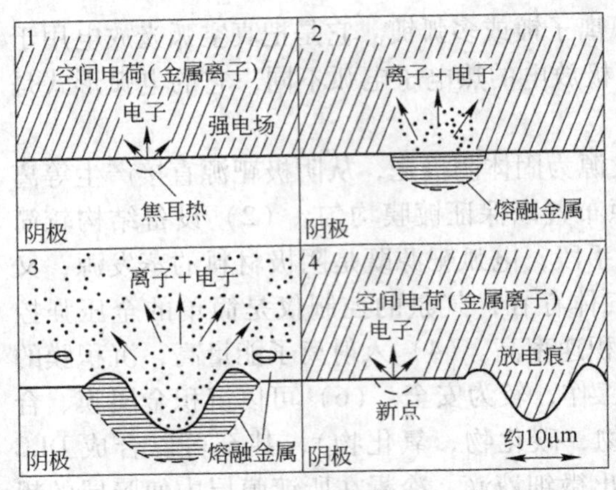

图 3-9 真空阴极电弧放电过程机理

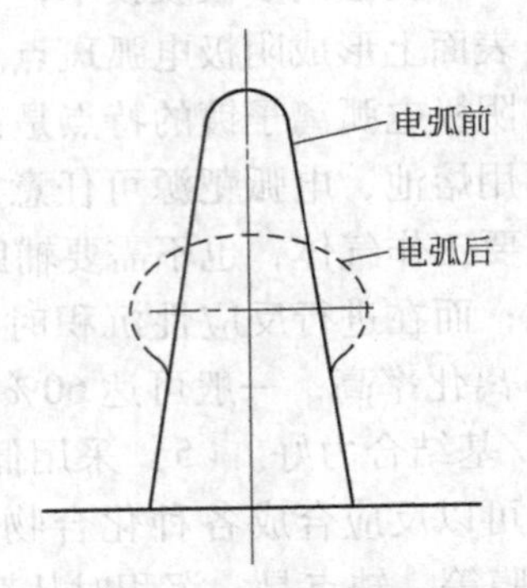

图 3-10 引发电弧放电前后阴极表面尖端形状

(1) 小电流(<10kA)阴极真空电弧(即侵蚀阴极的真空电弧)按其阴极辉光区形态的差异可分成两类电弧运行模式,一种是分立电弧,其特点是放电集中在烧蚀面上的若干微区内,即阴极斑点。另一种是分散电弧,其放电均匀分布在整个烧蚀面上。

目前广泛应用的真空阴极电弧源属于分立电弧运行模式。分立电弧的阴极斑点数量与电弧电流、阴极材料种类和轴向磁场有关。

(2) 真空电弧电压随电流的增加而上升,具有正的伏安特性,这点与高气压下的电弧正好相反。

3.11.4 电弧离子镀工作过程

图 3-11 为多弧离子镀原理示意图。真空室中有一个或多个作为蒸发离化源的阴极以及放置工件的阳极(相对于地处于负电位)。蒸发离化源可由圆板状(或其他形状)阴极、圆锥状阳极、引弧电极、电源引线极、固定阴极的座架、绝缘体等组成。阴极有自然冷却和强制冷却两种。绝缘体将圆锥状阳极与圆板状阴极隔开。在蒸发离化源周围放置磁场线圈。引弧电极安装在有回转轴的永久磁铁上。磁场线圈有两个作用:

(1) 无电流时,引弧电极被弹簧压向阴极。当线圈通电时,作用于永久磁铁的磁力使轴回转,引弧电极从阴极离开,此瞬间产生火花,并实现引弧。

(2) 增强弧光蒸发源产生的离子束做定向运动。

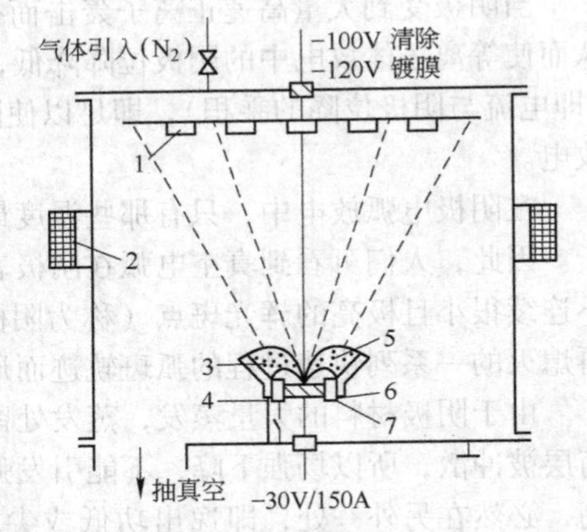

图 3-11 阴极电弧离子镀工作原理示意图
1—基体;2—磁场线圈;3—阳极;4—引弧电极;5—低压电弧;6—绝缘;7—Ti-阴极

电弧被引燃后,低压大电流电源将维持圆板状阴极和圆锥状阳极之间弧光放电过程的进行,其电流一般为几安至几百安,工作电压为10~25V。

如图 3-12 所示,多弧离子镀可以设置多个电弧靶源。为了获得好的绕射性,可独立控制各个电弧靶源。这种设备可用来制作多层结构膜、合金膜和化合物膜。

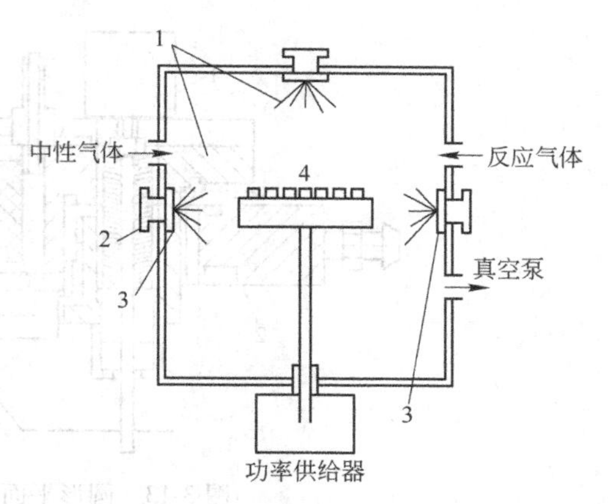

图 3-12 多个电弧蒸发靶源离子镀设备示意图
1—等离子体；2—蒸发器；
3—蒸镀物质；4—基板托

从弧光辉点放出的物质，大部分是离子和熔融粒子，中性原子的比例为1%~2%。阴极材料如 Pb、Cd、Zn 等低熔点金属，离子是一价的。金属熔点越高，多价的离子比例就越大。定向运动的、具有能量为 10~100eV 的蒸发原子和离子束流可以在基体表面形成具有牢固附着力的膜层，而且可以达到很高的沉积速率。通常在系统中还设置磁场，使等离子体加速运动，增加阴极发射原子和离子的数量，提高束流的密度和定向性，减少微小团粒（熔滴）的含量，因而提高了沉积速率、膜层质量以及附着性能。如果在工作室中通入所需要的反应气体，则能生成膜层致密均匀、附着性能优良的化合物膜层。

在电弧源蒸发过程中，阴极电弧会从弧斑区内发射出颗粒或微滴。对于金属阴极，弧斑区存在微熔池，会喷射出液滴，对于石墨阴极，也一样会从弧斑喷射出颗粒。在采用真空多弧离子镀技术制备的 TiN 膜上存在大小不一的颗粒，尺度在零点几微米到上百微米，以细小颗粒居多，形状多为圆形。一般认为是熔融的物料从阴极微熔池喷射出来，在空间呈球状，碰到基体上呈圆的扁平凸起凝固物。研究表明，颗粒的成分与阴极材料相同。

阴极发射的颗粒不但降低了膜层的光洁度，难以获得高质量的装饰膜和在光学和电子学上应用的膜层，而且膜层的颗粒也破坏了膜的连续性和均质性，因此在多弧离子镀工艺中尽量减少宏观颗粒的产生是十分必要的。

3.11.5 阴极电弧蒸发源

3.11.5.1 电弧蒸发源的结构分类

真空电弧离子镀蒸发源的发生特性是：在宏观上是平面蒸发源，而在微观上却是 2π 立体角的点蒸发源，放电电流中有磁场力和电场力的作用问题、有大液滴膜材沉积问题、蒸发源无方位限制等问题。其结构形式分类如下。

A 圆形平面电弧蒸发源

圆形平面电弧蒸发源是应用最广泛的电弧源，图 3-13 给出一种典型的圆形平面阴极电弧靶源结构示意图。

阴极电弧源包括控弧磁体（或线圈）、水冷阴极靶座、阴极靶、弧引燃机构、辅助阳极、阳极、止弧圈以及阴极电源等。辅助阳极是导磁材料制成，它与阳极有适当的电位差。

阴极靶为被镀膜材，通过源座安放在真空室壁上；屏蔽罩是为防止漏弧而引入的，选用高温绝热材料，壁厚为 1~3mm，它与阴极外表面距离 1~3mm；蒸发源与真空室壁用绝缘套绝缘，并通过密封圈实现真空密封；冷却系统中有水冷管和冷却底座；进气系统中有

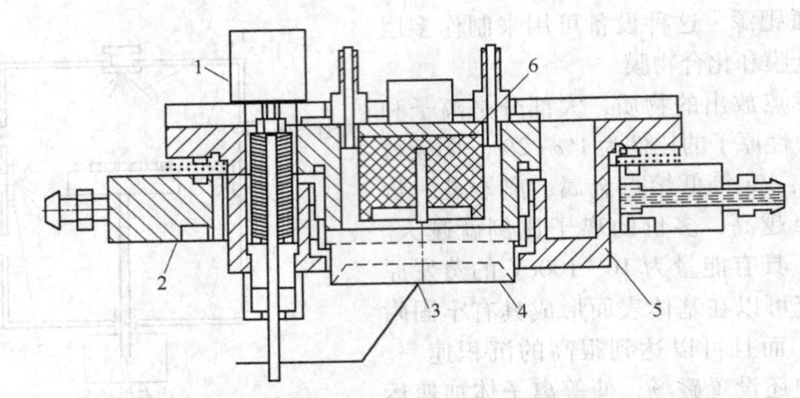

图 3-13 圆形平面阴极电弧靶源结构示意图

1—气动驱动装置；2—阳极；3—引燃电极；4—阴极；5—屏蔽；6—磁体

充气管和气管座；引弧采用触发电极，它与靶电源相连接；为使弧斑均匀分布而设置永磁体，以便能在电弧放电区内加入磁场。

靶材的电位一般为-20V，磁体用于控制放电中的电子，防止其逃逸，引弧点燃极由其拖动机构（气动或电动）拖动而实现引发电弧放电。当引弧极与靶材分离的瞬间，因为接触电阻很大，局部发热而产生电弧火花。该火花中含有密度很高的电子和离子，气体在这些电子和离子的作用下迅速形成热电子或强电场弧光放电。

B 环形平面电弧蒸发源

环形平面电弧蒸发源的结构如图 3-14 所示。采用线圈的励磁电流在铁芯中产生的磁场来实现弧光放电的稳弧及控制阴极辉点的运动。

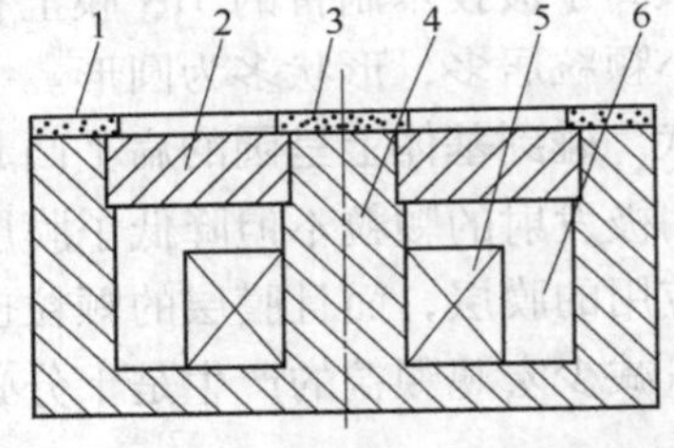

图 3-14 环形平面电弧蒸发源结构示意图

1—压环；2—靶材；3—压板；4—铁芯；5—线圈；6—水冷套

该电弧源的阴极辉点在环形平面靶材表面上旋转，其特征如下：

（1）与靶材表面平行磁场增加时，可提高辉点旋转速率，并且稳定在接近靶材外缘的环带上转动。

（2）随着电弧电流的增加，辉点旋转速率亦增加。

（3）电弧电压与平行磁场成比例地增加。

（4）在较强磁场和提高主弧电流时，阴极辉点发生分裂。当主弧电流不小于 150A 时，众多辉点轨迹覆盖整个靶材表面。

C 矩形平面电弧蒸发源

矩形平面电弧蒸发源的靶材面积和电弧电流较大，是多辉点同时放电的电弧源。为了稳定电弧放电，采用磁场控制阴极辉点的运动。矩形平面电弧蒸发源的结构如图 3-15 所示。

矩形平面电弧蒸发源的引弧极通常采用电磁线圈驱动，使其与靶材接触并立即切断电流，用复位弹簧使引弧极与靶材脱离而引发电弧。

矩形靶源通常采用数个磁场线圈，利用其线圈电流的相位差使靶材表面磁场强度构成一个封闭的循环，以使阴极辉点在整个靶材表面上迁移，这样可以保证靶材的均匀刻蚀。

D 圆柱形电弧蒸发源

圆柱形电弧蒸发源结构如图 3-16 所示。由图可见，与常规圆柱形磁控溅射靶的区别仅为磁场可轴向往复运动和增加了一个引弧电极。

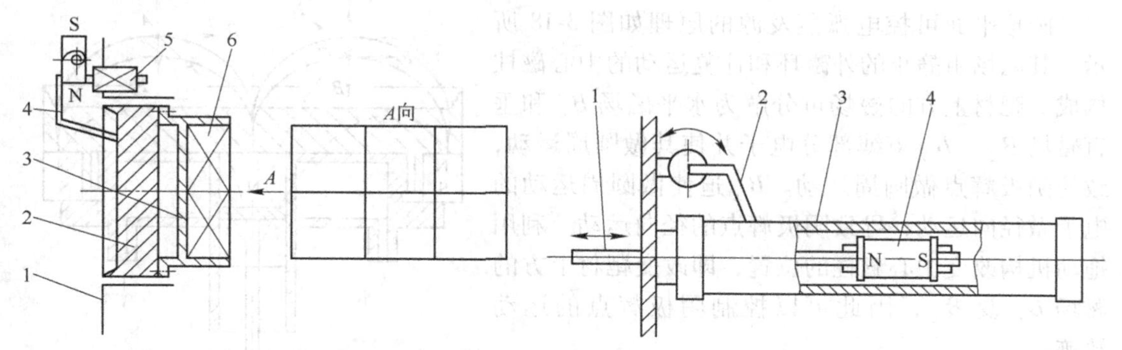

图 3-15 矩形平面电弧蒸发源结构示意图
1—屏蔽罩；2—靶材；3—水冷座；4—引弧电极；
5—引弧电极线圈；6—永磁体或电磁线圈

图 3-16 圆柱形电弧蒸发源结构示意图
1—磁场拖动机构；2—引弧电极；
3—柱靶源体；4—磁体

如果将圆柱形电弧源视为无限长均匀带电圆柱体，且不考虑空间电荷效应，则其电位分布为

$$U = U_b - \frac{Q}{2\pi\varepsilon_0}\ln\frac{r}{R_b} \tag{3-6}$$

式中，U_b 为电弧源柱面电位，一般 $U_b = -20V$；Q 为电弧源柱面上的电荷量；R_b 为电弧源柱面半径；ε_0 为真空介电系数；r 为空间距轴线的半径。

磁场拖动机构使磁场往复运动，这样使阴极辉点在绕柱面高速旋转的同时随磁场沿柱面往复运动。只要磁场移动速度均匀，则电弧源柱面的刻蚀就是均匀的。

适当提高磁场强度可使阴极辉点运动速率加大，但是过强的磁场会使引弧困难。对于直径为 ϕ60～70mm 的圆柱形电弧源，最佳柱表面平行磁感应强度为(50～60)×10^{-4}T，磁铁柱面中心部位的磁感应强度的最佳值约为 20mT。

在旋转式圆柱形磁控溅射靶上增加引弧机构，即构成了旋转式圆柱形电弧蒸发源，如图 3-17 所示。阴极辉点沿靶材柱面轴向运动，由于靶材绕轴旋转，所以阴极辉点在整个靶材表面运动，导致靶材的均匀刻蚀。

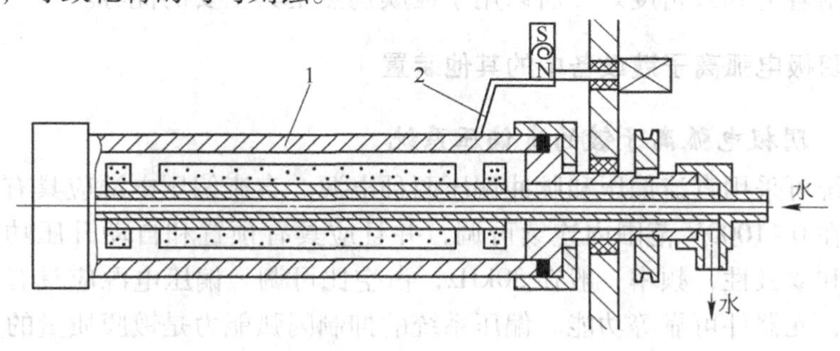

图 3-17 旋转式圆柱形电弧蒸发源
1—旋转式圆柱磁控溅射靶；2—引弧机构

如果采用永磁体系统旋转而靶材固定的形式，阴极辉点沿靶材表面做螺旋线状运动，也可导致靶材均匀刻蚀。

E 圆形平面可控电弧蒸发源

圆形平面可控电弧蒸发源的原理如图 3-18 所示。其磁场由静止的外磁环和往复运动的中心磁柱构成。靶材上方的磁场可分解为水平磁场 $B_{/\!/}$ 和垂直磁场 $B_{\perp}$。$B_{/\!/}$ 束缚部分电子并使其做圆周运动，致使阴极辉点做圆周运动。$B_{\perp}$ 迫使做圆周运动的电子做径向运动，导致阴极辉点的径向运动。利用拖动机构改变中心磁柱的位置，即改变靶材上方的磁场 $B_{/\!/}$ 及 $B_{\perp}$，因此可以控制阴极辉点的运动轨迹。

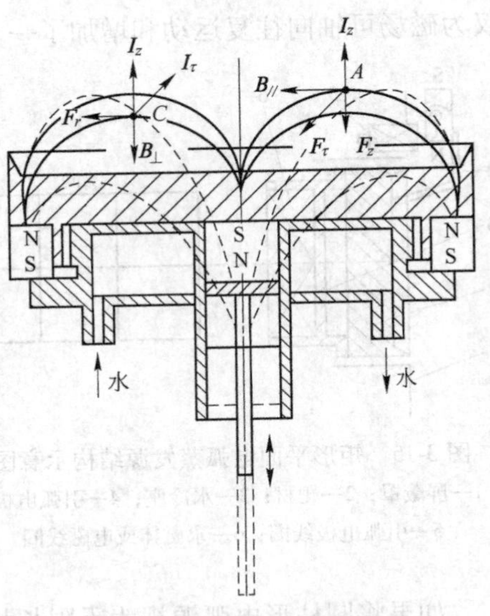

图 3-18 圆形平面可控电弧蒸发源原理示意图

3.11.5.2 对电弧蒸发源的技术要求

在正常镀膜气压下（5×10^{-1} Pa），靶电流的可调范围较大（如以直径 60mm 圆形钛靶为例，靶电流范围 35～100A），而且在靶电流低（靶电流下限）时能稳定弧的运动；在高真空下（10^{-3} Pa），可正常稳弧；磁场可调，靶面弧斑线细腻，弧斑线向靶心收缩且向靶边扩展运动均匀，靶面刻蚀均匀。

经过多年的实践，目前先进的电弧离子镀设备已把早期的集离子轰击清洗、工件加热与镀膜三种功能一体的一弧多用方式进行了功能分离，只保留镀膜功能，其他功能由更合理的装置承担。因为利用电弧蒸发源配高负偏压进行离子清洗，不但在工件表面上会留下许多宏观颗粒，增大了表面粗糙度，而且在轰击清洗过程中，会产生闪弧现象，若抑制闪弧措施不当，就会烧伤工件。如有的电弧离子镀设备配有专用的无灯丝离子源、以 Ar 离子束进行离子清洗，可克服上述缺点。采用电弧蒸发源发出膜材离子轰击工件表面进行加热，由于能量是在表面交换，对于异型工件，不同部位其表面-体积比不同，其瞬时温升是不同的，加热不均匀，特别是刀的刃口、小工件等更容易过热退火，不好控制。现在大都采用发热管辅助加热。电弧蒸发源由于离化率高，粒子能量高，固体靶没有熔池，沉积速率高，成膜附着力和致密度好，所以用于镀膜仍然是其主要的优势。

3.11.6 真空阴极电弧离子镀设备中的其他装置

3.11.6.1 阴极电弧离子镀的负偏压系统

负偏压系统可采用直流偏压和脉冲偏压两种电源。直流偏压电源应具有自动快速熄灭闪弧的功能，在 0～1000V 范围内连续可调，并且应具有预置和自动升压功能。脉冲偏压电源有单极性和双极性，频率一般在 30kHz，占空比可调。偏压电源应具有足够的功率容量、耐电冲击、元器件可靠等功能。偏压系统的抑制闪弧能力是镀膜质量的关键性指标。

3.11.6.2 供气方式

由于抽气速率的波动、工作气体和反应气体的消耗、镀膜室壁和结构件及工件的放气等原因可导致真空室内的气压不断变化。为了获得稳定的镀膜气氛环境，不断地、及时地向镀膜室内补给工作气体和反应气体是十分必要的。目前常用的供气模式可分为恒压力和恒流量两种供气模式：

（1）恒压力供气。采用自动恒压强控制仪配压电阀供气。如果是单一种气体，就控制气体总压力。如果是两种气体，其中一种气体通过针阀流量计或质量流量计预置流量输入到镀膜室内，形成本底室内分压（随时间会有波动），气压不足部分，由另一种气体通过恒压强控制仪和压电阀输入补充，达到预置气压值。其实，总气压是稳定的，两种气体的分压值是变化的。或者说一种气体是恒流量输入，另一种气体以非恒流量输入来弥补系统由各种因素引起总压力偏离预置工作压力的差额。

（2）恒流量供气：采用质量流量计（或针阀流量计），一路或多路供气。各路设定流量值，即供入镀膜室的气体流量和流量比例是固定的，但由于系统抽气速率变化和气体反应消耗快慢不同，在炉内的各种气体的分子数目（分压）和比例也不是恒定的。

上述两种供气模式，实际上都不能精确地控制炉内参加反应的气体分子数目（分压）和比例。理想的供气模式应当保证真空室内总压力不变，同时室内各气体分压比例也不变。为此可以用计算机程序控制来实现这一供气模式。

3.11.6.3 烘烤加热系统与测温装置

目前多采用加热管辅助加热。加热管除安排在炉中央，还分布在炉壁附近。烘烤加热一方面使工件均匀地升温，另一方面有利于系统解吸杂质气体，净化真空环境。

镀膜中的测温一般是将铠装热电偶固定在真空室内的某个位置上测温，所显示的温度是该位置的环境温度，不一定反映工件的实际温度。

在镀膜过程中测量工件的表面实际温度是比较困难的，但监控工件表面实时温度又非常必要，因为基片温度是影响成膜质量的重要因素。

红外非接触式测温仪通过观察窗直接对工件测量是一种技术方案，但要测准需考虑以下若干条件：（1）选用精确可靠的仪器；（2）仪器显示的温度是仪器测量斑区（直径2~3mm）的平均温度；（3）仪器有足够快的响应时间；（4）仪器具有瞬时温度（最大值，最小值）的显示与贮存功能；（5）所测工件最高温升位置面积足够大，且运动速度合适，应使运动中的工件被测温部位，在仪器的响应时间内，始终落在仪器测量斑区内，这样仪器测出的温度才准确。除了形状简单且体积较大的工件外，小的异型工件要满足上述条件比较困难。

国外已有公司采用较特殊的热电偶测温装置。热电偶可以固定在工件表面，热电偶引线通过旋转轴引出，这部分引线固定在轴上随轴一起转动，在引线的引出端通过类似电刷的机构与固定在炉底盘上的两个导电环接触，把热电信号输送到测温仪显示。这种结构较复杂，但测量数据较为可信。

3.11.6.4 工件架及其运动方式

工件架设计时要考虑真空室中的温度场、电场和等离子体的分布，为了镀膜的均匀应采用多维灵活转动的支架和夹具，能充分利用真空室内的有效空间。工件架一般采用立式比较方便，且要求支架承受力大。

工件架的运动方式有公转、公自转、三维转动：

（1）公转：工件架大转盘绕中心轴转动。

（2）公自转：工件架是分立在大转盘上的多个小转盘，小转盘绕自身中轴旋转，又随大转盘绕设备中心轴公转。

（3）三维转动：在公自转的基础上，在小转盘上的各个工件自身也转动。

多维运动更有利于镀膜的均匀性。但装置复杂，装载量较小。

3.11.6.5　保护系统

应有冷却水失压警示和保护装置，电弧蒸发源短路警示。真空测量仪表与放气阀连锁，真空系统合理程序的连锁，以及高电压的安全保护，电气系统的可靠保护。

3.11.7　真空电弧离子镀中的大颗粒抑制与消除

在传统的真空电弧离子镀中，阴极弧源在发射大量电子及金属蒸气的同时，由于局部区域的过热而伴随着一些熔化的金属液滴的喷射。液滴直径一般在 10μm 左右，大大超过离子的直径。当这种大颗粒随同等离子体流一起到达被镀工件表面时，使镀层表面粗糙度增加、镀层附着力降低并出现剥落和镀层严重不均匀等现象。人们一直努力设法消除这些颗粒。解决这些问题的方法可分两类：一是抑制大颗粒的发射，消除污染源。二是采用大颗粒过滤器，通过控制大颗粒的运动，将其从等离子体流中过滤掉，使之不混入镀层之中。

（1）从阴极电弧发射颗粒的机制入手减少甚至消除颗粒的发射。

1）降低弧电流。降低弧电流可减弱电弧的放电，缩小弧斑区数目，即缩小微熔池面积，可以减少液滴的发射，但同时也降低了蒸发速率和沉积速率。一般国产阴极电弧源设计正常工作弧流为 50~60A，此时发射的液滴已相当可观。现在生产的弧流在 30A 以下稳定运行的弧源，液滴现象有所改善。

2）加强阴极冷却。阴极弧源有两种冷却方式：直接冷却和间接冷却阴极靶体。后者，水是冷却铜靶座，靶座连接阴极靶体，冷却效果差些，但安全可靠，不会漏水。前者冷却水直接冷却靶体，冷却效果好，但一定要有可靠的水封。加强冷却阴极也是让弧斑区热量快些导走，缩小熔池面积，从而减少液滴发射。

3）增大反应气体分压。实验证明提高氮分压，有明显细化和减少颗粒的效果。其机制还不清楚，有人认为氮分压高时，在弧斑区附近靶面上易生成氮化物沉积，氮化物熔点高，可缩小灼坑尺寸，抑制液滴生成；也有人认为在微熔池上方高气压会影响液滴的发射生成条件和分布。不过，沉积 TiN 时，氮分压是影响膜的相构成和膜的颜色的重要参数，不能任意调节，否则会顾此失彼。

4）加快阴极弧斑运动速度。这是驱动斑点快速运动，使其在某点的驻留时间缩短，从而降低局部高温加热的影响，减小熔地面积，降低液滴的发射。一般采用磁场控制弧斑运动。在阴极靶后面装置一磁块，利用平行靶面的磁场分量与弧斑作用，推动弧斑在靶面旋转运动，磁场越强，旋转越快。沉积 TiN，此法可减少液滴，但不会全部消除。若对熔点低的金属阴极，效果不佳。

5）脉冲弧放电：阴极电弧源连接弧脉冲电源，那么阴极弧放电为非连续的，时有时无，有人认为这是利用脉冲式弧放电来限定阴极弧斑的寿命，从而减少液滴。不过，实际看到的弧脉冲频率是低频的（零至几百赫），此频率的周期远比已测定的弧斑寿命长，看来，似乎用间歇放电让阴极得到更有效的冷却来解释减少液滴更合理。

（2）从阴极等离子流束中把颗粒分离出来。

1）高速旋转阴极靶体。日本 G. H. Kang 等人利用旋转电弧靶的离心作用消除电弧蒸发的液滴，当靶速高达 4200r/min 时，TiN 薄膜表面微粒所占面积为 0.075%。

2）遮挡屏蔽。在阴极弧源与基片中间摆放挡板，使从弧源飞出的液滴受挡板屏蔽不能到达基片，而离子流束通过偏压的作用绕射在基体上。这是比较简单的减少液滴的方法，但以牺牲沉积速度为代价。遮挡板的设计和摆放，应当以阴极电弧源发射液滴角分布为依据，既要有效挡住液滴，又要尽量少牺牲沉积速率。

3）磁过滤。采用弯曲形磁过滤管方法是最彻底消除液滴的方案。图 3-19 所示为磁过滤弧源的一种典型结构图。它包括一个电弧阴极，阴极磁场线圈及一套磁过滤装置。从阴极表面发射的等离子体经磁偏转管进入镀膜室，而微粒由于是电中性或者荷质比较小，因而不能偏转而被滤掉，用磁过滤管电弧源可获得低能高离化度等离子束，并可以完全消除液滴。当然，要损失相当比例的沉积速率。过滤式真空电弧离子镀膜设备结构及工作特性见下面内容。

（3）过滤式真空电弧离子镀膜技术。典型的过滤式真空电弧离子镀膜设备结构如图 3-20 所示。其核心结构是一个 Aksenov 过滤器，它是一个具有螺旋管电磁线圈的不锈钢或石英弯管。电磁线圈提供控制等离子体流运动的外加磁场，该磁场方向是沿管的轴向方向。这一弯管是该技术区别于传统真空电弧离子镀膜的显著标志。它的作用一方面是过滤和阻挡宏观颗粒，另一方面则是引导离子进入镀件所在的沉积室。其设计的合理程度将对过滤效果及离子的传递效率产生关键的影响。其中一个准则就是要尽量减小电子在管道中的运动，以建立一个足够强的空间电场来引导离子向沉积室方向加速运动。设计时线圈所产生的外磁场一般在 0.005~0.02 T 范围内。这一相对较弱的磁场不可能对离子的运动产生直接的影响，而它却可以对管道内等离子体流中的电子产生强烈的约束作用，从而在管

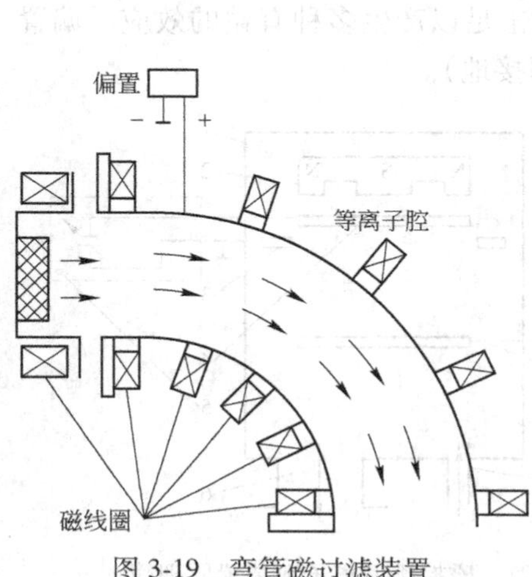

图 3-19　弯管磁过滤装置

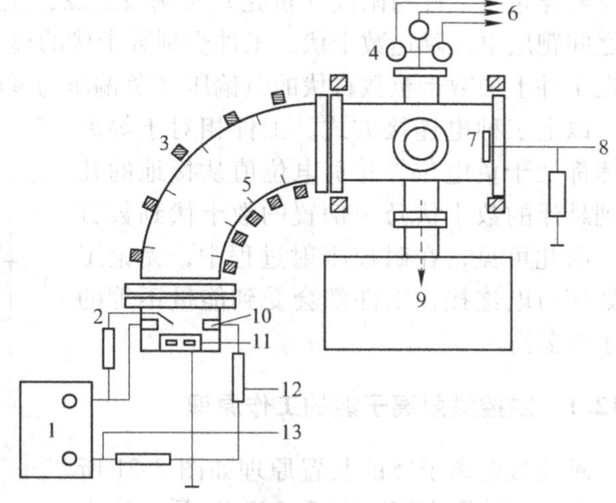

图 3-20　过滤式真空电弧离子镀膜装置结构示意图

1—电源；2—触发器；3—电磁线圈；4—真空规；5—过滤弯管；6—接控制与记录系统；7—基底；8—离子流测量；9—真空系统；10—阳极；11—阴极；12—弧电压测量；13—弧电流测量

道中建立一个很强的加速空间电场。该电场对过滤器离子传递效率起决定作用。

在过滤式真空电弧离子镀设计时还要考虑到，虽然大部分宏观颗粒将被排斥在管道之外，但还有一小部分发射角较大的颗粒将进入弯管内部。它们因与带电粒子碰撞而荷电，并在某些方向上得到加速。得到加速的宏观颗粒与管壁碰撞之后的结果，一部分吸附在管壁，而另一部分则被管壁反射。如果对其反射方向不加以控制，它们将随同离子流一起进入沉积室，从而影响过滤效果。因此，在弯管内部有可能进入沉积室的反射轨道中，应设置若干个挡板，以阻挡反射颗粒进入沉积室内。一般情况下，弯管具有悬浮的电位。在镀膜过程中，当螺旋管线圈所产生的磁场逐渐增大时，其悬浮电位将从负极性向正极性转变。这种极性的转变正反映了在外磁场作用下，等离子体中粒子的空间分布发生了改变，即弯管内壁吸附电子，而离子向沉积室内基片上运动的事实。但在有些过滤装置中，整个管壁被直接作为接地阳极使用。

背面水冷圆柱形阴极弧源靶安装在过滤弯管的一端，在其发射面的前方有一个环状阳极。阳极在这里不仅作为直流电弧放电的一极，而且起到了等离子体流引出喷口的作用。两极之间的电弧被一个接触式的电动触发针引燃，形成自持放电。沉积室安装在弯管的另一端，被镀工件可置于其中。工件上可施加负偏压，以利吸引离子，偏压范围一般在100~500V 左右。整个系统本底真空要求达到 10^{-4} Pa。

3.12 磁控溅射离子镀

磁控溅射离子镀实际上是偏置连接的磁控溅射镀，简称溅射离子镀（sputtreing ion platillg，SIP）。

在磁控溅射离子镀中，工件可以有三种连接电的方式：接地、悬浮和偏置。镀膜机的机壳一般都接地并规定为零电位。工件接地就连接机壳。工件相对等离子体的电位约负几伏。悬浮是将工件与阳极（机壳）和阴极绝缘，让工件悬浮在等离子体中，工件与等离子体之间靶层电位降达数十伏。工件受到数十伏的离子轰击足以产生多种有益的效应。偏置是在工件上加数十至数百伏的负偏压（负偏压为零时即接地）。

以上三种电连接方式，工件相对于等离子体都处于负电位，其负电位值从接地的几伏到悬浮的数十伏乃至偏置的数十伏到数百伏。由此可见，在磁控溅射过程中，无论工件如何与电连接，工件都会受到能量不等的离子的轰击。

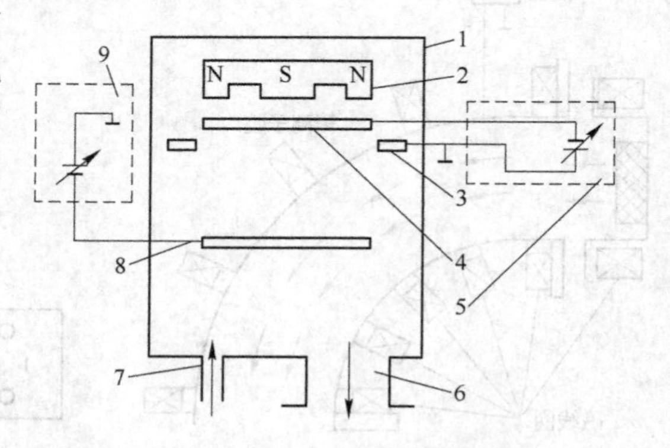

图 3-21　磁控溅射离子镀装置原理简图

1—真空室；2—永久磁铁；3—磁控阳极；4—磁控靶；5—磁控电源；6—真空系统；7—Ar 充气系统；8—基体；9—离子镀供电系统

3.12.1　磁控溅射离子镀的工作原理

磁控溅射离子镀的装置原理如图 3-21 所示。真空室抽至本底真空 5×10^{-3}Pa 后，通入氩气，维持在 1.33×（10^{-1}~10^{-2}）Pa。在辅助阳极和阴极磁控靶之间加 400~1000V 的直流电压，产生低气压气体辉光放电。氩气离子在电场作用下轰击磁控靶面，溅出靶材原子。靶材原子在飞越放电空间时，其中一部分被电离，靶材离子经基片负偏压（0~-3000V）的加速作用，与高能中性原子一起在工件上沉积成膜。

磁控溅射离子镀（MSIP）是把磁控溅射和离子镀结合起来的技术。在同一个装置内既实现了氩离子对磁控靶（镀料）的稳定溅射，又实现了高能靶材（镀料）离子在基片负偏压作用下到达基片进行轰击、溅射、注入及沉积过程。

磁控溅射离子镀可以在膜/基界面上形成明显的混合界面，提高了附着强度。可以使膜材和基材形成金属间化合物和固溶体，实现材料表面合金化，甚至出现新的相结构。磁控溅射离子镀可以消除膜层柱状晶，生成均匀的颗粒状晶结构。

3.12.2 磁控溅射偏置基片的伏安特性

磁控溅射离子镀的成膜质量受到达基片上的离子通量和离子能量的影响。离子必须具有合适的能量，它决定于在放电空间中电离碰撞能量交换以及离子加速的偏压值。离子还要有足够的到达基片的数量，即离子到达比。在离子镀中实用工艺参数就是工件的偏置电压（偏压）和偏置电流密度（偏流密度）。偏流密度 J_s（mA/cm²）与离子通量成正比，即

$$J_s = 10^3 e\Phi_i \tag{3-7}$$

式中，Φ_i 为入射离子通量，离子数/(cm²·s)，e 为电子电荷 1.6×10^{-19}C。

磁控溅射偏置基片的伏安特性可分两类，如图 3-22 所示。

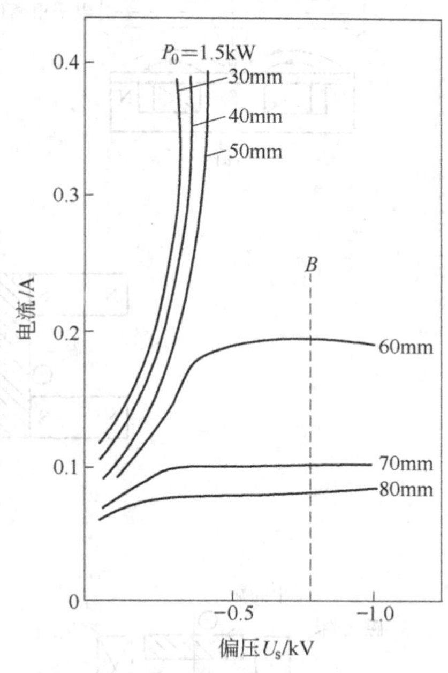

图 3-22 磁控溅射偏置伏安特性曲线

第一类为恒流特性。这时靶基距较大，基片位于距靶面较远的弱等离子区内。其特点是，最初偏流是随负偏压上升而上升，当负偏压上升到一定程度以后，偏流基本上饱和，处于恒流状态。这时偏流为受离子扩散限制的离子流（即离子扩散电流）。

第二类为恒压特性。这时靶基距较小，基片位于靶面附近的强等离子区内，偏流为受正电荷空间分布限制的离子电流（即空间电荷限制离子电流）。其特点是，偏流始终随负偏压的上升而上升。当负偏压上升到一定程度，例如 200V 以后，处于恒压状态。

对于磁控溅射离子镀，要求偏压和偏流可独立调节，且要求偏流稳定，这些都只有在恒流工作状态下才能实现。对于本试验条件，工件适于放置在距靶面 60~80mm 处。对于不同的靶结构，不同的靶功率，不同的基片大小，不同的镀膜室结构而言，产生恒流状态的偏置基片伏安特性是不同的。

要使沉积速率达到实用的要求，必须使偏流既独立可调，又有较大的密度。

3.12.3 提高偏流密度的方法

提高偏流密度，实质上是提高基片附近的等离子体密度，目前有以下几种方法：

（1）对靶磁控溅射离子镀。图 3-23 为对靶磁控溅射离子镀的示意图，它是由两个普通的磁控溅射阴极相对呈镜像放置，即两者的永磁体以同一极性相对对峙，两个阴极的强等离子体相互重叠的区域是工件的镀膜区。镜像对靶的距离为 120~200mm。相距太远会降低等离子体密度，等离子体密度不均匀。

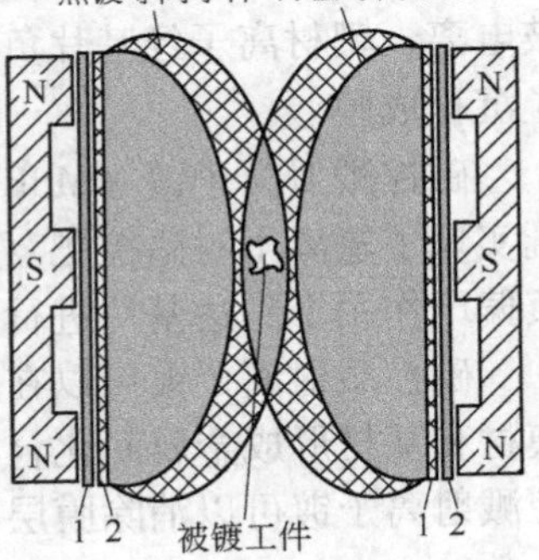

热镀等离子体 冷镀等离子体

N S N N S N

1 2 被镀工件 1 2

图 3-23 镜像对靶布置

1—阴极；2—靶

（2）添加电弧电子源。图 3-24（a）为热丝电弧放电增强型磁控溅射阴极，其原理与三极溅射阴极相似。图 3-24（b）为空心阴极电弧放电增强型磁控溅射阴极。

（3）对电子进行磁场约束和静电反射。图 3-24（c）所示的溅射阴极，利用同处于负电位的两个靶面相互反射电子，磁场的作用是将电子约束在两个靶面之间。在溅射阴极的阴极暗区和负辉区中，磁力线与电子力是平行的，不存在由正交磁场引起的 $\boldsymbol{E}\times\boldsymbol{B}$ 漂移。

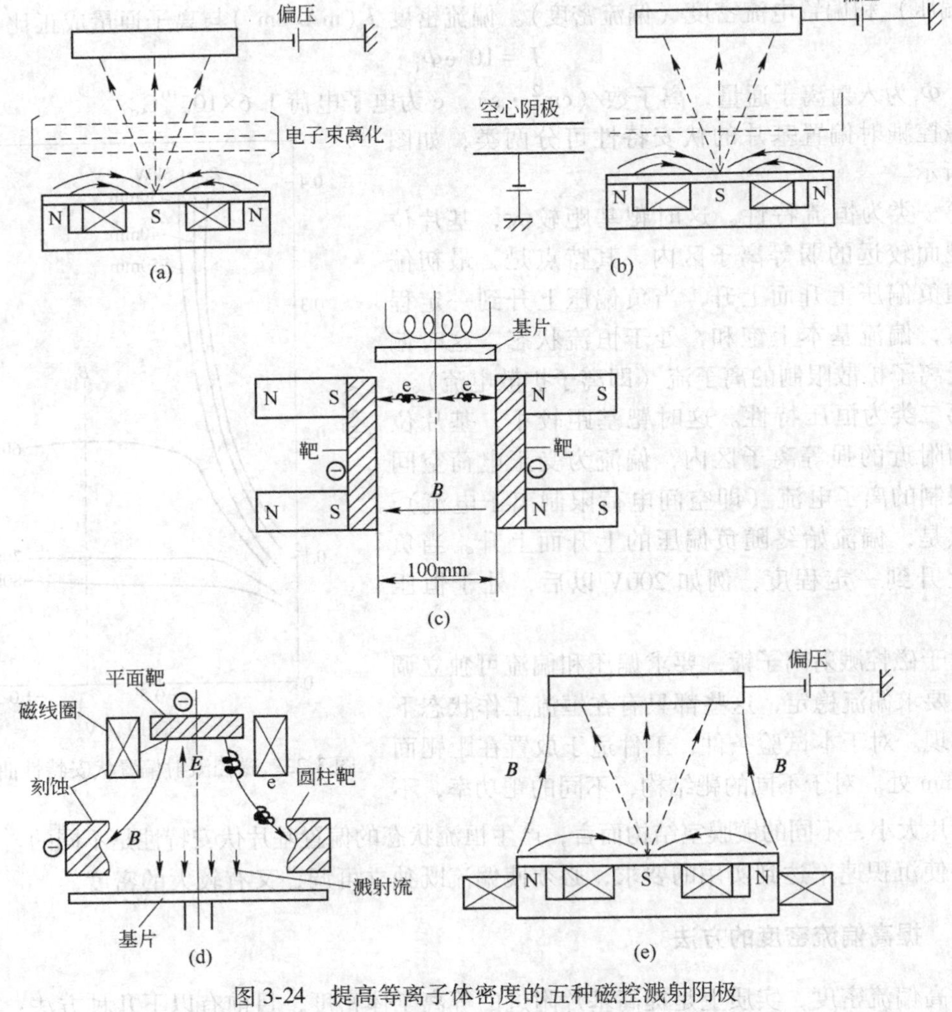

图 3-24 提高等离子体密度的五种磁控溅射阴极

电子绕磁力线螺旋前进，一旦接近靶面即被静电反射，于是在两个靶面之间振荡，从而将其能量充分用于电离。这种阴极实质上是采用静电反射提高等离子体密度的二极溅射阴极，并非磁控溅射阴极。

图 3-24（d）是静电反射对靶阴极的另一类型，它与上述平面对靶阴极的差别在于采用环形靶材替换其中一个平面靶材。

（4）非平衡磁控溅射阴极：图 3-24（e）为Ⅱ型非平衡磁控阴极，其磁力线将等离子体引向基体，可以满足溅射离子镀的要求。其缺点是径向均匀性较差。

采用非平衡磁控溅射阴极同时对电子进行磁场约束和静电反射，这是磁控溅射离子镀技术中赖以提高等离子体密度的基本措施。

本章小结

真空离子镀膜是将真空蒸发和真空溅射结合的一种镀膜技术，是在真空条件下，利用气体放电使工作气体或被蒸发物质（膜材）部分离化，在工作气体离子或被蒸发物质的离子轰击作用下，把蒸发物或其反应物沉积在被镀基片表面的过程。本章主要介绍了真空离子镀膜技术的特点、分类和应用范围，着重讲述了各种真空离子镀膜技术的工作原理、装置结构及工作特点，并深入分析了各种参数对镀膜工艺的影响。通过本章的学习应掌握真空离子镀膜技术与设备的理论知识、真空离子镀膜设备的组成，并在此基础上掌握真空离子镀膜设备的设计方法及应用。

思 考 题

3-1 表述真空离子镀膜工作原理、特点及工艺参数选择。
3-2 叙述真空离子镀膜工艺的成膜条件及镀膜源的类型。
3-3 详述真空离子镀膜技术与真空蒸发镀膜及真空溅射镀膜的联系与区别。
3-4 结合离子镀成膜条件讲述入射离子能量对薄膜生长的影响。
3-5 离子镀过程中，等离子体能量越高成膜的质量越好吗，为什么？
3-6 简述离化率的定义。
3-7 请问真空阴极电弧离子镀的哪些特点使其能在硬质及装饰薄膜的制备中被广泛采用？
3-8 请描述真空阴极电弧离子镀的工作过程。
3-9 针对平面电弧蒸发源采取什么措施可以提高靶材的利用率？
3-10 在溅射离子镀过程中除图 3-24 所示提高等离子体密度的磁控溅射阴极结构外还有其他的方法吗？
3-11 影响真空离子镀膜工艺的参数有哪些？

4 真空等离子增强化学气相沉积技术

本章学习要点：

了解化学气相沉积（CVD）的基本原理和必备条件以及真空等离子体化学气相沉积（PECVD）的基本原理和沉积工艺必须具备的基本条件；了解真空物理气相沉积与真空化学气相沉积技术的各自特点和异同；了解各种 PECVD 技术的工作原理和工艺过程；了解 PECVD 设备的基本结构；了解真空等离子体化学气相沉积技术的发展态势。

化学气相沉积（chemical vapor deposition，CVD）是在一定温度条件下，混合气体之间或混合气体与基材表面相互作用，并在基材表面形成金属或化合物的薄膜镀层，使材料表面改性，以满足耐磨、抗氧化、抗腐蚀以及特定的电学、光学和摩擦学等特殊性能要求的一种技术。

4.1 概 述

4.1.1 CVD 技术的基本原理

CVD 技术原理是建立在化学反应基础上的，通常把反应物是气态而生成物之一是固态的反应称为 CVD 反应，因此其化学反应体系必须满足以下三个条件：

（1）在沉积温度下，反应物必须有足够高的蒸气压。若反应物在室温下全部为气态，则沉积装置就比较简单；若反应物在室温下挥发很小，则需要加热使其挥发，有时还需要用运载气体将其带入反应室。

（2）反应生成物中，除了所需要的沉积物为固态之外，其余物质都必须是气态。

（3）沉积薄膜的蒸气压应足够低，以保证在沉积反应过程中，沉积的薄膜能够牢固地附着在具有一定沉积温度的基片上。基片材料在沉积温度下的蒸气压也必须足够低。

沉积反应物主要分为以下三种状态：

（1）气态。在室温条件下为气态的源物质，如甲烷、二氧化碳、氨气、氯气等，它们最利于化学气相沉积，流量调节方便。

（2）液态。一些反应物质在室温或稍高的温度下，有较高的蒸气压，如 $TiCl_4$、$SiCl_4$、CH_3SiCl_3等，可用载气（如 H_2、N_2、Ar）流过液体表面或在液体内部鼓泡，然后携带该物质的饱和蒸气进入工作室。

（3）固态。在没有合适的气态源或液态源的情况下，只能采用固态原料。有些元素或其化合物在数百度时有可观的蒸气压，如 $TaCl_5$、$NbCl_5$、$ZrCl_4$等，可利用载气将其携带进入工作室沉积成膜层。

更为普遍的情况是通过一定的气体与源物质发生气-固或气-液反应，形成适当的气态组分向工作室输送。如用 HCl 气体和金属 Ga 反应形成气态组分 GaCl，以 GaCl 形式向工作室输送。

目前常用的 CVD 沉积反应有下述几种类型：

（1）热分解反应。热分解反应是在真空或惰性气氛中将基片加热到所需要的温度，然后导入反应气体使其分解，并在基片上沉积形成固态薄膜。

用作热分解反应沉积的反应物材料有：硼和大部分第Ⅳ、V_B、VI_B 族元素的氢化物或氯化物，第Ⅷ族元素（铁、钴、镍等）的羰基化合物或羰基氯化物，以及镍、钴、铬、铜、铝元素的有机金属化合物。例如：

$$SiH_{4(g)} \xrightarrow{800 \sim 1000℃} Si_{(s)} + 2H_{2(g)} \tag{4-1}$$

$$CH_3SiCl_{3(g)} \xrightarrow{1400℃} SiC_{(s)} + 3HCl_{(g)} \tag{4-2}$$

（2）氢还原反应。在反应中有一个或一个以上元素被氢元素还原的反应称为氢还原反应。例如：

$$SiH_{4(g)} + 2H_{2(g)} \xrightarrow{1200℃} Si_{(s)} + 4HCl_{(g)} \tag{4-3}$$

$$WF_{6(g)} + 3H_{2(g)} \xrightarrow{700℃} W_{(s)} + 5HF_{(g)} \tag{4-4}$$

（3）置换或合成反应。在反应中发生了置换或合成，例如：

$$3SiCl_{4(g)} + 4HC_{3(g)} \xrightarrow{850 \sim 900℃} SiC_{4(s)} + 12HCl_{(g)} \tag{4-5}$$

（4）化学输运反应。借助于适当的气体介质与膜材物质反应，生成一种气体化合物，在经过化学迁移或物理输运（用载气）使其到达与膜材原温度不同的沉积区，发生逆向反应使膜材物质重新生成，沉积成膜，此即称为化学输运反应。例如制备 ZnSe 薄膜的反应为：

$$ZnSe_{(s)} + I_{2(g)} \underset{T_2 = T_1 - 13.5℃}{\overset{T_1 = 850 \sim 860℃}{\rightleftharpoons}} ZnI_{(g)} + \frac{1}{2}Se_{2(g)} \tag{4-6}$$

（5）歧化反应。Al、B、Ga、In、Ge、Ti 等非挥发性元素，它们可以形成具有在不同温度范围内稳定性不同的挥发性化合物，利用通式为 $yAB_{x(g)} \underset{T_2}{\overset{T_1}{\rightleftharpoons}} (y-x)A_{(s、g)} + xAB_{y(g)}(y < x)$ 的歧化反应，可沉积 A 元素的单质薄膜。例如：

$$2GeI_2 \overset{600℃}{\rightleftharpoons} Ge_{(s、g)} + GeI_4 \tag{4-7}$$

（6）固相扩散反应。当含有碳、氮、硼、氧等元素的气体和炽热的基片表面相接触时，可使基片表面直接碳化、氮化、硼化或氧化，从而达到保护或强化基片表面的目的。例如：

$$Ti_{(s)} + 2BCl_{3(g)} + 3H_{2(g)} \xrightarrow{1000℃} TiB_{2(s)} + 6HCl_{(g)} \tag{4-8}$$

在 CVD 过程中，只有发生在气相-固相交界面的化学反应才能在基片上形成致密的固态薄膜；如果化学反应发生在气相，生成的固态薄膜只能以粉末形态出现。由于 CVD 中气态反应物的化学反应和反应产物在基片的析出过程是同时进行的，所以 CVD 技术的机理非常复杂。由于 CVD 中化学反应受气相与固相表面接触催化作用的影响，并且其产物的析出过程也是由气相到固相的结晶生长过程，因此，一般来说，在 CVD 反应中基片的气相间应保持一定的温度差和浓度差，由二者决定的过饱和度提供晶体生长的驱动力。反应副产物从薄膜表面扩散到气相，作为废气排出反应室。

4.1.2 CVD技术的类型、应用及特点

从沉积化学反应能量激活看，化学气相沉积技术可分为热CVD技术、等离子辅助化学气相沉积技术（PACVD）、激光辅助化学气相沉积技术（LCVD）和金属有机化合物沉积技术（MOCVD）等。从沉积化学反应温度来看，又可分为低温沉积（<200℃，如用高频等离子激化CVD和微波等离子激化CVD）；中温CVD（MTCVD，反应处理温度为500~800℃，它通常是通过金属有机化合物在较低温度的分解来实现的，所以又称金属有机化合物CVD）；高温CVD（HTCVD，反应处理温度在900~1200℃，如硬质合金铣削刀具、陶瓷和复合材料涂层）；超高温CVD（>1200℃，如SiC陶瓷）。从CVD沉积反应的类型看，可分为固相扩散型、热分解型、氢还原型、反应蒸镀型和置换反应型。

从化学气相沉积的工业应用看，它是一种应用极为广泛的工艺方法。CVD技术最初的发展动力是微电子技术，今天已普及应用于各种各样的集成电路块及芯片，从半导体材料的外延，到钝化、刻蚀、布线和封装，几乎每一个工序都离不开CVD技术。表4-1给出了CVD技术的分类及其在半导体工业中应用的实例。

表4-1 CVD技术应用实例

技术	特征	实例	速率/$\mu m \cdot min^{-1}$	温度/℃
NPHTCVD（常压高温CVD）	简便，质量良好，图形细部良好，效率较低	$SiCl_4/H_2$	500~1500	600~1200
LPHTCVD（常压低温CVD）	简便，图形细部较差，易制钝化膜	$SiCl_4/H_2$	约100	200~500
LPHTCVD（低压高温CVD）	效率高，质量好，图形细部较差（约100片/h，3in片）	$SiCl_4/H_2$（26.6Pa）	约10	600~700
LPLTCVD（低压低温CVD）	—	—	—	<450
MOCVD（有机金属化合物CVD）	—	$(CH_3)_3Ga/(C_2H_5)_3Sb$	20~60	500~600
PECVD（等离子增强CVD）	制作钝化保护膜台阶覆盖好	$TiCl_4/H_2$，N_2	80~150	~500
PhotonCVD（光辅助CVD）	微区，直接书写，正在发展中	WF_6/H_2	约120	—

注：1in=0.0254m。

近年来，CVD技术在表面处理技术方面受到广泛地重视。根据不同的使用条件，采用CVD技术对机械材料、反应堆材料、宇航材料、光学材料、医用材料及化工设备用材料等镀制相应的薄膜，满足耐磨、抗氧化、抗腐蚀以及一些特殊的性能要求。

耐磨镀层，以氮化物、氧化物、碳化物和硼化物为主，主要应用于金属切削刀具。在切削应用中，镀层性能主要包括硬度、化学稳定性、耐磨性、低摩擦系数、高导热性与热稳定性和与基体的结合强度。这类镀层主要有TiN、TiC、TaC、Al_2O_3、TiB_2等。

表4-2对表面硬质薄膜的不同处理方法进行了比较。

表 4-2 表面硬质镀膜处理方法的比较

方法	原料	镀层物质	结晶组织	工艺条件		膜厚 /μm	附着性	可镀工件形状
				温度 /℃	时间 /h			
化学气相沉积 CVD	金属卤化物、碳氢化合物气体、N_2等	碳化物、氮化物、氧化物、硼化物	柱状晶	700~1100	2~8	1~30	良好	复杂微孔
物理气相沉积 PVD	纯金属、碳氢化合物气体、N_2等	氮化物、碳化物等	微晶粒状晶	400~600	1~3	1~10	略差	较规则
熔盐法	纯金属、铁合金等粉末	VC、NbC 的碳化物，硼化物	等轴晶	800~1200	1~8	1~15	良好	复杂

4.2 等离子体增强 CVD（PECVD）技术

等离子体增强化学气相沉积（plasma enhanced chemical vapor deposition，简称 PECVD 或 PCVD，亦称等离子体化学气相沉积）技术是将低压气体放电形成的等离子体应用于化学气相沉积的技术。

4.2.1 PECVD 技术原理与特征

等离子激发的化学气相沉积借助于真空环境下气体辉光放电产生的低温等离子体，增强了反应物质的化学活性，促进了气体间的化学反应，从而在低温下也能在基片上形成新的固体膜。

图 4-1 是 PECVD 装置示意图。将工件置于低气压辉光放电的阴极上，然后通入适当气体，在一定的温度下，利用化学反应和离子轰击相结合的过程，在工件表面获得涂层，其中包括一般化学气相沉积技术，再加上辉光放电的强化作用。

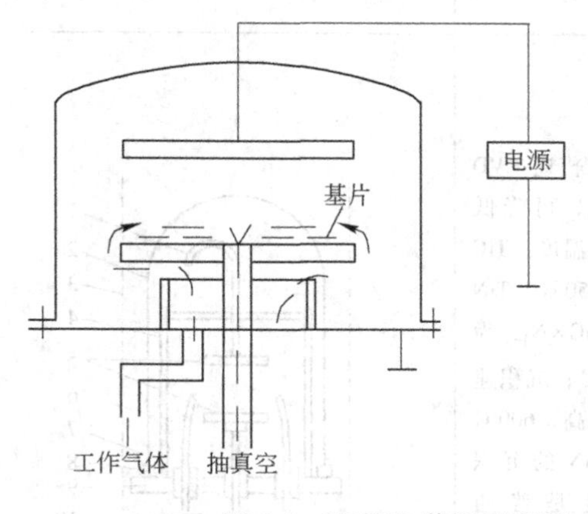

图 4-1 PECVD 装置示意图

辉光放电是典型的自激发放电现象。这一放电最主要的特征是从阴极附近到克鲁克斯暗区中的场强很大。在阴极辉光区中，会发生比较剧烈的气体电离，同时发生阴极溅射，为沉积薄膜提供了清洁而活性高的表面。由于整个工件表面被辉光层均匀覆盖，工件能得到均匀的加热。阴极的热能主要靠辉光放电中激发的中性粒子与阴极粒子碰撞所提供，一小部分离子的轰击也是阴极能量的来源。辉光放电的存在，使反应气氛得到活化，其中基本的活性粒子是离子和原子团，它们通过气相中电子-分子碰撞产生，或通过固体表面离子、电子、光子的碰撞所产生，因而整个沉积过程与只有热激活的过程显著不同。以上这些作用在提高涂层的结合力、降低沉积温度、加快反应速度诸方面都创造了有利的条件。

如果用 $TiCl_4$、H_2、N_2混合气体，在辉光放电条件下沉积氮化钛，其沉积过程反应是：

$$2TiCl_4+H_2 \longrightarrow 2TiCl_3+2HCl$$

$$2TiCl_4+N_2+4H_2 = 2TiN+8HCl$$

除上述热化学反应外，还存在着极其复杂的等离子体化学反应。用于激发 CVD 的等离子体有：直流等离子体、射频等离子体、微波等离子体和脉冲等离子体。它们分别由直流高压、射频、微波或脉冲激发稀薄气体进行辉光放电得到的。表 4-3 给出了等离子体增强化学气相沉积中等离子体的各种激发方式及应用。

表 4-3 PECVD 中等离子体的各种激发方式及应用

激发方式	工艺参数	特点	工艺装置	
直流等离子体激发 CVD	以制备 TiC 为例： 沉积温度：500~600℃； 直流电压：4000V； 反应压力：10~10^{-1}Pa； C_2H_2：$TiCl_4$=0~0.3（体积比）； 电流密度：16~49A/m^2； 沉积速率：2~5μm/h	膜层厚度均匀，与基体的附着性良好。与普通 CVD 相比，沉积温度降低，不能用于沉积非金属薄膜	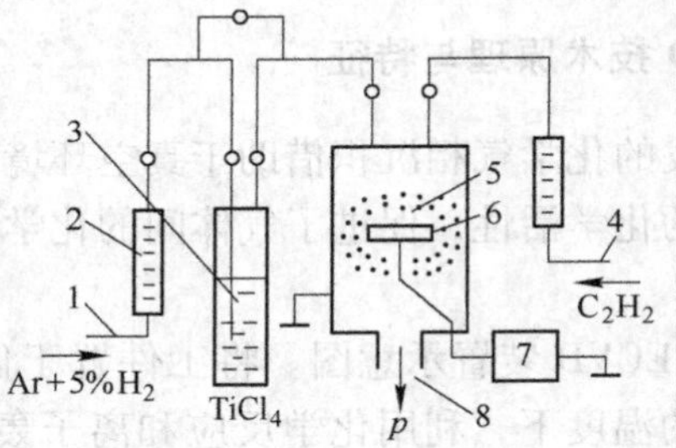	图为直流等离子体激发 CVD 制备 TiC 涂层工艺装置简图。 1—Ar+5% H_2 入口 2—流量计； 3—$TiCl_4$； 4—乙炔入口； 5—等离子体； 6—基体； 7—副高压； 8—抽气
射频等离子体激发 CVD	以制备 TiN 为例： 沉积温度：300℃； 负高压：1~1.5kV； 射频功率：100~500W； 频率：13.56MHz； 反应气体流量： TiCl：0.08L/h N_2：2.5L/h 沉积速率：1~3μm/h	与普通 CVD 相比，可降低沉积温度。TiC 为 550℃，TiN 与 TiC×N_{1-x} 为 300℃；沉积速度较高，600℃下 TiN 的沉积速度是普通 CVD 的两倍	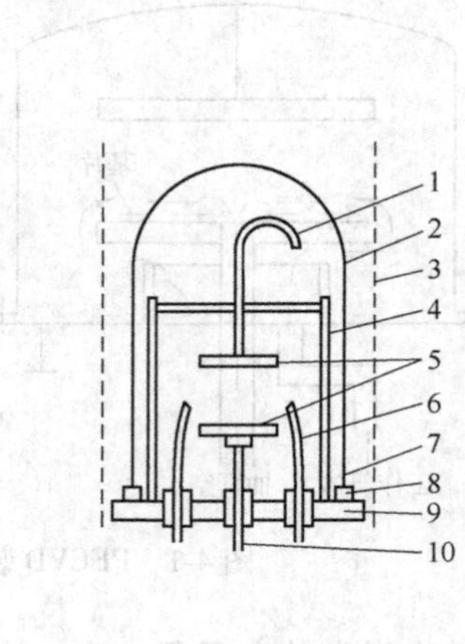	图为用射频等离子体激发 CVD 制备 TiN、TiC、TiC×N_{1-x} 涂层工艺装置示意图。 1—反应气体入口； 2—玻璃罩； 3—屏蔽罩； 4—主电极支架； 5—圆盘不锈钢电极； 6—射频线圈； 7—橡皮密封； 8—铝环； 9—铝底板； 10—热电偶引入管

续表 4-3

激发方式	工 艺 参 数	特 点	工 艺 装 置	
用射频和直流等离子体同时激发的 CVD	以制备 SiC 为例： 沉积温度：室温~600℃ 负高压：1~1.5kV； 射频功率：100~500W（13.56MHz）； 反应压力（低压区）： （1.9 ~ 0.1）× 10^{-1}Pa； CH_4 : SiH_4 = 4 : 6	膜层的沉积速度随反应压力和射频功率的提高而增加；膜层的硬度随阴极电压的提高而增加		图为射频和直流等离子体同时激发 CVD 制备 SiC 工艺装置简图。 1—负高压； 2—射频加热器； 3—热电偶； 4—射频线圈； 5—射频电源； 6—Ar 气入口； 7—CH_4+SiH_4； 8—压力控制阀； 9—油扩散泵； 10—机械泵； 11—质谱仪； 12—基体
脉冲等离子体激发 CVD	以沉积金刚石膜为例： 脉冲持续时间：5×10^{-5}s 沉积温度：室温； 脉冲半周期能量消耗：1800~2700J； 等离子粒团的平均速度（最大）：10m/s； 各种离子密度（最大）：10^{12}个/cm^3	沉积温度很低，涂层与基体的附着性好，膜层均匀光滑，膜层显微硬度较高，膜层纯度不高		图为脉冲等离子体激发 CVD 工艺装置示意图。 1—外电极； 2—内电极； 3—卧式沉积室； 4—基体； 5—反应气体出入口； 6—触发开关
微波等离子体激发 CVD	微波频率:2.45GHz； 功率：约 75kW	微波放电能在大范围（气压）内产生，能量转换率高，能产生高密度等离子体，反应气体的活化程度更高，因此上述的优点更显著		图为微波等离子体激发 CVD 制备 Si_3N_4 工艺装置示意图。 1—石英管； 2—波导管； 3—输送管； 4—基体； 5—加热器； 6—等离子体； 7—反应室； 8—微波振荡器（2.45GHz）

4.2.2 PECVD 技术的特点

PECVD 和常规 CVD 比较有如下优点：

（1）等离子体增强化学气相沉积温度低。等离子体增强化学气相沉积技术的优势在于它可以在比传统的化学气相沉积低得多的温度下获得单质或化合物薄膜材料。它是借助于气体辉光放电产生的低温等离子体的能量激活 CVD 反应，电子的能量被用于产生反应活性物和带电粒子，而气体的温度本质上不会增加。实际上，这是一种由辉光放电产生的非平衡等离子体，原本在热力学平衡态下需要相当高温才能发生的化学反应，若利用这种非平衡等离子体便可以在低得多的温度条件下实现。在常规 CVD 技术中需要用外加热使初始气体分解，而在 PECVD 技术中是利用等离子体中电子的动能去激发气相化学反应的，因此使用该项技术，可在低的基体温度（一般低于 600℃）进行沉积。应用 PECVD 技术，许多在热 CVD 条件下进行十分缓慢或不能进行的反应能够得以进行。表 4-4 是一些膜层沉积中等离子体增强 CVD 与热 CVD 典型的沉积温度范围。

在表 4-4 所示的沉积温度下，采用热 CVD 是根本不会发生任何反应的。这正是因为上述所介绍的等离子体增强 CVD 不是靠气体温度使气体激发、离解，而是靠等离子体中电子的高能量。在辉光放电的范围所形成的等离子体的电子温度能量在 1~10eV，完全可以打断气体原子间的化学键，使气体激发和离解，形成高化学活性的离子和各种化学基团。这在半导体工艺掺杂中十分有用，如硼、磷在温度超过 800℃时，就会产生显著扩散，使器件性能变坏。采用等离子体增强 CVD，可容易地在这些掺杂的衬底上沉积各种膜层。

表 4-4 等离子体增强 CVD 与热 CVD 典型的沉积温度范围

沉 积 薄 膜	沉积温度/℃	
	热 CVD	等离子体增强 CVD
硅外延膜	1000~1250	750
多晶硅	650	200~400
Si_3N_4	900	300
SiO_2	800~1100	300
TiC	900~1100	500
TiN	900~1100	500
WC	1000	325~525

（2）PECVD 技术通常在较低的压力下进行，可以提高沉积速率，增加膜厚均匀性。这是因为多数的 PECVD 在辉光放电中所用的压力比较低，从而增强了反应气体与生成气体产物穿过边界层，在平流层和衬底表面之间的质量输运；同时由于反应物中分子、原子等离子粒团与电子之间的碰撞、散射、电离等作用，膜层厚度的均匀性也得到改善，膜层针孔少，组织致密，内应力小，不易产生微裂纹。特别是低温沉积利于获得非晶态和微晶薄膜。

（3）PECVD 技术可用于获得性能独特的薄膜。为维持 PECVD 系统的稳定性，需要不断从外界输入能量，也就是说，PECVD 系统实际上处于非平衡状态，即能量耗散状态。根据耗散结构理论，PECVD 的沉积产物将呈多样性，一些按热平衡理论不能发生的反应和不能获得的物质结构，在 PECVD 系统中将可能发生。例如体积分数为 1%的甲烷在 H_2 中的混合物热解时，在热平衡的 CVD 中得到的是石墨薄膜，而在非平衡的等离子体化学气相沉积中可以得到金刚石薄膜。

（4）PECVD 技术可用于生长界面陡峭的多层结构。在 PECVD 的低温沉积条件下，如果没有等离子体，沉积反应几乎不会发生。而一旦有等离子体存在，沉积反应就能以适当的速度进行。这样一来，可以把等离子体作为沉积反应的开关，用于开始和停止沉积反应。由于等离子体开关的反应时间相当于气体分子的碰撞时间（气压 133Pa 时为 1ms），因此利用 PECVD 技术可生长界面陡峭的多层结构。

（5）扩大了化学气相沉积的应用范围，特别是提供了在不同的基片制备各种金属膜、非晶态无机物膜、有机聚合膜的可能性。

PECVD 的缺点如下：

（1）PECVD 反应是非选择性的。在等离子体中，电子能量分布的范围宽，除电子碰撞外，其离子的碰撞和放电时产生的射线作用也可产生新的粒子。从这一点上看，等离子体增强 CVD 的反应未必是选择性的，有可能存在几种化学反应，致使反应产物难以控制。有些反应机理也难以解释清楚，所以采用等离子体增强 CVD 难以获得纯净的物质。

（2）因沉积温度低，反应过程中产生的副产物气体和其他气体的解吸进行得不彻底，经常残留沉积在膜层之中。在氮化物、碳化物、氧化物、硅化物的沉积中，很难确保它们的化学计量比。如在用此法沉积 DLC 膜（类金刚石）时，存在着大量的氢，对 DLC 膜的力学、电学、光学性能有很大影响。

（3）等离子体容易对某些脆弱的衬底材料和薄膜造成离子轰击损伤。在 PECVD 过程中，衬底电位相对于等离子体电位通常为负，这势必导致等离子体中的正离子被电场加速后轰击衬底，导致衬底损伤和薄膜缺陷。如对Ⅲ-Ⅴ、Ⅱ-Ⅵ族化合物半导体材料，特别在离子能量超过 20eV 时，就非常不利。

（4）等离子体增强 CVD 往往倾向于在薄膜中造成压应力。对于在半导体工艺中应用的超薄膜来说，应力还不至于造成太大的问题。对冶金涂层来讲，压应力有时反而是有利的，但涂层较厚时应力有可能造成涂层的开裂和剥落。

（5）相对一般 CVD 而言，等离子体增强 CVD 设备相对较为复杂，且价格较高。

将其优缺点相比，等离子体增强 CVD 的优点是主流，现正获得越来越广泛的推广应用。在 PECVD 技术中，最广泛的是用于电子工业。

4.2.3 PECVD 技术的应用

PECVD 最重要的应用之一是沉积微电子器件用绝缘薄膜，在低温下沉积氮化硅、氧化硅或硅的氮氧化物类的绝缘薄膜，这对于超大规模集成芯片的生产是至关重要的。氮化硅具有优良的阻挡碱金属离子和湿气的能力，因而常用作集成电路的钝化膜。而作为多层布线和器件表面保护的氮化硅膜，一般要求膜厚大于 600nm，高温 Si_3N_4 膜还存在选择性腐蚀问题，使其应用受到限制。采用低压 CVD 沉积温度高，薄膜应力大，如 Si_3N_4 膜沉积时膜厚只能小于 20μm，否则便会发生龟裂。如前所述，等离子体增强 CVD 的一个重要的优点是能够在比热 CVD 更低的温度下沉积。PECVD 技术在 250～400℃的温度范围内使氮化硅薄膜的沉积成为可能，这样低的温度即使在采用铝作为布线材料的晶片上也足以沉积薄膜，其制作工艺温度要求不能超过500℃。

PECVD 沉积 SiO_2 绝缘层被广泛地应用于半导体器件工艺，最近在光学纤维的涂层和某些装饰性涂层方面获得了应用。

近年来，等离子体增强 CVD 在摩擦磨损、腐蚀防护和切削工具涂层应用方面获得了很大进展。目前，应用等离子体增强 CVD 技术，已经可以制备 W、SiO_2、Si、GaAs、Si_3N_4、Si：H、多晶 Si、SiC 以及其他许多薄膜材料。表 4-5 列出了用 PECVD 技术沉积的一些膜层材料。

表 4-5　PECVD 技术沉积的膜层材料

材　料	沉积温度/K	沉积速度/$cm \cdot s^{-1}$	反　应　物
非晶硅	523~573	10^{-8}~10^{-7}	SiH_4,SiF_4—H_2,Si(s)—H_2
多晶硅	523~673	10^{-8}~10^{-7}	SiH_4—H_2,SiF_4—H_2,Si(s)—H_2
非晶锗	523~673	10^{-8}~10^{-7}	GeH_4
多晶锗	523~673	10^{-8}~10^{-7}	GeH_4—H_2,Ge(s)—H_2
非晶硼	673	10^{-8}~10^{-7}	B_2H_6,BCl_3—H_2,BBr_3
非晶磷	293~473	≤10^{-5}	P(s)—H_2
As	<373	≤10^{-6}	AsH_3,As(s)—H_2
Se,Te,Sb,Bi	≤373	10^{-7}~10^{-6}	Me—H_2
Mo,Ni			$Me(CO)_4$
类金刚石	≤523	10^{-8}~10^{-5}	C_nH_m
石墨	1073~1273	≤10^{-5}	C(s)—H_2,C(s)—N_2
CdS	373~573	≤10^{-6}	Cd—H_2S
GaP	473~573	≤10^{-8}	$Ga(CH_3)$—PH_3
SiO_2	≥523	10^{-8}~10^{-6}	$Si(OC_2H_5)_4$,SiH_4—O_2,N_2O
GeO_2	≥523	10^{-8}~10^{-6}	$Ge(OC_2H_5)_4$,GeH_4—O_2,N_2O
SiO_2/GeO_2	1273	约 3×10^{-4}	$SiCl_4$—$GeCl_4$—O_2
Al_2O_3	523~773	10^{-8}~10^{-7}	$AlCl_3$—O_2
TiO_2	473~673	10^{-8}	$TiCl_4$—O_2,金属有机化合物
TiC	673~873	10^{-8}~10^{-6}	$TiCl_4$—CH_4(C_2H_2)+H_2
SiC	473~773	10^{-8}	SiH_4—C_nH_m
TiN	523~1273	10^{-8}~10^{-6}	$TiCl_4$—H_2+N_2
Si_3N_4	573~773	10^{-8}~10^{-7}	SiH_4—H_2,NH_3
AlN	≤1273	≤10^{-6}	$AlCl_3$—N_2
GaN	≤873	10^{-8}~10^{-7}	$GaCl_4$—N_2

4.3　直流等离子体化学气相沉积

在两电极之间加上一定的直流电压，通过电极间辉光放电产生等离子体，从而促进化学反应进行气相沉积的技术称为直流等离子体化学气相沉积（DC-PECVD）。

DC-PECVD 技术适合把金属卤化物或含有金属的有机化合物经热分解后电离成金属离子和非金属离子，从而为渗金属提供金属离子源。如用氢或氩气体载体，把 $AlCl_3$ 和 BCl_3 或 $SiCl_4$ 气体带入真空炉内，在直流高压电场的作用下，电离成铝离子、硼离子和硅离子，可进行渗铝、渗硼、渗硅。也可用 $TiCl_4$ 经电离产生钛离子，在直流高压电场的作用下，以高速撞击工件，进行扩散渗钛。若加入其他反应气体，可以在工件上沉积 TiN、TiC。

图 4-2 是直流等离子体化学气相沉积装置示意图。工作台施加负高压，构成辉光放电的阴极，反应室接地构成阳极。把去污、脱脂和清洗后的工件置于真空室内，抽真空至 10Pa 左右时，通入 H_2 及 N_2，接通电源，则在镀膜室内壁与工件间产生辉光放电，产生的氢离子和氮离子轰击、净化并加热工件。工件温度达到 500℃时，通入 $TiCl_4$，气压调至 100~1000Pa，辉光放电使气体分子剧烈电离，产生大量的高能基元粒子和激发态原子、分子、离子、电子等活性粒子，这些活性组分导致化学反应，反应生成的 TiN 在电场的作用下沉积在工件表面上，以 5~10μm/h 的沉积速率形成 TiN 涂层。

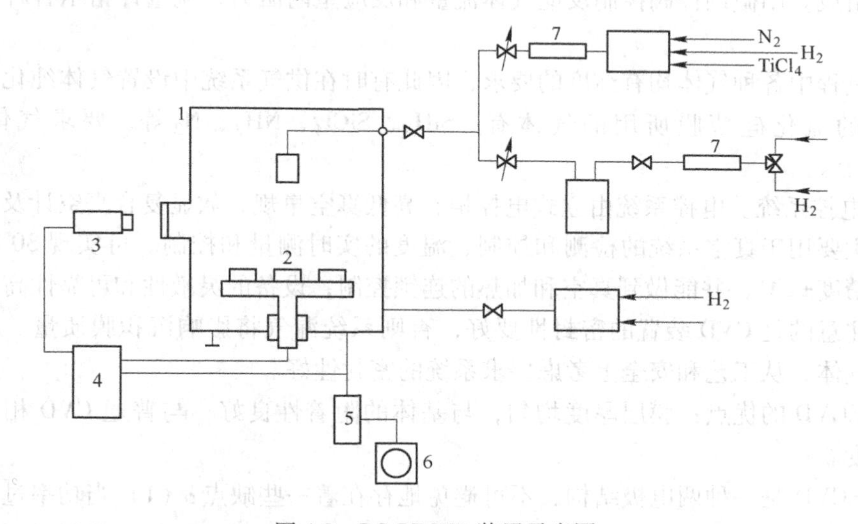

图 4-2　DC-PECVD 装置示意图
1—真空室；2—工件；3—红外测温仪；4—电源和控制系统；5—冷阱；6—机械泵；7—气体净化器

DC-PCVD 装置主要包括真空系统、真空室体、电源与控制系统、水冷系统、气源与供气系统、净化排气系统等结构。

（1）真空系统。CVD 法制备工艺要求设备具备快速的抽真空系统和良好的真空保持性能。在沉积时调节进入的氮气流量即可获得沉积所需要的压力。机械泵的排气要由专用管道通 N_2 气稀释后排出室外。由于排放腐蚀性较强的气体，因此在抽气管路上应设置冷阱，使腐蚀气体冷凝，以减少对环境的污染。在反应室和泵入口管道上设有真空计。真空系统的极限真空度一般不小于 1Pa，若采用机械增压机组，机组真空度可达 0.7Pa，应根据工艺要求而定。真空系统要有足够的抽速以满足沉积时的工作真空度的要求。

（2）真空室体。真空室是由炉体和底板形成的密闭空腔，一般传统的沉积系统的真空室炉体多设计成钟罩形。而小型化 CVD 系统，设计时考虑到真空室炉体直径较小，常将炉体设计成翻盖式平顶结构，这样主要是为了提高真空室承受外压的能力。真空反应室开有观察窗，炉体上开有电极引入孔，侧面带抽气孔，基板-工件可以吊挂，也可以采用托盘结构。真空室体一般由中空的双层不锈钢制成，夹层中通以冷却水，对室壁进行充分冷却，使密封处的温度不致过高。阴极输电装置与离子镀、磁控溅射等相同，因此，为了避免受到阳极附近的空间电荷所产生的强磁场的影响，必须要有可靠的间隙屏蔽措施。

（3）加热系统。加热器为钼片制作的两侧带夹持圈的鼠笼式结构，采用星形联结，电源采用 30kW 的三相变压器，为三角形连接，电源通过带水冷的铜电极对加热器提供发热电流，电极水温可调，避免电极过热而烧熔。

（4）水冷系统。水冷系统由刷防锈漆的碳钢水箱、制冷机组、潜水泵和管道组成。水箱装有水压继电器，可实现过压保护和循环冷却。

（5）供气系统。供气系统包括气体的控制与测量，其作用是向反应室提供需要的气体。考虑到设备用途的扩展、掺杂和气体保护等因素，供气系统中采用多路进气，进入真空反应室前先在混合气室混合。气路的控制与测量主要是控制气体的流量，由微量阀和质量流量计组成。用微调针阀控制反应气体流量和反应室内压力，流量计指示各种气体的流量数值。

反应过程中各种气体均有纯度的要求，因此有时在供气系统中设置气体纯化装置。沉积多晶硅的氮化硅薄膜所用的气体有：SiH_4、$SiCl_4$、NH_3、N_2 等，要求气体纯度在 99.99%以上。

（6）电控系统。电控系统由立式电控柜、高低真空量规、数显复合真空计及欧陆温控仪组成，主要用于真空系统的检测和控制、温度的实时测量和控制。可实现 30 段程序控温，控温精度±2℃，并能做到真空和加热的连锁控制，设备的灵敏性和可靠性高。

应当注意的是 CVD 装置的密封性要好，否则系统漏气将影响沉积膜质量。对于遇空气即燃的气体，从工艺和安全上考虑要求系统的密封性好。

DC-PECVD 的优点：膜层厚度均匀，与基体的附着性良好；与普通 CVD 相比，可降低沉积温度。

DC-PECVD 是一种两电极结构，不可避免地存在着一些缺点：（1）当功率过高且等离子体密度较大时，辉光放电会转化为弧光放电，损坏放电电极。因此，限制了所使用的电源功率和产生的等离子体密度。（2）不能应用于非金属基体或薄膜。在阴极上电荷产生积累，会因为排斥而进一步地沉积，并会造成积累放电，破坏正常的反应。

目前，DC-PECVD 技术基本上可实现批量应用生产。它所沉积的超硬膜，如 TiN、TiC、Ti（C，N）等膜层在高速钢的刀具上，可提高切削速度，加大进刀量，使刀具的使用寿命更长。大量的工业应用实践认为，TiN 用于高速钢刀具的镀膜层较为理想，而 TiC 通常用于金属成型工具，如冲头、芯轴及拉伸、螺丝滚压、成型模具等为好。在机械化工业中，特别是航空工业的机械加工中，DC-PECVD 技术使用较多。

4.4 射频等离子体化学气相沉积

以射频辉光放电的方法产生等离子体的化学气相沉积技术，称为射频等离子体 CVD，简称 RF-PECVD。

4.4.1 RF-PECVD 装置分类

供应射频功率的耦合方式大致分为电感耦合方式和电容耦合方式。在选用管式反应器时，这两种耦合电极均可置于管式反应器外。反应器多采用石英管制作，即石英管式反应器。在放电中，电极不会发生腐蚀，也不会有杂质污染，但往往需要调整电极和基片的位置。这种结构简单，造价较低，不宜用于大面积基片的均匀沉积和工业化生产。

4.4.2 电容耦合 RF-PECVD 装置

目前应用最多的为电容耦合，其中又可分为平板电极式和无电极式。无电极式离化率较高，其反应器即为石英管式反应器，缺点如前所述。

因此，应用更普遍的是在反应室内采用大面积平板电极的耦合方式，可以用于较多的、大面积基片的沉积。典型的平板形反应室的结构如图 4-3 所示，它采用内电极式放电和平板电容耦合结构，是一种冷壁式 CVD 装置。由于电极内置，因此又称为内部感应耦合 RF-PECVD。这种结构的电容耦合射频功率输入，可获得比较均匀的电场分布。但这种装置的离化率低于 1%，即等离子体的内能不高。可用于半导体器件工业化生产中氮化硅和二氧化硅薄膜的沉积。

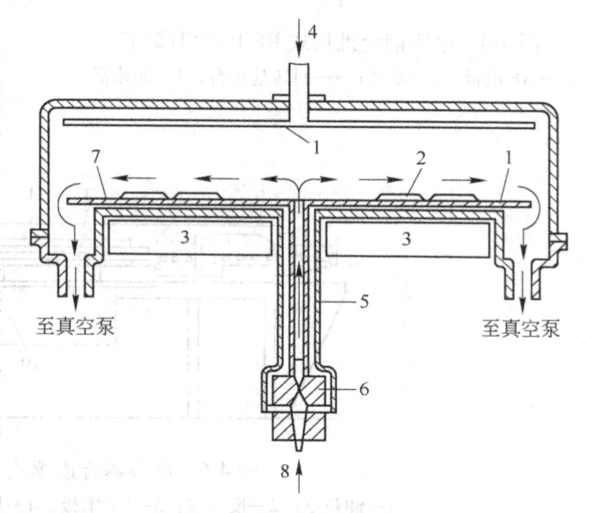

图 4-3 平板形反应室的结构示意图

1—电极；2—基片；3—加热器；4—射频输入；5—转轴；6—磁转动装置；7—旋转基座；8—气体入口

4.4.2.1 电容耦合装置的分类

从反应器的工作特点来分，电容耦合装置的具体结构有批量式、半连续式和连续式三种：

（1）批量式装置。电容耦合批量式 RF-PECVD 装置的结构如图 4-4 所示。反应器中电极平行相对布置，基片台电极由外面的加热器加热到 350℃，由磁旋转机械旋转，电极间距约为 50mm。反应气体由基片台电极中心流向周围，即采用径向流动方式，废气由电极下的四个排气口排出，通过控制主泵的抽速来控制反应压力。等离子体由高频电源激发，维持放电的功率密度为 0.15W/cm^2。

（2）半连续式装置。图 4-5 是一种电容耦合半连续式 RF-PECVD 装置。反应室右边是装料室，兼作卸料室。两室之间由隔离阀相隔，当其打开时，装载基片的托盘可以经过通道由装料室进入反应室，同时沉积好的基片再由反应室进入装料室。关闭隔离阀，降温、卸料、取出基片装入新的基片，而后对装料室抽真空。这样保证了反应室不受大气污染，既可提高效率又可保证膜层质量。

（3）连续式装置。为了保证膜层质量和膜厚均匀度，为了提高生产率，必须设法扩大反应气体流均匀分布的范围和基片的连续输送，因此人们开发了具有方形电极的连续装置，如图 4-6 所示。这种装置采用“一盘接一盘”的连续沉积方式，由中心处理系统和其他辅助系统组成。

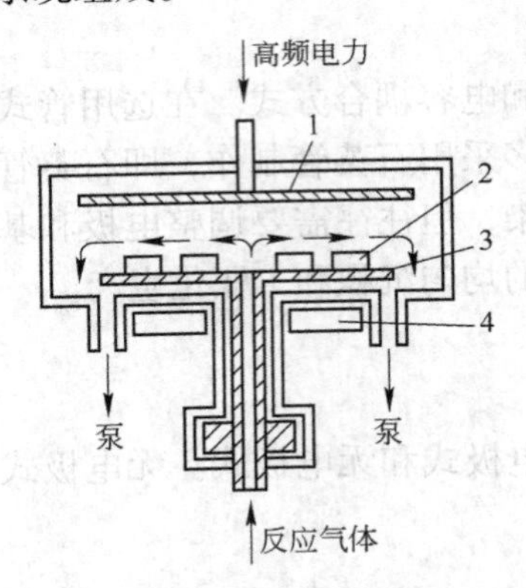

图 4-4　电容耦合批量式 RF-PECVD 装置

1—RF 电极；2—基片；3—回转基片台；4—加热器

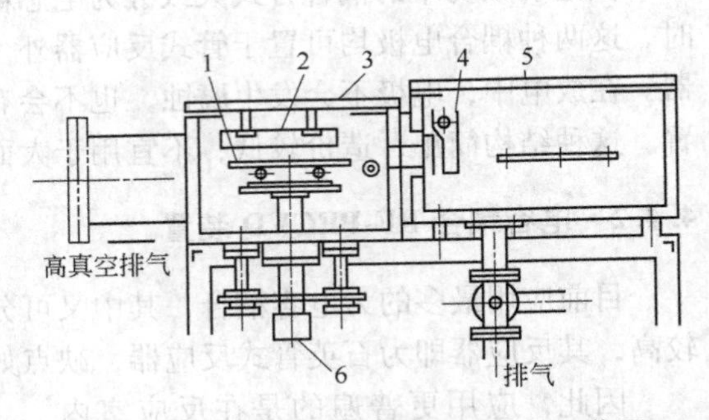

图 4-5　电容耦合半连续式 RF-PECVD 装置

1—移动式样品托盘；2—加热器；3—反应室；4—隔离阀；5—装料（卸料）室；6—电极

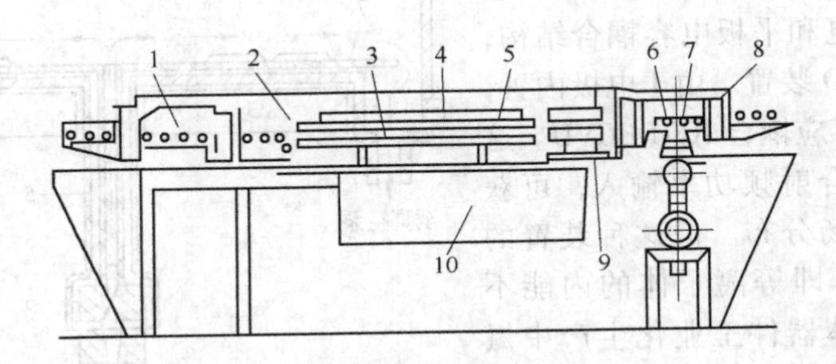

图 4-6　电容耦合连续式 RF-PECVD 装置

1—卸料室；2—反应室；3—RF 电极；4—加热器；5—基板电极；6—托盘；7—装料室；8—隔离阀；9—红外加热器；10—匹配箱

中心处理系统由装料室、反应室和卸料室组成。反应室又分为加热区和反应区，加热区中备有可加热到 400℃的红外线加热器，反应区中安装了长方形（如 360mm×1200mm）的基片台电极和高频电极。反应室能时常保持成膜的放电状态，最大为 ϕ100mm 的基片正面向下均布在托盘中，每次托盘依次从装料室送入反应室预热后在反应区连续移动，同时进行沉积。装料室、卸料室、反应室分别有各自的抽气系统。在反应区，反应气体供气方向与基片运动方向垂直，利用 13.56MHz、2kW 的功率激发等离子体。在 25Pa 的压力下系统的排气能力为 10sccm。

4.4.2.2　电容耦合装置的具体配置

在平板形的电容耦合系统中，反应室内壁可用石英绝缘体或不锈钢（导体）制作，两者的放电方式不同，在后者的情况下，阳极接地，并和不锈钢腔体等电位，形成非对称电极结构，这样阴极的负电位将增加，形成自偏压。由于形成的负偏压很大，从表面上看形成了类似于直流辉光放电的空间正离子电荷。不管在阳极，还是在阴极上均能形成薄膜。基片通常直接和等离子体接触，因此不能忽视等离子体对基片的刻蚀作用。

反应室圆板电极可选用铝合金，其直径比外壳略小。高频电极（接射频电源的电极）

习惯上又称阴极，基片台为阳极（接地），并和不锈钢腔体等电位，形成非对称电极结构。两极间距较小，一般仅几厘米，这与输入射频功率大小有关。基片台可用红外加热。下电极可旋转，以便于改善膜厚的均匀程度。底盘上开有进气、抽气、测温等孔道。

电源通常采用功率为 50W 至几百瓦，频率为 450kHz 或 13.56MHz 的射频电源。

在气源和气路上，由于工艺和沉积薄膜要求的不同，需选用各种不同的反应气体。如在沉积 SiN 薄膜时，常选用硅烷和氨或氮气。各种气体分别经过各自的流量计、流量控制器然后汇入反应室。若要稀释反应气体和沉积前需对反应室净化，则可另加两路气体，放电时可刻蚀去除电极表面等处的污物。

对真空系统，RF-PECVD 技术要求不高，只要在一定的低压下工作就行。一般只需一个机械泵先抽真空至 10^{-1}Pa，然后接着充入反应气体，保持反应室有 10Pa 左右的气压即可。但系统要有良好的密封性能。考虑到大流量和低压范围的要求，必要时，可选用机械增压泵。

在气流形式上，因平板形电极间的电场分布较均匀，可在较大范围内实现均匀沉积。实际上，要真正实现均匀沉积，还应有均匀的气流与均匀的温度场来保证。通过对气流模型的探讨，通常有四周进气、中央抽气；中央进气、四周抽气；一端进气、另一端抽气等气流形式（分别见图 4-7～图 4-9）。目前来看，较好的设备中，引入的气流是上电极中央送入，经分流板面往下送入均匀的气流，再利用下电极基片台旋转结构，就可得到膜厚偏差不大于±5%的均匀膜层。

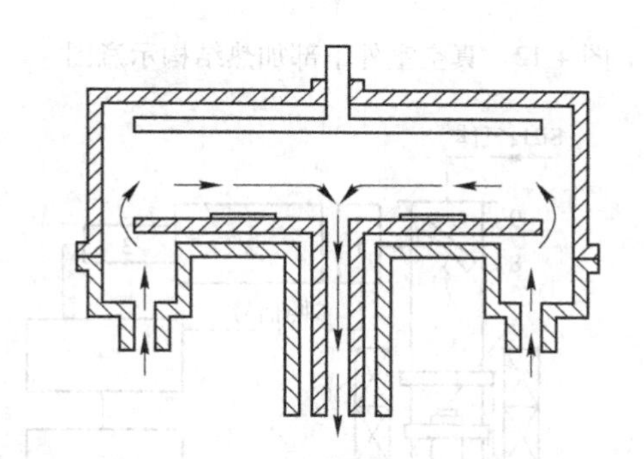

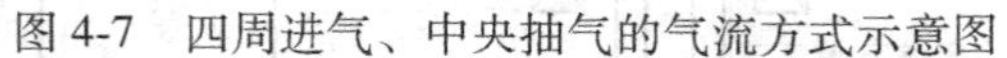

图 4-7　四周进气、中央抽气的气流方式示意图

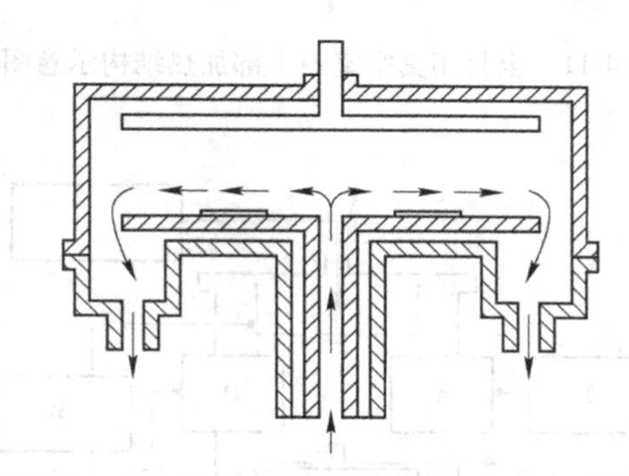

图 4-8　中央进气、四周抽气的气流方式示意图

有了均匀的电场分布和均匀的气流分布，还要有均匀的温度场。要使温度场均匀，其关键在于加热装置的布局合理。目前，有全封闭真空室内上部加热结构、全封闭真空室内下部加热结构和真空室外下部加热结构三种较为适用的加热形式（见图 4-10～图 4-12）。

反应过程中，基底通常直接和等离子体接触，等离子体对基底有刻蚀作用。为提高沉积薄膜的性能，在设备上，可以对等离子体施加直流偏压或外部磁场，使等离子体远离壁面。图 4-13 与图 4-14 分别为直流偏压式射频等离子体 CVD 装置和带外加磁场的射频等离子体 CVD 装置的示意图。

值得指出的是，平行圆板形电容耦合的 RF-PECVD 装置在沉积过程中上极板上的沉积物较容易脱离而沾污沉积膜层，影响膜层质量。有时，膜厚均匀性也不够理想。

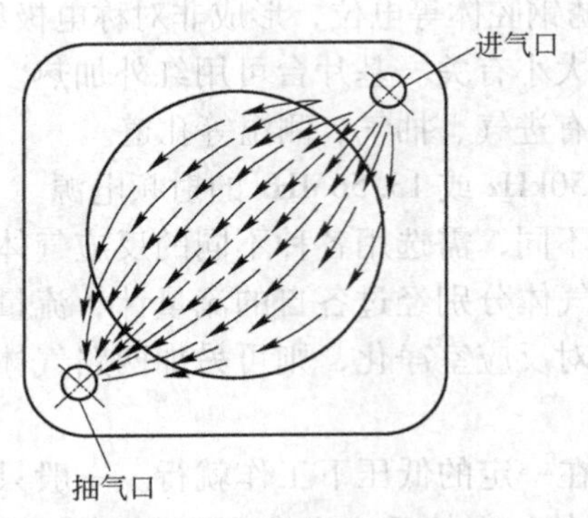

图 4-9 一端进气、另一端抽气的气流方式示意图

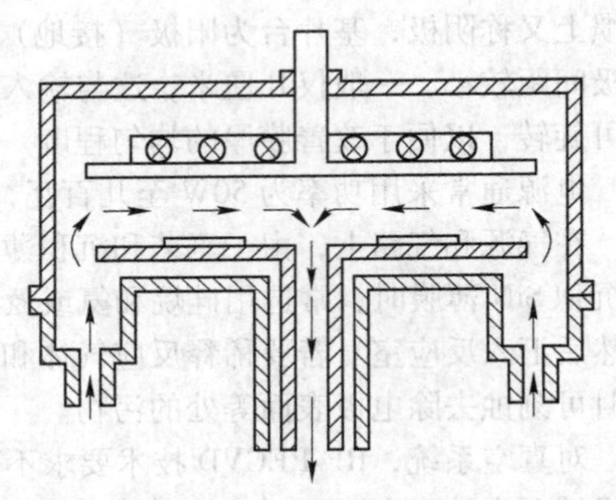

图 4-10 全封闭真空室内上部加热结构示意图

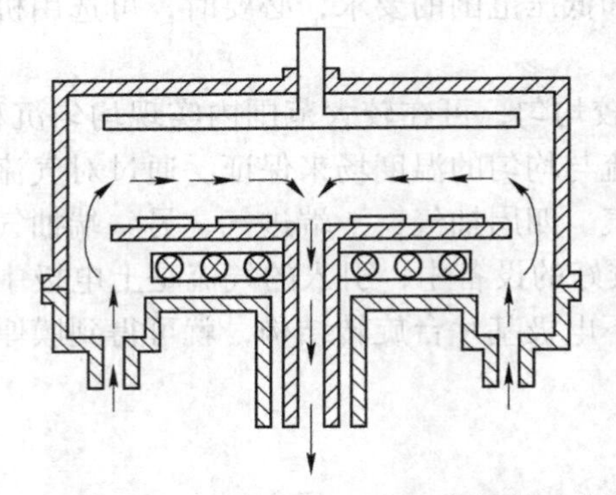

图 4-11 全封闭真空室内下部加热结构示意图

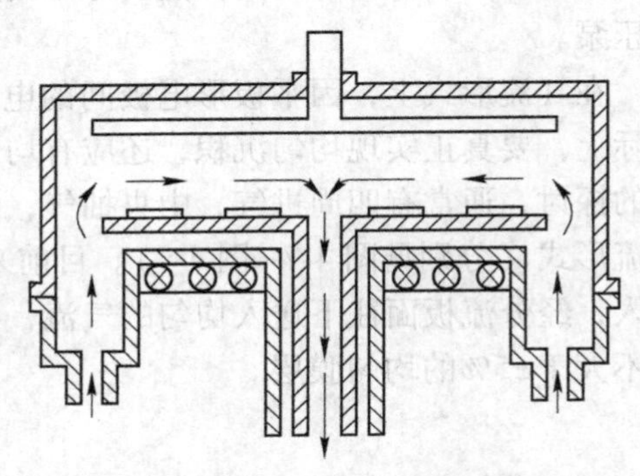

图 4-12 真空室外下部加热结构示意图

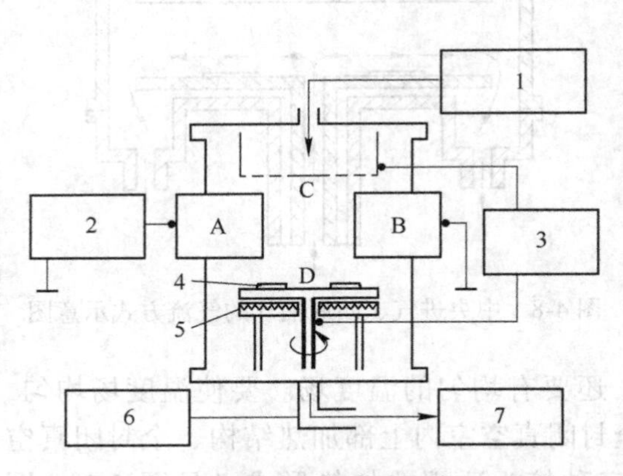

图 4-13 直流偏压式射频等离子体 CVD 装置

A，B—高频振荡电源电极；

C，D—直流偏压电源电极，D 与基片台相连

1—通入气体系统；2—4MHz 振荡器；3—直流电源；

4—基片；5—加热器；6—压力计；7—真空泵

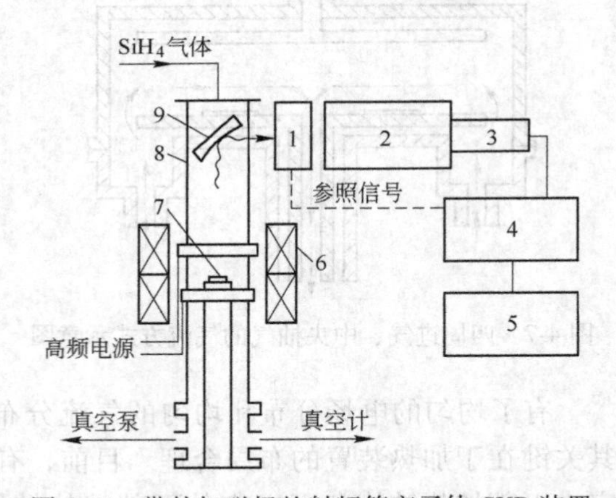

图 4-14 带外加磁场的射频等离子体 CVD 装置

1—遮光器+石英玻璃；2—光谱仪；3—光电倍增管；

4—锁相放大器；5—记录仪；6—磁场线圈；

7—基片；8—石英管；9—反射镜

4.4.3 电感耦合 RF-PECVD 装置

电感耦合装置，一般是把高频线圈置于真空沉积反应室外，利用它产生的交变磁场在反应室内感应交变的电流，使反应气体产生高密度等离子体，又称外部感应耦合式 PECVD 装置，见图 4-15。这样可获得高密度的等离子体，并有一定的生长速率。由于射频辐射透入的深度（在 133.3Pa 以上）仅有几厘米，当反应室面积大时，只能沿器壁产生等离子体，造成膜层沉积不均匀。

电感耦合 RF-PECVD 装置又分为批量式、连续式两种。

（1）批量式装置。在石英管外侧绕上高频线圈，加上供气、抽气系统就组成了反应器。高频线圈从外部将高频电力输给反应器中的气体，产生等离子体。这种装置的优点有：1）结构简单，可以小型化；2）线圈位于石英管外，由线圈材料放出的气体不会污染膜层；3）功率集中，可以得到高密度等离子体；4）稀薄气体可获得高沉积速率；5）在较大的基片上也能获得比较理想的均匀膜厚。

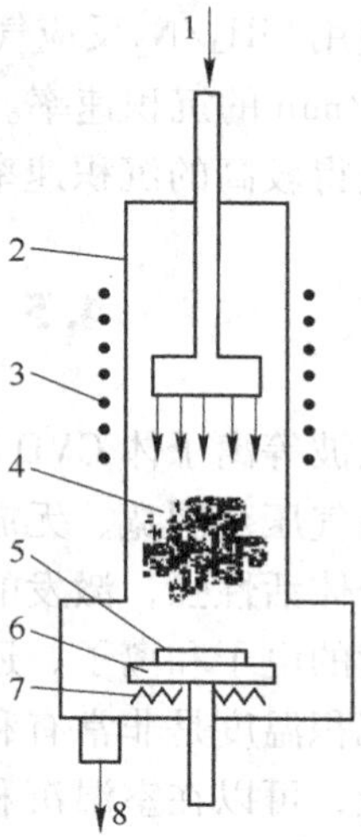

图 4-15　电感耦合批量式 RF-PECVD 装置示意图
1—反应气体入口；2—石英反应管；3—射频线圈；4—等离子体；5—基片；6—基片支架；7—加热器；8—抽真空

图 4-15 是制备氮化硅的 RF-PECVD 装置示意图。工作压力为 133~400Pa，使用低浓度（<5%）的 SiN_4/N_2 混合气体，RF 功率 225W，13.56MHz，反应压力 440Pa，基片温度 300℃，沉积速率为 65nm/min。

这种小型的电感耦合批量式装置主要用于实验研究。

（2）连续式装置。图 4-16 是由装料室、沉积室和卸料室等三部分组成的连续式电感耦合式 RF-PECVD 装置示意图。其中沉积室由多个反应器组成。通过对工艺过程的控制可以进行自动化生产。

基片从装料室送到沉积室，抽真空后进行预加热，加热后的基片依次按一定间隔送入各反应器中，每个反应器反应气体均从顶部进入，废气在各自下方的排气口排出。采用 13.56MHz 的射频电源激发等离子体。

在沉积室的下部有一个被加热的传送带，将基片从一个反应器输送至另一个反应器，基片在每个反应器停留的时间内进行气相沉积，通过全部反应器后得到所需沉积的薄膜。沉积好的基片由沉积室送入卸料室，待温度降到一定程度后取出。

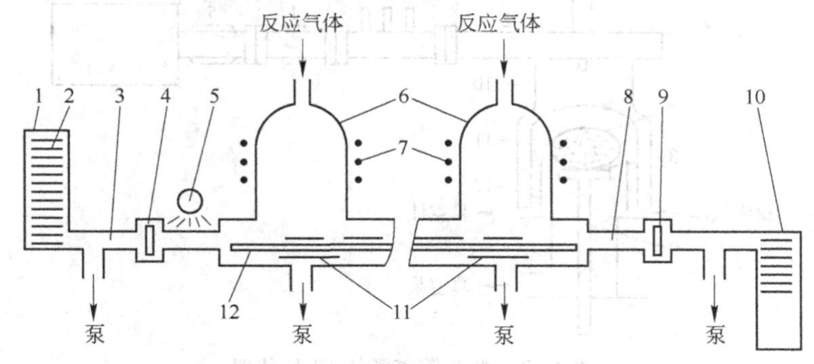

图 4-16　电感耦合连续式 RF-PECVD 装置
1—装料室；2—基片；3—基片通道；4—装料室闸阀；5—基片预热；6—石英反应器；7—RF 线圈；8—过滤区；9—卸料室闸阀；10—卸料室；11—加热器；12—输运机构

使用 SiH_4/N_2 反应气体，当用 1.5% 的 SiH_4，反应压力几百帕时，该类装置能获得约 100nm/min 的沉积速率。这种装置的优点是反应器中的功率集中，使用低浓度的 SiH_4 气体就能获得较高的沉积速率。

4.5 微波等离子体 CVD 沉积（MPCVD）

微波等离子体 CVD 沉积技术是用微波放电产生等离子体进行 CVD 沉积的方法，它具有放电气压范围宽、无放电电极、能量转换率高、可产生高密度的等离子体等特点。微波等离子体活性强，激发的亚稳态原子多。在微波等离子体中，不仅含有比射频等离子体更高密度的电子和离子，还含有各种活性粒子（基团），这对提高沉积离子活性、降低化学气相沉积温度是非常有利的。微波 PECVD 可以在工艺上实现气相沉积、聚合和刻蚀等各种功能，可以在室温沉积氮化硅等化合物涂层，是一种先进的、应用很广泛的现代表面技术。

这项技术具有下列优点：

（1）可以进一步降低基材温度，减少因高温生长造成的位错缺陷、组分或杂质的互扩散；

（2）无放电电极，因此避免了电极污染；

（3）薄膜受等离子体的破坏小；

（4）更适合于低熔点和高温下不稳定化合物薄膜的制备；

（5）由于频率很高，所以对系统内气体压力的控制可以大大放宽；

（6）由于频率高，在合成金刚石时更容易获得晶态金刚石。

4.5.1 微波等离子体 CVD 装置

4.5.1.1 典型微波等离子体 CVD 装置

微波等离子体 CVD 装置在微波的耦合方面有用天线馈送或直接用波导耦合等多种方式。图 4-17 是一台典型的天线馈送耦合微波等离子体 CVD 装置示意图。一般由微波发生器、波导系统（包括环行器、定向耦合器、调配器等）、发射天线、模式转换器、真空系

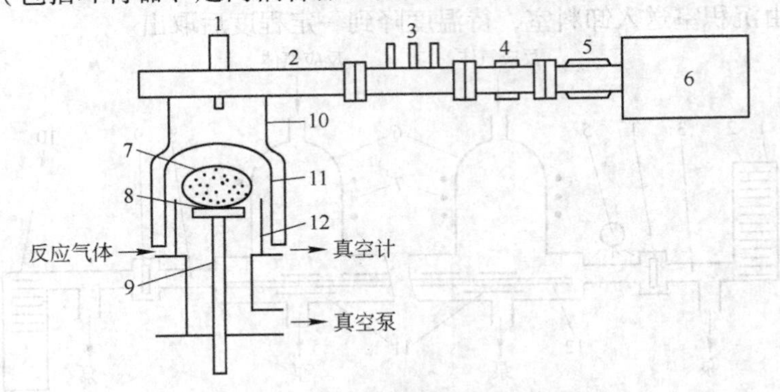

图 4-17 微波等离子体 CVD 装置

1—发射天线；2—矩形波导；3—三螺钉调配器；4—定向耦合器；5—环行器；6—微波发生器；7—等离子体；8—衬底；9—样品台；10—模式转换器；11—石英钟罩；12—均流罩

统与供气系统、电控系统与反应腔体等组成。从微波发生器（微波源）产生的 2.45GHz 的微波能量耦合到发射天线，再经过模式转换器，最后在反应腔体中激发流经反应腔体的低压气体形成均匀的等离子体。激励气体放电的电源工作频率从射频提高到微波波段时，传输方式发生了根本性的变化。射频传输基本上通过电路来实现，不论是电感耦合还是电容耦合，放电空间建立的电场都是纵向电场，而微波在波导内以横电波或横磁波的方式传播。微波放电非常稳定，所产生的等离子体不与反应容器壁接触，对制备沉积高质量的薄膜极为有利；然而，微波等离子体放电空间受限制，难以实现大面积均匀放电，对沉积大面积的均匀优质薄膜尚存在技术难度。

近几年来，在发展大面积的微波等离子体 CVD 装置上，已经取得了较大进展，美国 Astex 公司已有 75kW 级的微波等离子体 CVD 装置出售，可在 ϕ200mm 的衬底上实现均匀的薄膜沉积。

4.5.1.2 微波电子回旋共振等离子体 CVD（ECR-MPCVD）原理及装置

为进一步降低 CVD 成膜温度，人们研制了微波电子回旋共振等离子体沉积技术，简称 ECR-MPCVD 沉积法。微波电子回旋共振化学气相沉积是利用微波电子回旋共振技术产生等离子体，增强化学反应的一种新型薄膜制备技术，是微波等离子体 CVD 的一个最新进展。自从 1983 年首次报道利用电子回旋共振制备薄膜，大量有关利用电子回旋共振化学气相沉积制备薄膜的报道不断出现。

A　ECR-MPCVD 原理

电子回旋共振（ECR）是在施加微波电场的同时在微波传输方向加一磁场，此磁场与微波本身的电场垂直。当电子由微波电场获得能量，沿垂直或斜交磁场方向运动时，受磁场的作用，电子做圆周运动或螺旋线运动，与此同时选择合适的磁场强度，使电子的回旋周期与电磁场的变化周期一致，使电子产生共振，从而获得很大的能量。由于电子运动轨迹（寿命）增长，因而与气体分子碰撞的几率增大，电离程度大大增加，反应室内等离子体密度大大增加，所以可以在很低的气压下维持放电，产生比较高的电子温度和密度的等离子体。

需要重点强调的是，ECR 法为了保证电子回旋共振，必须选择合适的磁场强度，而且反应室压强控制极关键，必须使压强较低，以保证电子的自由程足够长，以实现回旋。

所谓电子回旋共振，是指输入的微波频率 ω 等于电子回旋频率 ω_e，微波能量可以共振耦合给电子，获得能量的电子使中性气体电离，产生放电。电子回旋频率为

$$\omega_e = eB/m \tag{4-9}$$

式中，e 和 m 分别是电子电荷及其质量，B 是磁场强度。在一般情况下，所用的微波频率为 2.45GHz。因此要满足电子回旋共振的条件，要求外加磁场强度 B 为：

$$B = \omega_e m/e = 875\text{Gs} = 8.75\times10^{-2}\text{T} \tag{4-10}$$

B　ECR-MPCVD 的特点

电子回旋放电产生的等离子体是一种无极放电，能量转换率高（可以把 95%以上的微波功率转换成等离子体的能量），能在低气压下产生高密度的等离子体，而且离化率高（一般在 10%以上，有的可达 50%），电子能量分散性小，可通过调节磁场位形来控制离子平均能量和分布，可以使 ECR-MPCVD 在很低的温度下高速度地沉积各种薄膜。有报道

称，利用这种方法可以在300℃沉积SiO_2薄膜，在140℃沉积出多晶金刚石薄膜。

电子回旋共振等离子体CVD突出的优点有以下几条：

（1）可大大减轻因高强度离子轰击造成的衬底损伤。如在上述的射频等离子体反应器中，离子能量可达100eV，很容易使那些具有亚微米尺寸线路特征的器件中的衬底（如砷化锌、磷化铟、碲镉汞等Ⅲ-Ⅴ族、Ⅱ-Ⅵ族化合物半导体衬底）造成损伤；微波放电可以在等离子体电位不是很高的情况下发生，这比射频放电要优越很多，因此前者对膜表面没有损伤。

（2）基片的温度较低。因为ECR法气压较低，等离子体对基片的加热作用较小，可以在比直流辉光放电和射频等离子体更低的温度下工作，但电子回旋共振产生足够密度的活性基团，能保证成膜条件，仍能生成质量较好的膜，从而更进一步减少了对热敏感衬底在沉积过程中受破坏的可能性，还可减少形成异常沉积小丘的可能性。可以在较低基板温度下制备高质量的薄膜。

（3）由于电子回旋共振保证了在反应室较大空间内产生高密度的等离子体，因而能沉积较大面积高质量的薄膜。

ECR-MPCVD系统的主要缺点是需要比射频等离子体的工作压力（13.3~133Pa）低得多的压力（$0.13\sim1.3\times10^{-3}$Pa）和强磁场（微波频率为2.45GHz时，外加磁场强度为8.75×10^{-2}T）。这意味着ECR设备更加昂贵，而且由于施加磁场，增加了可变参数，工艺更难于控制。

C　ECR-MPCVD沉积装置

典型的微波电子回旋CVD沉积装置如图4-18所示，主要由磁控管微波源、环行器、微波天线、波导管和磁场线圈等组成。

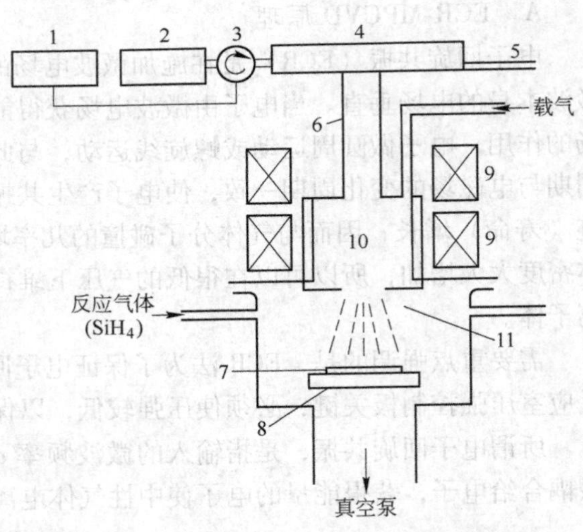

图4-18　ECR微波等离子体CVD沉积装置
1—微波电源；2—磁控管；3—环行器；4—微波天线；5—短路器；6—波导；7—基片；8—样品台；9—磁场线圈；10—等离子体；11—等离子体引出窗

磁控管通常是ECR-MPCVD系统中微波的产生装置，由于磁控管属于自激振荡管，无需增幅器，电源回路比较简单，所以微波振荡器一般使用磁控管。磁控管由阳谐振系统、阴极、能量输出装置、频率调谐机构、磁路系统组成。阴极发射电子，阳极谐振系统储存由电子与高频振荡相互作用所产生的高频能量，并通过能量输出器把大部分高频能量馈送给负载。在波导传输线中需接入环行器，它可以让入射波几乎无衰减地通过，而反射波偏转90°之后被模拟负载吸收掉，以保护磁控管。

由磁控管产生的微波经波导传输到等离子体耦合腔，输送给放电室的气体，使之形成放电等离子体。根据前面介绍的微波ECR等离子体沉积工作原理可知，当外加磁场满足ECR条件（即$B=0.0875$T）时，放电室内产生高度电离的ECR等离子体。在这种情况下，电子与气体分子的碰撞次数增加，电子可以从交变电场中获得更多的能量，从而使得产生的等离子体离化率更高，密度更大。

为了减轻高能粒子（其中包括离子）对基片的轰击损伤和降低基片温度，可以将基片置于等离子体放电区域之外，利用等离子体引出口引出等离子体，激活反应气体，产生化学反应且在基片上沉积成膜。

采用ECR法可以在基片温度低到100℃的条件下制取Si_3N_4膜。这种方法的另外一个特点是可以在10^{-2}Pa的较高真空度下放电，因此，即使Si_3N_4分解也不会在膜层中掺入过量的H_2，从而获得高质量的薄膜。表4-6是ECR-MPCVD和RF-PECVD两种成膜方法等离子体参量典型值的比较。

表4-6 ECR-MPCVD和RF-PECVD法的等离子体参量

参　量	ECR-MPCVD	RF-PECVD
电源频率	2.45GHz	13.56MHz
放电室内气压/Pa	5×10^{-2}	10
平均自由程/mm	100	0.5
电子温度/eV	4	8
等离子体密度/cm^{-3}	3×10^{11}	10^{10}
电离度	10^{-2}	10^{-6}
最大离子流密度/$mA\cdot cm^{-2}$	9	0.1

采用ECR法，利用高活性自由基可以实现室温下化学气相沉积、金属表面的氮化或氧化改性。利用高浓度的离子可进行固体薄膜的物理气相沉积或离子刻蚀，而且，利用高密度的离子束流可以进行离子注入掺杂。

4.5.2 微波等离子体CVD的应用

微波等离子体CVD设备昂贵，工艺成本高。在设计选用微波等离子体CVD沉积薄膜时，重点应考虑利用它具有沉积温度低和沉积的膜层质优的突出优点，因此，它主要应用于低温高速沉积各种优质薄膜和半导体器件的刻蚀工艺。其中，微波电子回旋共振等离子体化学气相沉积为实现低温沉积和大面积沉积提供了良好的条件，它已被广泛用于各种薄膜制备、刻蚀、离子注入和表面处理等。ECR-MPCVD等离子体具有离化率高、工作气压低、离子能量低、沉积温度低、离子能量和压强独立可控、粒子活性高等优点，可用于沉积金刚石、SiC、DLC、SiO_2、a-Si：H等多种薄膜材料。

微波等离子体CVD法是制备优质金刚石薄膜的好方法。在微波CVD装置中，极高频率的微波电场将使气体放电产生等离子体。等离子体中电子的快速往复运动进一步撞击气体分子，使得气体分子分解为H^+和各种活性基团。这些大量的原子氢和活性的含碳基团，是用低温低压的CVD方法沉积金刚石所必需的。

采用微波等离子体CVD方法可以实现金刚石的低温沉积，可以在300℃左右沉积质量良好的多晶金刚石膜，而采用ECR可实现140℃金刚石膜低温沉积。其主要缺点是难以在大面积衬底上沉积金刚石膜，这是因为大直径的“驻波腔”难以设计制作，而且由于器壁被等离子体腐蚀，造成对金刚石膜层的污染。若对该装置进行改进设计，也可以实现在大面积上沉积金刚石膜。

近年来，采用高功率微波等离子体 CVD 装置和 8000Pa 以上的高气体压力，十分显著地提高了微波等离子体 CVD 金刚石膜沉积速率，目前已可达到 35μm/h 以上的水平。

另外，如在反应气体中加入氧，如 CO、O_2或乙醇也对 CVD 金刚石膜生长速度和质量有积极作用，而且使得金刚石生长可以在低温下进行。但如果添加过量的氧则会使氢的分解太强烈，甚至引起表面氧化，最终会损害金刚石的质量。

4.6 激光化学气相沉积（LCVD）

利用光能使气体分解，增加反应气体的化学活性，促进气体之间化学反应的化学气相沉积法称为光辅助化学气相沉积法，常简写为 PHCVD。

目前，光辅助化学气相沉积法趋向于采用激光源，即在化学气相沉积过程中利用激光束的光子能量激发和促进化学反应，称为激光化学气相沉积法（LCVD）。激光化学气相沉积有以下特点：

（1）利用激光的单色性可以选择性地进行光化学反应，并可降低沉积薄膜的温度，防止或减小基片变形及来自基片的膜层掺杂。

（2）激光的聚束性好，能量密度高（可达 $10^9 W/cm^2$），且可实现微区沉积。

（3）激光束具有良好的空间分辨率和二维可控性，能够对集成电路进行局部补修或局部掺杂，如果配合计算机控制，可以沉积完整的薄膜图形，直接制作大规模集成电路。

激光 CVD 主要缺点是装置复杂、价格昂贵，尤其在沉积大面积薄膜时需要配置激光扫描装置。

4.6.1 LCVD 基本原理

从本质上讲，用激光能量激活化学气相沉积的化学反应有两种：一种为光热解化学气相沉积；另一种则为光分解化学气相沉积。

4.6.1.1 光热解 LCVD

当采用波长为 9~11μm 的连续或脉冲 CO_2激光束直接照射反应气体或基片表面时，在功率密度不太大的条件下，由于红外光子能量低，不足以引起反应气体的分子键断裂，只能激发分子的振动态使其活化，温度升高。受激分子通过相互碰撞或与被激光加热的基片的相互作用，就可能产生热分解，从而在基片上沉积成薄膜。这种成膜过程称为热解过程。

在光热解情况下，激光束用作加热源实现热致分解，在基片上引起的温度升高控制着沉积反应。激光波长的选择要使反应物质对激光是透明的，对激光能量吸收很少或根本不吸收，而基体是吸收体，对激光的吸收系数较高。这样在基体上产生局部加热点，沉积仅发生在激光束加热区域，可利用激光束的快速加热和脉冲特性在热敏感基底上进行沉积。光热解 LCVD 的原理如图 4-19 所示。光热解 LCVD 与常规 CVD 的区别是气体没有被整体加热，因而类似于冷

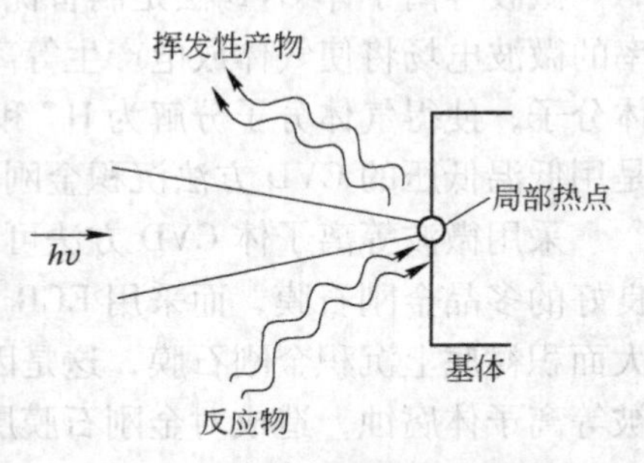

图 4-19 光热解 LCVD 示意图

壁 CVD。

除了利用激光的热解作用之外，如果反应气体受激发的吸收谱与加热的电磁谱重叠，就能同时产生激发和加热的联合效果。通过选择激光器的波长，能在多原子的分子中断裂一些特定的化学键，通过反应产生所需要的沉积膜层。

4.6.1.2 光分解 LCVD

所谓“光分解 LCVD”就是反应源气体分子在吸收了光能后引起化学键断裂，由此产生的激发态原子或活性集团在基片表面（即气-固界面）上发生反应，形成固态薄膜。光分解 LCVD 的原理如图 4-20 所示。

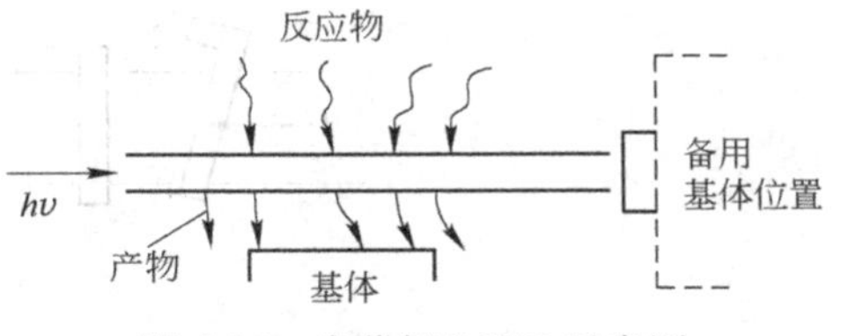

图 4-20 光分解 LCVD 示意图

在光分解化学气相沉积过程中，具有足够高能量的光子用于使分子分解并成膜，或与存在于反应气体中的其他化学物质反应并在邻近的基片上形成化合物膜。要求气相对光有高的吸收，基体对激光束是透明或不透明均可，所以激光的波长是重要的参数，常采用紫外光。该激光具有足够的光能打断反应分子的化学键。在大多数情况下，这些分子具有宽频电子吸收带，而且很容易被紫外辐射所激发。

由于多数分子的键能为几个电子伏特（例如多数有机化合物的碳原子与金属原子的键能为 3eV，H_2的 H—H 键能为 4.2eV，NO_2的 NO—O 键能为 3.12eV，SiH_4的 Si—H 键能为 3eV），因此通常采用光子能量大于 3.3eV 的紫外光来激发光解过程。光分解化学反应也可以用非相干光的普通紫外灯（如高压汞灯或低压汞灯）发出的光线激发，但采用紫外激光器能够得到强度更强、单色性能很好的紫外辐射。准分子激光器是普遍采用的紫外激光器，可以提供的光子能量范围为 3.4eV（XeF 激光器）~6.4eV（ArF 激光器）。

许多化合物，例如烷基或羰基金属化合物的吸收峰恰好落在近紫外波段，因此可用作光解反应的反应剂。

光分解 CVD 可以在比常规 CVD 反应温度低得多的温度下进行，沉积甚至有可能在室温下进行。光分解 CVD 的另外一个优点是，通过选择合适的激光波长，可以只产生所希望的气体物质，因此，它与 PECVD 相比可以对沉积膜层的化学比和纯度进行更好的控制。

光分解 LCVD 与热解 LCVD 的不同之处在于：光分解 LCVD 一般不需要加热，因为反应是光激活的，沉积有可能在室温下进行。另外，对所使用的衬底类型也没有限制，透明的或敏感的衬底都可以。

目前光分解 LCVD 的一个致命弱点是沉积速率太慢，这大大限制了它的应用。如果能够开发出大功率、廉价的准分子激光器，那么光分解 LCVD 完全可以和热 CVD 及热解 LCVD 相竞争。特别是在许多关键的半导体加工方面，降低沉积温度是至关重要的。

激光源的两个重要的特征是方向性和单色性，在薄膜沉积过程中显示出独特的优越性。方向性可以使光束射向很小尺寸上的一个精确区域，产生局域沉积。通过选择激光波长可以确定光分解反应沉积或光热解反应沉积。但是，在许多情况下，光分解反应和光热解反应过程同时发生。尽管在许多激光化学气相沉积反应中可识别出光分解反应，但热效应经常存在。

4.6.2 LCVD 沉积设备

激光化学气相沉积的设备是在常规的 CVD 设备的基础上添加激光器、导光聚焦系统、真空系统、送气系统及反应室等部件，如图 4-21 所示。

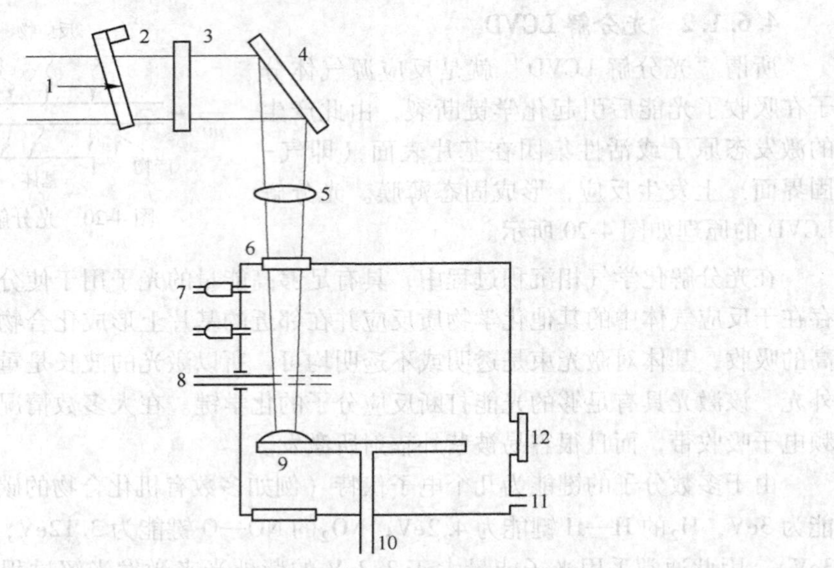

图 4-21 激光化学气相沉积设备结构示意图

1—激光；2—光刀马达；3—折光器；4—全反镜；5—透镜；6—窗口；7—反应气体通入；8—水平工作台；9—试样；10—垂直工作台；11—抽真空；12—观察窗

为了提高沉积薄膜的均匀性，安置基片的基片架可在 x、y 方向做程序控制的运动。为使气体分子分解，需要高能量光子，可采用的激光器有连续 CO_2或准分子两种。通常采用准分子激光器发出的紫外光，波长在 157nm 和 350nm（XeF）之间。另一个重要的工艺参数是激光功率，一般为 3~10W/cm^2。带水冷的不锈钢反应室内装温度可控的样品夹持台及通气和通光的窗口。反应室内的分子泵提供小于 10^{-4}Pa 的真空。气源系统装有质量流量控制器。配气及控制系统如图 4-22 所示。沉积时总压力通过安装在反应室及机械泵之间的阀来调节，并由压力表来测量。

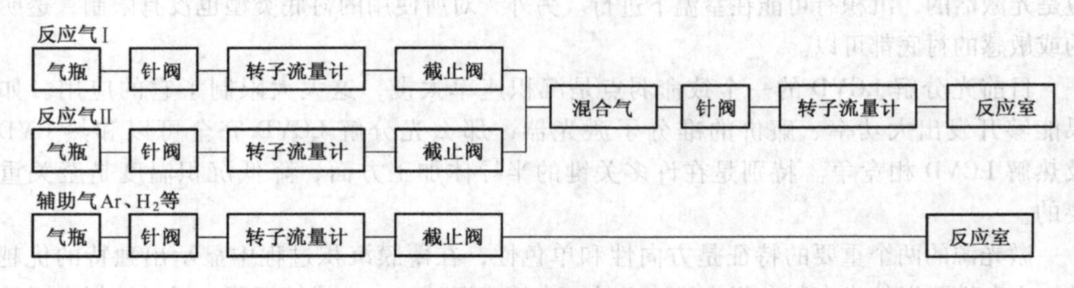

图 4-22 配气及控制系统示意图

根据激光入射基片的位置关系不同，沉积设备可分为垂直基片入射型和平行基片入射型两种，如图 4-23 所示。在光束垂直基片入射型装置中，由于光束通道上的气体都可能发生反应，一部分反应生成物可能沉积在器壁等非基片表面上，因此降低沉积速率。但是在采用聚束良好的激光束时，可有效地提高沉积速率。在光束平行基片入射型装置中，由于光束与基片距离很近（一般为0.3mm），沿光束通道上的大部分反应生成物能够扩展到基片上成膜，因此沉积速率高，适应于大面积基片的成膜。

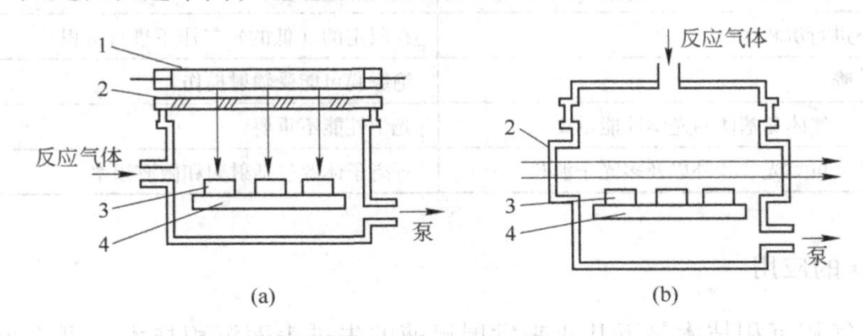

图 4-23 LCVD 装置示意图
（a）垂直基片入射型；（b）平行基片入射型
1—透镜；2—窗口；3—基片；4—基片架

激光化学气相沉积（LCVD）和一般的 CVD 法不同：一般的 CVD 法是使整个基片上都产生沉积层，而 LCVD 法是用激光束仅对基片上需要沉积薄膜的部位照射光线，结果只在基片上局部的部位形成沉积层。由于激光化学气相沉积过程中的加热非常局域化，因此其反应温度可以达到很高。在激光化学气相沉积中可以对反应气体预加热，而且反应物的浓度可以很高，来自于基片以外的污染很小。对于成核，表而缺陷不仅可起到通常意义下的成核中心作用，而且也起到强吸附作用，因此当激光加热时会产生较高的表面温度。由于激光化学气相沉积中激光的点几何尺寸性质增加了反应物扩散到反应区的能力，因此它的沉积速率往往比传统化学气相沉积高出几个数量级。限制沉积速率的参数为反应物起始浓度、惰性气体浓度、表面温度、气体温度、反应区的几何尺度等。激光器的强度和辐射时间对沉积薄膜的厚度有很大的影响，薄膜的厚度可以控制到小于 10nm，也可以大于 20μm。所沉积薄膜的直径也与辐射条件有关，最小的可以控制到激光束直径的 1/10，这样就避免了由于大面积的加热而引起基体性质的变化。

LCVD 与常规 CVD 相比，大大降低了基材温度，可在不能承受高温的基材上合成薄膜。例如用 LCVD 制备 SiO_2、Si_3N_4、AlN 薄膜时基材需加热到 380~450℃。

激光化学气相沉积通过激光激活而使常规 CVD 技术得到强化，在这个意义上 LCVD 技术类似于 PECVD 技术。然而这两种技术之间有一些重要差别，如在等离子体中，电子的能量分布比激光发射的光子能量分布要宽得多。这种技术差别，使 LCVD 具有某些特殊的优点。表 4-7 对 LCVD 和 PECVD 技术的特点进行了比较。

表 4-7 LCVD 与 PECVD 的比较

LCVD	PECVD
窄的激发能量分布	宽的激发能量分布
完全确定的可控的反应体积	大的反应体积
高度方向性的光源可在精确的位置上进行沉积	可能产生来自反应室壁的污染

续表 4-7

LCVD	PECVD
气相反应减少	气相反应有可能
单色光源可以实现特定物质的选择性激发	激发无选择性
能在任何压强下进行沉积	在限定的（低的）气压下进行沉积
辐射损伤显著下降	绝缘膜可能受辐射损伤
光分解 LCVD 中，气体和基体的光学性能重要	光学性能不重要
激光源包括红外、可见光、紫外以及多光子波长	等离子体源包括射频和微波频率

4.6.3 LCVD 的应用

激光化学气相沉积技术是近几年来发展迅速的先进表面沉积技术，可广泛应用于微电子工业、化工、能源、航空航天以及机械工业。应用 LCVD 技术，人们已经获得了 Al、Ni、Au、Si、SiC、多晶 Si 和 Al/Au 膜。

应该指出的是，尽管激光光解 CVD 目前还停留在实验室上，但近年来，已开始进入用准分子激光进行激光光解沉积的活跃期，已用准分子激光沉积金属（如 Cd，In，W，Fe，Ni，Cr，Al）及 a-Si：H，如使用 SiH_4：Ar 混合气，在基体温度为 200℃时，可沉积出具有平行结构的质量优良的 a-Si：H 膜层，也已开始用准分子激光器低温沉积金刚石膜和类金刚石膜的探索及微细加工；而且在低温沉积金刚石膜方面已经取得进展。

用激光 CVD 技术制造的 Si_3N_4光纤传输微透镜已开始走上工业应用。其衬底材料选用石英，反应气体用 SiH_4-NH_3，辅助气体为 N_2，沉积膜厚根据工艺可控制在 0.2～40μm，膜层的平均硬度为 2200HK，最高可达 3700HK；Si_3N_4沉积膜层的耐磨性能比基材提高 9 倍之多；沉积 Si_3N_4薄膜的基材在 H_2SO_4溶液中的抗蚀性能大大提高。

表 4-8 为正在开发研究的 LCVD 技术制备的薄膜。可以期待，激光化学气相沉积技术将在太阳能电池，超大规模集成电路，特殊的功能膜及光学膜、硬膜及超硬膜等方面都会有重要的应用。

表 4-8 LCVD 技术沉积的膜层及用途

膜 层	基材	反 应 式	层厚/μm	层硬度	用 途
SiC	碳钢	$2SiH_4+C_2H_4\xrightarrow{激光}2SiC+6H_2\uparrow$	0.1～30	1300HK	光通信、半导体器件
Fe	Si	$Fe(CO)_5\xrightarrow{激光}Fe+5CO\uparrow$			集成电路
Fe_2O_3	Si	$Fe(CO)_5\xrightarrow{激光}Fe+5CO\uparrow$ $4Fe+3O_2\longrightarrow 2Fe_2O_3$			集成电路
Ni	不锈钢	$Ni(CO)_4\xrightarrow{激光}Ni+4CO$			石油工业
TiN	Ti	$2NH_3\xrightarrow{激光}2N+3H_2$ $Ti+N\longrightarrow TiN$	0.1～2.0	1950～2050HK	航空、航天、化工、电力等领域

续表4-8

膜层	基材	反应式	层厚/μm	层硬度	用途
TiN-Ti(C,N)-TiC复合膜	Ti	$2NH_3 \xrightarrow{激光} 2N+3H_2$ $Ti+N \longrightarrow TiN$ $C_2H_4 \longrightarrow 2C+2H_2\uparrow$ $Ti+N \longrightarrow TiN$ $Ti+N+C \longrightarrow Ti(CN)$ $Ti+C \longrightarrow TiC$	在0.2μm厚度的TiN膜基础上可调节三个膜层不同比例的厚度，总厚度0.4~20μm	2200~2800HK	膜层硬度比TiN还高，且与基材有良好的结合，用于航天、航空等领域

4.7 金属有机化合物CVD沉积（MOCVD）

金属有机化学气相沉积（MOCVD）又称金属有机气相外延（MOVPE），它是利用有机金属热分解进行气相外延生长的先进技术，目前主要用于化合物半导体（Ⅲ-Ⅴ族、Ⅱ-Ⅵ族化合物）薄膜气相生长上。例如，用甲基或三乙基Ⅲ族元素化合物和Ⅴ族元素的氢化物反应制备Ⅲ-Ⅴ族化合物膜，用二甲基或二乙基金属化合物与Ⅵ族元素的氢化物反应制备Ⅱ-Ⅵ族化合物薄膜：

$$(CH_3)_3Ga + AsH_3 \xrightarrow{630 \sim 675℃} GaAs + 3CH_4 \tag{4-11}$$

$$(CH_3)_2Cd + H_2S \xrightarrow{475℃} Cds + 2CH_4 \tag{4-12}$$

$$x(CH_3)_3Al + (1-x)(CH_3)_3Ga + AsH_3 \rightarrow Ga_{1-x}Al_xAs + 3CH_4 \tag{4-13}$$

MOCVD技术的开发是由于半导体外延沉积的需要。对于金属的沉积，其初始物是相应的金属卤化物，对这些卤化物要求在中等温度（即低于约1000℃）能够分解。而某些金属卤化物在此温度范围内是稳定的，用常规CVD难以实现其沉积。在这种情况下金属有机化合物（如金属的甲基或乙基化合物等）已经成功地用来沉积相应的金属。用这种方法沉积的金属包括Cu、Pb、Fe、Co、Ni、Pt以及耐酸金属W和Mo。其他金属大部分可以通过它们的卤化物的分解或歧化反应来进行沉积。最普通的卤化物是氯化物。在某些情况下也可采用氟化物或碘化物。此外，已经用金属有机化合物沉积了氧化物、氮化物、碳化物和硅化物镀层。

许多金属有机化合物在中温分解，可以沉积在如钢这样的基体上，所以这项技术也被称为中温CVD（MTCVD）。

4.7.1 MOCVD沉积设备

MOCVD典型的反应装置如图4-24所示。MOCVD的沉积源物质大多为三甲基镓（TMG）、三甲基铝（TMA），有时也使用三乙烷基镓（TEG）和三乙烷基铝（TEA）。P型掺杂源使用充入到不锈钢发泡器中的二乙烷基锌（DEZ，$(C_2H_5)_2Zn$）。掺杂源为AsH_3气体和H_2Se气体，用高纯度携载气体氢分别稀释至5%~10%，甚至百万分之几十至百万分之几百，充入到高压器瓶中供使用。在外延生长过程中，TMA、TMG、DEZ发泡器分别用恒温槽控制在设定的温度，并与通过净化器去除水分、氧等杂质的氢气混合制成饱和蒸气充入到反应室中。反应室用石英制造，基片由石墨托架支撑并能够加热（通过反应室外部的射频线圈加热）。导入反应室内的气体在加热至高温的 GaAs 基片上发生热分解反应，最终沉积成 P 型掺杂的 $Ga_{1-x}Al_xA_3$膜。因为在气态下发生的反应会阻碍外延生长，所以需要控制气流的流速，以便不在气相状态下发生反应。反应生成的气体从反应室下部排入尾气处理装置，以消除废气的危险性和毒性，反应室的压力约为 10Pa。

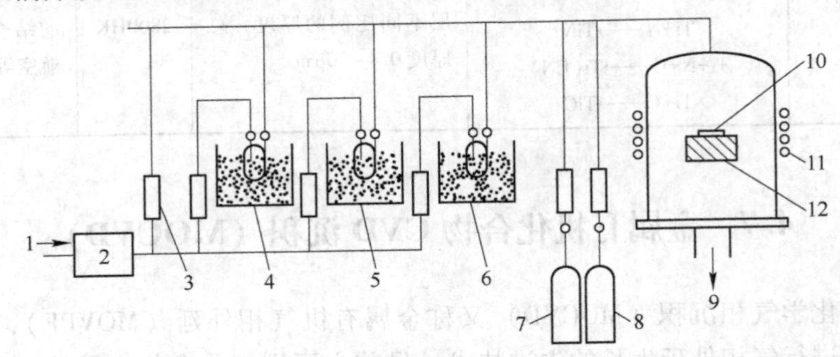

图 4-24　用于外延生长 $Ga_{1-x}Al_xAs$ 的 MOCVD 示意图

1—H_2；2—提纯装置；3—质量流量控制仪；4—TMG；5—TMA；6—DEZ；
7—AsH_3+H_2；8—H_2Se+H_2；9—排气口；10—GaAs 基片；11—射频线圈；12—石墨架

可见，MOCVD 设备主要包括高纯载气处理系统、气体流量控制系统、反应室、温度控制系统、压力控制系统和尾气处理系统等。为满足大多数半导体应用极其严格的要求，必须采用最精密的设备、极其纯净的气体和安全的尾气处理系统，这一点在设计和选用 MOCVD 沉积装置时应特别予以注意。

（1）高纯载气处理系统。标准氢气的纯度体积分数是 99.99%，其中杂质的主要成分是氧和水。这种纯度不适宜于生长高质量的半导体，而使用纯度体积分数为 99.9995%的氢气又价格昂贵。因此，为节约生产成本，在引入反应室之前，应对标准氢气进行提纯。氢气提纯的原理是让含有杂质的氢气扩散通过 400~425℃的钯合金膜。在该温度下，钯合金膜只允许 H_2通过，而不允许杂质通过。这样，利用上述原理制成的提纯装置能向系统有效地提供超纯的氢气。

（2）反应室及管、阀等。反应室是原材料在衬底上进行外延生长的地方，它对外延层厚度、组分的均匀性、异质结的结果及梯度、本底杂质浓度以及外延膜产量有极大的影响。一般对反应室的要求是：1）不要形成气体湍流，而是层流状态；2）基座本身不要有温度梯度；3）尽可能减少残留效应。通常反应室由石英玻璃制成，近年也有部分或全部由不锈钢制成的工业型反应器。

图 4-25 是 MOCVD 反应室的类型。应用最普遍的反应室有两种：垂直式和水平式。垂直式反应室的反应物是从顶部引入，衬底平放在石墨基座的顶部，在入口处安装一个小偏转器，把气流散开。水平式反应室是利用一个矩形的石墨基座，为了改善均匀性，把它倾斜放入气流，有时在前方放一个石英偏转器，以减少几何湍流。这两种反应室容纳衬底少，适于研究工作用。除此之外，还有桶式反应室、高速旋转盘式反应室和扁平式旋转反应室，它们适用于多片批量生产，但较难控制厚度、组分和掺杂均匀性。

管路、附件和阀的选择对于高纯薄膜的生长来说是必需的。为了提高异质截面的清晰

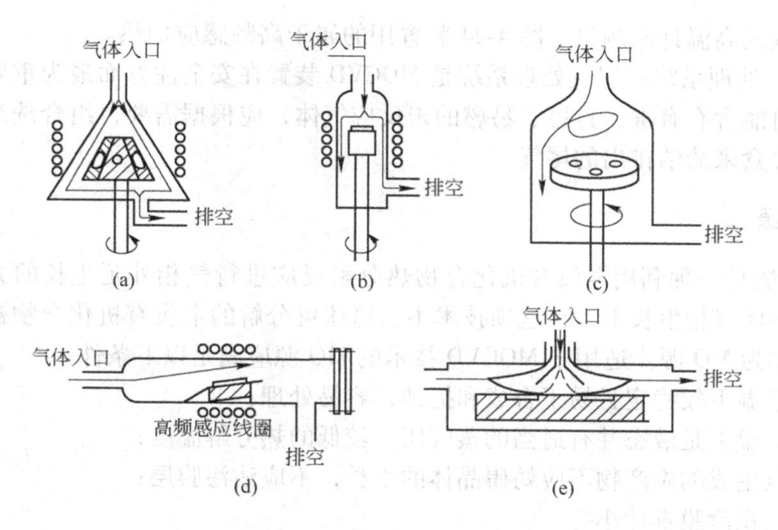

图4-25 MOCVD反应室类型

（a）桶式反应室；（b）垂直式反应室；（c）高速旋转盘式反应室；（d）水平式反应室；（e）扁平式旋转反应室

度，在反应室前通常设有一个高速、无死区的多通道气体转换阀；为了使气体转换顺利，一般设有生长气路和辅助气路，两者气体压力要保持相等。

因为MOCVD中使用的某些金属有机化合物和气体具有很强的腐蚀性，其零部件必须用耐蚀材料来制造。阀门为压缩空气操作开关的气动波纹管式密封截止阀。大多数MOCVD设备管路采用316无缝不锈钢管，而且其内侧需进行电抛光处理。管道间的连接采用焊接、双卡套连接和垫圈压紧式密封连接，使各接口处的气体漏率小于10^{-10}~10^{-11} L/s。

气体混合集气管是MOCVD系统重要的组件。设计适当的集气管对于超晶格和量子阱结构的生长以及与掺杂剂有关的记忆效应的减少是至关重要的。集气管必须均匀地向反应室输送混合气体，所以它直接同反应室相连，同时通过辅助气路排气。在气体引入反应室之前，生产流程的建立和稳定通过辅助气路来完成。

（3）气体流量控制系统。气体流量控制系统的功能是精确控制向反应室输送的各种反应剂的浓度、送入时间和顺序以及通入反应室的总气体流速等，改变生长特定成分与结构的外延层。电子质量流量计用于精确控制和测量气体流量。发泡器中的金属有机化合物蒸气由载气导入反应室，而用氢气稀释的气态氢化物直接进入反应系统。为确保半导体薄膜的组分，必须精确控制每种反应气体的流量。质量流量计采用闭环控制系统，它的精度一般为总量程的1%。电子质量流量计最为引人注目的优点是易于编程控制多层结构中各层的生长。金属有机化合物的蒸气压对温度是非常敏感的。为确保所提供的金属有机化合物的可控性和重复性，金属有机化合物必须保持在温度恒定的恒温槽中。目前恒温槽的温度控制精度可达±0.01℃，温度范围可以在-30~100℃之间变化。

（4）基座加热系统。基座加热方式有高频感应加热、辐射加热和电阻加热。在射频感应加热方法中，石墨或碳化硅石墨基座与射频线圈采用电感耦合方式进行耦合。这种类型的加热，当用于大型工业反应器时，通常是非常复杂的。为避免射频感应加热的复杂性，经常采用辐射加热的方法，石墨基座的加热通过吸收辐射能来实现。基座的温度通过埋入内部的热电偶或高温计来测量。图 4-24 装置用的属于高频感应加热。

（5）尾气处理系统。尾气处理系统是 MOCVD 装置在安全性方面最为重要的部件。排出的气体中可能含有有毒、自燃、易燃的未反应气体，应根据需要，组合洗涤系统、颗粒过滤器、燃烧盒来清洁排出的尾气。

4.7.2 MO 源

MOCVD 法是一种利用金属有机化合物热分解反应进行气相外延生长的方法，主要用于化合物半导体气相生长上。在这项技术中，这些可分解的金属有机化合物被用作初始反应物，通常称为 MO 源。适用于 MOCVD 技术的 MO 源应满足以下条件：

（1）在常温下较稳定且易于合成和提纯，容易处理；

（2）在室温下是液态并有适当的蒸气压、较低的热分解温度；

（3）反应生成的副产物不应妨碍晶体的生长，不应沾污膜层；

（4）对沉积薄膜毒性小等。

在 MOCVD 中所用的金属有机化合物大多为烷基化合物，它是用脂环族碳氢化合物或烷基卤化物与金属反应而制成。这类烷基化合物大都是挥发性的非极性液体。一般情况甲基化合物和乙基化合物分别在 200℃和 110℃左右分解。MOCVD 所用的金属有机化合物也可从脂环族碳氢化合物和芳香族碳氢化合物来制取。脂环族碳氢化合物的分子结构中包含一个由 5 个 CH_2基团组成的环状单链，而芳香族碳氢化合物则含有 6 个含碳基团组成的包含双键的环（如苯环），这些化合物大多是挥发性的，化学活性很强，且可自燃。某些情况下和 H_2O 接触可能发生爆炸，有的还有剧毒，使用中应高度重视。

目前常用的金属有机化合物（MO 源）如表 4-9 所示。室温下，除了 $(C_2H_5)_2Mg$ 和 $(CH_3)_3In$ 是固体外，其他均为液态。

表 4-9 常用的金属有机化合物（MO 源）

族	金属有机化合物
Ⅱ	$(C_2H_5)_2Be$、$(C_2H_5)_2Mg$、$(CH_3)Zn$、$(C_2H_5)_2Zn$、$(CH_3)_2Cd$、$(CH_3)_2Hg$
Ⅲ	$(C_2H_5)_3Al$、$(CH_3)_3Al$、$(CH_3)_3Ga$、$(C_2H_5)_3In$、$(CH_3)_3In$
Ⅳ	$(CH_3)_4Ge$、$(C_2H_5)_4Sn$、$(CH_3)_4Sn$、$(C_2H_5)_4Pb$、$(CH_3)_4Pb$
Ⅴ	$(CH_3)_3N$、$(CH_3)_3P$、$(C_2H_5)_3As$、$(CH_3)_3As$、$(C_2H_5)_3Sb$、$(CH_3)_3Sb$
Ⅵ	$(C_2H_5)_2Se$、$(CH_3)_2Se$、$(C_2H_5)_2Te$、$(CH_3)_2Te$

氢化物是 MOCVD 反应重要的前驱气体，可用来沉积单质元素，如硼和碳。在 MOCVD 工艺中，氢化物与金属有机化合物配合起来用作Ⅲ-Ⅴ族，Ⅱ-Ⅵ族半导体的外延沉积。许多元素都可形成氢化物，现今，只有不多的几种氢化物用作 CVD 的前驱气体，它们主要是$Ⅲ_A$、$Ⅳ_A$、$Ⅵ_A$ 族元素的氢化物。

随着 MOCVD 技术的发展和应用的需要，发现现有的 MO 化合物已满足不了发展需求，新的 MO 源的开发加速了步伐。新型 MO 源主要有以下几类：

（1）沉积金属薄膜用的新 MO 源。Pt 薄膜用顺-［PtMe(MeNC)$_2$］（MeNC 为甲基异氮化物）和［PtMe(COD)］（COD 为 1.5 环辛二烯），在 250℃的 Si 衬底上沉积 Pt。如在 H_2 气氛下，Pt 中碳含量可大为降低，沉积温度可降至 135～180℃。Cu 薄膜用［Cu(C_5H_5)-

(PEt_3)］源（C_5H_5为环戊二烯基），通过热解激光或激光诱导沉积Cu薄膜。Al薄膜用［$AlH_3(NMe_3)_2$］（铝的氢化物的配合物）作沉积铝的挥发性前置体，沉积铝薄膜。

（2）沉积氧化物、氮化物、氟化物薄膜用的新MO源。用金属醇盐作前置体可以沉积Al_2O_3、TiO_2、ZrO_2、Ta_2O_3等氧化物；对于氟化物可用氟化酮沉积制备二价的氟化物；AlN薄膜可用［$AlEt_2(N_3)$］（叠氮配合物）和［$AlMe(NH_2)_2$］$_3$（酰胺配合物）作前置体来沉积AlN薄膜；用［$GaEt_2(N_3)$］（叠氮配合物）作GaN的前置体沉积GaN薄膜；用［$Ti(C_5H_5)_2(N_3)_2$］（叠氮配合物）作沉积TiN的前置体沉积TiN薄膜。

（3）沉积化合物半导体材料用新MO源。现已经开发出一系列的Ⅲ-V族和Ⅱ-Ⅵ族化合物半导体的新MO源，其中有的替代了烷基群。如在580～660℃外延InP用InMe$(CH_2CH_2CH_2N)Me_2$和磷烷。另外，也可用共价键合的Ⅲ-V族化合物作单源前置体，如三聚化合物［$GaEt_2PEt_2$］$_3$。

4.7.3 MOCVD沉积的特点

在外延技术当中，外延生长温度最高的是液相外延生长法，分子束外延方法的生长温度最低，而有机金属化学气相沉积法居中，它的生长温度接近于分子束外延。从生长速率上看，液相外延方法的生长速率最大，而有机金属化学气相沉积方法次之，分子束外延方法最小。在所获得膜的纯度方面，以液相外延法生长膜的纯度最高，而有机金属化学气相沉积和分子束外延方法生长膜的纯度次之。

总之，有机金属化学气相沉积方法的特点介于液相外延生长和分子束外延生长方法之间。

有机金属化学气相沉积法的最大特点是它可对多种化合物半导体进行外延生长。与液相外延生长及气相外延生长相比，有机金属化学气相沉积有以下优点：

（1）生长温度范围较宽，反应装置容易设计，较气相外延法简单。

（2）可以合成组分按任意比例组成的人工合成材料，形成厚度精确控制到原子级的薄膜，从而又可以制成各种薄膜结构型材料，例如量子阱、超晶格材料。从理论上讲，可以通过精确控制各种气体的流量来控制外延层的成分、导电类型、载流子浓度、厚度等特性，可以生长薄到零点几纳米到几纳米的薄层和多层结构。

（3）原料气体不会对沉积薄膜产生蚀刻作用，因此，沿膜的生长方向上，可实现掺杂浓度的明显变化。

（4）可以通过改变气体流量在0.05～1.0μm/min的大范围内控制化合物的生长速度。

（5）薄膜的均匀性和电学性质具有较好的再现性，能在较宽的范围内实现控制；可制成大面积均匀薄膜，是典型的容易产业化的技术。例如超大面积太阳能电池和电致发光显示板等。

目前，MOCVD技术还存在以下问题：原料的纯度难以满足要求，其稳定性较差；对反应机理还未充分了解；反应室结构设计的最优化技术有待开发。MOCVD法的最重要缺陷是缺乏实时原位监测生长过程的技术。最近提出的用表面吸收谱来实现原位监测的技术，虽然由于设备昂贵，还不能广泛应用，但它已为MOCVD的原位监测开辟了一条途径。

4.7.4 MOCVD 的应用

目前，MOCVD 已成为多用途的生长技术，日益受到人们的广泛重视。MOCVD 法可以沉积各种金属以及氧化物、氮化物、碳化物和硅化物膜层，可以制备 GaAs、GaAlAs、InP、GaInAsP 等最通用的化合物半导体，也适用于制作Ⅲ-Ⅴ族、Ⅱ-Ⅵ族化合物半导体材料。然而，MOCVD 所用的设备及金属有机化合物都十分昂贵。因此，只有在要求很高质量的外延膜层时，才考虑采用 MOCVD 方法。

（1）化合物半导体材料。MOCVD 技术的开发和发展主要是由于半导体材料外延沉积的需要。

（2）各种涂层材料。包括各种金属、氧化物、氮化物、碳化物和硅化物等涂层材料。沉积这类材料可以采用常规 CVD 法，但金属氯化物在高温条件下比较稳定，而衬底材料又不能承受 CVD 反应所需的高温，为此，采用 MOCVD 法可在较低工艺温度下制备这些涂层材料。

（3）光器件。用 MOCVD 法制作的 $Ga_{1-x}Al_xAs$ 系激光器，在临界电流值上与其他方法（如分子束外延）制作的没有差别。在使用寿命上，MOCVD 法制作的 $Ga_{1-x}Al_xAs$ 系激光器的寿命已经接近唯一得到实用的 LPE 激光器的寿命。在长波宽带激光器技术上也有进步，如 GaInAsP/InP 系 MOCVD 激光器的临界电流密度已经达到 LPE 的同等水平。对这些一般的激光器的结构，运用 MOCVD 方法都可精确地控制薄膜的组成和膜厚，并用 MOCVD 方法制备了多量子阱（MQW）激光器。另外，也有用 MOCVD 法制作的 $Ga_{1-x}As$/GaAs 系太阳能电池的应用实例，其转换效率为 23%，具有 LPE 法制备太阳能电池的最佳性能。

（4）电子器件。在电子器件上，MOCVD 的膜只限于具有高迁移率的化合物半导体 n 型 GaAs、InP。这类电子器件要求的外延生长层的载流子浓度与膜厚需要精确的控制，如 GaAs 的电子器件，膜厚需要在两个数量级内，而电子浓度要在四个数量级内进行精确控制。MOCVD 法均可在这一范围内满足要求。

（5）细线与图形的描绘。许多薄膜在微电子器件的应用中，都要求描绘出细的线条和各种几何图形。运用 MOCVD 的 MO 源可在气相或固体中形成的特点，已知的某些 MO 化合物对聚焦的高能光束和粒子束具有很高的灵敏度，选择曝光法可使已曝光的 MO 化合物不溶于溶剂，而制备出细线条和各种几何图形，用于微电子工业中的互联布线和有关元件。

由此可以看出，MOCVD 要比一般的 CVD 更具有应用的广泛性、通用性和先进性。它在现代表面技术中，随微电子工业发展的要求，一定会得到进一步的发展。

本章小结

CVD 技术是建立在化学反应基础上的，一般把反应物是气态而生成物之一是固态的反应称为 CVD 反应，因此其化学反应体系必须满足以下三个条件：

（1）在沉积温度下，反应物必须有足够高的蒸气压。

（2）反应生成物中，除了所需要的沉积物为固态之外，其余物质都必须是气态。

（3）沉积薄膜的蒸气压应足够低，以保证在沉积反应过程中，沉积的薄膜能够牢固地附着在具有一定沉积温度的基片上。基片材料在沉积温度下的蒸气压也必须足够低。

等离子体增强化学气相沉积（简称 PECVD）技术是将低压气体放电形成的等离子体应用于化学气相沉积的技术。等离子激发的化学气相沉积借助于真空环境下气体辉光放电产生的低温等离子体，增强了反应物质的化学活性，促进了气体间的化学反应，从而在低温下也能在基片上形成新的固体膜。

思 考 题

4-1 描述各种化学气相沉积过程中基本粒子的物理运动，并与物理气相沉积方法进行比较。

4-2 比较不同化学气相沉积工艺的特点，包括粒子能量、浓度分布、沉积速率等。

4-3 等离子体化学气相沉积所需的必备条件是什么？

5　离子注入与离子辅助沉积技术

本章学习要点：

了解离子注入技术的基本原理和工艺必须具备的基本条件；了解真空离子辅助沉积技术的原理和应用特点；了解离子辅助沉积技术与真空离子镀膜技术的各自特点和异同；了解各种离子源的结构及工作原理；了解不同离子辅助沉积工艺的原理和工艺过程，以及其应用特点；了解真空离子辅助沉积镀膜技术的发展态势。

5.1　离子注入概述

具有一定能量的离子束入射到固体表面时，离子与固体中的原子核和电子相互作用，可能发生两类物理现象，一是引起固体表面的粒子发射。人们利用该现象的原理建立了离子束表面分析技术。二是离子束中的一部分离子进入到固体表面层里，成为注入离子。利用注入离子可以改变固体表面性能的功能，建立了离子注入材料表面改性技术。离子束入射到固体表面后，其荷能离子与材料相互之间作用的基本过程如下。

（1）通过非弹性碰撞，材料表面发射出二次电子和光子。

（2）入射离子被固体材料中的电子所中和，并通过与晶格原子的弹性碰撞被反弹出来，称为背散射粒子。

（3）一个入射离子可以碰撞出若干离位原子，某些能量较高的离位原子又可能在其路径上撞出若干个离位原子。这种离子碰撞的繁衍像树枝那样随机杂乱地发展着，称为级联碰撞。

（4）某些被撞出的原子会穿过晶格空隙从材料表面逸出，成为溅射原子。

（5）入射离子在材料的一定深度处停留下来，其沿材料深度的分布服从统计规律。当入射离子、离子能量、靶材等已知时，入射离子在靶材中的分布可用理论计算得出，或通过某些表面分析方法测定。

（6）离子轰击还诱发材料表层的其他一些变化，包括组分变化、组织变化、晶格损伤及晶态与无定型态的相互转化、由溅射及与其相关的表面物质传输而引起的表面刻蚀和形貌变化、亚稳态的形成和退火等。此外离子轰击也会使吸附在表面的原子或分子发生解析，或重新被吸附。

（7）离子轰击对薄膜沉积过程中的晶核形成和生长影响明显，从而能改变镀层的组织和性能。

离子镀、溅射镀膜和离子注入过程中都是利用了离子束与材料的这些作用，但侧重点不同。溅射镀膜中注重的是靶材原子被溅射的速率；离子镀则着重利用荷能离子轰击表层和生长面的混合作用，以提高薄膜的附着力和膜层质量；而离子注入则是利用注入元素的掺杂、强化作用，以及辐照损伤引起的材料表面的组织结构与性能的变化。

离子进入固体表面后，与固体材料内的原子和电子发生一系列碰撞。这一系列碰撞主要包括三个独立的过程：（1）核碰撞。入射离子与固体材料原子核的弹性碰撞，碰撞后入射离子将能量传递给靶的原子。碰撞结果使入射离子在固体中产生大角度散射和晶体中产生辐射损伤等。（2）电子碰撞。入射离子与固体内电子的非弹性碰撞，其结果可能引起入射离子激发靶原子中的电子或使原子获得电子、电离或X射线发射等。碰撞后入射离子的能量损失和偏移较小。（3）离子与固体内原子作电荷交换。

离子束与固体相互作用改变了固体表层的组分、结构和性质。离子束与固体作用的基本物理现象可归结为：（1）离子束穿透固体表面后同固体原子不断碰撞而失去能量，在固体表层形成离子元素的高斯分布；（2）高能离子与固体原子碰撞和级联碰撞使大量固体原子离位，在固体表层形成缺陷和亚稳结构；（3）在离子束轰击下，固体表面原子被碰撞离开固体（溅射效应）；（4）注入离子和固体原子碰撞造成固体原子大量离位，使固体内原子产生输运和交混作用。

5.2 离子注入设备

离子注入表面处理是将某种元素的蒸气通入电离室电离后形成正离子，将正离子从电离室引出进入高压电场中加速，使其得到很高速度后而打入放在真空靶室中的工件表面的一种离子束加工技术。

离子注入机按能量大小可分为：低能注入机（5~50keV），中能注入机（50~200keV），高能注入机（0.3~5MeV）。

根据束流强度大小可分为低束流注入机、中束流注入机（几微安到几毫安）和强束流注入机（几毫安到几十毫安）。强束流注入机适合于金属离子注入。

按束流工作状态可分为稳流注入机和脉冲注入机。

按类型可分为：质量分析注入机（与半导体工业用注入机基本相同），能注入任何元素；工业用气体注入机，只能产生气体束流；等离子源离子注入机，主要是从注入靶室中的等离子体产生离子束。

目前国外最新研制的强氮离子注入机，其束流强度达30mA，靶室直径达2.5m，可用于大型机器部件的氮离子注入。

图5-1所示为气体离子注入设备基本结构。离子注入设备的基本组成部分为：离子源、聚焦系统、加速系统、分析磁铁、扫描装置和靶室。离子源的基本作用是用它产生正离子。将气体或金属蒸气通入电离室，室内气压维持在1Pa左右。电离室是不锈钢做成的，电离室外套上一个电磁线圈，通过该线圈将磁场引入放电室，从而增强电离放电。放电室顶端加上一个正电位，另一端有一个孔径为ϕ1~2mm的引出电极，该电极为负电位。在离子源中被电离气体中的正离子在这个电场中运动，通过引出孔进入离子会聚透镜中聚焦和加速获得高能量。被加速的离子束经过分析磁铁分选后，将一定质量/电荷比的离子选出。经过纯化的离子束通过扫描机构使离子均匀轰击置于靶基架的工件表面。

注入离子的数量可用一台电荷积分仪来测量。注入离子深度的控制是通过改变电压来实现的，而注入离子的选择则是靠改变分析磁铁的电流来实现。

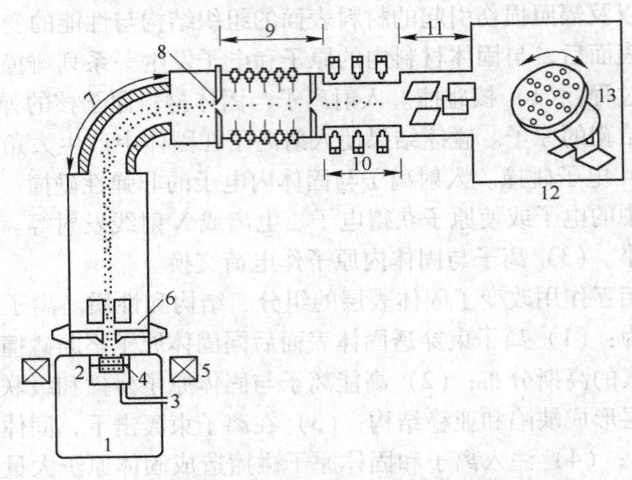

图 5-1　气体离子注入设备原理图

1—离子源；2—放电室（阳极）；3—注入气体；4—阴极（灯丝）；5—磁铁；6—离子引出/预加速/初聚；7—离子质量分析磁铁；8—质量分析缝；9—离子加速管；10—磁四极聚焦透镜；11—静电扫描；12—靶室；13—可转动或移动的工件基架

（1）离子源。离子源的基本作用是产生正离子。其作用为将所需注入元素的原子引入放电室电离，再将正离子从放电室引出形成离子束。

（2）初聚系统。离子束从离子源引出后呈发散状，由于引出束的发散角很大，为了减少离子束流在行进中的损失，提高离子的注入效率，通常在引出束后面紧接着设置圆筒电极或圆片电极的双圆筒聚焦透镜或单透镜，借以实现对离子束的聚焦。

（3）加速系统。被聚焦的离子束进入具有很高负电压的加速电极处被加速。为了提高注入离子的能量这一步骤十分重要。图 5-1 中的加速电极是由数个圆盘构成的，这种电极可使离子能量加速到 100~200keV，为提高离子加速能量可以采用几组加速电极。

（4）聚焦系统。经过加速的离子束，其散射角明显增大，在经过分析磁铁前后都要再次聚焦，这组聚焦系统可以和分离磁铁前后匹配，从而减少离子的损失。这组聚焦系统通常采用四极透镜组。

（5）质量分析系统。质量分析系统的作用是将所需要的离子分选出来，使其他离子分离掉。质量分析系统由分离磁铁和一组光栏构成。一束正电离子束垂直射入磁场强度为 B 的磁场内，质量 M 不同的入射离子，当速度为 v 时，以不同的半径 r 做圆周运动，则有

$$r = \sqrt{\frac{2M}{qB^2}} \tag{5-1}$$

这里 q 为离子所带电荷量，不同质量的离子所走的半径 r 不同。所以调整 B 则可选择一定质量的离子走 r 路径从磁铁出口处引出，其他质量的离子则不能通过磁场而被过滤掉。金属离子注入一般不设分离系统。

（6）扫描系统。离子束流的束径一般只有几毫米，而且其横截面的束流分布不均匀。为了克服由于离子束能量集中于工件的某一部位（可引起工件局部表面温升并产生不利影响），保证离子能够大面积注入，提高表面注入元素分布的均匀性，则必须进行离子束扫

描。从质量分析系统中引出的离子束进入扫描系统，在束的两个垂直方向加交变磁场或电场，使离子束在两个不同方向上扫描注入靶子上，这种扫描称为电（或磁）扫描，也可使注入样品或工件沿两个垂直方向移动，称为机械扫描。将上述两种扫描方式相结合则称为混合扫描系统。对金属离子注入通常采用机械扫描系统。

（7）靶室。注入靶室是装载注入工件的装置。对靶室的要求是，装载的样品数量多、更换样品速度快，有利于开展多方面的研究工作。根据需要，靶室可设计成能实现高温、低温及不同角度的注入。

（8）真空系统。由于离子束必须在真空状态下进行传输，因此必须保证离子注入机有足够高的真空度，否则离子就会同空气的分子发生碰撞而被散射或被中和掉。一般地，系统的工作真空度要求高于 1×10^{-3} Pa。通常，一台较大型的离子注入机需设有两套以上的抽气机组以保证离子注入机有足够的真空度。真空抽气机组应分别设在离子源、磁分析器和靶室等处，而且真空机组应采用无油真空系统，以保证离子束流的纯度和注入效率。

5.3 强束流离子源

5.3.1 强束流离子源的分类

强束流离子源是离子注入机中最重要的部件，它决定了离子注入机所能提供的注入元素，也决定了离子注入机的用途。如表 5-1 所示，适用于离子注入设备所用的强束流离子源有很多种。在强束流离子源中，除潘宁源外都可使用气体和固体作为工作介质。其中束流强度可达到毫安数量级的只有金属蒸气真空弧放电（MEVVA）离子源。MEVVA 离子源特别适用于金属离子注入的研究和开发，可以引出二三十种金属离子，而其余离子源仅能获得少数几种金属离子束。

表 5-1 强束流离子源

离子源种类	总离子束流/mA	工作介质
高频放电离子源	0.1~10	气体、固体
双等离子体离子源	1~100	气体、固体
宽束潘宁离子源	10~100	气体
溅射离子源	0.1~10	固体
考夫曼离子源	0.1~50	气体、固体
MEVVA 离子源	1~50A/脉冲	金属、固体

按离子产生的方法，离子源主要有以下三个类型：

（1）电子碰撞型（空间电离型）。这种离子源是利用电子与气体或蒸气的原子相碰撞而产生等离子体，然后从等离子体中引出离子束。因此也称等离子体离子源。放电的形式有电弧放电和高频放电等，现在多数离子源属于这种类型。

（2）表面电离型。表面电离离子源结构简单，它避免了空间电离型需要向真空系统输入气体，并要配备差分抽气才能保证分析室有良好真空度的困难。同时表面电离离子源单色性好，如果采用碱金属盐，由于电离电位低，可使表面分析具有较高的灵敏度。因此，表面电离离子源可广泛应用于 SIMS、ISS 等离子谱仪，并可应用于离子注入、离子与表面相互作用的各种基础研究中。

1）工作原理。如果电离电位较低元素的气体原子或分子与灼热的且具有较大功函数的金属表面相碰撞时，其中的一部分原子会失去一个电子而成为离子，并飞离金属表面，这种现象称表面电离，可用下式表示

$$M = M^{+} + \mathrm{e}$$

表面电离产生的离子流可由下式求得

$$I^{+} = A\exp\left[-\frac{\mathrm{e}(V_{\mathrm{i}} - \phi)}{kT}\right] \tag{5-2}$$

式中，ϕ 为发射体的功函数；V_{i}是发射离子的第一电离电位；k 是玻耳兹曼常数；A 是比例常数。根据这一原理即可制成表面电离源。

2）发射体材料。发射基体应是具有高逸出功的高熔点金属，如钨和钽。在耐熔金属上涂覆适当的碱金属盐类可构成最简单而实用的表面电离离子源。碱金属的电离电位最低，因此它们最易于表面电离。钾是除铯之外具有最低电离电位的碱金属，而铯由于蒸气压太高而难以应用。

表面电离离子源的缺点是离子源密度较低、寿命较短。

（3）热离子发射源。它是利用从高温固体表面发射热离子的原理而制作的离子源。当加热分子式为 $Al_2O_3 \cdot nSiO_2 \cdot M_2O$（M = Li、Na、K、Pb、Gs）的碱铝硅酸盐时，就会产生很强的碱金属离子束。

电子碰撞型离子源应用最广泛，主要有考夫曼离子源、双等离子体离子源、潘宁离子源、高频离子源等，其中双等离子体离子源、潘宁离子源、高频离子源等常用于离子注入机中。

5.3.2　强束流离子源主要设计参数

5.3.2.1　离子源产生的离子种类

根据工作的要求来确定所需要的离子源。对于半导体材料的注入，主要是用磷、砷、硼等离子，而对于金属的表面处理，则往往需要用 N_2、Ar 及其他金属离子。随着离子注入技术的迅速发展，所选用的注入离子种类也越来越多，因此，要求离子源能产生出多种元素的离子束。

5.3.2.2　离子束电流强度

离子束电流的大小，直接影响着注入速度的快慢，为保证生产效率，用于生产中的离子注入机，其离子源引出的离子束流强度，一般应在几百微安到毫安级。

5.3.2.3　引出束流的品质

从离子源引出的离子束，一般需要经过质量分析器、加速聚焦等很长的路径，才能到达靶室。如果引出的束流品质不好，将会给以后的质量分析器和加速聚焦等带来困难，导致束流在传输过程中有较大的损失，并且注入试样上的离子分布也难于均匀，因此保证引出良好的束流品质是十分必要的。

束流品质包括以下两个方面的内容：

（1）束流的发散度。一般用从离子源中引出的离子束在最小截面处所具有的直径和束

内离子最大散角来表示。散角系指离子前进方向与束流轴线之间的夹角，即

$$\alpha = P_{r\max}/P_z \tag{5-3}$$

式中，$P_{r\max}$ 是离子的最大径向动量；P_z 是离子轴向动量。引出束流的直径越小，说明该束流越易于聚焦和传输。

（2）离子能量分散度。从离子源引出的每一个离子能量并不完全一样，在离子束内，各离子之间存在的最大能量差 ΔE 称为离子束的能散度，它的大小一般由离子源的游离方式以及由源的波动等因素来决定。束流的能量分散度会给束流聚焦和质量分选造成困难，因此，希望离子源的 ΔE 值越小越好。

5.3.2.4 离子源的寿命

离子源在工作一段时间之后，它的某一部件就会损坏，或出现故障不能继续工作，这时必须重新更换部件和维修。离子源正常工作的时间累积称离子源寿命。一般地，离子源的寿命在几十小时到几百小时之间，寿命越长越好。

5.3.2.5 离子源的效率

离子源效率包括，离子源气体利用率（即源引出的束流强度与它所消耗的气体量比）；功率利用率（即源的束流强度与它所消耗的功率比）；引出束中有用离子的含量（即引出束流中包含所需元素的束流强度与总束流之比）等。此外，源的结构复杂程度、稳定性及可靠性等也都是需要考虑的因素。

任何一个离子源并非必须完全具备上述的各项要求，在选择离子源时，应该根据离子源的工作目的，针对需要的主要指标来选型及设计。

5.3.3 双等离子体离子源

双等离子体离子源具有发散度低、引出束流强度大、电离效率高等优点。双等离子体离子源的结构如图 5-2 所示，由热阴极、中间极和阳极以及产生辅助磁场的线圈等组成。引出系统由阳极等离子体膨胀杯和引出电极构成。图 5-3 是双等源供电示意图。

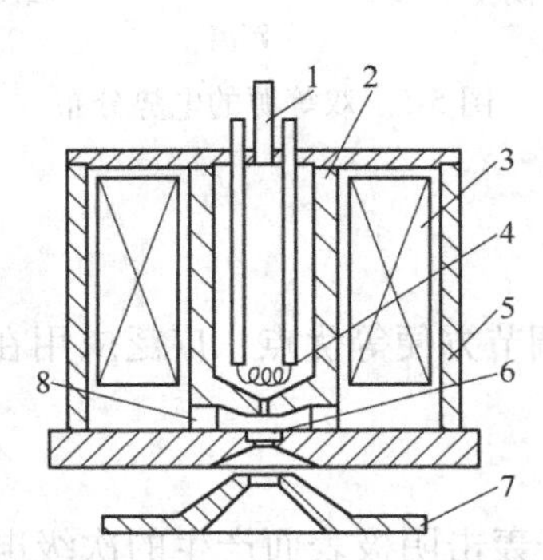

图 5-2 双等离子体离子源结构示意图

1—进气口；2—中间电极；3—磁铁线圈；4—热阴极；5—导磁环；6—阳极板；7—引出电极；8—膨胀杯

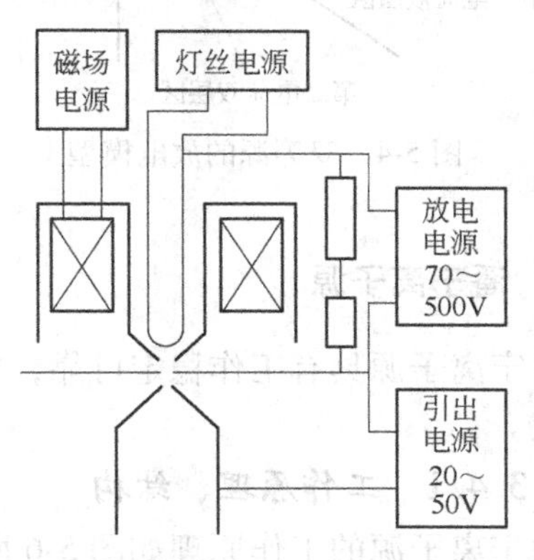

图 5-3 双等源供电示意图

双等离子体源为热阴极直流放电，将所需种类的气体原子或固体经气化的原子通入放电室，使放电室内的气体压力保持在 1Pa 左右。电子从炽热灯丝（阴极）发射出来，在放

电起弧电源电场的加速作用下，获得足够的能量后与气体原子碰撞，引起气体原子激发与电离而起弧放电。双等离子源的几个放电区见图 5-4。图 5-5 是放电区的电势分布。从阴极发射出来的电子，首先是经过阴极位降区，阳极和中间极之间的电压大部分降在这一区域。电子通过阴极电压降区加速后，开始与原子碰撞形成等离子体。在靠近阴极区域，经加速的电子分布很分散，能量也比较低，因而这区域的等离子体密度较低。由于等离子体内的电场强度随放电室的半径减小而增加，使得电子在中间电极孔内又获得能量，在孔内产生了高密度的等离子体，并由中间电极孔向中间电极内扩散。于是在中间电极孔的入口处形成了一个“等离子体泡”，等离子体泡内活跃的电子向密度较低的等离子体区扩散，使等离子体区的分界处形成一个双电荷层，靠“等离子泡”的一侧是正电荷层，另一侧是负电荷层，我们把它称为“第一电荷双层区”（见图 5-4）。电荷双层对来自阴极的电子起到了加速和聚焦的作用，强化了这一区域的电离，实现了对等离子体的第一次压缩。被第一电荷双层区聚成一束的电子流，通过中间电极孔进入阳极区域。在这区域中间电极和磁感应线圈形成了非均匀磁场，由于强磁场的压缩，阳极孔形成高密度的等离子体。这一区域的等离子体密度比“等离子体泡”更强。所以在这里又形成了一个电荷双层。我们把它称为第二电荷双层区。阳极和中间极间的电压，主要降落在这一电荷双层上（见图 5-5），对电子再次起到加速作用。这一区域对等离子体的压缩称为第二次压缩。由于存在两次压缩，所以双等离子体离子源的电离效率很高。

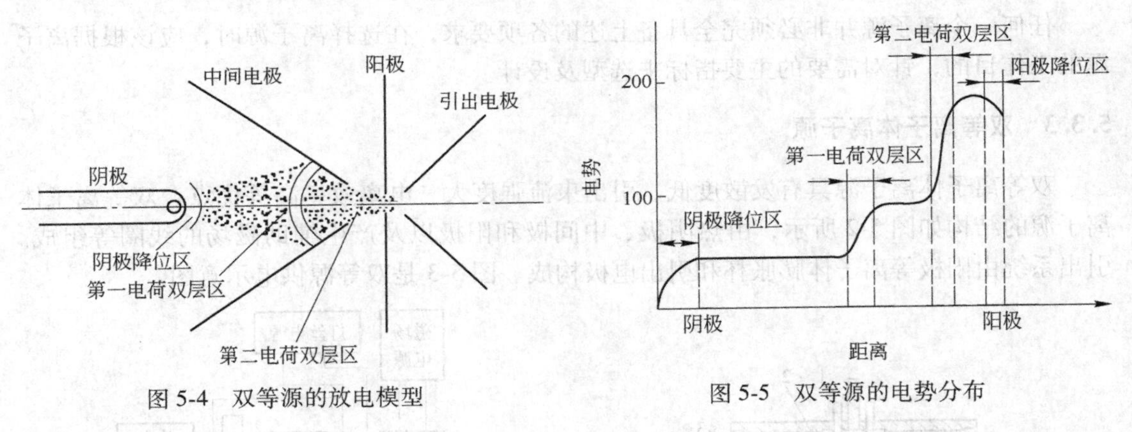

图 5-4 双等源的放电模型

图 5-5 双等源的电势分布

5.3.4 潘宁离子源

潘宁离子源具有工作稳定可靠，电源简单、束流调节方便等优点，广泛应用在离子注入机上。

5.3.4.1 工作原理、结构

潘宁离子源的工作原理如图 5-6 所示。它是靠离子轰击阴极表面产生的次级电子维持放电。阴极材料可采用钼、钽、石墨、硼化镧（LaB_6）等。阳极筒用石墨制成，轴向磁场是由铝镍钴磁钢所产生的，其强度是固定的，可达 0.08T。

当阴极和阳极之间的放电电压 V_a超过起辉电压时，在充有低气压的放电室里就产生辉光放电，形成等离子体。在工作真空度为 1～2Pa 时，起辉电压约为 400V。在放电电流 50mA 时，放电电压不超过 800V。

引出系统的发射孔径为2~2.7mm，引出电极（即吸极）与离子发射孔之间的距离为1.5~3mm，引出电压U_e为10~20kV。这种源的具体结构如图5-7所示。

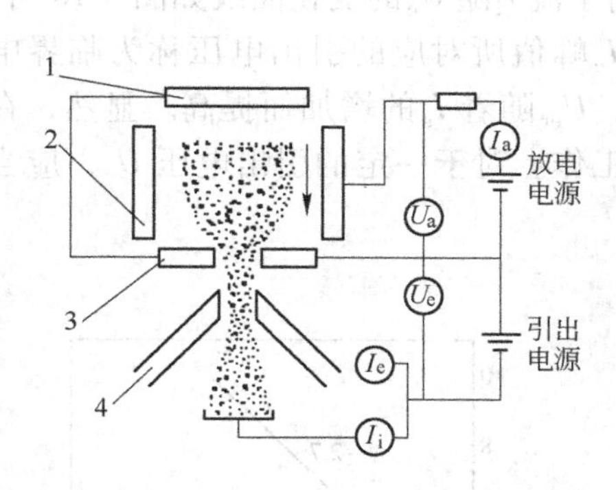

图5-6 冷阴极潘宁源工作原理示意图
1—阴极；2—阳极；3—对阴极；4—引出电极

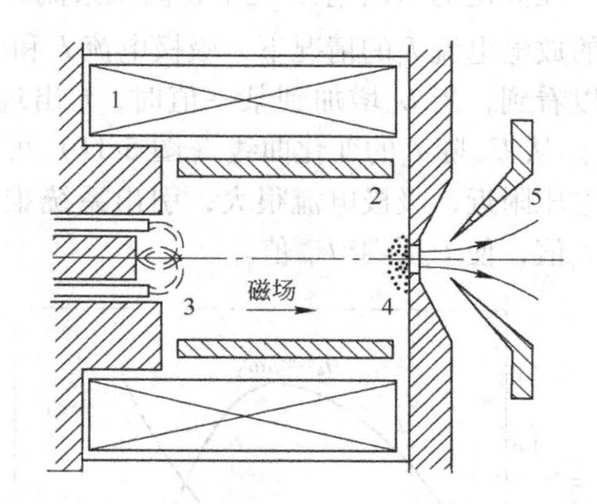

图5-7 潘宁离子源结构图
1—磁场线圈；2—阳极；3—阴极（钨丝和软钢磁极）；4—对阴极（软钢）；5—引出电极

5.3.4.2 工作特性

采用冷阴极和永磁钢的冷阴极潘宁离子源的可调参数有放电电压U_a、工作气压p和引出电压U_e。放电电压U_a与工作气压p决定了放电状态，引出电压U_e决定了离子束的引出。下面分别介绍它们对源工作特性的影响。

A 放电电压U_a与工作气压p的影响

参数U_a与p决定了放电电流I_a的大小，I_a增大表明放电功率增大，也等于提高等离子体的密度。在一定的工作气压下，I_a随U_a的变化曲线如图5-8所示。从图中看到I_a随U_a增大而迅速提高，对应于一定的I_a数值，在较低的p值下，需要较高的U_a值。

离子源的最佳工作气压在1~2Pa。当气压低于10^{-1}Pa时，放电电压将很高，放电变得不稳定；工作气压过高，电离效率变低。

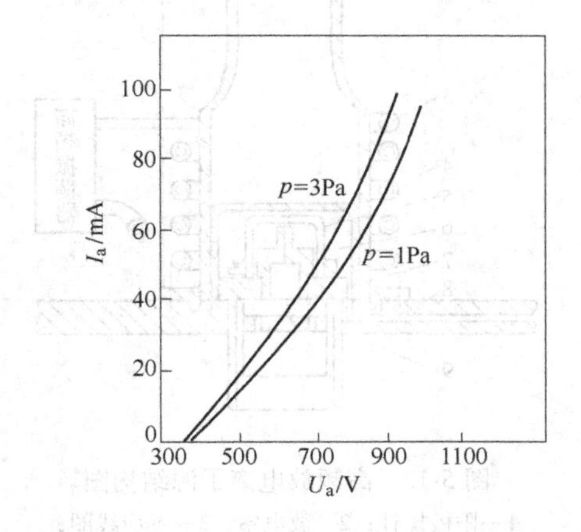

图5-8 放电特性曲线

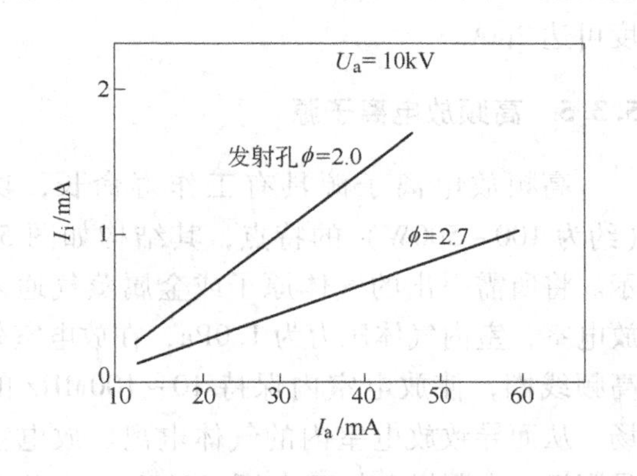

图5-9 引出束流与放电电流的关系

B　引出电压 U_e 的影响

在固定的引出电压 U_e 下，离子束流 I_i 随放电电流 I_a 的变化曲线如图5-9所示。而在固定的放电电流 I_a 的情况下，吸极电流 I_e 和引出的离子流 I_i 随 U_e 的变化曲线如图5-10所示。可以看到，当 U_e 增加到某一值时，I_e 出现峰值。I_e 峰值所对应的引出电压称为临界电压 U_{er}。从 U_{er} 随 I_a 的变化曲线（图5-11）可以看到，U_{er} 随着 I_a 的增加而提高。显然，在临界电压附近，吸极电流很大，引出系统难于正常工作。对于一定的引出电压 U_e，应当调节 I_a 值，使 U_e 小于 U_{er} 值。

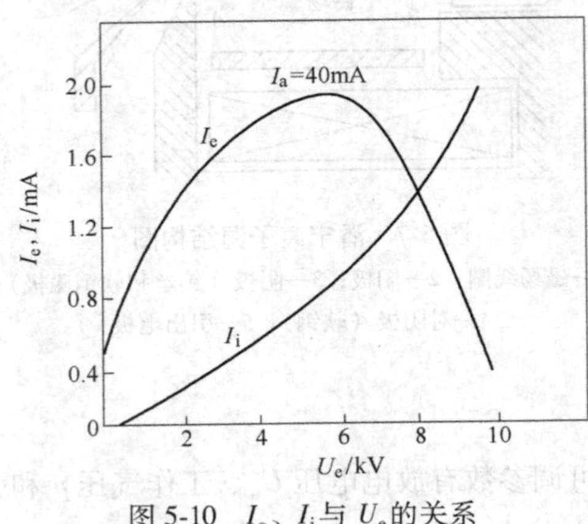

图5-10　I_e、I_i 与 U_e 的关系

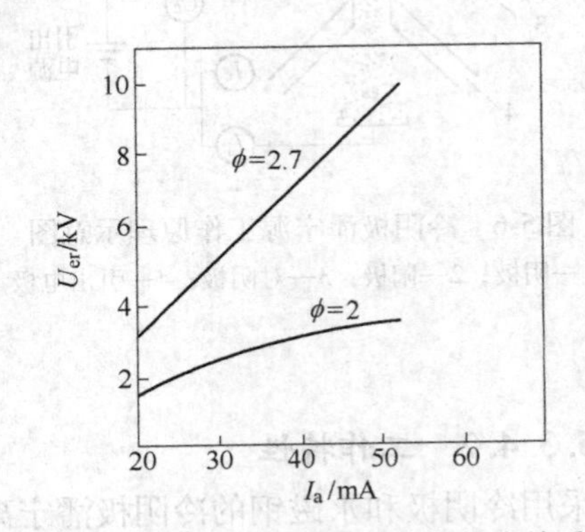

图5-11　临界引出电压与放电电流关系

5.3.4.3　离子源的寿命

潘宁离子源的工作寿命较长，每次可连续工作（稳定）十几小时，使用几个月后，只需要更换易损元件。如图5-11所示，如果 U_{er} 与 I_a 的关系调节不好，将影响离子源的寿命。主要因素是阴极溅射，使发射孔扩大和阴极表面出现凹坑，影响放电和引出，另一原因是阳极绝缘子的沾污，使阴极和阳极间短路。本离子源引出的总束流强度可达2mA。

5.3.5　高频放电离子源

高频放电离子源具有工作寿命长，功率小（约为100～500W）的特点，其结构如图5-12所示。将所需引出的气体原子或金属蒸气通入石英放电室，室内气体压力为1.0Pa，在放电室外有一高频线圈，使放电室内保持10～100MHz的高频场，从而导致放电室内的气体电离。放电室顶端是阳极，在阳极上加正电压（3kV），在放电室下部有 $\phi=1$mm 的小孔作为引出电极，当放电室内

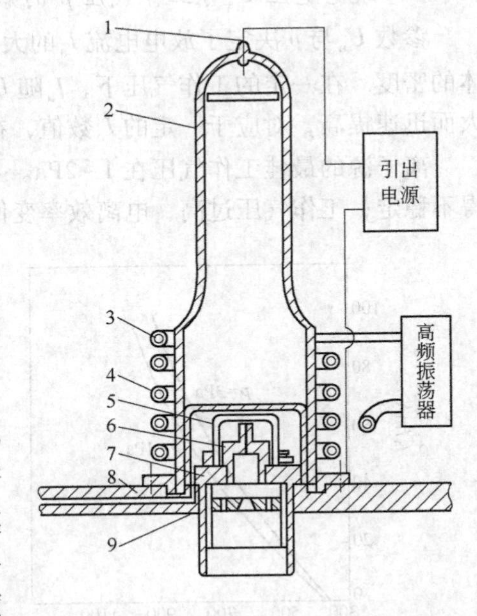

图5-12　高频放电离子源结构图

1—阳极探针；2—放电室；3—感应线圈；4—大屏蔽罩；5—小屏蔽罩；6—引出电极；7—引出电极底座；8—进气管路；9—光栏

放电而出现等离子体后，在阳极上加正电压，从而使等离子体内的正离子从引出电极小孔中引出而形成离子束。

5.3.6 金属蒸气真空弧放电离子源（MEVVA 离子源）

金属蒸气真空弧放电（MEVVA）离子源是1985年由美国人布朗设计和研制的，为金属离子注入的材料改性提供了较好的技术支撑和潜在的应用前景。MEVVA 源在金属离子注入中注入的金属离子纯度高、效率高，引出束中多电荷的比例大，注入的金属离子种类多，它可以引出20~30种金属离子。其束流强度最大为50A/脉冲，平均束流强度可达几十毫安，是目前在金属材料表面改性领域具有潜在应用的一种离子源。

MEVVA 源属于冷阴极弧放电离子源，其原理和结构如图5-13所示。把所需注入的金属制成放电阳极，装入放电室内，通入10Pa的氩气，多孔的阴极上加负电压，通过一个触发电极起弧，放电电流达几十安，经放电把阳极金属原子蒸发到放电室中，并引起电离室气体电离。起弧后在阳极上形成高温斑点，并在阳极上运动，维持持续放电，电离后的金属原子从阴极孔引出。

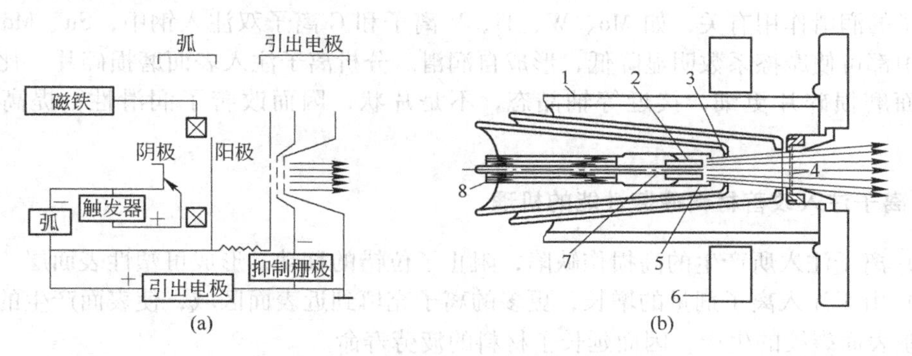

图5-13 MEVVA 脉冲金属源

（a）原理图；（b）结构图

1—石英真空室；2—阴极；3—阳极；4—引出栅极；5—石英屏蔽；6—磁场线圈；7—触发极；8—冷却液

5.4 离子注入表面改性机理

5.4.1 离子注入提高材料表面硬度、耐磨性和疲劳强度的机理

其主要原因是：

（1）超饱和离子注入和间隙原子固溶强化，使注入层体积膨胀，注入层应力增大，阻止了位错运动，提高了材料表面硬度和抗磨性能。

（2）超饱和离子注入和替位原子固溶强化改善了材料表面的耐磨和抗氧化性能。如注入超饱和的Y离子，可使不锈钢的抗磨损寿命提高100倍，并具有抗氧化性能。

（3）析出相的弥散强化。如注入非金属元素，其与金属元素形成各种氮化物、碳化物、硼化物的弥散相，这种硬化物的析出效果，使材料表面硬度提高，耐磨性增强。

(4) 高的位错强化。如把 Ti 离子注入 H13 钢中，形成了高密度的位错网，同时还在位错网中出现析出相，这种位错网和析出相，使材料表面硬度和耐磨性得到提高。

(5) 位错钉扎。大量的注入杂质聚集在因离子轰击产生的位错线周围，形成柯氏气团，并在位错上形成许多位错钉扎点，阻止位错运动，改善了抗磨性能。

(6) 替位原子与间隙原子对强化，可阻止位错，提高材料的表面硬度和耐磨性。如 N、C、B 离子注入钢中，这些小尺寸的原子易与 Fe 原子形成原子对，这种结构在晶格位置上形成更高势垒，阻止了位错运动，使钢得到强化。

(7) 间隙原子对强化。若选取替位率低的两种元素注入钢中，这两种元素有很强的化合能力，并在钢中形成间隙原子对，这种结构强化了位错作用，提高了钢的耐磨性和表面硬度。

(8) 晶粒细化强化。离子轰击导致晶粒细化，引起晶界增加，而晶界又是位错移动的障碍，位错消移更加困难，材料表面硬度明显提高。

(9) 辐射相变强化、结构差异强化、溅射强化等机理都提高了材料表面的耐磨性能。

也有研究者认为，耐磨性能提高，主要是离子注入引起摩擦系数降低。还有人认为与磨损粒子的润滑作用有关，如 Mo、W、Ti、V 离子和 C 离子双注入钢中；Sn、Mo+S、Pb 注入钢中都可使摩擦系数明显降低，形成自润滑。分析离子注入表面磨损碎片，比没有注入的表面磨损碎片更细，接近等轴晶态，不是片状，因而改善了润滑性，提高了耐磨性能。

5.4.2 离子注入改善材料疲劳性能的机理

(1) 离子注入所产生的高损伤缺陷，阻止了位错的移动，形成可塑性表面层。

(2) 由于注入离子剂量的增长，更多的离子充填到近表面区域，使表面产生的压应力可以压制表面裂纹的生产，因而延长了材料的疲劳寿命。

5.4.3 离子注入提高材料表面耐腐蚀性能的机理

离子注入后材料表面的耐腐蚀性能得到提高，其原因主要是：

(1) 注入元素改变材料的电极电位，改变阳极或阴极的电化学反应速率，从而提高材料的抗蚀特性。

(2) 离子注入元素在材料的表面形成稳定致密的氧化膜，从而改变了表面的性能，提高了材料表面的耐蚀性能。

(3) 离子注入使一些不互溶的元素形成表面合金、亚稳相合金、非晶态合金，从而提高了材料表面的耐蚀性能。

5.4.4 离子注入提高材料抗氧化性能的机理

(1) 离子注入元素在晶界富集，阻塞了氧的短程扩散通道，把锶、铕或镧注入钛材料，可快速扩散 50μm 深，填充了晶界，形成 $SrTiO_3$、$LaTiO_2$ 或 $EuTiO_3$，填塞了氧原子通道，从而防止了氧进一步向内扩散。研究用 Ba 离子注入钛合金，形成 $BaTiO_3$，Y 离子注入高铬钢形成 $YCrO_3$，抗氧化能力得到极大提高。

(2) 离子注入形成致密的氧化阻挡层，如 Al_2O_3、Cr_2O_3、SiO_2 等氧化物形成致密薄膜，其他元素难以扩散通过这层薄膜，从而起到抗氧化的作用。

（3）离子注入改善了氧化物的塑性，减小了氧化产生的应力，防止了氧化膜的开裂。

（4）离子注入元素进入氧化膜后，改变了膜的导电性，抑制了阳离子向外扩散，从而降低了氧化速率。

5.5　离子注入技术的特点

离子注入技术具有以下特点：

（1）离子注入技术最重要的一个特点是原则上任何元素都可以注入到任何基体金属之中，元素种类不受冶金学的限制，引进的浓度也不受平衡相图的限制。

离子注入的金属表面可以形成平衡合金、高度过饱和固溶体、亚稳态合金及化合物、非晶态，并可形成用通常方法难以获得的新的相及化合物。离子注入通过碰撞级联、离位峰、热峰等机制使注入层晶格原子发生换位、混合，产生密结的位错网络，同时注入原子与位错的交互作用，使位错运动受阻，注入表层得到强化。尽管离子注入金属表层的初始深度很浅，通常为0.1μm左右，但离子注入常表现出一种神奇的性能，即它能使金属表层所产生的持续耐磨损能力达到初始注入深度的2~3个数量级。

离子注入形成的表层合金不受相平衡、固溶度等传统合金化规则的限制，比如铜和钨即使在液态下也难以互溶，但用W^+注入银可得到1%钨在铜中的置换固溶体。注入是在高真空（10^{-4}Pa左右）和较低温度下进行，基体不受污染，也不会引起热变形、退火和尺寸的变化；注入原子与基体金属间没有界面，注入层不存在剥落问题。因此，用这种方法可能获得不同于平衡结构的特殊物质，是开发新型材料的非常独特的方法。

（2）可控性和重复性好。可通过监测注入电荷的数量来精确测量和控制注入元素的数量；可以通过改变离子源和加速器能量（即改变注入离子的能量大小）来控制调整离子注入层的深度和分布。

离子注入具有直进性，横向扩展小，因此特别适于像集成电路那样的微细加工技术的要求。通过可控扫描机构，不仅可实现在较大面积上的均匀化，而且可以在很小范围内进行局部改性。

（3）通过磁分析器分析注入束可得到纯的离子束流，而且束流注入时可通过扫描装置使注入元素在注入面积上均匀分布。

（4）离子注入时靶温和注入后的靶温度可以任意控制，低温和室温注入可保持注入部件的尺寸不发生变化。由于注入工艺是在真空中进行，因此靶材工件不氧化，不变形，不发生退火软化，表面粗糙度一般无变化，可作为工件的最终工艺。

（5）离子注入可获得两层或两层以上性能不同的复合材料。复合层不易脱落，注入层薄，工件尺寸基本不变。加速的离子还可通过薄膜注入金属衬底内，这种技术被称为离子束混合和离子束缝合技术。它可使薄膜与衬底界面处形成合金层，也可使薄膜与衬底牢固黏合，实现辐射增强合金化与离子束辅助增强黏合。

（6）采用离子束辅助增强沉积技术，在蒸发和溅射过程中伴随离子注入，改善了镀膜特性。

由于离子注入技术具有上述特点，因此这种技术一出现，就引起多种技术领域的高度重视，并已在许多领域得到广泛应用。但从目前的技术水平看，离子注入还存在一些缺点：

（1）对金属离子的注入，还受到较大的局限。这是因为金属的熔点一般较高，存在注入离子繁多，组织结构、成分复杂，注入能量高，难于气化等特殊难题。

（2）注入层较薄，一般小于1μm。如金属离子注入钢中，一般仅几十至二三百纳米。离子注入只能直线行进，不能绕行，对于形状复杂和有内孔的零件不能进行离子注入。

（3）目前还有一些特殊的物理问题需要解决，诸如工艺上高剂量注入的溅射和升温、溅射腐蚀、注入过程中的优选溅射、高剂量注入元素浓度的修正、复杂形状工件的注入技术（倾斜注入、转动注入以及注入后的溅射影响）等。

（4）离子注入设备造价高，影响推广应用。

5.6 离子束辅助沉积技术

5.6.1 概述

离子束辅助沉积技术是把离子束注入与气相沉积镀膜技术相结合的离子表面复合处理技术。在离子注入材料表面改性过程中，由半导体材料拓展到工程材料，往往就希望改性层的厚度远超离子注入的厚度，但又希望保留离子注入工艺的优点，如改性层与基体间无尖锐界面，又可在室温下处理工件等。因此，将离子注入与镀膜技术结合在一起，即在镀膜的同时，使具有一定能量的离子不断地入射到膜与基材的界面，借助于级联碰撞导致界面原子混合，在初始界面附近形成原子混合过渡区，提高膜与基材之间的结合力，然后在原子混合区上，再在离子束参与下继续生长出所要求厚度和特性的薄膜。

这种被称为离子束辅助沉积（IBED）的新工艺既保留了离子注入工艺的优点又可实现在基体上覆以与基体完全不同的薄膜材料。

离子束辅助沉积技术具有下列优点：

（1）由于离子束辅助沉积无需进行气体放电以产生等离子体，可以在小于10^{-2} Pa的压力下进行镀膜，因此使得气体污染减少。

（2）基本工艺参数（离子束能量、离子束密度）为电参数，一般不需控制气体流量等一些非电参数，即可方便地控制膜层的生长，调整膜的组成、结构和工艺重复性。

（3）可在低温条件下（<200℃）给工件表面镀覆上与基体完全不同而且厚度不受轰击离子能量限制的薄膜。比较适用于掺杂功能膜、冷加工精密模具以及低温回火结构钢的表面处理。

（4）离子束辅助沉积是一种在室温下控制的非平衡过程。可在室温条件下得到高温相、亚稳相、非晶态合金等新型功能薄膜。

离子束辅助沉积的缺点如下：

（1）因离子束具有直射特性，难以处理表面形状复杂的工件。

（2）因离子束流尺寸限制，难以处理大型的、大面积的工件。

（3）离子束辅助沉积速率通常在1nm/s左右，较宜制备薄的膜层，不宜大批量产品的镀制。

5.6.2 离子束沉积技术机理

离子辅助沉积的过程是离子注入过程中物理及化学效应同时作用的过程。其物理效应包括碰撞、能量沉积、迁移、增强扩散、成核、再结晶、溅射等；化学效应包括化学激活、新的化学键的形成等。图 5-14 是离子束辅助沉积所发生的各种微观过程。

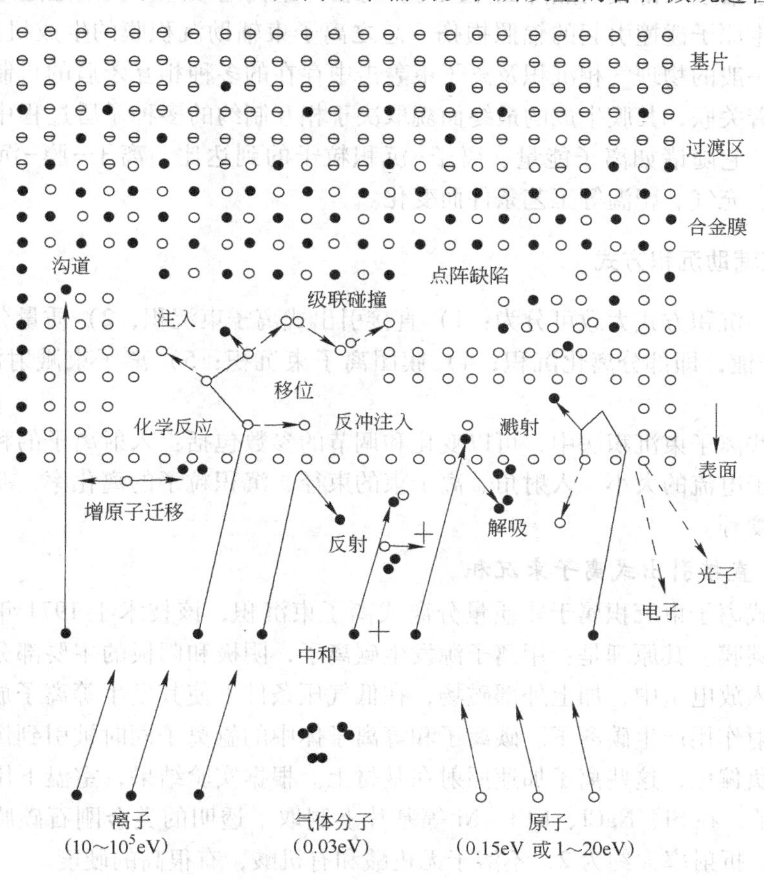

图 5-14 离子束辅助沉积的各种微观过程

整个离子束沉积过程是在 $10^{-4} \sim 10^{-2}$Pa 的高真空中进行的，其粒子的平均自由程大于离子源（或蒸发源）与基片之间的距离，因此在工艺过程中基本上无气相反应。在沉积原子（0.15eV 或 1~20eV）与高能离子（$10 \sim 10^5$eV）同时到达基片表面时，离子与中性气体分子或沉积原子发生电荷交换而中和。沉积原子经离子轰击获得能量，从而提高了原子的迁移率，导致不同的晶体生长和晶体结构。离子轰击的另一表面作用是释放能量，即与电子发生非弹性碰撞，与原子发生弹性碰撞，原子就被撞出原有的点阵位置。在入射离子束方向和其他方向上发生材料转移，即产生离子注入、反冲注入和溅射过程。其中某些能量较高的撞击原子又会产生二次碰撞，即级联碰撞。这种级联碰撞导致沿离子入射方向剧烈的原子运动，形成了膜层原子与基体原子的界面过渡区。在过渡区内膜原子与基体原子的浓度值是逐渐过渡的。级联碰撞完成离子对膜层原子的能量传递，增大了膜原子的迁移能力及化学激活能力，有利于调整两相的原子点阵排列，形成合金相。级联碰撞也会发生在远离离子入射方向上。当近表面区碰撞能量足够高时，将会有原子从表面原子区中逐出，形成的反溅射降低了薄膜的生长速率。因组成元素的溅射产额不同，也会使薄膜成分改变。但是，高能量的离子束轰击会引起辐照损伤，产生点缺陷、间隙缺陷和缺陷聚集团；当入射离子沿生长薄膜的点阵面注入时，将会产生沟道效应。离子通过电子激活释放能量，而不发生原子碰撞引起的辐照损伤。总之离子束辅助沉积膜的生成机制十分复杂，它不仅包含了一般的物理气相沉积及离子束轰击中存在的多种相互矛盾的机制，而且各对矛盾间还存在着关联，其膜生成的最终面貌取决于相互制约的多种矛盾过程中的主要矛盾中的主要方面。它随诸如离子能量、离子-沉积粒子的到达比、离子-膜-沉积基体的组合、沉积速率、充气、靶温等工艺条件而变化。

5.6.3 离子束辅助沉积方式

离子束辅助沉积方式大致可分为：1）直接引出式离子束沉积；2）质量分离式离子束沉积；3）离子镀，即部分离化沉积；4）簇团离子束沉积；5）离子束溅射沉积；6）离子束增强沉积。

在所有这些离子束沉积法中，可以变化和调节的参数包括：入射离子的种类、入射离子的能量、离子电流的大小、入射角、离子束的束径、沉积粒子的离化率、基片温度、沉积室内的真空度等。

5.6.3.1 直接引出式离子束沉积

直接引出式离子束沉积属于非质量分离式离子束沉积，该技术于 1971 年首先被用于制取类金刚石碳膜。其原理是：用离子源发生碳离子，阴极和阳极的主要部分都是由碳构成。把氩气引入放电室中，加上外部磁场，在低气压条件下使其发生等离子放电，依靠离子对电极的溅射作用产生碳离子。碳离子和等离子体中的氩离子同时被引到沉积室中，由于基材上施加负偏压，这些离子加速照射在基材上。根据实验结果，室温下用能量为 50~100eV 的碳离子，在 Si、NaCl、KCl、Ni 等基片上制取了透明的类金刚石碳膜，电阻率高达 $10^{12}\Omega\cdot cm$，折射率大约为 2，不溶于无机酸和有机酸，有很高的硬度。

5.6.3.2 质量分离式离子束沉积

质量分离式离子束沉积的特点是对从离子源引出的离子束进行质量分离，通过控制引出离子的能量，使离子束偏转，近而用质量分析器选择出特定的离子对基片进行照射，从而获得高纯度的膜层。这种装置主要由离子源、质量分离器和超高真空沉积室三部分组成。通常，基片和沉积室处于接地的电位，因此照射基片的沉积离子的动能由离子源上所加的正电位（0~3000eV）来决定。另外，为从离子源引出更多的离子电流，可对质量分离器和离子束输运所必要的真空管路的一部分施加负高压（-30~-10kV）。

为了制取高纯度薄膜，应尽可能减少沉积室中残余气体在基片上的附着，即应尽量提高沉积室的本底真空度。从抽气系统而言，最好采用多个真空泵进行差压排气，例如离子源部分利用油扩散泵抽气，质量分离之后采用涡轮分子泵，沉积室中采用离子泵排气，以保证在 1×10^{-6}Pa 的真空度下进行离子沉积。

离子束沉积采用的离子源通常要求用金属离子直接作镀料离子。这类离子是由电极与熔融金属之间的低压弧光放电产生的。离子能量为100eV左右，镀膜速率受离子源提供离子速率的限制，远低于工业生产中采用的蒸镀和磁控溅射，主要适用于实验研究和新型薄膜材料的研制。

5.6.3.3 簇团离子束（ICB）沉积

簇团离子束沉积装置如图5-15所示，坩埚中的被蒸发物质由坩埚的喷嘴向高真空沉积室中喷射，利用由绝热膨胀产生的过冷现象，形成$5\times10^2\sim2\times10^3$个原子相互弱结合而形成的团块状原子集团（簇团），经电子照射使其离化，每个集团中只要有一个原子电离，则此团块就是带电的，在负电压的作用下，这些簇团被加速沉积在基片上。没有被离化的中性集团，在参与薄膜的沉积过程时也带有一定的动能，动能的大小与由喷嘴喷射出时的速度相对应。因此，被电离加速的簇团离子和中性簇团粒子都可以沉积在基片表面上。

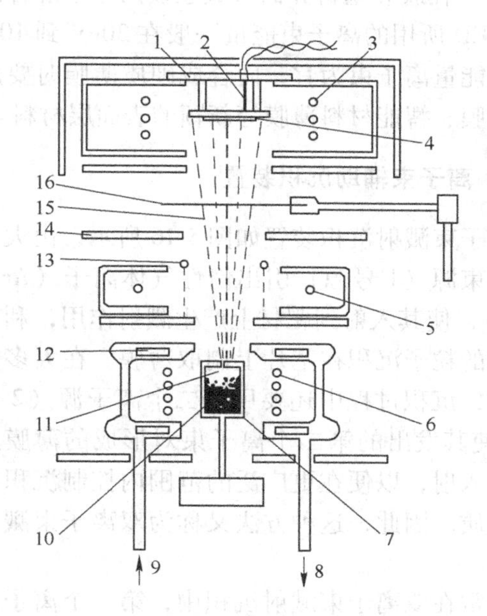

图5-15 簇团离子束沉积装置示意图

1—基片支架；2—热电偶；3—加热器；4—基片；5—离化用热灯丝；6—坩埚加热器；7—坩埚；8—冷却水出口；9—冷却水进口；10—蒸镀物质；11—喷射口；12—水冷屏蔽装置；13—离化所用电子的引出栅极；14—加速电极；15—簇团离子及中性粒子团束；16—挡板

通常，为能形成稳定的团块，坩埚内蒸发物质的蒸气压要保持在1至几百帕范围内，而喷嘴之外沉积室的真空度要保持在$10^{-3}\sim10^{-4}$ Pa以上。坩埚的加热可以采用直接电阻加热法，也可以采用电子束加热法。

采用簇团离子束沉积法（ICB法），能形成与基片附着状况良好的膜层，而且，可以在金属、半导体以及绝缘物质上沉积各种不同的蒸发物质。可以制取各种不同的金属、化合物、半导体等薄膜，也可采用多坩埚蒸发源共沉积法直接制取复合膜和化合物薄膜，并且膜层性能可以控制。

由于簇团离子的电荷/质量比小，即使进行高速率沉积也不会造成空间粒子的排斥作用或膜层表面的电荷积累效应。通过各自独立地调节蒸发速率、电离效率、加速电压等，可以在1~100eV的范围内对每个沉积原子的平均能量进行调节，从而有可能对薄膜沉积的基本过程进行控制，得到所需要特性的膜层，是一种具有实用意义的薄膜制备技术。

5.6.3.4 离子束增强沉积

离子束增强沉积（IBED）技术是在真空镀膜的同时，使高能离子连续入射到基片所沉积的膜层上，致使界面原子混合，以提高膜与基片之间的结合力。离子束增强沉积技术具有下列优点：

（1）原子沉积和离子注入各参数可以精确地独立调节；

(2) 可在较低的轰击能量下，连续生长几微米厚的、组分一致的薄膜；

(3) 可在室温下生长各种薄膜，避免高温处理对材料及精密零部件尺寸的影响；

(4) 在膜和基材界面形成连续的原子混合区，提高附着力。

IBED 所用的离子束能量一般在 30eV 到 100keV 之间，对于光学薄膜、单晶薄膜生长以较低能量离子束为宜，而合成硬质薄膜时要用较高能量的离子束。IBED 还可用来合成功能薄膜、智能材料薄膜等新颖的表面层材料。

5.6.4 离子束辅助沉积装置

离子束溅射沉积装置如图 5-16 所示，由大口径离子束源（1 号源）引出惰性气体离子（Ar^+、Xe^+等），使其入射到靶材上产生溅射作用，利用溅射出的粒子沉积在基片上制取薄膜。在大多数情况下，沉积过程中还要用第二个离子源（2 号源），使其发出的第二个离子束对形成的薄膜进行在线入射，以便在更广泛的范围内控制沉积薄膜的性质。因此，这种方法又称为双离子束溅射沉积法。

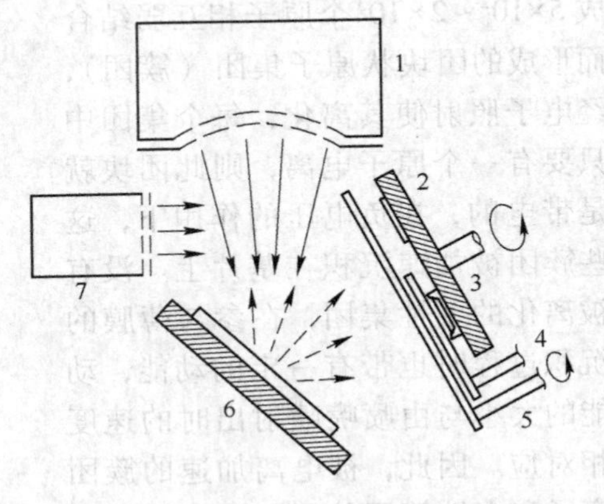

图 5-16 双离子束溅射沉积装置示意图
1—1 号离子源；2—基片；3—沉积监测；4—屏蔽罩；5—挡板；6—靶；7—2 号离子源

通常在双离子束溅射沉积中，第一个离子源多用考夫曼源，第二个离子源可用考夫曼源或自交叉场型离子源等。为提高沉积速率，利用氩离子对靶进行溅射，与此同时，为抑制发生来自靶边缘部位的污染物质，一般要使用带一定曲率的引出电极，使离子束聚焦，只对靶的中央部位进行溅射，试验证明效果较好。

如果采用的是绝缘物质的靶，一般情况下要对由离子源产生的离子束进行热电子中和。而且，为获得均匀的薄膜，在沉积过程中基片通常要旋转。

离子束溅射沉积法依靠对靶的溅射进行薄膜的沉积，只要恰当地选择靶材，几乎能制取所有物质的薄膜，这是它的一大优点。特别是对于蒸气压低的金属和化合物以及高熔点物质的沉积等，这种方法相对说来更为有效。

对于离子束溅射沉积法，有以下三点必须加以注意。第一，由靶反射的Ar^+离子会变为中性粒子，沉积膜中可能发生Ar^+离子的注入，也可能发生气体的混入等。第二，应避免沉积时的真空度过低。如果沉积过程中真空度较低，沉积膜中容易含有氧，形成氧化物杂质。第三，如果用多成分的靶制取合金或化合物薄膜，由于靶的选择溅射效果，沉积膜中各元素的成分比和靶相比会发生相当大的变化。

图 5-17 是 20 世纪 80 年代美国 Eaton 公司生产的电子束蒸发与离子束辅助轰击相结合的 Z-200 离子束辅助沉积装置的示意图。图中下方为电子束蒸发装置。当电子束加速到 10keV 轰击坩埚内材料时，材料熔化蒸发（升华），形成喷向靶台的粒子流。蒸发台上有四个坩埚，顺次转位，保证在不破坏真空条件下，可沉积四种不同的材料，沉积靶台与离子束及蒸发的粒子流成 45°，可绕靶台轴旋转转位。由考夫曼离子源引出离子束，离子能量在 20~100keV 范围内可调。束流最大达 6mA。工作室真空度可达 6.5×10^{-5}Pa，膜的沉

积速率为0.1~1.0nm/s。

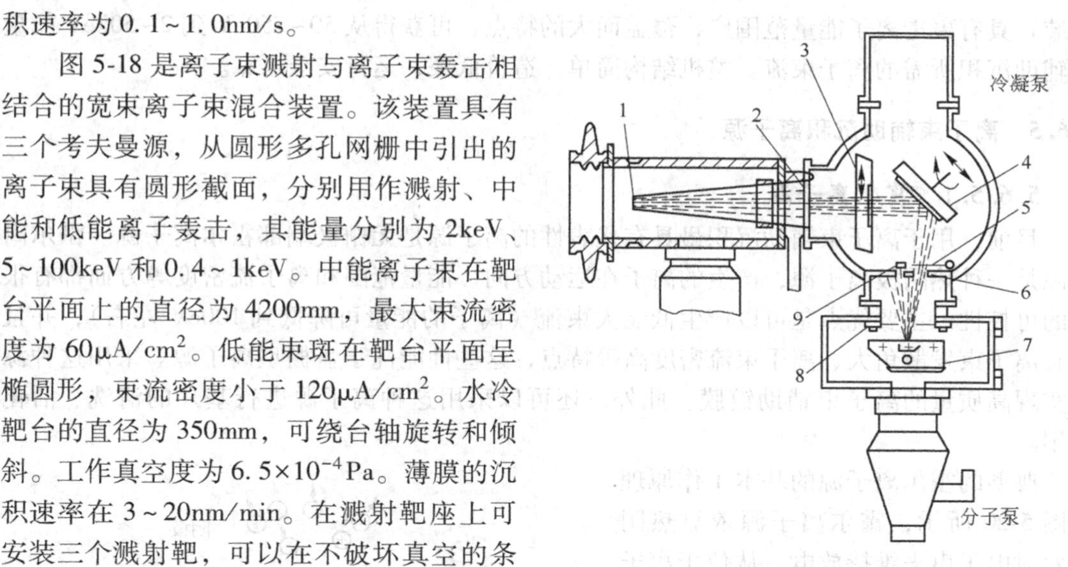

图5-17 Z-200离子束辅助沉积装置示意图
1—离子源；2—离子束光栏；3—束剖面监测器；
4—工作台；5—蒸发流孔板；6—门闸；7—电子束蒸发源；
8—热屏蔽；9—晶体传感器

图5-18是离子束溅射与离子束轰击相结合的宽束离子束混合装置。该装置具有三个考夫曼源，从圆形多孔网栅中引出的离子束具有圆形截面，分别用作溅射、中能和低能离子轰击，其能量分别为2keV、5~100keV和0.4~1keV。中能离子束在靶台平面上的直径为4200mm，最大束流密度为60μA/cm²。低能束斑在靶台平面呈椭圆形，束流密度小于120μA/cm²。水冷靶台的直径为350mm，可绕台轴旋转和倾斜。工作真空度为6.5×10^{-4}Pa。薄膜的沉积速率在3~20nm/min。在溅射靶座上可安装三个溅射靶，可以在不破坏真空的条件下沉积三种材料。该装置因工作室较大，可处理较大的部件和数量较多的小部件。

图5-19所示为多功能离子束辅助沉积装置。该装置有三台离子源，即中能宽束轰击离子源1，离子能量为2~50keV，离子束流0~30mA；低能大均匀区轰击离子源8，离子能量100~750eV，离子束流0~80mA；可变聚焦的溅射离子源7，离子能量1000~2000eV和2000~4000eV，离子束流为0~180mA。

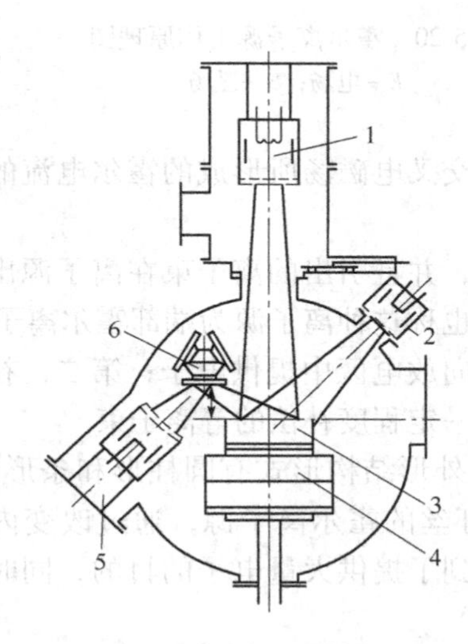

图5-18 宽束离子束混合装置示意图
1—中能轰击离子源；2—低能轰击离子源；
3—工件；4—工作台；5—溅射离子源；
6—溅射靶座

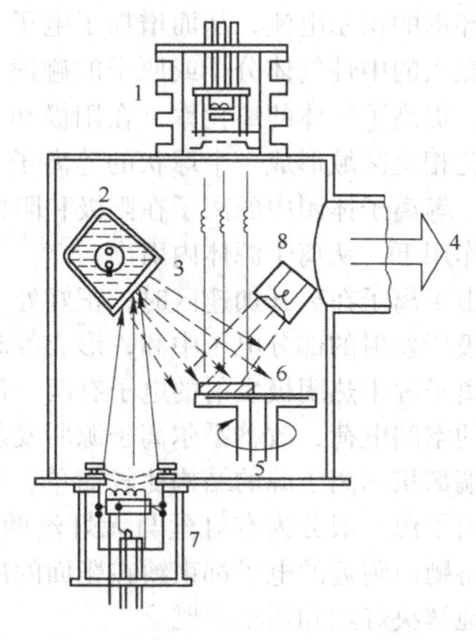

图5-19 多功能离子束辅助沉积装置
1—轰击离子源；2—四工位靶；3—靶材；
4—真空系统；5—样品台；6—样品；
7—溅射离子源；8—低能离子源

该装置具有轰击离子能量范围广，覆盖面大的特点，可获得从50~750eV到2~50keV能量的辅助沉积所需的离子束流。整机结构简单，造价低廉，运行安全可靠。

5.6.5　离子束辅助沉积离子源

5.6.5.1　霍尔离子源

目前，用于离子束辅助沉积最具有代表性的离子源是无栅极端部霍尔离子源。霍尔离子源是一种热阴极离子源，产生的离子在运动方向、能量范围和离子流密度等方面都有很好的可控性。主要优点是可以产生低能大束流（离子的能量可降低到100eV左右），并且具有离子束发散角大、离子束流密度高等特点，这些性能优于盘栅型离子源。采用这种源可实现高质量的离子束辅助镀膜。此外，还可以采用这种离子源进行基片的清洗、活化作用。

典型的霍尔离子源的基本工作原理如图5-20所示，霍尔离子源依靠热阴极发射电子束来维持放电。从位于离子源上方的热阴极发射出的电子在阴极和阳极电压的作用下，沿磁力线向阳极移动。由于在阳极表面附近区域的磁力线和电力线几乎是正交的，所以在交叉的电磁场作用下，电子被约束在阳极表面附近区域。这些电子绕着磁力线旋转并且在阳极表面附近区域内作角向漂移，形成环形的霍尔电流，从而增加了电子与所充入的中性气体分子或原子的碰撞机率，提高了气体的离化率，在阳极和通气孔相交区域形成一个球状的等离子体团。等离子体团中的离子在阳极和阴极电位差以及交叉电磁场所形成的霍尔电流的共同加速作用下，从离子源体内引出。

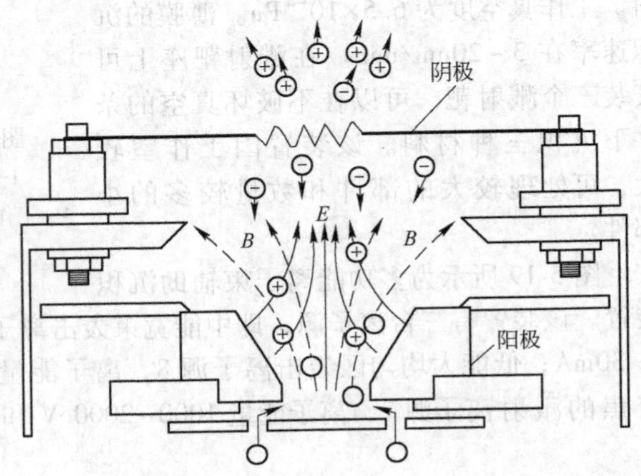

图5-20　霍尔离子源工作原理图
E—电场；B—磁场

由于离子在离开加速区时，正好处于磁场的端部，并且引出的离子束在离子源出口处被阴极所发射的部分电子中和，形成等离子体，所以也称这种离子源为端部霍尔离子源。

离子源中热阴极发射的电子有两个作用：第一，向放电区中提供电子；第二，补偿离子束的空间电荷，改善霍尔离子源所发射的离子束为一定程度补偿的等离子束。

端部霍尔离子源的结构比较简单，不需要栅极，外形结构形式有圆柱形和条形两种。霍尔离子源一般分为有灯丝与无灯丝两种，对于无灯丝的霍尔离子源，通过改变内部磁场，将靶面附近的电子都束缚在靶面的周围，同样起到了提供大量电子的目的，同时可以良好地解决灯丝和污染问题。

在薄膜沉积的同时，霍尔离子源以具有一定能量的定向离子束的轰击，可以大大地改善薄膜的性能。它不仅可以显著增强膜基结合力，还可以起到增加存储密度，消除柱状晶，提高膜的致密度的作用。采用具有高度活性的离子参与膜的沉积过程，不仅改善薄膜的力学性能，同时可以改变薄膜的化学成分和结构。

5.6.5.2 阳极层离子源

阳极层离子源是霍尔离子源的一种，它是以电场、磁场联合工作为基础的。阳极层离子源结构比较简单，不需要电子发射器和栅极，所以适合于工业生产型镀膜设备上应用。

美国的AE公司是最早研制阳极层线性离子源的公司。AE公司借鉴了阳极层推进器的原理，研制出了用于工业领域的阳极层离子源，比起有栅极的离子源，阳极层线性离子源结构更加简单。

A 阳极层离子源的工作原理

阳极层离子源的放电室壁是金属组成，放电室由阳极和内外阴极构成，在离子源的中部设置一个永磁体用来提供磁场，如图5-21所示，在离子源阳极附近的磁力线和电力线几乎是正交的。因为放电室壁是由金属组成的，所以有少量的二次电子发射，靠近阳极方向电子的温度逐渐增加，导致了在阳极附近等离子体电势急剧增加，阳极和阴极所加的大部分电势差出现在阳极附近相对薄层中。当电压到达某值时，在阳极表面附近区域，阳极与阴极间的气体被电离，发生辉光放电形成等离子体，交叉电磁场的存在使得等离子体中的带电粒子作旋轮漂移运动。其中电子在电磁场的作用下做旋轮漂移运动形成环形的霍尔电流，延长了运动轨迹，从而增加了电子与中性气体分子或原子的碰撞几率，提高了气体的离化率。由于在阳极表面附近区域的电子最多，它们和中性气体碰撞电离形成的等离子体密度大，因而在阳极附近的区域内产生的离子数量大大增加。离子在正交电磁场中也做旋轮漂移运动，但旋轮半径较电子的大得多，而且离子在阳极和阴极电势差以及交叉电磁场所形成的霍尔电流的共同加速下，从离子源中引出。由于离子的产生和加速发生在阳极附近的一个狭小的区域，所以把这种离子源称为阳极层离子源。

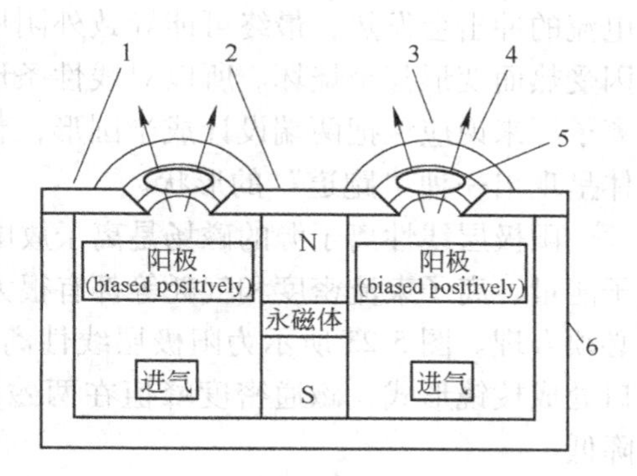

图5-21 阳极层离子源工作原理
1—外阴极；2—内阴极；3—离子束；4—磁力线；5—等离子体；6—磁轭

当给定的电压、气通量一定，最终霍尔电流密度也趋于一定值，大量的离子被引出，而电子由于多次碰撞，能量越来越小，最终变为慢电子，被阳极吸附。这样离子源就处于一种稳定的工作状态。

B 阳极层离子源的结构特性

阳极层离子源的结构比较简单，不需要电子发射极和栅极，所以很适合于工业应用。根据具体应用的需要，阳极层离子源可以设计成环形的，也可设计成线性的。环形阳极层离子源引出的离子束成环形的，条形阳极层离子源引出的离子束成跑道形状。

图5-22所示为典型线性封闭漂移阳极层线性离子源的结构组成，离子源主要由磁铁、阳极、内阴极（内磁极靴）、外阴极（外磁极靴）、磁轭、磁体座等部件组成，其阳极和阴极均设有水冷结构，以将放电产生的大量热量带走，保证离子源能够在大离子束流下的正常工作。图5-22所示的结构形式为典型阳极层离子源的放电室结构，其中永久磁体置放在离子源的中部磁体座上，其外围为磁极靴和磁轭，这种结构的优点在于两侧磁场的分

布均匀、构造简单、易于加工。

如同磁控溅射阴极靶的屏蔽罩（辅助阳极）与靶之间的间隙一样，阳极层离子源内外阴极间缝隙与阳极之间的狭小空间（霍尔电流的运动轨迹）应该是一个闭合的回路。对于条形离子源来说，如果该回路设计成矩形，则离子源端部直角处由于电流的冲击会发热，最终可能导致外阴极因受热而变形甚至烧坏。所以对线性条形离子源来说应该把两端设计成半圆形，整体呈现出一种“跑道”的形状。

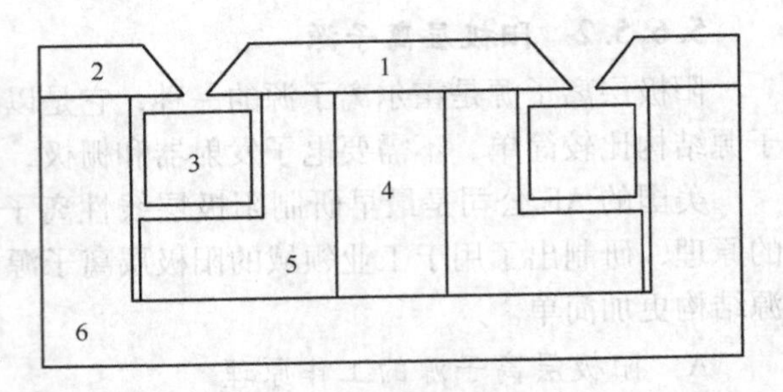

图 5-22 线性阳极层离子源结构示意图
1—内阴极（内磁极靴）；2—外阴极（外磁极靴）；
3—阳极；4—永磁体；5—磁体座；6—磁轭

阳极层线性离子源的磁场是离子放电的重要因素，离子源的磁场分布对离子引出、离子能量、离子束流密度和气耗等都有很大影响。要想得到理想的离子束流，磁力线的分布必须合理。图 5-23 所示为阳极层线性离子源截面的磁场磁力线分布，磁场在放电通道出口处成棱镜形式，磁通密度峰值在两磁极靴端部附近，而在靠近阳极附近磁通密度逐渐降低。

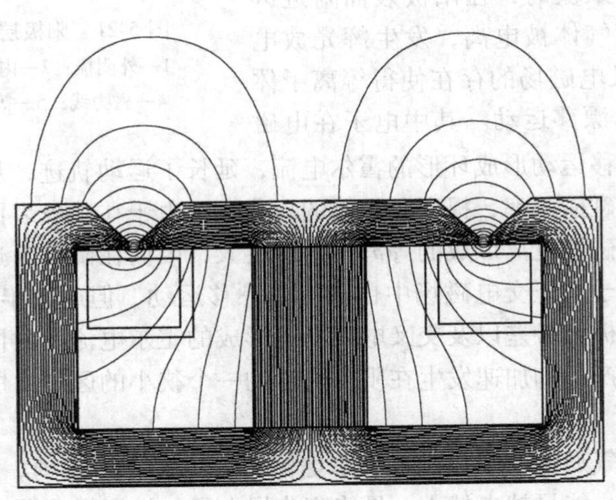

图 5-23 阳极层线性离子源磁力线分布图

离子源中的永磁体一般可采用烧结钕铁硼，它具有较高的剩磁、矫顽力和最大磁能积等特点，其表面的磁通密度为 0.5T 左右。

阳极层离子源的电场组件主要由阳极、内阴极、外阴极、磁轭、磁体座组成，其中只有阳极接直流电源的正极，其余四部分接直流电源的负极（接地），共同起到“阴极”的作用。其中的内阴极、外阴极在磁路中也称为磁极靴。如图 5-22 所示，阳极是“悬浮”在内阴极、外阴极、磁轭、磁体座之间的，形成了像电容一样的电路结构。为了在结构上使阳极能够“悬浮”起来，可在阳极与磁体座之间用绝缘陶瓷柱将阳极支撑起来。

阳极应选用导电但不导磁、耐高温的材料，一般可选用奥氏体不锈钢材料，如 304

或 1Cr18Ni9Ti。

阴极（极靴）和磁轭材料的选取主要考虑三个因素：（1）二次电子发射系数。阴极材料的二次电子发射系数越大，对放电越有利。（2）溅射系数。要求阴极材料的溅射系数小，因为作为阴极，被溅射出来的物质在磁场的作用下，会导致电极间短路及产生瞬间尖端放电，影响放电室工作状态，而较低的溅射系数可以避免阴极材料被离子溅射而导致尖端放电或阳极短路。为此，阴极（极靴）和磁轭的材料可选用 Q235A 或 DT4。（3）导磁性能好，耐高温。根据以上的要求及从制造成本考虑，阴极材料可选用 Q235A，同理磁轭也可采用 Q235A。

磁体座的主要作用是固定磁铁和起到阴极的作用。磁体座在离子源中不仅作为固定永磁体的部件，而且同时也连接电源的负极（或接地）起到了阴极（内阴极）的作用，另外在它的内部设有布气通道，因此磁体座应选用导电不导磁、耐高温材料，一般可采用与阳极相同的材料，如奥氏体不锈钢或硬铝材料。

本章小结

离子注入表面处理是将某种元素的蒸气通入电离室电离后形成正离子，将正离子从电离室引出进入高压电场中加速，使其得到很高速度后而打入放在真空靶室中的工件表面的一种离子束加工技术。

离子束辅助沉积技术是把离子束注入与气相沉积镀膜技术相结合的离子表面复合处理技术。将离子注入与镀膜技术结合在一起，即在镀膜的同时，使具有一定能量的离子不断地入射到膜与基材的界面，借助于级联碰撞导致界面原子混合，在初始界面附近形成原子混合过渡区，提高膜与基材之间的结合力，然后在原子混合区上，再在离子束参与下继续生长出所要求厚度和特性的薄膜。离子束辅助沉积（IBED）工艺既保留了离子注入工艺的优点又可实现在基体上覆以与基体完全不同的薄膜材料。

离子束辅助沉积方式：（1）直接引出式离子束沉积；（2）质量分离式离子束沉积；（3）离子镀，即部分离化沉积；（4）簇团离子束沉积；（5）离子束溅射沉积；（6）离子束增强沉积。

在离子束辅助沉积法中，可以变化和调节的参数包括：入射离子的种类、入射离子的能量、离子电流的大小、入射角、离子束的束径、沉积粒子的离化率、基片温度、沉积室内的真空度等。

思考题

5-1　试述离子注入设备的组成、原理和工作过程。

5-2　分析离子注入技术一般可以用于改善材料的哪些性能？并阐述其机理。

5-3　试比较离子注入中常用的双等离子体离子源、潘宁离子源、高频离子源和金属蒸气真空弧放电离子源，在原理、结构和应用上有哪些不同？

5-4　分析离子注入技术的局限性及未来的发展方向。

5-5　离子束技术与真空气相沉积镀膜技术相结合有哪些优点和局限性？

5-6　试述离子束辅助沉积技术的实现方式及其改善沉积过程和膜层性能的机理。

5-7　离子束辅助沉积设备的典型结构有哪些？

6 真空镀膜机结构设计

本章学习要点：

了解真空镀膜机的设计流程及现代设计方法；掌握真空镀膜机真空室及内部各构件的特点和设计计算方法；掌握真空镀膜机抽气系统的设计选择。

6.1 真空镀膜机设计概述

在20世纪80年代以前，真空镀膜机的设计以理论分析和模型实验为主要方法。研究者采用理论公式解决在真空镀膜机设计中遇到的问题，例如磁场分析问题，由于边界结构复杂，难以用理论公式表述，只能把实际边界简化，用近似理论公式表述，得到近似结果，提供设计参考，在此基础上把永磁体制作成实物模型，经过实验检验后，才能用到磁控溅射镀膜机上，不得不留有很大工程余量，因此，从设计到生产周期长、费用高、风险大。计算机技术的发展，使数值分析手段被引入到真空镀膜机及相关部件的设计中，利用计算机软件可以对磁控溅射阴极靶、离子源、真空室体、加热器等真空镀膜机的重要部件进行模拟仿真，大大提高了真空镀膜机的设计和制造水平，是真空镀膜机设计方法的一次重要突破。在这个阶段，国外相关的真空镀膜设备研发机构和公司形成了真空镀膜机及相关器件设计的若干成熟的计算机软件。从功能上讲，这些软件分为电磁场分析软件、磁控溅射与沉积行为分析软件、热场分析软件、机构动力学分析软件和荷电粒子动力学分析软件，用于电磁场、温度场、气体分布压力场、真空室体的设计分析，为真空镀膜机及有关器件的设计和制造发挥了积极作用。

尽管各种真空镀膜设备的沉积工艺、结构形式等各有不同，但就设备的基本工作原理和主要构件而言，大多数是类似的，其设计计算原则和过程也是基本相同的。真空镀膜设备可以从真空室、蒸发或溅射靶源、工件架、充气布气系统、真空系统、加热系统、电源与电气控制系统、薄膜沉积工艺等方面进行设计。图6-1给出了磁控溅射镀膜设备的工程设计流程简图。

6.2 真空镀膜室设计

真空镀膜室是真空镀膜设备的核心部件，各种真空镀膜工艺都必须在真空室中进行。真空镀膜室中安装不同的功能部件，真空镀膜设备就能实现不同的镀膜工艺。

6.2.1 基本设计原则

由于镀膜室为承受外压的容器，对于不带冷却水套的镀膜室，其内外压差的最大值相

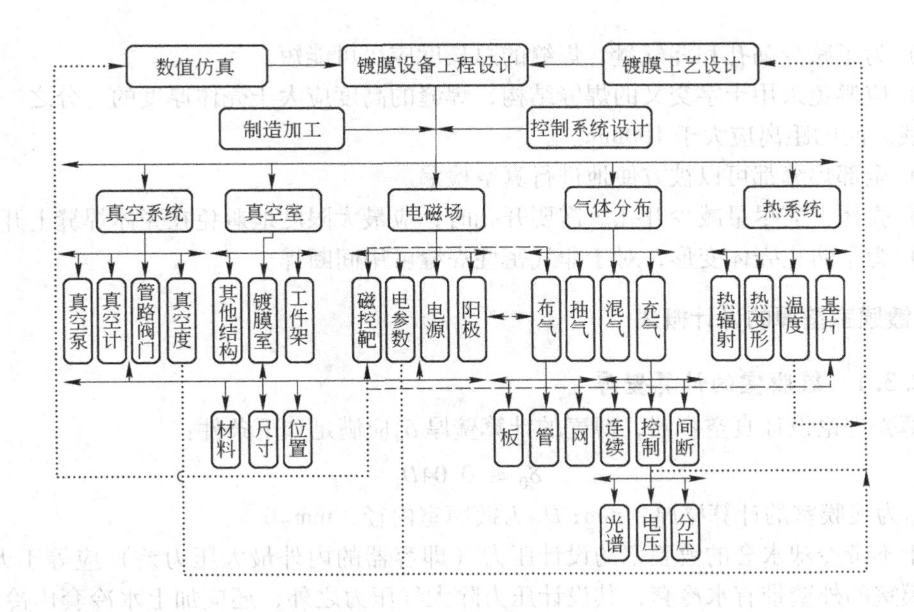

图 6-1 真空镀膜机设计流程框图

当于大气压，即受外部压力为101325Pa。从受压力的角度看，真空室以圆形为好；从容积利用率的角度出发，真空室以箱形为宜；根据需要也有设计成其他各种形状的，如球形、长圆形、圆锥形等。

由于镀膜室的壁厚 δ 远远小于其曲率半径 D（一般，$\delta/D \leqslant 0.04$），所以镀膜室属于承受外压的薄壁容器，其强度计算可按薄壳理论和受外压的条件来确定。

6.2.2 镀膜室的材料选择与焊接要求

6.2.2.1 材料选择

真空镀膜室一般用轧制金属板材料制成，对材料的要求是可焊性好，气密性好。对真空度的要求不高的大型真空室，通常所用材料为低碳钢、合金钢、铝材和铜材等。对于要求真空度较高而又耐腐蚀的真空室一般采用不锈钢。对于低温容器则应考虑材料的低温性能。几种材料的真空性能见表 6-1。

表 6-1 几种材料适用的真空度

材料	压力范围/Pa				
	$10^5 \sim 10^2$	$10^2 \sim 10^{-1}$	$10^{-1} \sim 10^{-3}$	$10^{-3} \sim 10^{-5}$	$10^{-5} \sim 10^{-8}$
钢	好	好	好	需除气后	用不锈钢
铁、铸铜、铸铝	好	好	不好	不好	不好
轧铜及其合金	好	好	好	需除气后	用无氧铜
镍及其合金	好	好	好	好	好
铝	好	好	经过除气后		不使用

6.2.2.2 焊接要求

对真空镀膜室焊接的具体要求有：

(1) 为了减少漏孔和漏气量，焊缝的总长度应尽可能短。

(2) 应避免采用十字交叉的焊缝结构，焊缝的高度应大于壳体厚度的三分之一；两焊缝中心线之间的距离应大于 100mm。

(3) 全部焊缝都可以被方便地进行真空检漏。

(4) 壳体上应尽量减少开孔。需要开孔时，应最大限度地避免在壳体焊缝上开孔。

(5) 为了防止壳体变形，对于非气密性焊缝可用间断焊。

6.2.3 镀膜室壁厚的设计概述

6.2.3.1 镀膜室的计算壁厚

按薄壳理论设计真空容器，薄壳的计算壁厚 δ_0 应满足如下条件：

$$\delta_0 \leqslant 0.04D_i \tag{6-1}$$

式中，δ_0 为镀膜室的计算壁厚，mm；D_i 为镀膜室内径，mm。

对于不带冷却水套的镀膜室的设计压力（即容器的内外最大压力差）应等于大气压。如果镀膜室的外壁带有水冷套，其设计压力除大气压力之外，还应加上水冷套内冷却水的最大工作压力。

6.2.3.2 镀膜室的实际壁厚与壁厚附加量

镀膜室的实际壁厚为

$$\delta = \delta_0 + c$$
$$c = c_1 + c_2 + c_3 \tag{6-2}$$

式中 c——壁厚附加量，mm；

c_1——钢板的最大厚度负偏差，mm。钢板的厚度负偏差按所用钢板的钢材标准规定执行。一般可取 $c_1 = 0.5$。当钢板的厚度负偏差不大于 0.25mm，且不超过名义厚度的 6%时，负偏差可以忽略不计；

c_2——腐蚀裕度，mm。为防止镀膜室壁厚由于镀膜工艺中的介质腐蚀、机械磨损而导致其厚度减薄，应考虑腐蚀裕量，具体规定如下：

(1) 对有腐蚀或磨损的元件，应根据预期的容器寿命和介质对金属材料的腐蚀速率确定腐蚀裕量。一般地，当介质对容器材料的腐蚀速率大于 0.05mm/年时，其腐蚀裕度应根据腐蚀速度和设计的使用寿命来决定。当介质对容器材料的腐蚀速率小于 0.05mm/年时（包括大气腐蚀），单面腐蚀取 $c_2 = 1$mm，双面腐蚀取 $c_2 = 2$mm；(2) 如果镀膜室容器各部分受到的腐蚀程度不同时，可采用不同的腐蚀裕量；(3) 当介质中含有水气或器壁有与水接触的可能时，而且是采用碳素钢或低合金钢制的容器时，其腐蚀裕量不小于 1mm；

c_3——容器封头的加工裕量，mm。其目的是确保容器的凸形封头和筒节成型后的厚度不小于其名义厚度减去钢板负偏差。对于冲压封头，加工裕量可取小于计算厚度的 10%，并且不大于 4mm。对于需要热加工和手工敲打的封头，根据加工具体情况，还应考虑增加由于氧化及拉伸所减薄的厚度。

6.2.3.3 镀膜室的最小壁厚

对于一般的真空容器，壳体加工成型后不包括腐蚀裕量的最小厚度应按以下规定选取：

（1）当用碳钢和低合金钢制造容器时，其壁厚不得小于3mm；

（2）当用高合金钢（如不锈钢）制造容器时，其壁厚不得小于2mm。

6.2.4 圆筒形镀膜室壳体的设计计算

6.2.4.1 圆筒形镀膜室基本设计参数

圆筒形壳体制造工艺简单、强度好。圆筒形镀膜室可对圆形筒体和封头两部分分别计算。如无特定要求（根据镀膜工艺或用户的要求），镀膜室筒体的几何参数（筒体的公称通径、容积、内表面积及其质量）可参考表6-2选择设计。

表6-2 圆筒形壳体的公称通径、容积、内表面积及质量

公称通径 D_g /mm	1m高的容积 V/m^3	1m高的内表面积 F_B/m^2	1m高筒节钢板质量/kg															
			壁厚/mm															
			3	4	5	6	8	10	12	14	16	18	20	22	24	26	28	30
300	0.071	0.94	22	30	37	44	59											
(350)	0.096	1.10	26	35	44													
400	0.126	1.26	30	40	50	60	79	99	119									
(450)	0.159	1.41	34	45	56	67												
500	0.196	1.51	37	50	62	75	100	125	150	175								
(550)	0.238	1.74	41	55	68	82												
600	0.283	1.88	45	60	75	90	121	150	180	211								
(650)	0.332	2.04		65	81	97	130											
700	0.385	2.20		69	87	105	140	176	213	250								
800	0.503	2.51		79	99	119	159	200	240	280								
900	0.636	2.83		89	112	134	179	224	270	315	363	408						
1000	0.785	3.14			124	149	199	249	296	348	399	450	503					
(1100)	0.950	3.46			136	164	218	274										
1200	1.131	3.77			149	178	238	298	358	418	479	540	602	662				
(1300)	1.327	4.09			161	193	258	323										
1400	1.539	4.40			173	208	278	348	418	487	567	630	700	770	840	914	986	1058
(1500)	1.767	4.71			186	223	297	372	446									
1600	2.017	5.03			198	238	317	397	476	556	636	720	800	880	960	1040	1124	1206
1800	2.545	5.66				267	356	446	536	627	716	806	897	987	1080	1170	1263	1353
2000	3.142	6.28				296	397	495	596	695	795	895	995	1095	1200	1300	1400	1501
2200	3.801	6.81				322	436	545	655	714	874	984	1093	1204	1318	1429	1540	1650
2400	4.524	7.55				356	475	596	714	834	960	1080	1194	1314	1435	1556	1677	1798
2600	5.309	8.17					514	664	774	903	1030	1160	1290	1422	1553	1684	1815	1946
2800	6.158	8.80					554	693	831	970	1110	1250	1390	1531	1671	1812	1953	2094
3000	7.030	9.43					593	742	881	1040	1190	1338	1490	1640	1790	1940	2091	2242
3200	8.050	10.05					632	791	950	1108	1267	1425	1537	1745	1908	2069	2229	2390
3400	9.075	10.68					672	841	1008	1177	1346	1517	1687	1857	2027	2197	2367	2538
3600	10.180	11.32					711	890	1070	1246	1424	1606	1785	1965	2145	2325	2505	2686
3800	11.340	11.83					751	939	1126	1315	1514	1693	1884	2074	2263	2453	2643	2834
4000	12.566	12.57					790	988	1186	1383	1582	1780	1980	2185	2380	2585	2785	2985

6.2.4.2 圆筒形镀膜室的强度（壁厚）计算

镀膜室筒体按其长度与直径比例不同可分为长筒和短筒，两者的判别式为

$$L_l = 1.73(D_i\sqrt{D_i/\delta}) \tag{6-3}$$

式中，L_l为圆筒体的临界长度，mm；D_i为圆筒体内径，mm；δ为筒体壁厚，mm。

长度大于L_l的圆筒称长圆筒，长度小于L_l的称短圆筒。镀膜室一般均属于短圆筒，连续式多室镀膜机的筒体虽然较长，但在中间多有法兰或加强圈，因此也可以按短筒体计算。

A 长圆筒的强度（壁厚）计算

$$p = \frac{2E\delta_0^{\ 3}}{(1-\mu^2)D_i} \tag{6-4}$$

式中，p为容器所受的外压，Pa；E为圆筒体材料的弹性模量，MPa，见表6-3；μ为泊松比，对各种钢材μ可取0.3；δ_0为圆筒的计算壁厚，mm，D_i为圆筒内径，mm。

整理上式可得

$$\delta_0 = \left(\frac{p}{2}\right)^{\frac{1}{3}}\left(\frac{1-\mu^2}{E}\right)^{\frac{1}{3}} D_i \tag{6-5}$$

若p=101325Pa（1标准大气压），则有

$$\delta_0 = 36.988\left(\frac{1-\mu^2}{E}\right)^{\frac{1}{3}} D_i \tag{6-6}$$

对于不锈钢和低碳钢，μ值均可取0.3，常温下可采用表6-3中的E值。

表6-3 在不同温度下低碳钢和不锈钢的E值

材 料	0℃	20℃	150℃	300℃	450℃	600℃
低碳钢/MPa	2.11×10^5	2.08×10^5	1.97×10^5	1.83×10^5	1.69×10^5	1.55×10^5
不锈钢 1Cr18Ni9Ti/MPa	2.06×10^5（20~400℃）					

B 短圆筒的强度（壁厚）计算

$$p = \frac{2.59E\delta_0^2}{mLD_i\sqrt{D_i/S_0}} \tag{6-7}$$

式中，L为短圆筒长，mm，m为安全系数（可在6~7.5间取值）。其他符号同前式，整理上式得

$$\delta_0 = \left(\frac{mpLD_i^{3/2}}{2.59E}\right)^{2/3} \tag{6-8}$$

如p取101325Pa，m=7时，则对不锈钢，$E=20.678\times10^4$MPa，故

$$\delta_{0b} = 0.177L^{0.4}D_i^{0.6} \tag{6-9}$$

对低碳钢，$E=20.384\times10^4$MPa，故

$$\delta_{0d} = 0.178L^{0.4}D_i^{0.6} \tag{6-10}$$

对于所有金属材料，μ值均为0.3，若满足下列两个条件时，其壁厚可用下式计算

(1) $$1 \leqslant \frac{L}{D_i} \leqslant 8$$

（2）
$$\left(\frac{p}{E}\frac{L}{D_\mathrm{i}}\right)^{0.4} \leqslant 0.523$$

$$\delta_0 = 1.25D_\mathrm{i}\left(\frac{p}{E}\frac{L}{D_\mathrm{i}}\right)^{0.4} \tag{6-11}$$

式中，各符号单位与前式相同；L 为筒体计算长度，若圆筒体有加强圈时，则 L 值应为两个加强圈之间的距离。

C　圆筒形镀膜室壳体壁厚的确定

a　按稳定性条件计算

当圆筒形镀膜室只承受外压时，可按稳定性条件计算，其壁厚为

$$\delta_0 = 1.25D_\mathrm{i}\left(\frac{p}{E_\mathrm{t}}\cdot\frac{L}{D_\mathrm{i}}\right)^{0.4} \tag{6-12}$$

式中，δ_0为圆筒计算壁厚，mm；D_i 为圆筒内径，mm；p 为外压设计压力，MPa；L 为圆筒计算长度，mm（有加强结构时的计算长度 L，见图 6-2）；E_t 为材料温度为 t 时的弹性模量，MPa，图 6-3 给出了碳钢与合金钢在各种温度下的 E_t 值。

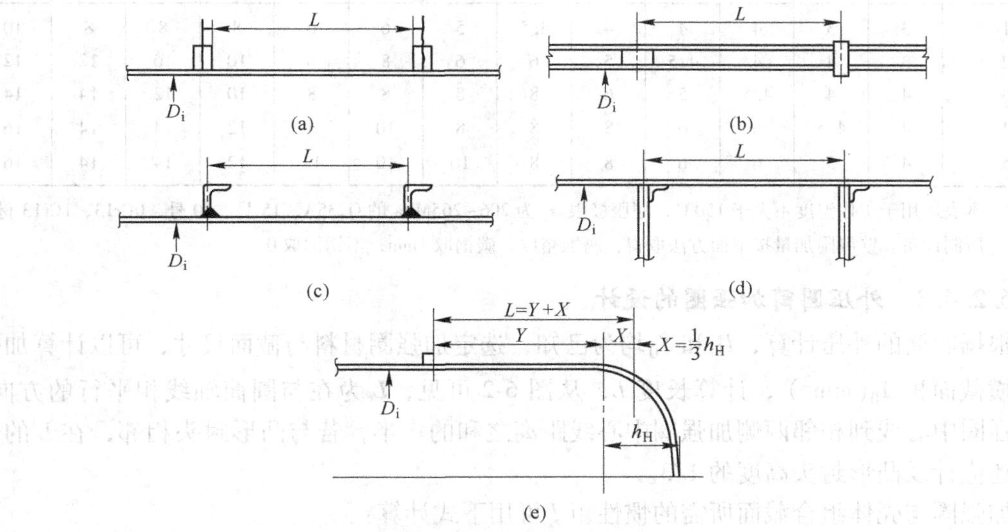

图 6-2　外压圆筒的计算长度

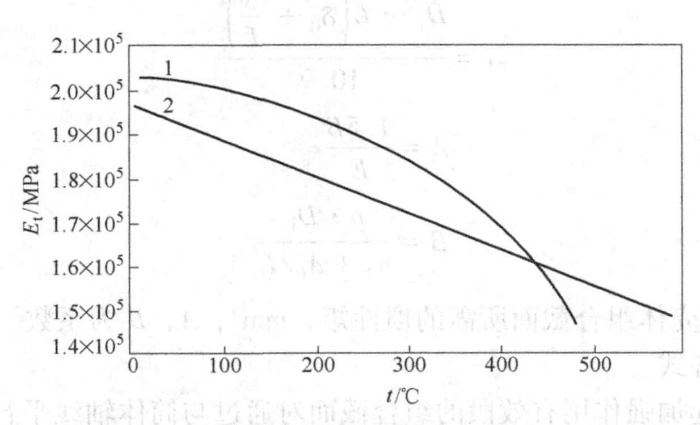

图 6-3　弹性模量计算值与温度的关系
1—低碳钢；2—奥氏体合金钢

公式（6-12）除了满足材料的泊松系数 $\mu = 0.3$ 外，还必须满足下面两个条件方可应用：

（1）$1 \leqslant \dfrac{L}{D_i} \leqslant 8$；

（2）$\left(\dfrac{p}{E_t} \cdot \dfrac{L}{D_i}\right)^{0.4} \leqslant 0.523$。

圆筒的实际壁厚应为：

$$\delta = \delta_0 + c \tag{6-13}$$

式中，δ_0为圆筒计算壁厚，mm；c 为壁厚附加量，mm。

b　查表确定圆筒形壳体壁厚

表 6-4 给出了外压圆筒壁厚值。

表 6-4　圆筒壁厚（p=0.098MPa）

容器的长与外径之比	公称直径/mm												
	400	500	600	700	800	900	1000	1200	1400	1600	1800	2000	2200
1	3	3	4	4	4	4.5	5	6	6	8	8	8	10
2	3	4	4	4.5	5	6	6	8	8	10	10	12	12
3	4	4	4.5	5	6	8	8	8	8	10	12	14	14
4	4	4.5	5	6	8	8	8	10	10	12	14	14	16
5	4	5	6	6	8	8	10	10	12	12	14	14	16

注：本表适用于工作温度不大于150℃，屈服极限 σ_s 为 206~265MPa 的 Q235A、15 号、20 号、0Cr13、1Cr13 材料所制设备。壁厚附加量按下面方法取得：腐蚀裕度，碳钢取 1mm，不锈钢取 0。

6.2.4.3　外压圆筒加强圈的设计

根据圆筒的外压计算，D_i和 S_0均为已知，选定加强圈材料与截面尺寸，可以计算加强圈的横截面积 A_0（mm^2），计算长度 L，从图 6-2 可见，L 为在与圆筒轴线相平行的方向，从加强圈中心线到相邻两侧加强圈中心线距离之和的一半；若与凸形封头相邻，在 L 的长度中还应计及凸形封头高度的 1/3。

加强圈与壳体组合截面所需的惯性矩 I 可用下式计算：

$$I = \frac{D_i^{\ 2} \cdot L\left(\delta_0 + \dfrac{A_0}{L}\right)}{10.9} \tag{6-14}$$

$$A = \frac{1.5B}{E}$$

$$B = \frac{p \cdot D_i}{\delta_0 + A_0/L}$$

式中，I 为加强圈与壳体组合截面所需的惯性矩，mm^4；A，B 为系数。
其余符号意义同前各式。

加强圈与壳体起加强作用有效段的组合截面对通过与筒体轴线平行的该截面形心轴的惯性矩 I_s 的计算可计入在加强圈中心线两端有效宽度各为 $0.55\sqrt{D_i\delta_0}$ 内的筒体惯性矩中。

若加强圈中心线两侧壳体的有效宽度与相邻加强圈的筒体有效宽度相重叠，则该筒体的有效宽度中相重叠部分每侧按一半计算。

比较 I 与 I_s，若 $I > I_s$，则必须另选一具有较大惯性矩的加强圈，重复上述步骤，直到计算所得的 I 值小于 I_s 为止。

6.2.4.4 筒体加工允许偏差

圆筒体允许的周长偏差和纵向焊缝的边缘变动偏差表示在表 6-5 中，筒体允许的长度 L 的偏差表示在表 6-6 中，供设计参考。

表 6-5 圆筒体允许的周长偏差及纵向焊缝的边缘变动偏差

壁厚/mm	碳钢及低合金钢		高合金钢	
	沿周长/mm	焊缝边缘变动	沿周长/mm	焊缝边缘变动
≤14 16、18	±3 ±5	10%δ	±3	10%δ
20~24 26、28	±7 ±9		±5	
30~34 36、38	±11 ±13		±6	

表 6-6 焊接筒体允许的几何形状偏差

几何尺寸及形位要求	允 许 偏 差
L	± 0.3%L，但不能>±75mm
中心线不直度	±0.2%L，但当 L≤10000mm 时，不能>20mm 当 L>10000mm 时，不能>30mm
两端平行度	±0.06%L，但不能>2mm
椭圆度	最大直径与最小直径差不得超过 0.5%D_i，且不大于 20mm

6.2.4.5 圆筒形镀膜室封头的壁厚计算

封头有半球形、椭圆形、平板形几种。对于拱形封头，一般取圆筒壁厚为封头壁厚，如果考虑成型时拉伸减薄，可酌情加上壁厚附加量 c 值。圆形平盖封头厚度可按下式计算：

$$\delta = D_i\sqrt{\frac{Kp}{[\delta]}} + c \tag{6-15}$$

式中，D_i 为计算容器内径，mm；$[\delta]$ 为材料的许用应力，Pa；K 为结构特征系数，按表 6-7 取值；p 为设计压力，Pa。

平盖封头可多用于直径较小的圆筒体，所用材料虽然比凸形封头多，但制造容易，为了减少平盖厚度，可采用加强筋补强。平盖一般多用于直径小于 1.5m 的圆筒形真空室上。封头与筒体的焊接形式如表 6-7 所示。

椭圆形和矩形平盖的厚度计算式为：

$$\delta = a\sqrt{\frac{KZp}{[\sigma]}} + c \tag{6-16}$$

式中，系数 $Z=(3.4\sim2.4)a/b$，其中 $Z\leqslant2.5$，a 和 b 分别为椭圆的短长轴和矩形短长边；K 为结构特征系数，其值见表 6-7。

表 6-7 结构特征系数 K

序号	封头固定方法	结构简图	结构特征系数 K	适用范围
1	与筒体成一体或与筒体对焊	δ_h, r, D_i, r_i, δ_t 锻制平盖结构 δ_h, D_i, r_i 冲压平盖结构	对圆形平盖：$K=\frac{1}{4}\left[1-\frac{r_i}{D_i}\left(1+\frac{2r_i}{D_i}\right)\right]^2$ $K\geqslant0.16$ 对矩形、椭圆形：$K=0.15$	对锻制圆形平盖：$r_i\geqslant\delta_t$ 对冲压圆形平盖：$r_i\geqslant3\delta_t$ δ_h：平盖厚度，mm； δ_t：筒体厚度，mm
2	与筒体角焊或其他焊接	t, D_i, δ_t	0.25	$t>1.25\delta_t$
3		t, δ_h, δ, δ_t, D_i, δ_t	0.4	对低合金高强度钢不宜采用 $\delta_h>2\delta_t$

续表 6-7

序号	封头固定方法	结构简图	结构特征系数 K	适用范围
4	与筒体法兰螺栓连接	D_i　b　δ_h	圆形为： $K = 0.3 + \frac{178P_L \cdot b}{pD_i^3}$ b：垫片中心圆与法兰螺栓中心圆间距，mm； P_L：法兰螺栓总载荷，kg	
5		D_i　b　δ_h	矩形及椭圆形： $K = 0.3 + \frac{600P_L b}{pL a^2}$ L：螺栓中心连线周长，mm； a：椭圆形和矩形平盖的短轴长度，mm	

6.2.5 圆锥形镀膜室壳体的设计

如壳体为图 6-4 中（a）、（b）形状，且半锥角 $\alpha < 30°$ 时，其壁厚可按圆筒体壁厚公式计算。如壳体为图 6-4 中（c）形状，或半锥角 $\alpha > 30°$ 时，其壁厚 δ(mm) 可按下列公式计算（取最大者）。

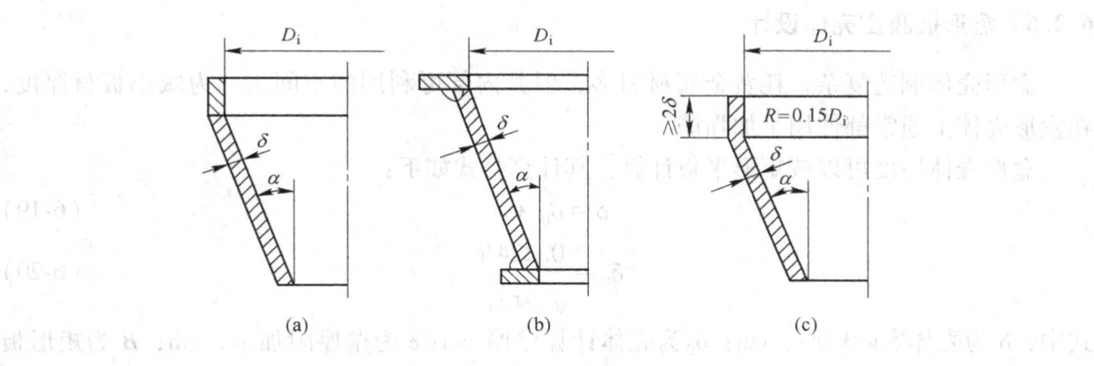

图 6-4　锥形壳体

（a）无直边；（b）有法兰；（c）有直边

$$\delta = \frac{KpD_i}{2K_1[\sigma]_b} + c \tag{6-17}$$

$$\delta = \frac{pD_i}{2K_1\cos\alpha[\sigma]_s} + c \tag{6-18}$$

式中　δ——壳体实际壁厚，mm；

p——外压设计压力，MPa；

c——壳体壁厚附加量，mm；

D_i——锥体大端内径，mm；

K_1——系数，如无开孔，取 $K_1 = 0.74$，如有开孔则取 $K_1 = 0.64$；

$[\sigma]_b$——按强度限确定的许用应力，MPa；

$[\sigma]_s$——按屈服限确定的许用应力，MPa；

α——半锥角度；

K——形状系数，见图 6-5。

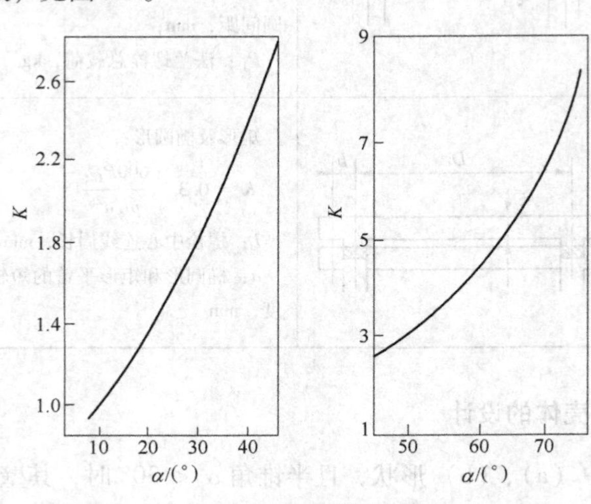

图 6-5 锥形壳体形状系数 K

6.2.6 盒形镀膜室壳体设计

盒形壳体制造复杂，耗费金属材料多，但其内部可利用的空间大。为减小板材厚度，在盒形壳体上通常都使用了加强筋。

盒形壳体厚度可以按矩形平板计算，其计算公式如下：

$$\delta = \delta_0 + c \tag{6-19}$$

$$\delta_0 = \frac{0.224B}{\sqrt{[\sigma]_v}} \tag{6-20}$$

式中，δ 为壳体实际壁厚，cm；δ_0为壳体计算壁厚 cm；c 为壁厚附加量，cm；B 为矩形板的窄边长度，cm；$[\sigma]_v$ 为弯曲时许用应力 MPa。轧钢和铸钢的弯曲许用应力通常规定与简单拉伸压缩时用的许用应力相同。

式（6-19）和式（6-20）的使用条件是：板周边固定，受外压为 0.1MPa，水压试验用压力 p_s 为 0.2MPa。

当做水压试验时，矩形板的应变为：

$$\sigma = \frac{0.5B^2 p_s}{(S - C)^2} \leqslant 0.9\sigma_s$$

有加强筋的盒形壳体壁厚仍按式（6-20）计算。公式中的 B 值应以相应的值来代替。对于图6-6（a）中应以 l 代替 B，图6-6（b）中应以 b 代替 B，图6-6（c）中应以 l 或 b 两者中最小者代替 B 。

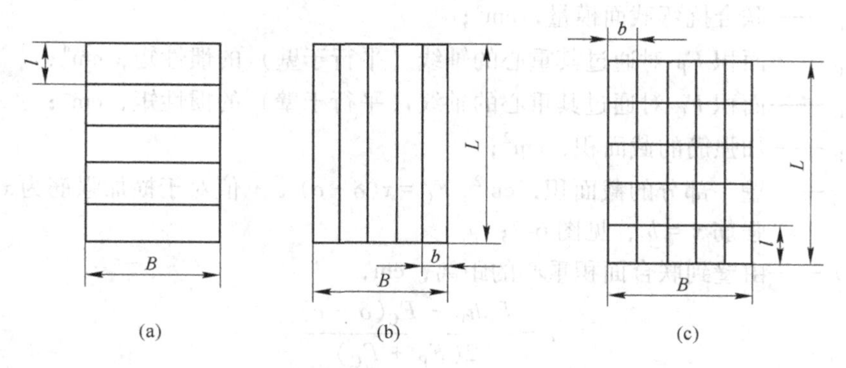

图 6-6　盒形壳体加强筋类型

在计算加强筋时，假定被筋分割的小平面所承受载荷的一半由一个加强筋来承受（相当于一根梁），每个筋受弯时（受均布载荷）的抗弯截面模量为：

对于图 6-6（a）：

$$W_{\mathrm{P}} = \frac{B^2 lp}{2K[\sigma]_{\mathrm{v}}} \tag{6-21}$$

对于图 6-6（b）：

$$W_{\mathrm{P}} = \frac{L^2 bp}{2K[\sigma]_{\mathrm{v}}} \tag{6-22}$$

对于图 6-6（c）：

横加强筋

$$W_{\mathrm{P}_1} = \frac{B^2 lp}{4K[\sigma]_{\mathrm{v}}} \tag{6-23}$$

竖加强筋

$$W_{\mathrm{P}_2} = \frac{L^2 bp}{4K[\sigma]_{\mathrm{v}}} \tag{6-24}$$

式中，W_{P} 为加强筋的抗弯截面模量，cm^3；

p 为设计压力，如做水试验时取 $p=0.196\mathrm{MPa}$；如果水的静压力超过 $5\%p$ 值时，应加上水的静压力。如不做水压试验 $p=0.098\mathrm{MPa}$；K 为系数，与筋两端固定方式有关。若为刚性固定（例如同法兰相接，或与其他筋相接），取 $K=12$。若非刚性固定，则取 $K=8$。

根据公式（6-21）~式（6-24），求出截面模量后，即可确定加强筋的断面几何尺寸。

选用型钢作加强筋（槽钢、工字钢、角钢等），其截面模量一般金属材料性能表中都会给出来，若型材的截面模量值和计算的相符合就可以选用。

加强筋亦可以做成矩形截面的，对于矩形截面的加强筋其高度与宽度之比为 5 时，则加强筋的厚度 δ_{P}（cm）为：

$$\delta_{\mathrm{P}} = 0.62\sqrt[3]{W_{\mathrm{p}}} \tag{6-25}$$

计算出来的尺寸变化为整数，筋的截面尺寸由真空室水压试验时的最大压力来确定。在计算时，壁厚确定后，就可以计算加强筋和壁厚的一部分。见图 6-7，联合作用的截面模量为：

$$W_{\mathrm{PC}} = \frac{J_{\mathrm{P}} + J_{\mathrm{C}} + F_{\mathrm{P}}(0.5h_{\mathrm{P}} - r)^2 + F_{\mathrm{C}}[(r + 0.5(\delta - c))]^2}{h_{\mathrm{P}} - r} \tag{6-26}$$

式中 W_{PC} ——联合抗弯截面模量，cm^3；

J_P ——面积 F_P 对通过其重心的轴线（平行于壁）的惯性矩，cm^4；

J_C ——面积 F_C 对通过其重心的轴线（平行于壁）的惯性矩，cm^4；

F_P ——加强筋的截面积，cm^2；

F_C ——壁一部分的截面积，cm^2，$F_C = x(\delta - c)$，x 值对于横加强筋为 $x = l$，竖加强筋 $x = b$，见图 6-7；

r ——由壁到联合面积重心的距离，cm，

$$r = \frac{F_P h_P - F_C(\delta - c)}{2(F_P + F_C)}$$

做水压试验时，加强筋的最大应力应满足下列条件：

对于图 6-6（a），

$$\sigma = \frac{B^2 l P_s}{K W_{PC}} \leqslant 0.9\sigma_s \tag{6-27}$$

对于图 6-6（b），

$$\sigma = \frac{L^2 b P_s}{K W_{PC}} \leqslant 0.9\sigma_s \tag{6-28}$$

对于图 6-6（c），

横筋
$$\sigma_1 = \frac{B^2 l P_s}{2K W_{PC}} \leqslant 0.9\sigma_s \tag{6-29}$$

竖筋
$$\sigma_2 = \frac{L^2 b P_s}{2K W_{PC}} \leqslant 0.9\sigma_s \tag{6-30}$$

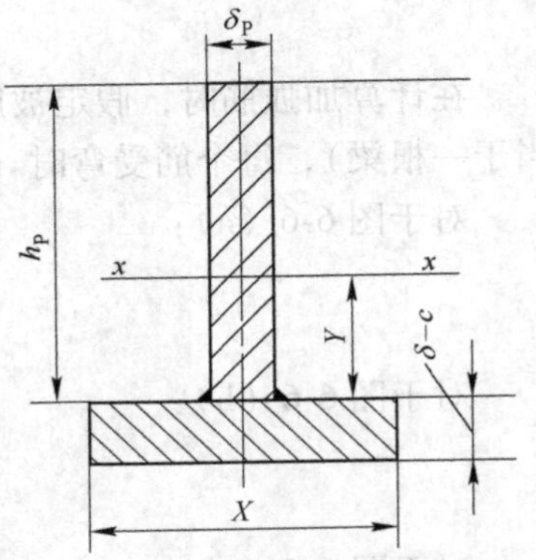

图 6-7 矩形加强筋和壁联合截面

如满足不了上述条件，加强筋尺寸应增加。盒形真空室由几个平面构成，在计算时要选择其中面积最大的面来计算。

6.2.7 真空镀膜室的压力试验

对于仅承受外压的真空室体以内压进行压力试验，压力试验介质一般采用液体或气体。试验液体应满足如下的要求：

（1）试验液体一般采用水，需要时也可采用不会导致发生危险的其他液体。试验时水的温度应低于其沸点，且不得低于 5℃。

（2）采用奥氏体不锈钢制成的真空室体用水进行液压试验后应将水渍立即清除干净。当无法达到这一要求时，应严格控制水的氯离子含量不超过 25mg/L。

对于不适合做液压试验的真空室体，例如真空容器内不允许有微量残留液体，或由于结构原因不能充满液体的真空室体，可采用气压试验。采用气压试验时必须满足如下要求：

（1）气压试验应有安全措施。试验所用气体应为干燥、洁净的空气，氮气或其他惰性气体。

（2）试验温度：碳素钢和不锈钢容器，气压试验时介质温度不得低于 10℃。

（3）真空容器充入试验气体后，可以置于大气中，也可以置于水中进行泄漏检测。

（4）试验程序：试验时压力应缓慢上升，至规定试验压力的 50%时，保压 5min，然

后对所有焊接接头和连接部位进行初次泄漏检查，如有泄漏，修补后重新试验。初次泄漏检查合格后，再继续缓慢升压至规定的试验压力并保持足够长的时间后再次进行泄漏检查。如有泄漏，修补后再按上述程序重新试验。

试验压力的确定：水压试验压力为0.06MPa；气压试验压力为0.03~0.04MPa。

压力试验前可对真空容器进行应力校核，按下式校核圆筒应力：

$$\sigma_T = \frac{p_T(D_i + \delta_e)}{2\delta_e} \tag{6-31}$$

式中，σ_T为试验压力下圆筒的应力，MPa；D_i 为圆筒内直径，mm；p_T 为试验压力，MPa；δ_e为圆筒的有效厚度，mm。

σ_T 应满足下列条件：（1）水压试验时，$\sigma_T \leqslant 0.9\varphi\sigma_s(\sigma_{0.2})$；（2）气压试验时，$\sigma_T \leqslant 0.8\varphi\sigma_s(\sigma_{0.2})$；式中，$\sigma_s(\sigma_{0.2})$ 为圆筒材料在试验温度下的屈服点（或0.2%屈服强度），MPa；φ 为圆筒的焊接接头系数。

压力试验合格后应进行气密性试验或真空检漏，特别是容器内使用介质的毒性程度为极度或高度危害的容器。做气密性试验和真空检漏时的试验压力、试验介质和检验要求应在图样或文件上注明（注：介质毒性程度的分级按《压力容器安全技术监察规程》的规定）。

6.2.8 真空镀膜室门的设计

真空镀膜室的门通常由法兰、门板、转动铰链、预紧机构等组成，其中门板有凸形的和平板形的。真空镀膜室的门按其形状分有圆形和矩形两种。圆形门用得较多，而且圆形门通常都用标准凸形封头作门板。门的法兰要求精加工，门上很少开密封槽，密封槽多开在筒体法兰上。图6-8为几种圆形门的结构示意图。图6-9是一种矩形门的结构示意图。

真空室门的开启和关闭可以用手动方式，也可以采用自动方式。门上有夹紧机构。门的开、关、夹紧与放松，其动力可以是液压、气动或电动。夹紧机构的类型有丝杆螺母机构、偏心机构、楔形机构等。图6-10为一种丝杆的螺母机构简图。夹紧机构应能给密封圈一定的“预压力”。这种“预紧力”的压力为0.5~0.8MPa。如果真空室是钟罩式的（如各种镀膜机）就不需要有夹紧装置，钟罩本身的重量就可以使密封圈得到足够的预压力。抽气后大气压作用在密封圈上，密封就更可靠了。

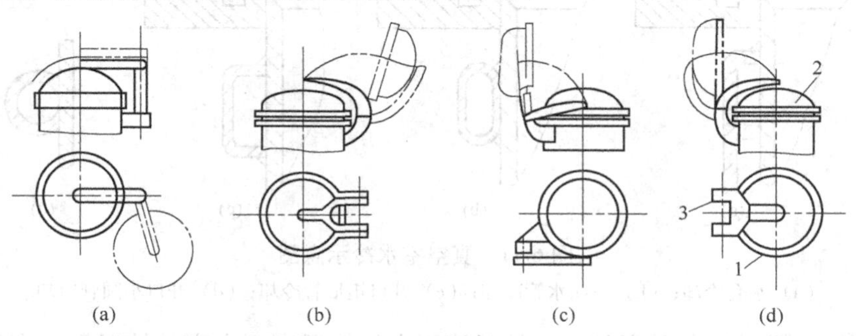

图6-8 几种圆形门的结构示意图

（a），（b）立式真空室；（c），（d）卧式真空室

1—法兰；2—门板；3—铰链

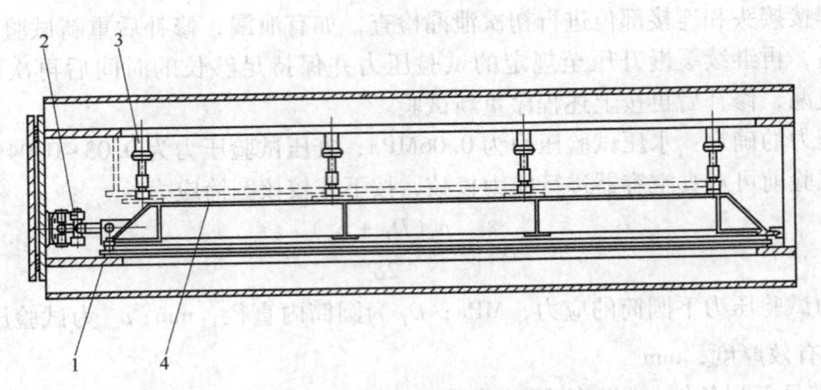

图 6-9　一种矩形门的结构示意图

1—法兰；2—铰链；3—预紧机构；4—门板

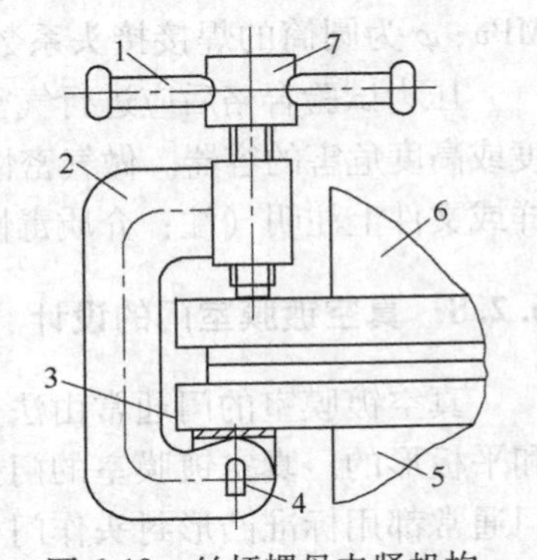

图 6-10　丝杆螺母夹紧机构

1—手把；2—弯臂；3—铰链座；4—小轴；5—筒体；6—大门；7—螺杆

大的门由于受大气压力很大，容易损坏密封圈。例如直径为 2m 的圆形门，其上的作用力为 3×10^5N。因此在设计密封槽时，要注意不使密封圈承担过大的力。密封槽的截面积要大于密封圈的截面积，且能允许密封圈变形 30%（密封圈截面高度压缩 30%）。

6.2.9　镀膜室的冷却结构设计

真空室的冷却可以是自然冷却（或风冷），也可以采用水冷。水冷有两种形式：一种是将水管螺旋式地焊在真空室外壁，另一种是在真空室外壁加水冷套。具体形式如图 6-11 所示。热负荷较小时采用水管冷却结构，有时也可以采用水管和水冷套两种结构形式混合使用。热负荷再小，可用风冷，有时可不用冷却，甚至需要加保温层保温。具体选择哪种冷却方式，应依据设备的具体情况，如设备结构、加热温度、工作真空度、观察方便、修补焊缝容易等而定。

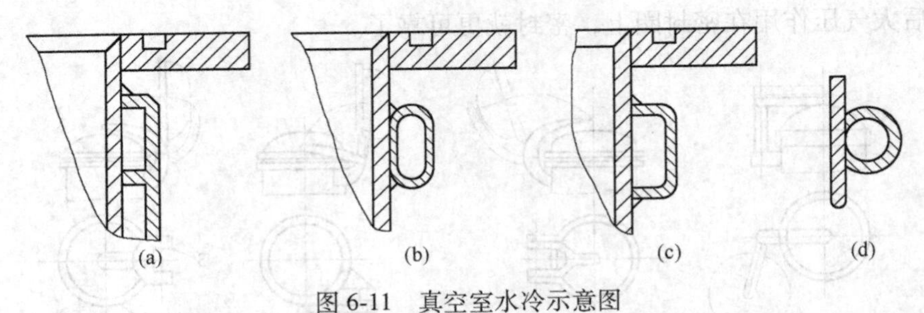

图 6-11　真空室水冷示意图

（a）水套冷却；（b）封闭水管冷却；（c）开口矩形管冷却；（d）开口小圆管冷却

由于封闭水管的冷却效果较差，故只能用在加热温度不太高的情况下。在设计、安装冷却水管时，应使水管与真空室壁接触良好，其接触面积应尽可能扩大。

当真空室壁温较高时，适宜用矩形开口冷却水管或冷却水套进行冷却，其冷却效果比封闭水管好。冷却水套冷却腔的宽度由真空室的尺寸、真空室的壁温度决定，通常取 10~

40mm 之间。为了保证冷却水和高温壁进行充分的热交换，冷却水应由水套或水管的下部进入，从上部流出。

两水冷却管之间的距离如图 6-12 所示，两水冷管之间的最大温升 t_{max}（℃）按下式计算：

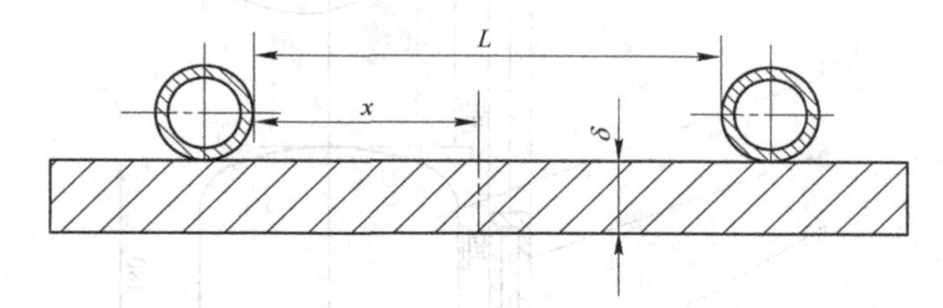

图 6-12 两水管间的距离示意图

$$t_{max} = \frac{q}{\alpha}\left(1 - \frac{1}{\cos\frac{L}{2}\sqrt{\frac{\alpha}{\lambda\delta}}}\right) + \frac{t_{冷}}{\cos\frac{L}{2}\sqrt{\frac{\alpha}{\lambda\delta}}} \tag{6-32}$$

式中 t_{max}——两水管间的最高温度$\left(在\ x=\frac{L}{2}处\right)$，℃；

λ——壳体材料的热传导系数，W/(m · K)；

L——两水管之间的距离，m；

δ——壳体厚度，m；

q——单位面积的热流量，W/m^2；

$t_{冷}$——冷却水温度，℃，$t_{冷}=40\sim50$℃；

α——壳体外表面传热系数，$W/(m^2 \cdot K)$，其值见表 6-8。

表 6-8 传热系数 α 与壁温的关系

壁温/℃	40	60	80	100	120	150	200
α/W · $(m^2 \cdot K)^{-1}$	29728	34543	38102	41451	44382	48988	56106

6.3 镀膜室升降机构的设计

立式镀膜机真空室的提升与下降机构主要有如下几种。

6.3.1 机械提升机构

真空室升降采用电动机传动，其结构形式如图 6-13 所示。电动机经皮带减速后带动丝杠旋转，螺母连同立柱做升降运动。立柱上端的转轴上有两个挂钩将真空室提起。立柱的行程两端均装有限位开关，以控制真空室的行程。当真空室升起时，若将定位销从定位槽拧出，钟罩即可绕立柱旋转。

真空室的行程主要根据工件架的高度来确定，起升降速度 v 可用下式计算：

$$v = niB \tag{6-33}$$

式中，n 为电动机转速，r/min；i 为皮带轮减速比；B 为丝杠的螺距，mm。一般取 $v=26\sim30$mm/s。

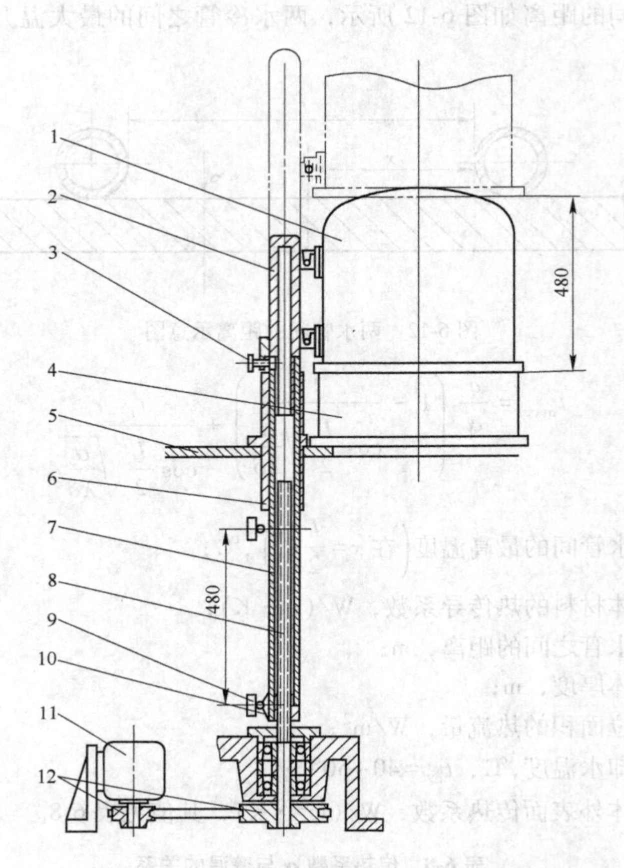

图 6-13 真空室机械提升机构结构简图

1—真空室钟罩；2—转轴与挂钩；3—定位机构；4—真空室底座；5—工作台；6—导向套；7—升降轴；8—丝杠；9—限位开关；10—传动螺母；11—电动机；12—皮带轮

提升时间可用下式计算：

$$T=H/v \tag{6-34}$$

式中，H 为行程，mm；v 为升降速度，mm/s。

提升电动机的功率为：

$$W=\frac{Gv}{102\eta_t} \tag{6-35}$$

式中，W 为电动机功率，W；v 为升降速度，mm/s；G 为被提升的重量，kg；η_1 为传动部分总效率，$\eta_1=\eta_1\eta_2\eta_3$，其中 η_1 是皮带传动效率，$\eta_1=0.90\sim0.94$；η_2 是滑动轴承效率，$\eta_2=0.98\sim0.99$；η_3 是丝杠传动效率，$\eta_3=0.6\sim0.7$。

由于丝杠在传动过程中受到较大的悬臂力作用，故取值应小些。电动机选用一般的三相交流异步电动机。传动机构因重量较大，又有悬臂作用，因此丝杠易变形，故应进行强度计算，并适当考虑刚度问题。

6.3.2 液压提升机构

大型镀膜机提升部分的重量大，行程较长，因此采用液压传动，其启动力大，结构也不复杂。图 6-14 所示为国产立式镀膜机上比较普遍采用的一种结构形式。

其动作过程如下：电动机带动液压油泵，油泵通过油过滤器从油池中吸油并泵出高压油，经过止回阀进入液压油缸，推动活塞和提升立柱，使真空室升起。提升到最高位置后，活塞停止在最高点上，此时如果油泵继续工作，则由于缸内油压上升安全阀打开，油回流到油槽中，此时油泵停止工作，依靠止回阀的作用，保持油缸内油量不变，真空室停止在最高点位置上。真空室下降时，打开回油阀，依靠活塞和真空室等构件的自重将油压回到油箱中。安全阀有保护构件不受损坏的作用。如将安全阀调节范围设计宽一些，还可做溢流阀使用，可调节提升速度。活塞下降速度由回油阀上的节流孔来调控。当活塞上升时，活塞与油缸配合面渗漏到活塞上部的油及活塞上部的气体，由限位溢流管流回到油箱中。

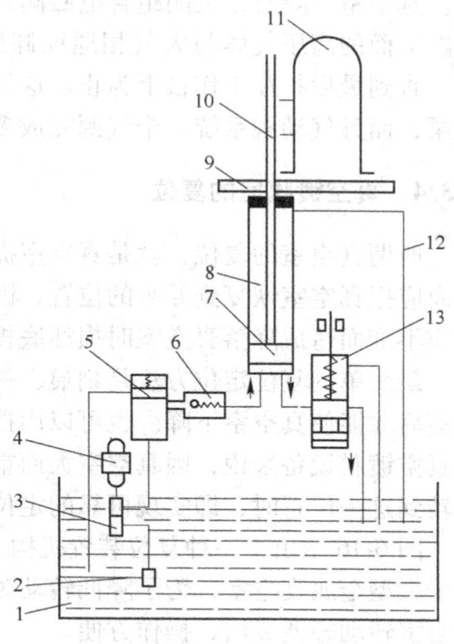

图 6-14　液压提升机构示意图

1—液压油箱；2—油过滤器；3—液压油泵；4—电动机；5—安全阀；6—止回阀；7—活塞；8—液压油缸；9—工作台；10—提升立柱；11—真空室；12—限位溢流管；13—回油阀

6.3.3 气动液压结合的提升机构

气压液压提升机构如图 6-15 所示。组合电磁阀 2 打开后由压缩机提供的高压气体进入

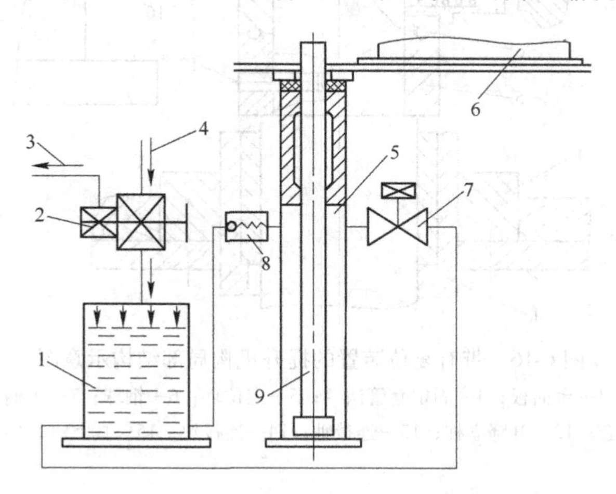

图 6-15　气压液压结合提升机构示意图

1—密封油缸；2—组合电磁阀；3—排出气体；4—高压气体；5—液压油缸；6—真空室；7—回油电磁阀；8—单向止回阀；9—提升立柱

油缸 1 中，油缸的油面受到 6 个气压以上的压力，使油经过止回阀，进入工作油缸，推动立柱连同真空室一起上升。当立柱下端碰到固定导向筒端壁后即停止不动，达到最高提升点。真空室下降时，关闭组合电磁阀，则通往压缩机的管道被截断，同时放气阀打开，使油缸上面的高压气体与大气相通而卸压。同时又将回油电磁阀打开，真空室靠自重而下降，直到最后扣在工作台上为止。这种机构的优点是有高压气源时，可节省一个电动机和油泵，而且气动阀系统一个气源完成多项操作，因此比较方便。

6.3.4 真空镀膜室的复位

所谓真空室的复位，就是真空室提升后一般都需要旋转一个角度，以利于清洗，清洗后尚应把真空室恢复到原来的位置，因此要求复位必须准确，否则会因真空室与底板位置对应不准而造成降落真空室时损坏底板上的零件。

最简单的复位定位方法是刻痕，一半刻在立柱上，一半刻在旋转的套筒上，只有对正划痕后才能使真空室下降。也可以用挡板，当真空室转回到这个位置时就不转了。对于大型真空镀膜设备来说，因真空室大而重，悬臂也较长，需要采用可靠的定位装置，当真空室转到这一位置时，即实现可靠的定位。

图 6-16 示出了一种复位装置机构，它是由弹簧力将定位销推进定位孔而实现定位的。对于大型金属真空室，为了降低转动时的摩擦阻力，可在定位环与转套之间装上钢珠，使真空室转动轻便灵活，操作方便。

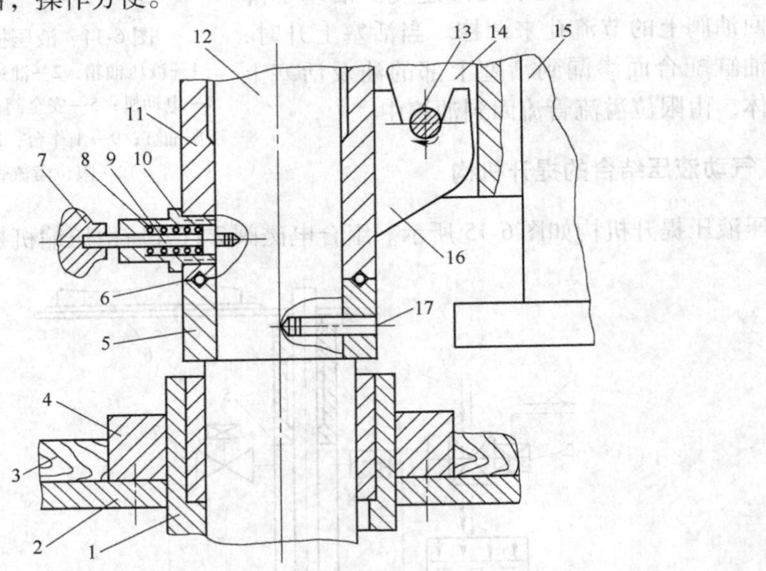

图 6-16 带有复位装置的提升机构局部结构示意图

1—导向套；2—工作台；3—台面板；4—固定套管法兰；5—定位环；6—钢珠；7—手柄；8—弹簧；9—定位杆；10—连接套；11—转套；12—升降立柱；13—连接轴；14—连接块；15—真空室；16—挂钩；17—固定销

6.4 镀膜室工件架的设计

工件架的作用是在真空镀膜室中用来夹持工件。在决定如何支撑及旋转基片时，基片的尺寸、数量、日产量、允许的卡具标记、线膨胀系数、装卡方式、热冲击阻抗、除气特性、厚度均匀性及特殊的操作要求等都是很重要的考虑因素。为保证膜厚的均匀性，要求工件架按一定的规律运动，并且运动速度必须均匀平稳。此时，工件架的旋转采用公自转或行星运动是较好的解决方案，尤其对具有曲面形状的基片，这种方法可以降低基片自身的各个位置以及同一工件架上的各个基片之间的膜厚差。行星式工件架系统的缺点是限制了真空室的装载量。因此，在满足薄膜均匀性的前提下，要求工件架承载的工件尽量多，以提高镀膜效率。由于工件要进行轰击清洗和烘烤除气或加热，因此，要求工件架还应该耐烘烤、不变形，因此要考虑卡具和基片的热膨胀及空间尺寸和形位公差，以避免在加热过程中基片掉落或变形。

6.4.1 常用工件架的结构形式

常用工件架有行星传动工件架、摩擦传动工件架、齿轮传动工件架等。此外，根据基片形状和镀膜机工件架的传动结构还可以采用链式传动形式。

6.4.1.1 球面行星传动工件架

球面行星传动工件架常用在蒸发镀膜设备中，图 6-17 为 DMP-450 型镀膜机的球面行星工件架结构图，球面夹具是120°均布的，一台镀膜机上有三个夹具，上面的孔根据被镀零件需要而开设。其工作原理如图 6-18 所示，三个球面圆盘均布在一个球面上，蒸发源可放置在球心或周面上。它的优点是：

（1）基片架的有效面积较大，承载的基片数多，工件效率高。

（2）膜层均匀，从理论分析中可知，球面上任意一点 P 的膜厚只与球面半径 R 有关，再加上公转和自转，可得到厚度均匀的薄膜。

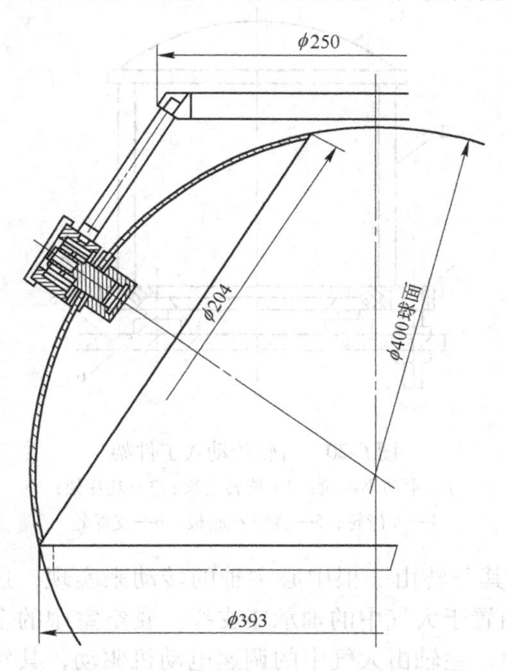

图 6-17 球面行星传动工件架结构示意图

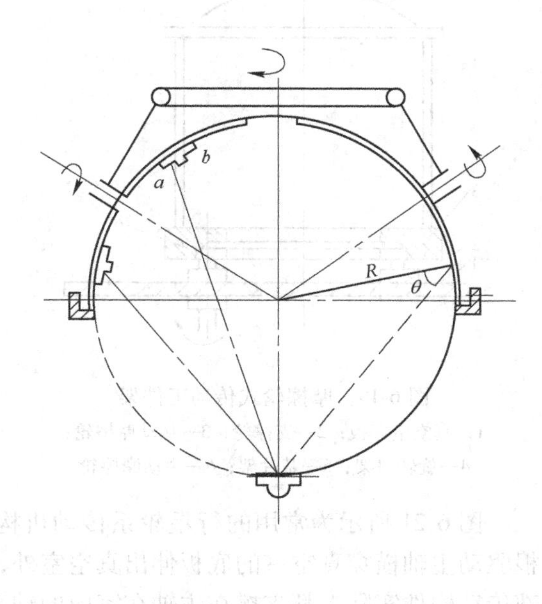

图 6-18 球面行星传动工件架工作原理

(3) 没有台阶效应的影响。由于基片架的转动，使得基片台阶处如图 6-18 中的 a、b 各点，都有相同的机会接受来自蒸发源的材料蒸气分子。

工件架的转速应当选择得当，旋转速度太快时，蒸发效果不好；转速太慢，工件架尚未旋转一周蒸发材料就蒸发完毕，不能保证膜的均匀性。因此一般要根据每次蒸镀时所需的最短时间、旋转工件架的线速度及其运动过程的稳定性等方面进行综合考虑来确定工件架的最大转速。一般转速不应大于 40r/min。通常，超高真空蒸发镀膜机上的球面行星转动工件架的转速范围可选择为 0~36r/min，而且其转速应是可调的。

6.4.1.2 摩擦传动工件架

图 6-19 所示为一种最简单的摩擦轮式传动工件架。其工作原理是：摩擦轮 6 与 3 相互压紧后，在接触处产生压紧力 Q，当主动轮 6 逆时针旋转时，摩擦力即带动从动轮 3 做逆时针回转。此时驱动从动轮所需的工作圆周力 P 应小于两摩擦轮接触处所产生的最大摩擦力 fQ，即 $P \leqslant fQ$，f 为摩擦系数，其值与摩擦材料、表面状态及工作情况有关。为了使工作可靠，常取 $fQ=KP$（K 为可靠性系数），在一般传动力传动中取 $K=1.25 \sim 1.67$，在仪表中取 $K=3$。

摩擦轮传动可用于两平行轴之间的传动及两相交轴或相错轴之间的传动。传递的功率范围可以从很小到 300kW，但在实用中一般不超过 20kW；传动比可达 7~10；圆周速度可由很低到 25m/s。这种结构的特点是加工容易，可实现无级调速，但运转时容易丢转。

6.4.1.3 齿轮传动工件架

齿轮传动工件架应用范围最广，可用在各种形式的镀膜机上，其传动方式应根据工艺要求灵活选定。图 6-20 所示为最简单的一种，小齿轮为主动轮，可实现工件架转速恒定。

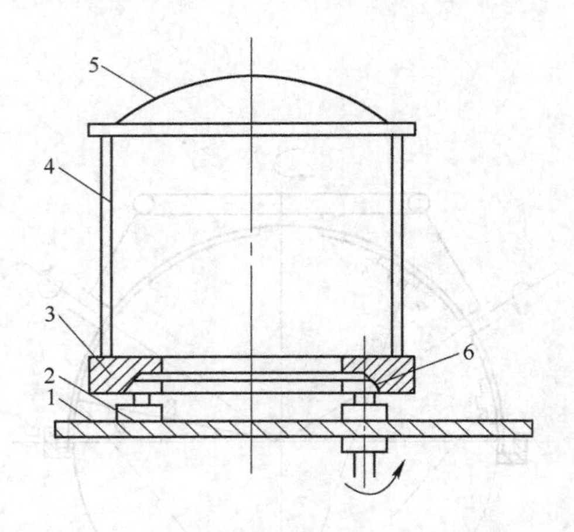

图 6-19 摩擦轮式传动工件架

1—真空室底板；2—支撑轮；3—从动摩擦轮；4—旋转对架；5—基片架；6—主动摩擦轮

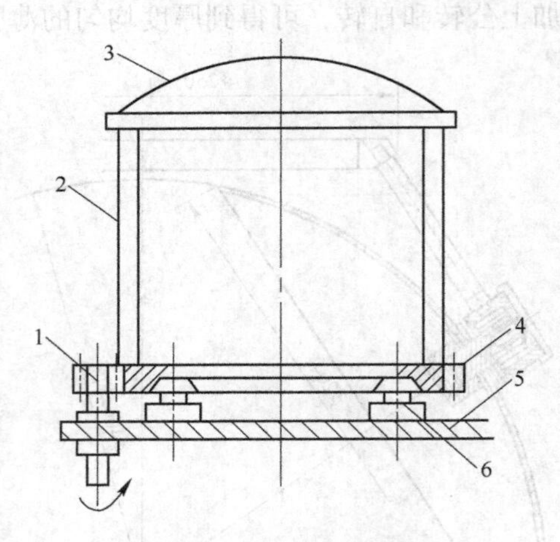

图 6-20 齿轮传动式工件架

1—主动小齿轮；2—旋转支架；3—基片架；4—大齿轮；5—真空室底板；6—支撑轮

图 6-21 所示为常用的行星轮系传动机构。其公转由一根中心主轴的转动来实现，这根驱动主轴横穿真空室的底板伸出真空室外，由置于大气中的轴承座支撑。真空室中的全部传动构件实际上都支撑在主轴在室内的轴端上。主轴由大气中的调速电动机驱动，其转速根据工艺需要可自由调节。

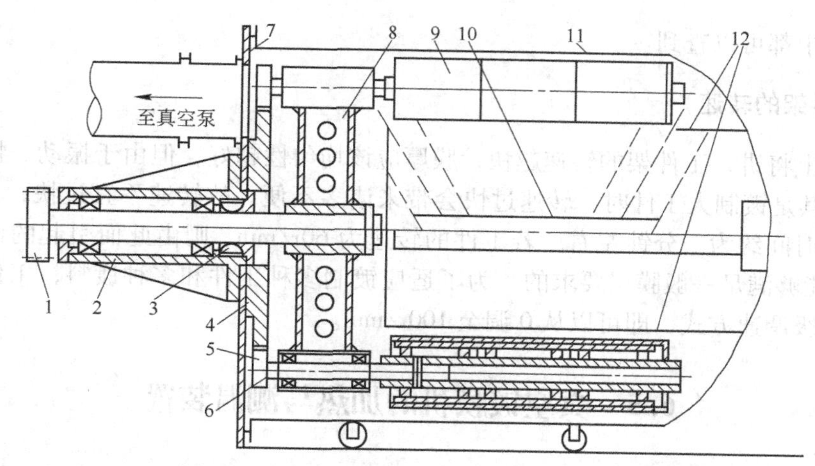

图 6-21 卧式行星式传动公自转工件架结构

1—外传动齿轮及主轴；2—支座；3—真空动密封；4—大齿轮；5—小齿轮；6—自转轴；7—真空室底板；8—转盘；9—被镀工件（硒鼓）；10—蒸发源；11—卧式移动真空室钟罩；12—挡板

在主轴通过底板处设有威氏真空动密封，而且该动密封是从真空室内侧安装的。这样设计的目的是将主轴的支承全部分隔在大气一侧，既减少了真空室中的放气源，又使真空室内结构紧凑。另外，还可使主轴的轴承按在大气中的使用要求来选择润滑油脂及进行维护，而无需考虑真空要求。

主轴在真空一侧的轴端上安装一个由两张不锈钢板焊成的大转盘，两张圆板之间用筋板焊接。采用这种结构主要是为减轻重量与保证足够的刚性。在两张圆形板上还开了许多减重孔，也有利于真空排气。大转盘是所有自转轴的支承体。在转盘的外圆周上均布焊接着八个不锈钢管，管内用八对轴支承着八根自转轴。为了保证八根自转轴的相互平行与对称，整个转盘构件的选材与焊接均应考虑镗床加工的工艺要求。

每根自转轴的左端都装有小齿轮，该小齿轮与固定在底板上的中心大齿轮相啮合。于是随着主轴的转动，每根自转轴除了随转盘一起做公转外还做自转，即形成行星式运动。每根自转轴的右端即可根据被镀工件的几何形状，采取相应夹具装夹工件。

6.4.1.4 拨杆传动工件架

图 6-22 为拨杆传动工件架的示意图。如果在真空室底板或真空室下部的空间无法安装传动机构，而在真空室的顶部有可能安装时，这种结构可将电动机置于真空室的顶部。其特点是结构简单，加工方便，制造成本不高。

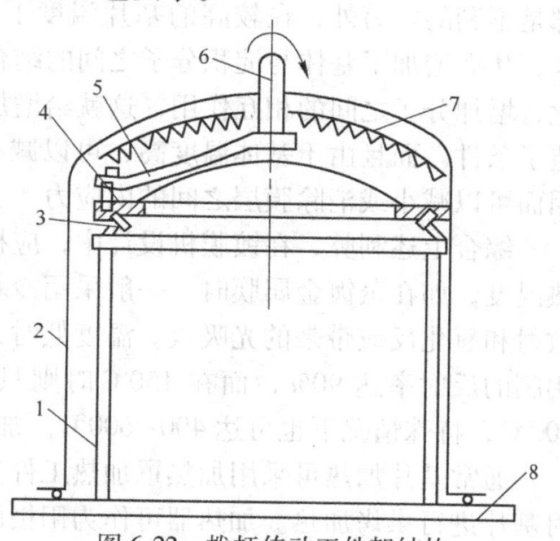

图 6-22 拨杆传动工件架结构

1—固定支架；2—真空室；3—支撑轮；4—工件架；5—拨杆；6—主动轴；7—烘烤罩；8—真空室底板

除上述四种工件架的传动方式外，根据基片形状，镀膜机工件架的传动结构还可以采用链式传动形式。这几种工件架传动结构的设计计算都是机械设计的常规计算，在有关的机械设计书籍中都可以查到。

6.4.2 工件架的转速

从理论上将讲，工件架的转速越快，膜厚应该均匀性越好，但由于振动、惯性等因素的影响，尤其是镀制大工件时，转速过快会带来诸多不便。故转速不宜过快，一般沉积一层介质膜的时间约为一分钟左右。若工件的转速为 60r/min，则由此而引起的误差将不大于 1%，是能够满足一般膜层要求的。为了适应镀制多种工件和多种镀料，工件的转速最好设计成无级调速方式，即可以从 0 调至 100r/min。

6.5 真空镀膜机的加热与测温装置

6.5.1 加热方式及其装置

镀膜机的加热系统是用以满足真空系统的烘烤和薄膜生长所需的温度条件。真空镀膜室中设置对基片的加热装置是必要的。基片的温度对薄膜的特性有很大影响，如膜基结合力，薄膜的结晶度，薄膜晶体的择优取向，薄膜的内应力，铁电薄膜的电滞回线、矫顽场、导电薄膜的面电阻值，超导薄膜的居里点等参数都与基片温度有关。同时基片的温度影响薄膜的属性，例如大部分高温超导材料的转变温度高于 400℃，ITO 膜的沉积温度最高也在 400℃。

因此，在镀膜过程中为了提高薄膜的性能，常常需要对基片进行加热。但是基片的加热温度应该根据不同薄膜的具体要求和制备工艺来确定，避免过高或过低。如果基片的温度太高，蒸镀材料的蒸气分子就容易在基体上运动或再被蒸发，因而基片温度高的话，就要求凝结分子的临界蒸气压也要高，这就导致了薄膜形成大颗粒结晶，对成膜和膜的质量都是不利的。另外，在较高的基片温度下，吸附在基片表面的剩余大气分子将被解吸出来，从而增加了基体与淀积分子之间的结合力，而且高温还会促使物理吸附向化学吸附转化，增加分子之间的相互作用，这就给增加膜的附着力使膜的结构致密，提高机械强度创造了条件。而且由于基体温度高，可以减小蒸气分子再结晶温度与基体温度之间的差别，因而可以减小或消除膜层之间的内应力。

综合上述利弊，在镀膜机设计中，应根据不同的膜层，不同材料的基片选择不同的加热温度，如在蒸镀金属膜时，一般采用冷基片，这样可以减少大颗粒的形成，以防引起光散射和氧化反应带来的光吸收。温度低时也可提高膜层的反射率，例如温度为 30℃时蒸镀铝膜的反射率达 90%，而在 150℃时则只有 80%左右。基片的加热温度，一般在 100～400℃，特殊情况下也可达 400～600℃。加热温度应可调控。

通常基片加热可采用加热罩加热工件架或采用加热基片底座的方式，利用辐射传热来对基片进行烘烤加热。加热器可作为阳极的一部分。加热的形式主要有如下几种：

（1）红外碘钨灯加热器。这种加热器表面积小，表面光滑，没有打火问题，对缩短抽气时间有利。

（2）镍铬丝电阻加热器。这种加热器实际上就是一个电炉，电阻丝可选用 Ni-Cr 丝。大面积基片的加热器可选用封闭的铠装红外加热管或封闭的金属加热板。图 6-23 为铠装管状电热元件的结构图。铠装加热管是以Cr20Ni80电阻丝为加热体，氧化镁为绝缘体与导热体，经过挤、压、拉制而成。管状加热器的特点是成本低、结构简单，可以弯曲成被加热基片形状，传热比较均匀，具有较优良的加热效率。加热器本身达到的最高温度约为750℃，适于在高真空环境下工作，其工作温度一般不超过500℃。铸铝加热板是由预定好的铠装加热管弯曲成型，放入模具中，用铝水浇铸而成，然后进行精加工，从而得到所需求的产品。

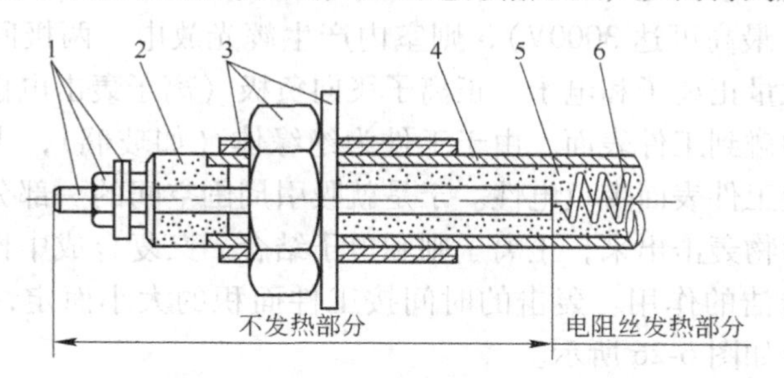

图6-23　管状电热元件的结构示意图

1—接线装置；2—绝缘子；3—紧固装置；4—金属套管；5—结晶氧化镁；6—电阻丝

小型的红外加热器如图6-24所示。大型的管式和板式加热器如图6-25所示。加热器的功率一般根据基片所需的温度、真空室的体积、镀膜工艺参数（如工作气体种类、工作气压、靶源（或蒸发源）与基片的距离、溅射或蒸发功率、系统的抽气速率等）以及在薄膜沉积过程中基片是否受到高能粒子的轰击来确定。

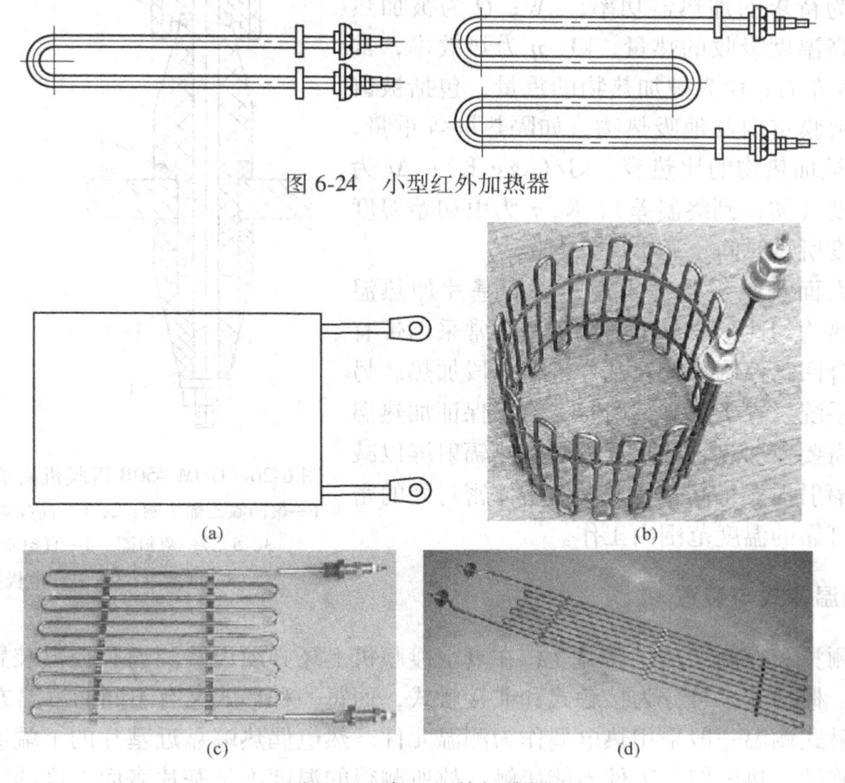

图6-24　小型红外加热器

图6-25　大型红外加热器

（a）板式（铸铝）加热器；（b）大直径环状管式加热器；（c）平面管式加热器；（d）铠装加热管

（3）高压离子轰击加热。上述两种烘烤方法可以有效地解吸气体，但是一些污染物，尤其是手印，用加热法是不能完全除去的，甚至会将其烧结在基体上面。有些碳氢化合物，用烘烤也不能完全清除污染，因此采用高压离子轰击的方法是有效的。

高压离子的轰击加热是在装有离子轰击电极的镀膜室内进行的。装好工件后，将室内抽到1Pa以下，对高压轰击电极通以直流负压，将两极间的工件接镀膜机外壳并接电源正极，升高直流电压（最高可达3000V），则室内产生辉光放电，两极间的空间碰撞电离和冷阴极发射，形成大量正离子和电子，正离子飞向负极（离子轰击电极）而形成电流，电子则在飞向阳极途中碰到工件表面。由于工件为绝缘体（如玻璃），飞向工件的电子立刻在工件表面附着，使工件表面带负电性。于是就吸引周围空间的一部分正离子轰击工件表面，把工件表面的污物轰击出来，正离子则和电子结合，又复合成中性气体分子，这样便达到了使工件表面清洁的作用。轰击的时间按工件面积的大小而定，一般为10~30min。典型的离子轰击电极如图6-26所示。

烘烤加热源的加热功率主要根据被加热物达到最高温度时吸收的热量来计算，其公式为：

$$W = \frac{4.168Q \times 10^3}{860\eta} = 4.868\frac{Q}{\eta} \qquad (6\text{-}36)$$

$$Q = \frac{Gc_m\Delta t}{\tau} \qquad (6\text{-}37)$$

式中，W为待求的加热器功率，kW；Q为被加热物达到最高温度吸收的热量，kJ；η为热效率，常取$\eta=70\%$左右；G为被加热物的重量，包括被镀件重量和镀膜室内其他吸热物，如隔热屏等重量，kg；c_m为被加热物的比热容，kJ/(kg·K)；Δt为温升总梯度（初始到终温差），K；τ为由初始温度到最终温度所需时间，通常取0.5 h。

对于大面积平板基片来说，高的基片加热温度，对加热均匀性的要求也随之提高，常采用带有反馈的闭合回路控制系统对基片进行分段加热。另外，加热系统设置于真空室内时，为了保证加热温度，一般需要在加热装置附近加装隔热辐射屏以减少热量的辐射损失，同时保证真空室体密封处的密封材料在可靠的温度范围内工作。

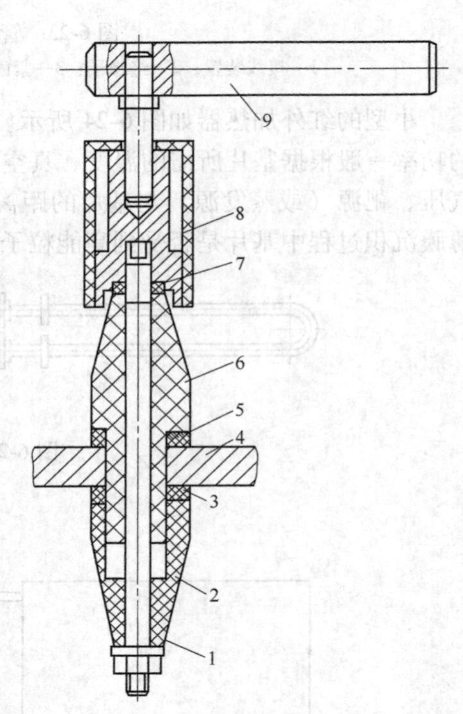

图6-26 GDM-450B镀膜机离子轰击电极
1—聚四氟乙烯垫圈；2，6—高频陶瓷绝缘子；3，5，7—密封圈；4—真空室底板；8—屏蔽罩；9—高压电极杆

6.5.2 测温方式与装置

为了测量和控制加热烘烤温度，在真空镀膜机上还必须设置测温和控温装置。测温的方式较多，概括起来可分为接触式和非接触式，而每一种形式又有不同的测温方法。

非接触式测温一般采用热电偶作为测温元件。热电偶热端靠近基片的上端或下端。由于工件架旋转，热电偶与工件不能接触，故所测得的温度不是基片表面温度的实际值，而是一个比较值。热电偶的导线引到镀膜室外，与温度控制器相连，对温度进行监控。

接触式测温以大型硒鼓镀膜机为例。其接触式动态测温系统可分为两部分：一是如图6-27所示的安装在硒鼓轴上的接触测温装置；另一个是如图6-28所示的将测得的温度信号导出真空室的滑环电刷装置。由于每根鼓基轴都在不停转动，所以选两根对称位置的轴来测温即可。在该轴上对应每个鼓基都安装一个测温装置，同一轴上几个测温装置可共用一套滑环电刷。

接触式测温元件应与被测物体接触良好。如图6-27所示，测温装置用螺钉固定在鼓基轴上与鼓基成相对静止状态。活动套管4可在固定套管5中上下滑动，管4的顶端装有测温元件（热电阻片）。装于固定套管内的弹簧则使管4向上弹起，顶牢鼓基内表面，使热电阻片与鼓基内壁很好接触以测量温度。由于鼓基系由导热良好的铝材制成，且壁厚只有4mm左右，故其内壁的温度与其外表面的温度十分接近。在实际工艺操作中，还可采用校准手段，即将所测得温度乘以固定系数便可如实反应鼓基表面温度。从图中还可以看到，在活动套管4的中部开有孔槽，拉杆3穿越其中，并可在空中滑动。杆3和管4上孔的滑动接触处加工成一定斜度，于是在杆3拉出与伸入时，活动套管4即被升起与压下，起到了控制管4升降的作用。当装鼓基时可推入杆3，使管4下降，测温元件即与管内壁脱离，鼓基的装入、拉出均不会碰伤热电阻片。待鼓基装稳后再拉出杆3，使管4升起，在弹簧压力下，热电阻片又与鼓基内壁很好接触，即可测温。

在图6-28中示意了测温信号的传递系统。系统有两套滑环电刷装置：一套装于鼓基轴与中夹转盘之间，将电信号传递到固定在转盘的导线上；另一套滑环电刷则装在主轴外端与外支架之间，将转盘上导线传来的信号传递到静止的支架上，再导入测温仪表，即可显示读数。转盘上的测温导线须经主轴中心孔引出，期间通过一个密封接头由真空导入大气。在信号传递过程中，由于滑环电刷的适当选材与良好接触，可使测温元件至测温仪表间的整个传递线路的电阻值很小，以符合测温仪表对电阻的要求。

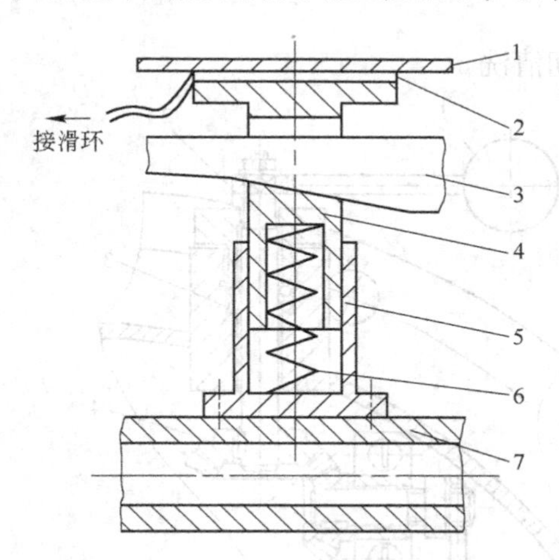

图6-27 真空镀膜机接触测温装置
1—鼓基；2—热电阻片；3—拉杆；4—活动套管；
5—固定套管；6—弹簧；7—鼓基轴

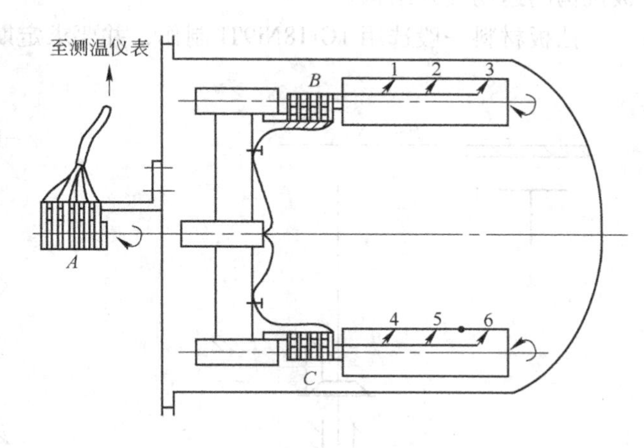

图6-28 鼓基动态测温信号传递结构原理
A，*B*，*C*—滑环电刷装置
1~6—鼓基内壁测温点

当在射频溅射镀膜机中采用热电偶传感器测温时，应该将测量的热电偶屏蔽接地，并用RF轭流圈等消除对温差热电势的影响，避免产生RF偶合。

6.5.3 真空室内引线设计

连接加热器与真空室外电源的引线由于处于真空室内，容易引起真空放电现象，对引线本身及真空室内元件造成损害，所以该引线的屏蔽十分关键。一般可采用裸铜丝外套真空陶瓷管的方法，但是有时在两节陶瓷管接头处仍然出现打火放电现象。为此可在原有陶瓷管的基础上，外加一个弯曲伸缩的柔性金属护套管，将两根内穿有铜丝的陶瓷管插入到金属护套管内，并在装配中尽量缩小两节陶瓷管间的间隙。可在金属套管的两端攻有螺纹，分别与加热器和真空室壁上的电极接头相连接。

6.6 真空镀膜机的挡板机构

蒸发源和磁控靶温度升高时都要放气，为了消除放气时对基片和膜层的污染，获得较为纯净的膜，必须进行预蒸发和预溅射，这时可通过挡板机构先将基片遮住，经过几分钟后，再将挡板移开，开始镀膜的工艺过程。

此外，在多功能镀膜机中，一个镀膜室内装有几种膜材源，当一些源工作，另一些源处于非工作状态时，这些非工作状态的源也可能被污染。因此也应设置挡板，将非工作状态的源挡住。

从上述挡板的作用可以看到，挡板应按一定的规律运动。其结构及运动形式与镀膜机的总体结构及布置有关。常见的有摆杆机构、照相机快门式活动机构、旋转机构、多叶式机构、悬臂式机构等。图 6-29 所示为悬臂式挡板机构的结构原理图。由于该机构运动方式比较简单，挡板在真空室内的转动，一般都是由真空室外部把直线或旋转运动传递到真空室的内部，其动密封结构也较简单，采用常规转轴密封结构。图 6-30 所示为悬臂式挡板机构的运动导入结构。

挡板材料一般选用 1Gr18Ni9Ti 制作，并要求定期清洗。

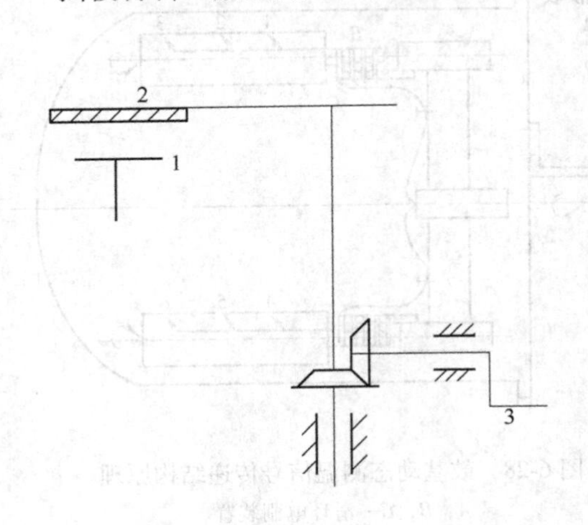

图 6-29 悬臂式挡板机构结构原理

1—源；2—挡板；3—手柄

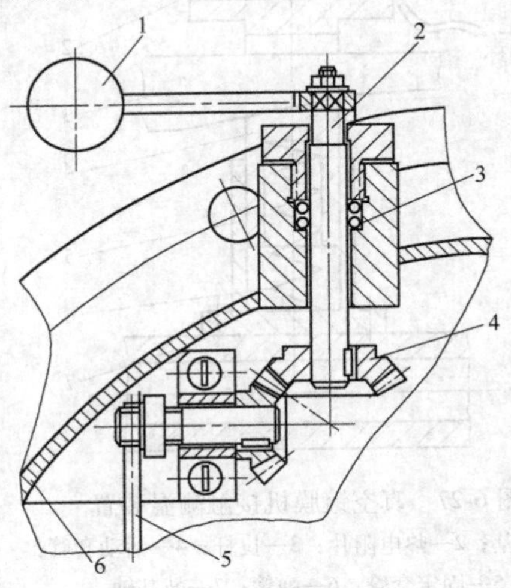

图 6-30 挡板机构运动导入结构示意图

1—挡板转动手柄；2—密封转轴；3—密封结构；4—伞齿轮；5—挡板；6—真空室壁

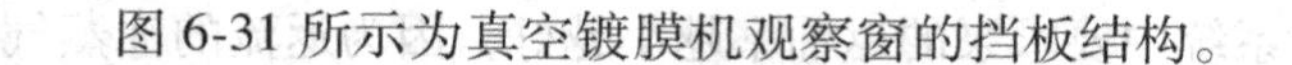

图6-31所示为真空镀膜机观察窗的挡板结构。

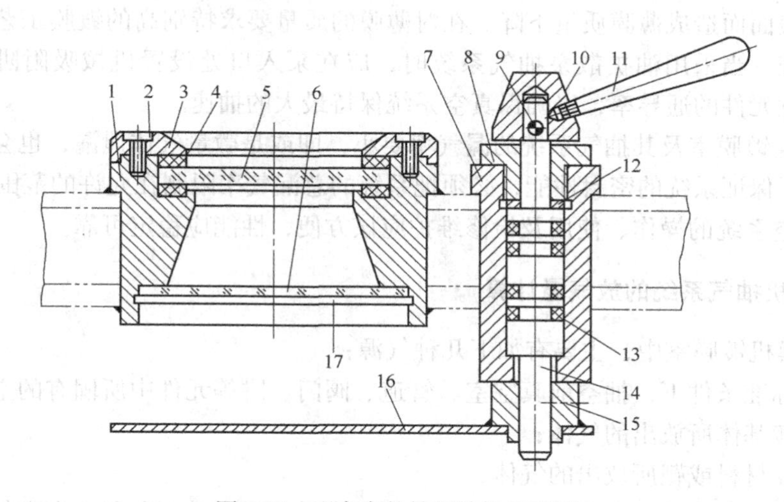

图6-31 观察窗的挡板结构示意图

1—座体；2—螺钉；3，8—压盖；4—密封圈；5，6—玻璃；7—密封座；9—销子；10—座；11—手柄；12—垫；13—O形密封圈；14—轴；15—顶丝；16—挡板；17—胀圈

6.7 真空镀膜机抽气系统的设计

6.7.1 真空镀膜设备对抽气系统的要求

真空镀膜设备对抽气系统有以下基本要求：

（1）镀膜机真空系统应有足够大的抽气速率，该抽速既应迅速抽走镀膜过程中基片及蒸发材料和真空室内各构件所放出的气体，也能将溅射和离子镀膜过程中的充气及系统的漏气等气体迅速抽出。为了提高镀膜机的生产效率，应能快速操作。

（2）镀膜机抽气系统的极限真空度应根据不同薄膜的要求而有所不同。表6-9是各种不同薄膜的镀膜工艺所要求的真空度范围。

表6-9 各种镀膜工艺中所要求的真空度

真空镀膜工艺	极限真空度/Pa	工作真空度/Pa
真空蒸镀烟纸	10^{-3}	$10^{-1}\sim6.7\times10^{-3}$
真空蒸镀电容器纸	10^{-3}	$2.7\times10^{-2}\sim6.7\times10^{-3}$
真空蒸镀聚酯薄膜	$1\times10^{-3}\sim6.7\times10^{-4}$	$2.7\times10^{-2}\sim6.7\times10^{-3}$
真空蒸镀光学膜	$2.7\times10^{-3}\sim10^{-4}$	10^{-3}
半导体集成电路铝电极蒸发	6.7×10^{-5}	$2.7\times10^{-3}\sim1\times10^{-4}$
介质膜、半导体膜、合金膜的溅射镀膜	10^{-4}	10^{-2}
磁控溅射镀膜	10^{-4}	2.7×10^{-2}
反应离子蒸镀TiN膜	10^{-4}	10^{-2}
电子束蒸发钽膜	10^{-7}	6.7×10^{-5}

（3）在以油扩散泵为主泵的抽气系统中要求泵的返油率越小越好，因为返流的油蒸气会污染工件表面而造成薄膜质量下降。在对薄膜的质量要求特别高的镀膜工艺中最好采用无油抽气系统。当采用油扩散泵抽气系统时，应在泵入口处设置机械吸附阱、冷阱等元件，并应注意元件的通导率，以确保真空系统保持最大的抽速。

（4）真空镀膜室及其抽气系统的漏气率要小，即或是微量气体泄漏，也会影响膜的质量。因此为了保证系统的密封性能，必须把系统的总漏气率限制在允许的范围之内。

（5）真空系统的操作、使用及检修维护应该方便，性能应稳定可靠。

6.7.2 镀膜机抽气系统的放气量计算

真空镀膜机镀膜室中，主要有如下几种气源：

（1）在标准条件下，抽空前真空室、管道、阀门、阱等元件中所固有的空气；

（2）被镀基体所放出的气体；

（3）蒸发材料或靶所放出的气体；

（4）真空室内壁及室内所有构件表面因压力降低和温度升高所释放出来的气体；

（5）从真空室外漏到系统内的气体。

上述五项气源中，第一项对计算高真空泵而言，这部分气体主要在抽气系统预抽真空时被预抽真空泵抽走，因而只是作为选择预抽真空泵缩短预抽时间的依据。作为选择主泵时所考虑的总放气量 $Q_{总}$ 的通式则为：

$$Q_{总} = Q_1 + Q_2 + Q_3 + Q_4 \tag{6-38}$$

$$Q_1 = \frac{P_a q_1 F_1}{t} bn \tag{6-39}$$

$$Q_2 = \frac{P_a q_2 G_2}{t} \tag{6-40}$$

$$Q_3 = P_a q_3 F_3 \tag{6-41}$$

$$Q_4 = \Delta PV \tag{6-42}$$

式中，Q_1 为被镀基体（或靶）的总放气量；Q_2 为蒸发材料的放气量；Q_3 为真空镀膜室内所有构件表面的总放气量；Q_4 为真空镀膜室的总漏气量；P_a 为标准大气压力；q_1 为被镀基体的单位表面积的放气量；F_1 为基体的表面积；b 为衡量被镀基体经过一次排气后所放出的总放气量的百分数；n 为与镀膜工艺有关的放气不均匀系数；t 为蒸镀或溅射时间；q_2 为蒸发材料在标准状态下所放出的气体体积；G_2 为蒸发材料的重量；q_3 为真空室内壁、蒸发源及室内其他构件表面在标准状态下放出的气体体积；F_3 为真空室及室内所有构件的总面积；V 为高真空系统的总容积；ΔP 为压强增长率。

真空镀膜机典型的结构材料在室温下的放气率如表 6-10 所示。镀膜室内的漏气率国内尚无标准，设计时可选取漏气量为 10^{-4}Pa · L/s，压强增长率为 0.05～0.10Pa/min。

由于各种材料的放气量不但数字差别很大，而且也不完整。因此设计时也可以采用估算的方法来计算主泵的抽速。国外的经验是，对于被抽气的镀膜室，每一升容积所配泵的抽气速率为 5～10L/s；如果是塑料镀金属薄膜，则每升容积需要的抽气速率大约为 10～11L/s，国内此数据一般取 10L/s；对于蒸镀放气量较大的材料，再进行适当地加大。

表 6-10 几种主要结构材料抽气 1h 的放气率

材料	处理方法	放气率/ $Pa \cdot L \cdot s^{-1} \cdot cm^{-2}$
软钢	抛光	3×10^{-5}
软钢	镀铬	7×10^{-7}
不锈钢	机械抛光	2.1×10^{-1}
磁钢	丙酮擦洗	6.3×10^{-5}
铝合金	原料	1.2×10^{-5}
铝板	表面锉光	8.3×10^{-6}
紫铜片	未加工	6.4×10^{-6}
镍片	未加工	5×10^{-5}
丁腈橡胶	用 20%NaOH 蒸馏水煮洗	7×10^{-4}
真空橡皮管		4.8×10^{-4}
氟橡胶		2.8×10^{-4}
玻璃钢		$2\times10^{-4}\sim1\times10^{-3}$
环氧树脂	未处理	5×10^{-4}

6.7.3 真空泵的选择

真空泵在镀膜设备的抽气系统中占有非常重要的位置，要仔细根据设备的镀膜工艺需求和对膜层的要求来选择抽气系统的真空泵。一般抽气系统设计时需要考虑的主要因素有：

（1）镀膜工艺中要抽出什么样的气体，在真空系统里是否有毒性气体、易爆炸气体或腐蚀性气体？例如：氧、氯、氟、磷等。需要达到什么样抽气效果？水蒸气是否是一个主要因素？

（2）镀膜工艺需要什么样的本底压力和工作压力？真空机组如何配置才能使真空镀膜室在规定的时间内达到预期的真空度？

（3）镀膜时是否容许真空室中存在残余油气或碳氢化合物？

（4）基片或真空室内的加热温度对真空系统抽气的影响？

（5）真空泵本身具有磁场特性是否会对镀膜系统产生影响？

（6）抽气系统的高真空阀和粗抽管路如何装置？

（7）系统的操作成本如何？系统需要多久维修一次？维修是否简便？维修由谁来做？供应商还是自己？

（8）应考虑什么样的初期投资？

在真空系统设计时，有效抽速可以根据真空泵的规格和真空室的流导计算出来，但是泵的抽速损失也是一个需认真考虑的问题。例如，长和较细的管道都将增加气体流导的损失，从而减小抽气速率。例如一个抽速为 2000L/s 的真空泵，经过外径为 ϕ10.16cm，长度为 50.8cm 的管路接至真空室，则真空泵的实际抽气速率可能仅有 210L/s。因此在真空系统的设计时，最好尽量少用细长管路、接头、弯管和真空阀门，且最好使用同尺寸宽的组合，并且抽气管路的外径应比泵的进气口大。当被抽气体中含有大量水蒸气时，泵对水汽的大抽速是很关键的。如果泵对水汽的抽速低，就会影响到系统的抽气时间。所以在预见到被抽气体中含大量水汽时，一般会采用迈斯纳挡板来作为辅助的抽气装置，或者配有辅助低温泵，用以提高系统对水汽的抽速。

低温泵和分子泵具有高效、快速和清洁无油的特点，因而成为中小型镀膜设备中高真空泵的理想选择。大型真空室一般会有较大的热负载，这些热量来源于镀膜工艺中的气体和基片加热的热辐射，会造成低温泵在冷却方面的困难。因而，在大型系统中依然经常使用低温冷却挡板与扩散泵的传统组合形式，特别是涉及高温加热工艺的时候。

对于粗真空泵的考虑也不能仅限于简单的抽速方面。对于扩散泵机组来说，扩散泵的排气压力与机械泵的有效抽气压力之间存在空档，需要另外的抽气设备（如增压泵）进行弥补。而低温泵则可以承受更高的压差，因此其前级采用机械真空泵就足够了。

表 6-11 给出了不同主泵抽气系统的适用范围及应用特点。

表 6-11　不同主泵抽气系统的适用范围及应用特点

主　泵	油扩散泵	涡轮分子泵	低温泵	离子泵
适用范围	真空室内要求中等洁净程度环境，且所镀膜层能容许少许油气污染	适用于中等洁净至极高洁净要求的真空环境	适用于中等洁净至极高洁净要求的真空环境	适用于中等洁净至极高洁净要求的真空环境
抽气速率及其限制	1. 很大的抽气速率。 2. 对各种气体都有良好的抽气效果。 3. 从分子流到极限压力，此泵都具有平坦的抽气速率曲线。 4. 抽气速率依据本身的油蒸气压，油污染情况和加热器的特性而定。 5. 需要很长的加热启动时间，所以泵工作时需要经常保持抽气标准状态。 6. 不同厂家的产品，其抽气效果有极大不同	1. 中等抽气速率。 2. 对氦气和氩气有良好的抽气效果。 3. 从分子流到极限压力，此泵都具有平坦的抽气速率曲线。 4. 很快的启动时间，即只需极短的准备时间，此泵即可开始抽气。 5. 极广的抽气使用范围。 6. 不同厂家的产品，抽气效果不同	1. 很大的抽气速率。 2. 对水分子有良好的抽气效果。 3. 对氦分子的抽气效率很低。 4. 在某些特定压力下，有极好的抽气速率，但是从约 10^{-5} Pa 至超高真空，抽气速率会明显下降。 5. 抽气速率依据泵本身的表面温度、活性炭吸收板的效果而定；外界热辐射的影响和粗抽气的情况也是影响抽气速率的重要因素。 6. 泵启动需要很长的准备时间，等待系统降温至要求温度	1. 较低的抽气速率，对氦气和氩气都有不良的抽气效果，类似低温泵。 2. 如同低温泵在某些特定压力下有极好的抽气效果，但从 10^{-5} Pa 到超高真空范围，抽气速率明显下降。 3. 极短的启动时间。 4. 抽气速率依据粗抽气体情况而定
工作压力范围	一般而言，此类泵可使用于 10^{-1} Pa 到 10^{-6}Pa 之间	10^{-1} Pa 到 10^{-7} Pa，特殊用途可扩展到 10^{-8}Pa	一般来说此类泵使用于 10^{-1} Pa 到 10^{-7} Pa 之间	较常使用于 10^{-4} Pa 到 10^{-8} Pa 之间，在此使用范围内，泵可以保持整年正常运转，甚至可以几年不必维修

续表 6-11

主　泵	油扩散泵	涡轮分子泵	低温泵	离子泵
抽气极限压力	由于受本身油蒸气压的限制，可以达到的极限压力约为 10^{-7} Pa。如有良好的 LN_2 冷却设备，还可以改善	一般来说，如使用单个预抽泵就可能达到 10^{-7} Pa，如用对氦气和氩气具有良好的压缩比的泵和扩散泵组合使用，则有可能达到 10^{-9} Pa	可达到 10^{-9} Pa 的极限压力	可达到 10^{-9} Pa，经常和钛升华泵或涡轮分子泵联合使用
温度对抽气系统的影响	进气口处可以承受几百度的高温，不影响抽气系统	此类泵对高温较为敏感，其泵入口气体温度限制于 100℃ 到 160℃ 之间	必须有良好的泵口冷却能力来防止辐射热，若没有良好的冷却挡板是不能被使用于高温环境的	与油扩散泵一样，可以经受较高的温度而不影响抽气性能
振动影响	抽气系统本身不振动，也不会产生振动问题	有些系统会有微小振动产生，有些则无此类问题。如使用良好的抗震措施，涡轮分子泵仍可以应用于电子显微镜、量测系统、光照系统	有低频振动的问题，因此不被使用于对振动敏感的系统中	和油扩散泵一样，不会有振动问题产生
操作成本	加热器和前抽泵需要连续的电能供应，另外需要液氮冷却系统和水冷却泵，其操作运行成本较高	对涡轮泵本身而言，只需要约 50~500W 的电能，在全速正常运转时，需要很少的电能即可，但需要电能供应前级泵	只需要约 1.5~5kW 电能来运转供应氦气的压缩系统，比油扩散泵耗电能少，不需要液氮，只需少量的水来冷却压缩机系统	可以说是最低操作成本的泵，基本上只需要 50W 的电能即可操作抽气系统，此泵不需要液氮冷却或水冷，也不需要前抽泵，低成本
最初投资成本	可以说系统大于 1500L/s 抽气速率时，此泵是最便宜的，同样的投资，系统可以达到最高的抽气速率	对低于 1500L/s 的抽气系统而言，涡轮分子泵投资较低，但对大于 1500L/s 的系统，它的投资成本较高	投资成本介于此四种泵之间	情况与涡轮分子泵类似
磁性影响	没有磁性干扰问题	当用于磁性体转动部件里，或用于磁场敏感的器件设备里时，最好使用隔板隔离磁性干扰	可以不用考虑	使用大的无氧磁钢组件，有最大的磁性干扰问题
尘埃或固体粒子的影响	可以忍受固体粒子掉落而不影响泵本身	仅 0.5mm 的小粒子就会伤害到泵本身，较大的固体粒更会损坏涡轮叶片。可使用滤网来避免大颗粒的粒子进入，但因此会减少抽气速率约 15%	与油扩散泵一样，可以忍受颗粒、尘埃的掉落	固体粒子不会伤害到抽气泵，除非此粒子具有磁性且直接撞击系统元件

续表 6-11

主　泵	油扩散泵	涡轮分子泵	低温泵	离子泵
维修	只需简单维修	维修工作需要熟练的技术，但只是偶尔需要	与涡轮泵一样需要熟练的技术维修	几乎不需要维修
装置方位考虑	只能直立式安装应用	某些泵只能直立装置，有些可以侧装，若不使用前抽管路和高真空阀，此系统可以说是一个很简单的装置	几乎所有的此类泵可以任何方位放置，但它需要压缩机来供应氦气	小型系统可以装置任何方位，但大型系统，由于考虑本身重量，只能由泵的上端接系统
危险气体的影响（有毒气体、腐蚀性气体、爆炸性气体）	只有极其轻微的影响，可以忽略，但某些气体仍会污染泵油	危险气体会污染轴承润滑油，但特殊设计的泵则可以避免此情况的发生	腐蚀性气体长期沉积于此泵的泵体里，但当再生期间，这些气体会被释放，直接伤害到泵或形成腐蚀性化合物损伤系统	危险气体容易对此泵造成伤害
其他说明	本身工作介质油存在着两个问题：（1）可见的油返流易进入真空系统，即使有很好的冷却吸附装置，仍无法完全避免。（2）当一个处于高温状态下的扩散泵突然暴露于大气中，泵油很容易氧化变质	1. 复合分子泵可以从大气抽气，特别有利于快速启动和开闭系统，例如检漏仪。 2. 正确的使用可获得洁净无油污染的真空环境	1. 若在需经常开闭的系统中使用时，很容易饱和，因而几乎每天都需要再生。 2. 使用仅含有大量氢气或溅射或反应性蒸发的系统里时，需要经常进行再生，但可以使用半开式真空阀减少抽气量而减少再生次数	由于钛元素沉积物的污染，需要经常清洁或更换零件。为提高寿命，尽量不要在 10^{-1} ~ 10^{-2} Pa 压力范围内工作

本章小结

现代真空镀膜机设计方法是应用计算机技术的发展成果，将数值分析手段引入到真空镀膜机及相关部件的设计中，利用计算机软件对靶源、离子源、真空室体、加热器等真空镀膜机的重要部件进行模拟仿真，大大提高了真空镀膜机的设计制造水平，是真空镀膜机设计方法的一次重要突破。利用真空镀膜机及相关器件设计的计算机软件，可以进行磁控靶的电磁场分析、磁控溅射与沉积行为分析、热场分析、机构动力学分析和荷电粒子动力学分析，具体可用于镀膜机的电磁场、温度场、气体分布压力场、真空室体的设计分析，为真空镀膜机及有关器件的设计和制造发挥了积极作用。

思考题

6-1　详细分析现代真空镀膜机设计方法与传统设计方法的本质区别。

6-2　试设计一个圆筒形真空镀膜机的真空镀膜室。

6-3　应该如何选择真空镀膜机的抽气系统？

7 镀膜源的设计计算

本章学习要点：

掌握真空蒸发镀膜机的蒸发源的设计流程及设计计算方法；掌握真空溅射镀膜机磁控溅射靶的特点和设计计算方法；掌握各种磁控靶磁场的设计计算。

7.1 蒸发源的设计计算

7.1.1 电阻加热式蒸发源的热计算

电阻加热式蒸发源所需热量，除膜材加热蒸发时所需热量外，还必须考虑在加热过程中所发生的热传导和热辐射所损失的热量。若蒸发源所需的总热量为 Q，则有：

$$Q = Q_1 + Q_2 + Q_3 \tag{7-1}$$

式中，Q_1为膜材蒸发时所需热量；Q_2为蒸发源因热传导而损失的热量；Q_3为蒸发源因热辐射而损失的热量。

7.1.1.1 膜材蒸发时所需热量

如果把相对分子质量为μ，重量为 W 的物质，从室温 T_0加热到蒸发温度 T，并且蒸发所需的热量为 Q_1，则有：

$$Q_1 = \frac{W}{\mu}\left(\int_{T_0}^{T_{sm}} c_{sm}\mathrm{d}T + \int_{T_{sm}}^{T} c_{1m}\mathrm{d}T + q_{sm} + q_{vm}\right) \tag{7-2}$$

式中，c_{sm}和 c_{1m}分别为固态和液态膜材的摩尔热容；q_{sm}和 q_{vm}分别为膜材的摩尔熔解热和摩尔蒸发热；T_{sm}为膜材熔化温度。直接由固态升华为气态的膜材，其 $q_{sm}+q_{vm}$值可以不考虑。

常用金属材料在 1Pa 气压下所需蒸发热见表 7-1。

表 7-1 常用金属所需蒸发热（在 P=1Pa 下）

金 属	Q/kJ · g^{-1}	金 属	Q/kJ · g^{-1}
Al	12.98	Cr	8.37
Ag	2.95	Zr	7.53
Au	2.01	Ta	4.60
Ba	1.34	Ti	10.47
Zn	2.09	Pb	1.00
Cd	10.47	Ni	7.95
Fe	79.53	Pt	3.14
Cu	5.86	Pd	4.02

7.1.1.2 热传导损失的热量

蒸发源装夹在水冷电极上，这样电极的高温面温度可以认为是蒸发源温度，记为 T_1，其低温面温度为冷却水温度，记为 T_2。若设电极材料的热传导系数为 λ，导热面积为 A，导热长度为 L，则热传导损失的热量为

$$Q_2 = \frac{2\lambda A}{L}(T_1 - T_2) \tag{7-3}$$

7.1.1.3 热辐射损失的热量

如果蒸发源的温度为 T_1，辐射系数为 ε_1，辐射面积为 A；镀膜室等部件的温度为 T_2，辐射系数为 ε_2，则蒸发源热辐射损失热量为

$$Q_3 = \sigma A(\varepsilon_1 T_1^4 - \varepsilon_2 T_2^4) \tag{7-4}$$

式中，$\sigma = 5.67\times10^{-12}\ \mathrm{W/(cm^2 \cdot K^4)}$，为斯蒂芬-玻耳兹曼常数。

蒸发源所需的总热量即为蒸发源所需的总功率。

7.1.2 e型枪蒸发源的设计计算

7.1.2.1 灯丝参数计算

灯丝参数主要有发射电流密度、工作温度、加热功率及寿命。

A 灯丝发射电流密度及工作温度

设e型枪的最大输出功率为 P，在加速电压 U 已知的条件下电子束的束流，即灯丝的工作电流 $I=P/U$。由于灯丝位于空间电荷限制区，因此灯丝工作电流 I 并不等于阴极（灯丝）的零场发射电流。通常阴极工作电流密度的最大值要比阴极零场发射电流密度小得多。对于钡、钨阴极灯丝的工作电流密度 j 往往可取其零场发射电流密度 j_0 的一半左右，即

$$j = j_0/2 \tag{7-5}$$

而 $j_0(\mathrm{A/cm^2})$ 可由下式计算

$$j_0 = AT_k^2 \exp\left(-\frac{\Phi}{kT_k}\right) \tag{7-6}$$

式中，T_k 为阴极热力学温度；k 为玻耳兹曼常数；Φ 为阴极逸出功，其值可查表7-2；$A(\mathrm{A/(cm^2 \cdot K^2)})$ 为发射系数，其理论值可用下式计算

$$A = \frac{4\pi e m_e k^2}{h^3} = 120.4 \tag{7-7}$$

式中，h 为普朗克常数。A 的理论值对所有的金属都是 $120.4\mathrm{A/(cm^2 \cdot K^2)}$。

表7-2 金属材料的逸出功 Φ eV

材料	Cs	Cu	Ag	Au	Be	Mg	Ca	Sr	Ba	Hg
Φ	2.14	4.65	4.26	5.1	4.98	3.66	2.87	2.59	2.7	4.49
材料	Y	Ce	Pr	B	Al	Ga	In	Ti	Zr	Hf
Φ	3.1	2.9	2.7	4.45	4.28	4.2	4.12	4.33	4.05	3.9

续表 7-2

材料	Th	C	Si	Ge	V	Nb	Ta	Cr	Mo	W
Φ	3.4	5.0	4.85	5.0	4.3	4.3	4.25	4.5	4.6	4.55
材料	Re	Fe	Ni	Ru	Rh	Pd	Os	Ir	Pt	La
Φ	4.96	4.5	5.15	4.71	4.98	5.12	4.8	5.27	5.65	3.5

注：表中数据对应于饱和蒸气压为 1.33×10^{-3}Pa 的蒸发温度。

由表 7-2 可见，所用材料的逸出功均在 2~6eV 范围内。几种难熔金属材料的参数见表 7-3。

表 7-3 几种难熔金属材料的参数

金 属	熔点 / K	发射系数 A /A·cm^{-2}·K^{-2}	$j=1\text{A/cm}^2$时	
			温度/K	蒸发率/μg·cm^{-2}·s^{-1}
W	3650	75	2630	0.012
Mo	2890	51	2460	4
Ta	3300	55	2500	0.014
Nb	2770	30	2420	0.1
Re	3450	52	2780	0.5

B 灯丝的加热功率

实际灯丝两端均有其支撑所引起的冷端效应而导致灯丝发射面上各部位温度的不均匀，因此在计算灯丝加热功率时，通常是先求出理想灯丝（即不考虑冷端效应）的加热功率，然后再将由冷端效应引起的加热电压修正量 ΔU_f 和发射电流修正量 ΔU_1 考虑进去。

理想灯丝加热电流 I_k 应满足下式

$$I_k = I_1 d_k^{3/2} \tag{7-8}$$

式中，d_k 为灯丝直径；I_1 为单位阴极灯丝加热电流。I_1 与灯丝温度 T_k 的关系曲线见图 7-1。

理想灯丝加热电压 U_k 可按下式计算

$$U_k = U_1 L d_k^{1/2} \tag{7-9}$$

式中，L 为灯丝发射面积的展开长度；d_k 为灯丝直径；U_1 为单位阴极灯丝加热电压。U_1 与灯丝温度 T_k 的关系曲线见图 7-2。

实际灯丝加热电压 U'_k 应为

$$U'_k = U_k + 2(\Delta U_1 + \Delta U_f) \tag{7-10}$$

式中，ΔU_1 为冷端效应的发射电流修正量；ΔU_f 为冷端效应的电压修正量；系数 2 为两个冷端之故。ΔU_1 和 ΔU_f 可由图 7-3 查得。

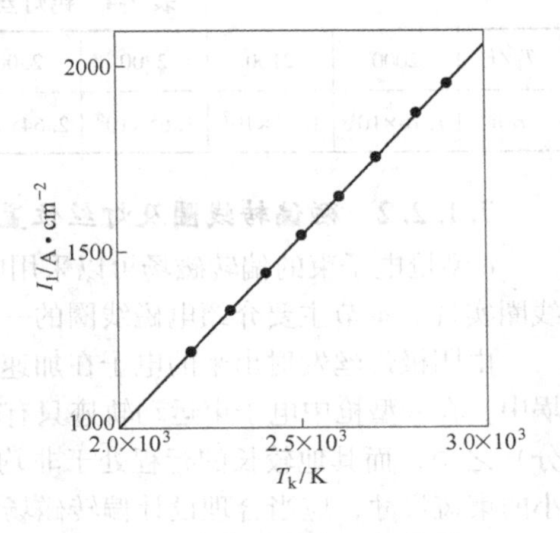

图 7-1 I_1 与灯丝温度 T_k 的关系

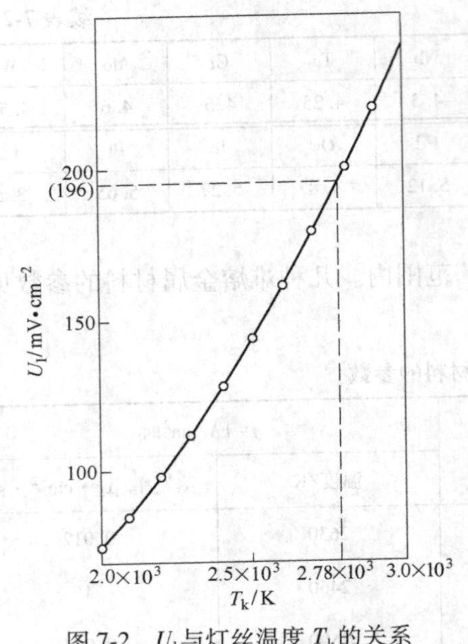

图 7-2　U_l与灯丝温度 T_k的关系

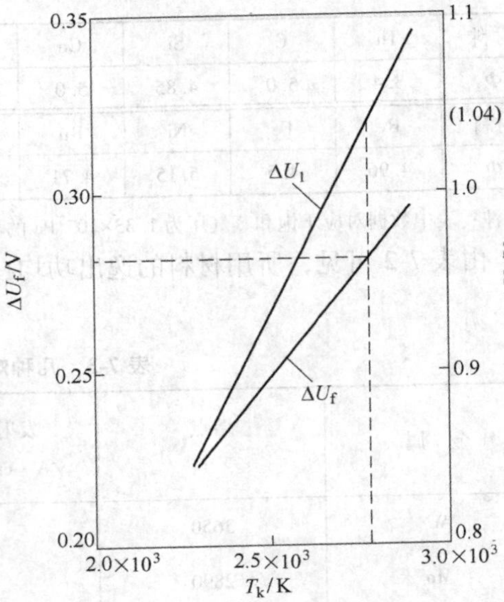

图 7-3　ΔU_f、ΔU_l与阴极温度 T_k的关系

由于灯丝电阻值很小（约 $10^{-2}\Omega$），而外接引线的电压降及其接触电阻的电压损耗是相当可观，因此在设计灯丝电源时，一般都选择大一倍的输出电压值。

C　灯丝寿命的估算

灯丝寿命与许多因素有关。一般认为灯丝因其材料蒸发损耗使直径减小 10%时，即为其寿命已完结。这时灯丝寿命 τ 可按下式计算

$$\tau = 4.30 \times 10^{-5} \rho d_k / G_{mk} \tag{7-11}$$

式中，ρ 为灯丝材料密度；d_k 为灯丝直径；G_{mk} 为单位灯丝蒸发率，其值可参见表 7-3。

灯丝寿命与其工作温度关系极大，如表 7-4 所示。因此，在满足工作要求的条件下，应当尽力降低灯丝的工作温度，以增加灯丝的使用寿命。由于灯丝直径测量困难，故又规定灯丝的发射电流密度 j_0 下降到初始值的 70%时即为其寿命。

表 7-4　钨灯丝寿命 τ 与工作温度 T_k 的关系

T_k/K	2000	2100	2200	2300	2400	2500	2600	2700	2800	2900	3100
τ/h	1.16×10^8	1.31×10^7	1.65×10^6	2.64×10^5	47300	10200	2347	651	185	60	21

7.1.2.2　磁偏转线圈及灯丝位置的确定

e 型枪电子束的偏转磁场可以采用电磁线圈或永磁体来实现，扫描磁场一般采用电磁线圈实现。本节主要介绍电磁线圈的一些计算。

由阴极灯丝发射出来的电子在加速电场 U 和偏转磁场 B 的作用下，偏转 270°入射坩埚中，在 e 型枪中电子束运动轨迹只有较短的路程处于近似的均匀磁场（即灯丝至窗口部分）之中，而其他较长的行程处于非均匀磁场（即窗口至坩埚部分）区域。为了获得较小的束斑尺寸，应当合理设计偏转磁场。该磁场的设计与加速电压 U、灯丝位置及坩埚位置相关联。

A 偏转线圈的磁感应强度 B 和安匝数的计算

如果偏转磁场是均匀的，则电子运动轨迹是以 R 为半径的圆弧，其磁场的磁感应强度 B(T) 可由下式计算

$$B=3.37\times10^{-4}\sqrt{U}/R \tag{7-12}$$

式中，加速电压 U 的单位为 V，电子轨迹半径 R 的单位为 cm。

在 e 型枪中，灯丝、文纳尔极、阳极及屏蔽极窗口均浸没在偏转磁场的极靴之间。因此这部分的磁场可近似地认为是均匀磁场，直接用式（7-12）计算是基本精确的，其误差小于 20%。

为了计算 B 值，首先要确定一个合适的 R 值，该 R 值即为阳极至屏蔽极窗口的部分圆周的半径，也就是说，由灯丝发射的热电子在阳极处已加速到 v_0 速度，在均匀磁场中从阳极至屏蔽极窗口做匀速圆周运动。出窗口后，在非均匀磁场中，电子偏转运动至坩埚。调节加速电压 U 或调节偏转磁场 B 值均可以改变电子轨迹半径 R 值，即调节电子束入射坩埚的位置。

如果忽略极靴及真空中的磁损耗，偏转磁场的励磁线圈采用螺线管状结构，则其磁感应强度 B 和线圈的总安匝数 IN 满足下式

$$IN=\frac{10^3BL}{4\pi} \tag{7-13}$$

式中，L 为极靴间距。考虑到磁阻和漏磁损失，励磁线圈的实际安匝数应是计算值的 1.5 倍。

B 灯丝位置的确定

灯丝位置的确定可参照图 7-4，即其横向坐标（灯丝至坩埚的横向距离）在尽可能缩小 e 型枪外形尺寸的前提下，受坩埚尺寸、发射体结构及发射体与坩埚外壁的耐电压绝缘性能要求所定。根据结构选择，此坐标值为定值，没有多少调整的余地，而灯丝纵向坐标（即灯丝与极靴上表面平面间的距离）随电子束偏转角度的不同而不同，此时既要考虑电子轨迹的高度 h 又要兼顾坩埚的位置 l。

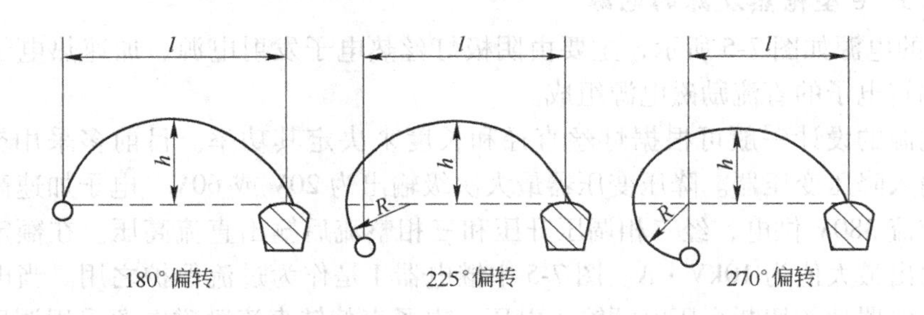

图 7-4 电子束的偏转角

180°偏转的灯丝可直接照射在基片上，因此杂散电子容易混入膜中，同时在蒸发时灯丝也会被电离的金属蒸气的正离子轰击和来自坩埚内溅射出来的蒸发物所污染，因此会造成灯丝短路或损坏，使灯丝使用寿命降低。225°和 270°偏转时可使灯丝得到屏蔽，杂散电

子混入到基片上去的数量大大减少，灯丝也不易受正离子轰击，因此设计时采用这两种结构是较好的。

270°偏转的灯丝纵向坐标为 R，225°偏转的灯丝纵向坐标为 $0.707R$，其 R 值可由式（7-12）计算。

在极靴上端面以上的空间，偏转磁场磁感应强度 B 随高度而衰减（每增高 1cm，B 值约降低 20%~30%）。在此非均匀磁场中，电子轨迹也遵守式（7-12）所描述的规律。这里，由于磁场 B 是变化值，故其电子偏转半径 R 也是变化值。设极靴宽度为 L，电子轨迹最高点与极靴上端面的距离为 h，经验表明，设计时选取 $h=L/3$ 左右为宜。

7.1.2.3　膜材蒸发时所需热量

如前所述，任何材料蒸发时所需的热量都是由下述几部分组成的，即材料加热到熔化温度所需的热量 Q_1；材料熔化过程中所需的熔解热 Q_2；材料气化过程中所需的气化热 Q_3；坩埚热传导损失的热量 Q_4 及热辐射损失的热量 Q_5。若膜材在蒸发时所需的总热量为 Q，则有

$$Q=Q_1+Q_2+Q_3+Q_4+Q_5 \tag{7-14}$$

若 e 型枪的电子束的束流为 I，加速电压为 U，束流的作用时间（即对膜材的加热时间）为 t，则有

$$Q=IUt \tag{7-15}$$

7.1.2.4　e 型枪蒸发源的水冷却

电子枪水冷主要是冷却坩埚、散射电子吸收极及磁极等部分，有的枪对高压电极也采用水冷，这时要把两个水冷回路分开。铜坩埚的水冷，在电子枪功率（即 IU）小于 5kW 时，每分钟水流量大约为 5~6L，外接水冷管内径为 ϕ5~6mm；电子枪功率每提高 1kW，冷却水流量增加 0.8~1L；当电子枪的输出功率为 10kW 时，水流量应达到 10~12L/min，外接水冷管内径相应增加到 ϕ8~9mm。

高压电极的水冷应考虑水电阻的大小问题。要求冷却水管有足够的长度，以保证出水口电位大大降低并趋于零电位。同时冷却水管与地电位绝缘且外壁应保持干燥。对冷却水的质量也应有所要求，一般来说，选用优质自来水即可满足电子枪的冷却要求。

7.1.2.5　e 型枪蒸发源的电源

e 型枪的电源如图 7-5 所示，主要由阴极灯丝热电子发射电源、加速热电子的直流高压电源和偏转电子的直流励磁电源组成。

灯丝电源的设计一般可根据灯丝直径和长度来决定其功率。目前多采用交流 220V，经调压后输入降压变压器。降压变压器最大次级输出为 20V 或 60V。电子加速高压电源是采用三相交流 380V 供电，经三相调压升压和三相整流后输出直流高压。在额定电压输入时其直流输出最大值为 10kV · A。图 7-5 中继电器 J 是作为过流保护之用。当电流超过额定值时，继电器动作切断高压电源输入电压。电子束偏转直流励磁电源采用调压、降压变压、桥式整流、阻容滤波后供给励磁线圈，其直流最大输出值为 20kV · A。

7.1.3　感应加热式蒸发源的结构设计

感应加热式蒸发源的结构如图 7-6 所示，主要由感应线圈、内坩埚、外坩埚、热绝缘

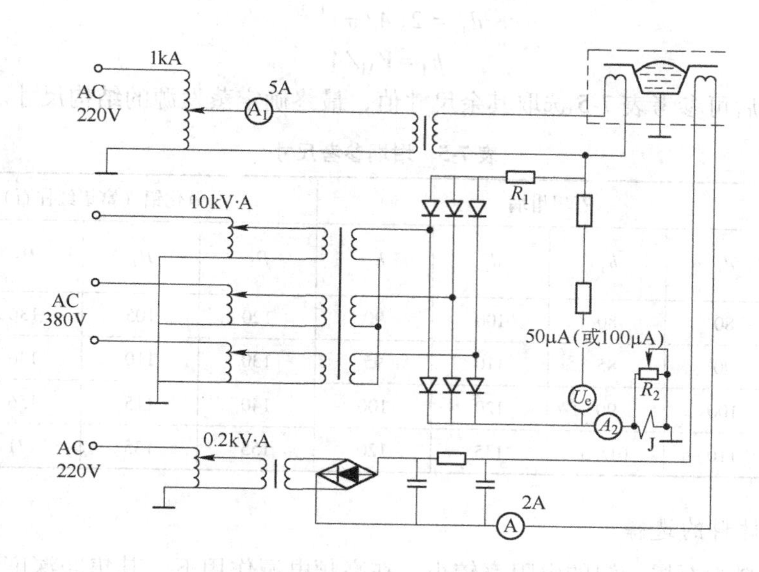

图 7-5　e 型枪的电源

层及底座等元件构成。

7.1.3.1　坩埚设计

A　坩埚几何尺寸的确定

感应加热式蒸发源主要用于蒸镀金属铝膜，在此以蒸镀铝为例进行介绍。

熔铝体积可按下式计算

$$V_{Al}=Km_{Al}/\rho_{Al} \tag{7-16}$$

式中，V_{Al}为坩埚内的熔铝体积，cm^3；m_{Al}为铝的质量，g；ρ_{Al}为铝的密度，g/cm^3，如 1200℃时，$\rho_{Al}=2.38g/cm^3$；K为考虑电磁搅拌作用时避免铝液从坩埚内溅出的容积系数，其值可取 1.2~1.3。

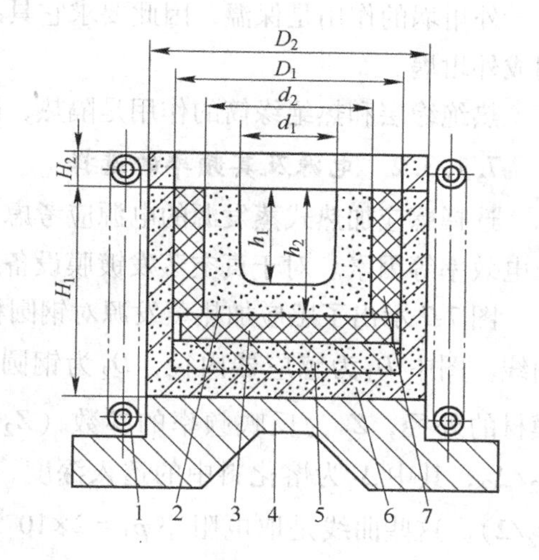

图 7-6　感应加热式蒸发源的结构
1—感应线圈；2—内坩埚；3—热绝缘层；4—底座；5—调整垫；6—外坩埚；7—热绝缘筒

熔铝在蒸发温度T_{Al}下的质量蒸发速率q_{Al}为

$$q_{Al}=4.37\times10^{-4}p_{Al}(M_{Al}/T_{Al})^{1/2} \tag{7-17}$$

式中，p_{Al}为对应T_{Al}温度时的蒸气压力，Pa；T_{Al}为铝蒸发温度，K；M_{Al}为铝的摩尔质量，g。

坩埚的蒸发面积$A(cm^2)$可按下式计算

$$A=\frac{m_{Al}}{\tau q_{Al}} \tag{7-18}$$

式中，τ为蒸发周期，s，即装料量m_{Al}的蒸发时间；其余参量的物理意义与式（7-16）相同。

坩埚直径d_1(cm)及深度h_1(cm)分别为

$$d_1 = 2(A/\pi)^{1/2} \tag{7-19}$$

$$h_1 = V_{Al}/A \tag{7-20}$$

求得直径 d_1 值后可参考表 7-5 选取其余尺寸值，最终确定蒸发源的结构尺寸。

表 7-5　坩埚参考尺寸　mm

型　号	石墨坩埚				氧化铝（富铝红柱石）坩埚			
	d_1	h_1	d_2	h_2	D_1	H_1	D_2	H_2
80	80	80	100	90	120	105	136	15
90	90	85	110	95	130	110	146	15
100	100	90	120	100	140	115	156	15
110	110	107.5	135	120	155	135	171	15

B　坩埚材料的选择

内坩埚材料为石墨。铝的电阻率较小，在高频电源作用下，其集肤深度仅为 1~2mm，因此除了靠铝本身产生涡流热来熔化铝材外，还要借助于内坩埚的传导热量对铝材进行加热，所以选择石墨材料作为发热体坩埚，可以满足这一要求。

外坩埚的作用是保温，因此要求它具有良好的保温性能。目前多选用各种氧化物材料制成外坩埚。

热绝缘层和热绝缘筒的作用是隔热，因此多选用隔热性能良好的炭毡材料。

7.1.3.2　电源及其频率的选择

选择感应加热式蒸发源的电源应考虑它的加热功率、功率因数、透入深度、电动力以及电效率等因素。对于真空蒸发镀膜设备应重点考核其电效率及电源的经济性。

图 7-7 示出了感应加热蒸发源对钢圆柱体加热时，感应器电效率与频率及间隙的关系曲线。图中 D_1 为感应器内径，D_2 为钢圆柱体膜材的外径，Z_2 为反映频率的参数（$Z_2 = \sqrt{2} R_2/\Delta_2$，其中 Δ_2 为熔化料中的透入深度，$R_2 = D_2/2$）。这些曲线是取电阻率 $\rho_1 = 2\times10^{-8}\Omega\cdot$cm，$\rho_2 = 10^{-4}\Omega\cdot$cm 及真空磁导率 $\mu = 1$ 计算得到的。图中 g 为线圈匝间绝缘填充系数，L_1/L_2 为感应线圈与钢圆柱的长度比值。

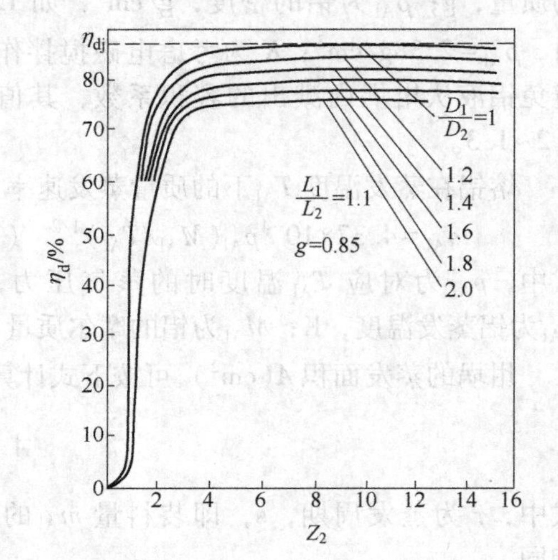

图 7-7　感应器的电效率与频率及间隙的关系曲线

熔化料中的透入深度为

$$\Delta_2 = 5030\left(\frac{\rho_2}{\mu_r f}\right)^{1/2} \tag{7-21}$$

式中，μ_r 为炉料的相对磁导率；f 为电源频率，Hz。某些镀膜材料的相对磁导率见表 7-6。

由图 7-7 可见，当 Z_2 足够大（如 $Z_2 > 6$）

时，电效率出现极限的恒定值，据此可以断定有个最佳频率f，在此频率下，电效率高且透入深度大。

为了防止铝液有过大的搅拌力，频率最小值应大于8000Hz。电源频率可按下式确定

$$\frac{3\times10^{8}\rho_{Al}}{\mu_{rAl}d_{2}^{2}}\leqslant f\leqslant\frac{6\times10^{8}\rho_{Al}}{\mu_{rAl}d_{2}^{2}} \tag{7-22}$$

式中，ρ_{Al}为铝的电阻率，$\Omega\cdot cm$；μ_{rAl}为铝的相对磁导率；d_2为被加热铝块的直径，cm。

表7-6 某些镀膜材料的相对磁导率μ_r值

材料	μ_r	材料	μ_r	材料	μ_r
钛	0.99983	钴	250	金	1
银	0.99998	镍	600	镁	1
铅	0.999983	锰锌铁氧体	1500	锌	1
铜	0.999991	软钢（0.2C）	2000	镉	1
水	0.999991	铁（0.2杂质）	5000	锡	1
空气	1.0000004	硅钢（4Si）	7000	不锈钢	1000
铝	1.00002	78坡莫合金	100000	蒙耐合金（CuNi）	1
钯	1.0008	纯铁（0.05杂质）	200000	FeNiCuMn合金	80000
真空	1	导磁合金（5Mo79Ni）	1000000		

7.1.4 蒸发源的蒸发特性及膜厚分布

在真空蒸发镀膜过程中，能否在基片上获得均匀的膜厚是个极其重要的问题。真空蒸发沉积在基片不同位置的膜厚与蒸发源的蒸发特性、基片和蒸发源的几何形状、蒸发源与基片的相对几何位置及膜材的蒸发量有关。

为了便于对膜厚进行理论计算并找出膜厚的分布规律，对蒸发过程进行如下简化和假定处理：

（1）膜材蒸发是在充分低的气压下进行的，因此可以认为蒸气分子与气体分子之间无碰撞，即可以忽略蒸气分子因碰撞而引起的散射。

（2）膜材蒸发强度较低，可以忽略蒸发源附近的蒸气分子之间的碰撞效应。

（3）碰撞到基片表面上的每一个蒸气分子，在第一次碰撞时就在该表面上全部凝结成膜。

（4）蒸发源的蒸气发射特性是稳定的。

上述假定的实质就是每一个蒸气分子从蒸发源飞往基片的过程中不发生任何碰撞，而且到达基片后又全部凝结于其表面上。该假定与实际蒸发过程有些差别，但是在10^{-2}Pa或更低的气压下进行蒸镀时，上述假定与实际情况是非常接近的。

7.1.4.1 点蒸发源的膜厚分布

A 点蒸发源

点蒸发源是一个表面积为 A 的微小圆球状蒸发源，它能够向球面各方向蒸发等量的材料，即在球面上各基片（小圆面积）上的膜厚是均匀的。

一个微小的球状蒸发源 dA_1，若以每秒 1g 的蒸发速率均等地向各个方向蒸发，则单位时间内在任何方向上通过立体角 $d\omega$ 的蒸发材料质量 dm 为

$$dm = \frac{m}{4\pi} d\omega$$

如图 7-8 所示，若蒸发膜材到达与蒸发方向成 θ 角的小面积 dA_2上，因为立体角 $d\omega = dA_2 \cdot \cos\theta / r^2$，所以蒸发膜材到达 dA_2上质量为

$$dm_2 = \frac{m}{4\pi} \times \frac{\cos\theta}{r^2} dA_2 \tag{7-23}$$

假定膜材的密度为 ρ，单位时间内凝结在 dA_2上的薄膜厚度为 t，$dm_2 = \rho t dA_2$，可得到单位时间内沉积在 dA_2上的膜材平均厚度 t 为

$$t = \frac{m}{4\pi\rho} \times \frac{\cos\theta}{r^2} \tag{7-24}$$

由式（7-23）、式（7-24）可知，单位面积上沉积物的质量与基片放置的几何方向有关，与源至基片距离 r 的平方成反比。

B 点源对平面的蒸发

图 7-9 表示置于蒸发源正上方与蒸发源平行的较大面积的平面基片的膜层分布情况。由于平面面积较大，不能视作蒸发源的球面，如图 7-9 所示，根据几何学关系，可推算出平面上各点的膜厚。设点源 dA_1到平面的垂线为 h，而至平面上 P 点的距离为 r，h 和 r 的夹角为 θ，P 点与垂足 O 的距离为 b。由于 $\cos\theta = h/r$、$r^2 = h^2 + b^2$，将二者代入下式可得 P 点处膜厚 t 为

$$t = \frac{mh}{4\pi\rho\ (h^2 + b^2)^{3/2}} \tag{7-25}$$

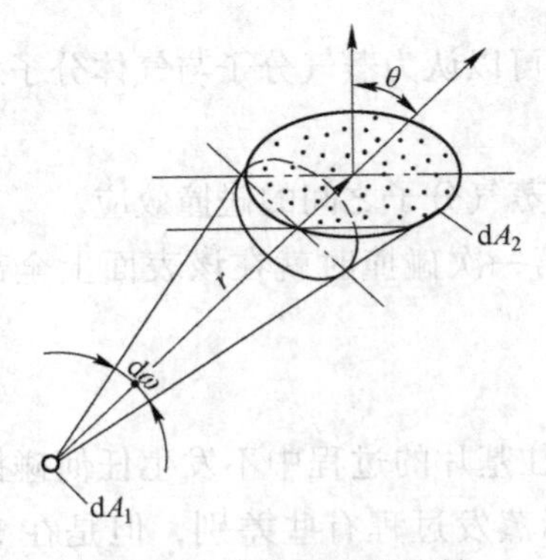

图 7-8 点蒸发源的发射

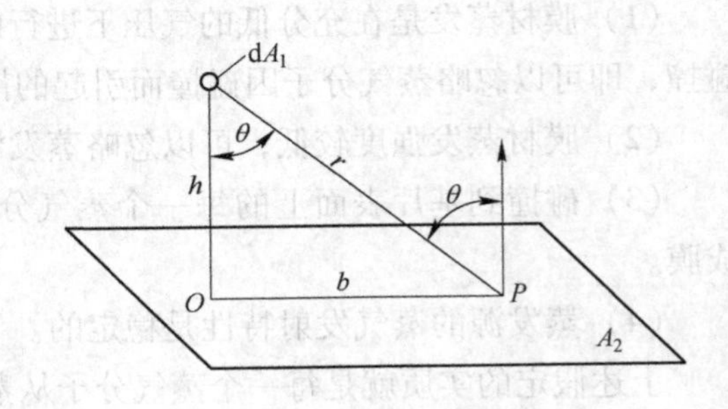

图 7-9 点源对平面的蒸发

同理，垂足 O 处（$b=0$）的膜厚 t_0 为

$$t_0 = \frac{m}{4\pi\rho h^2} \tag{7-26}$$

因此，平面上距垂足为 b 处的膜厚与垂足处膜厚之比值可用下式表达

$$\frac{t}{t_0} = \frac{1}{\sqrt{1+\left(\frac{b}{h}\right)^2}} \tag{7-27}$$

此式即为点蒸发源的膜厚分布公式。

7.1.4.2 小平面蒸发源膜厚分布

A 小平面蒸发源

小平面蒸发源（简称小平面源）dA_1 以每秒 m 克的蒸发速率从小平面源的一面蒸发膜材时，在单位时间内通过与该小平面源的法线成 φ 角度方向的立体角为 $d\omega$ 的膜材质量 dm，由余弦定律表示如下

$$dm = \frac{m}{\pi}\cos\varphi d\omega \tag{7-28}$$

如图 7-10 所示，若接收膜材的小平面 dA_2 与蒸发方向成 θ 角度，则到达 dA_2 上的膜材质量 dm_2 为

$$dm_2 = \frac{m}{\pi} \times \frac{\cos\varphi\cos\theta}{r^2}dA_2 \tag{7-29}$$

假定膜材密度为 ρ，则单位时间沉积在 dA_2 平面上的膜材平均厚度 t 为

$$t = \frac{m}{\pi\rho} \times \frac{\cos\varphi\cos\theta}{r^2} \tag{7-30}$$

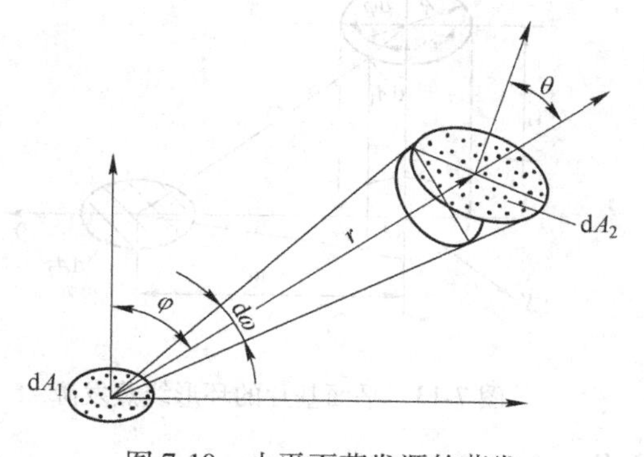

图 7-10 小平面蒸发源的蒸发

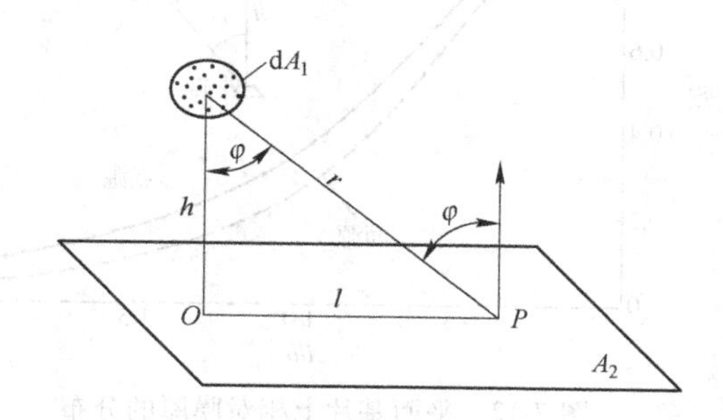

图 7-11 小平面源对平行平面的蒸发

B 小平面源对平行平面的蒸发

图 7-11 示出了小平面源对平行平面的蒸发图，小平面源 dA_1 与平面 A_2 平行，且二者距离为 h。A_2 平面上 P 点与小平面源的距离为 r，而与垂足 O 的距离为 l。由图可见，$r^2=h^2+l^2$，$\cos\varphi=h/r$，根据下式可得 P 点的膜厚 t 为

$$t = \frac{m}{\pi\rho} \times \frac{h^2}{(h^2+l^2)^2} \tag{7-31}$$

若 $b=0$，即垂足 O 点处的膜厚 t_0 为

$$t_0 = \frac{m}{\pi\rho} \times \frac{1}{h^2} \tag{7-32}$$

比较以上两式，可得小平面源对平行平面蒸发的膜厚分布公式

$$\frac{t}{t_0} = \frac{1}{\left[1 + \left(\frac{l}{h}\right)^2\right]^2} \tag{7-33}$$

利用式（7-30）和式（7-32）可绘制如图 7-12 所示的点源和小平面源相对膜厚分布曲线。由图可见，当 l/h 较小（即蒸距大而基片小）时有利于提高膜厚的均匀度；点源比小平面源的膜厚均匀；两种源的相对膜厚分布相似。

比较式（7-24）和式（7-30）可知，在相同的膜材和蒸距的条件下，小平面源的最大膜厚可为点源的四倍。

7.1.4.3 环形蒸发源

环形蒸发源可视为由均匀分布在同一圆周上的一系列微小蒸发源所组成。由于微小蒸发源的不同，可以组成环形线源、环形平面源、环形锥面源及环形柱面源等不同形式的蒸发源。

A 环形线蒸发源

环形线蒸发源是由均匀分布在同一圆周上的一系列点源组成。若环形源平面与基片平面平行，由图 7-13 所示的几何关系和点源的有关公式，通过积分即可得到环形线蒸发源的膜厚。由图 7-13 可知

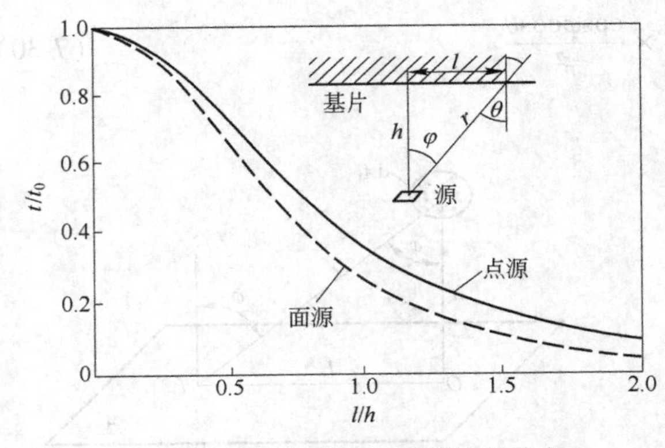

图 7-12 平面基片上相对膜厚的分布

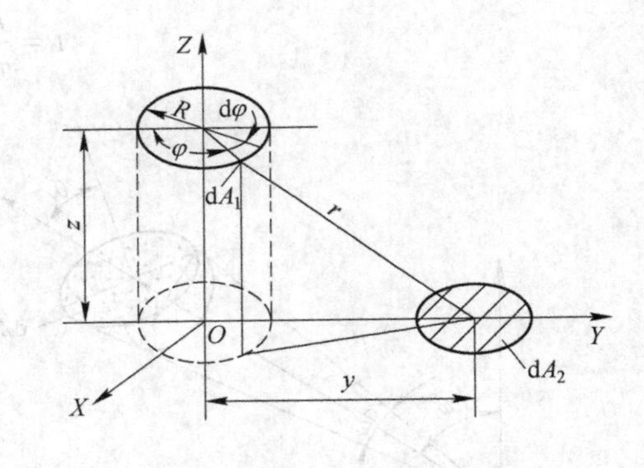

图 7-13 平面基片的环形线蒸发源

$$r^2 - z^2 = R^2 + y^2 - 2yR\cos(\pi - \varphi)$$

从而得

$$r^2 = R^2 + y^2 + z^2 + 2Ry\cos\varphi$$

设环形线源单位时间蒸发 m 克质量，则微元蒸发源单位时间蒸发的膜材质量为 $\mathrm{d}m_1 = \frac{m}{2\pi}\mathrm{d}\varphi$。此微元源的蒸发角是 2π（点源是 4π），参考式（7-25），则微元源在 P 点的膜厚为

$$\mathrm{d}t = \frac{mz}{4\pi^2\rho} \times \frac{\mathrm{d}\varphi}{(R^2 + y^2 + z^2 + 2Ry\cos\varphi)^{3/2}}$$

积分即可得到环形线源在 P 点的膜厚

$$t = \int \mathrm{d}t = \frac{mz}{4\pi^2\rho}\int_0^{2\pi} \frac{\mathrm{d}\varphi}{(R^2 + y^2 + z^2 + 2Ry\cos\varphi)^{3/2}} \tag{7-34}$$

利用数值积分法可得到环形线源在平行基片上蒸发镀膜膜厚为

$$t = \frac{mz}{4\pi^2\rho}\sum_{i=1}^{i=n} \frac{\Delta\varphi}{[R^2 + y^2 + z^2 + 2Ry\cos(i\Delta\varphi)]^{3/2}} \tag{7-35}$$

式中，$\Delta\varphi = 2\pi/n$，$n \geqslant 24$ 为宜，利用上式可计算出不同 R、z、y 参量的膜厚 t 值。

若 $y=0$，即图 7-13 中原点 O 处的膜厚，记为 t_0，由式（7-34）可知

$$t_0 = \frac{mz}{4\pi^2\rho} \times \frac{2\pi}{(R^2 + z^2)^{3/2}} \tag{7-36}$$

比较式（7-35）与式（7-36）即得环形线蒸发源对平行基片所得膜厚的变化率 t/t_0。

设环形线源 $R=z=1$，不同 y 值条件下膜厚分布如图 7-14 所示。由图可见，当 $y>R$ 时，膜厚下降很快；而当 $y>2R$ 时，膜厚变化率趋于恒定。

B　环形平面蒸发源

环形平面蒸发源可视为均匀分布在同一圆周上的一系列的平面蒸发源。如图 7-15 所示，平行于基片的环形平面蒸发源的膜厚分布可积分小平面源膜厚公式（7-31）而得到。

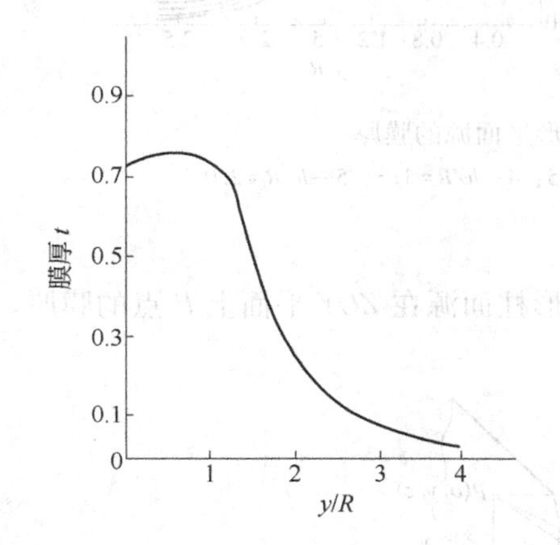

图 7-14　平行于基片的环形线源的膜厚

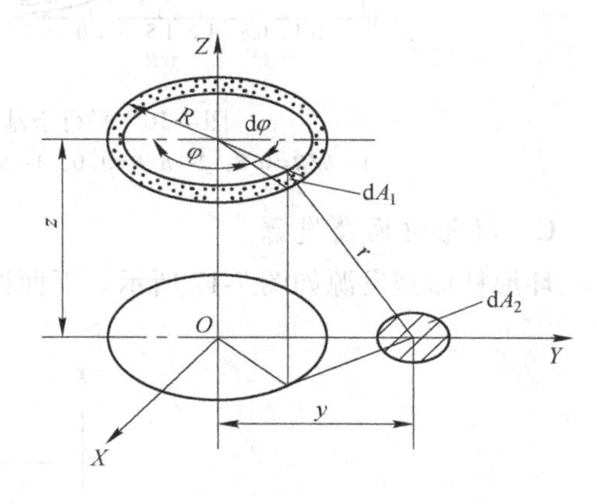

图 7-15　平行于基片的环形平面蒸发源

设环形平面源单位时间蒸发 m 克膜材，则微元平面源单位时间蒸发的膜材为 $\mathrm{d}m_{A_1} = \frac{m}{2\pi}\mathrm{d}\varphi$。由式（7-31）可知微元平面源 $\mathrm{d}A_1$ 在 $\mathrm{d}A_2$ 平面上的膜厚为

$$\mathrm{d}t = \frac{mz^2}{2\pi^2\rho} \times \frac{\mathrm{d}\varphi}{(R^2 + y^2 + z^2 + 2Ry\cos\varphi)^2}$$

因此，环形平面源在 $\mathrm{d}A_2$ 平面上的膜厚为

$$t = \frac{mz^2}{2\pi^2\rho}\int_0^{2\pi} \frac{\mathrm{d}\varphi}{(R^2 + y^2 + z^2 + 2Ry\cos\varphi)^2}$$

积分上式可得

$$t = \frac{mz^2}{\pi\rho} \times \frac{R^2 + y^2 + z^2}{(R^2 + y^2 + z^2 + 2Ry)^{3/2}\,(R^2 + y^2 + z^2 - 2Ry)^{3/2}} \tag{7-37}$$

在原点 O 处的膜厚为

$$t_0 = \frac{mz^2}{\pi\rho} \times \frac{1}{(R^2 + z^2)^2} \tag{7-38}$$

比较式（7-37）和式（7-38），即得环形平面蒸发源在平行基片上的膜厚变化率为

$$\frac{t}{t_0} = \frac{(R^2 + y^2 + z^2)(R^2 + z^2)}{(R^2 + y^2 + z^2 + 2Ry)^{3/2}\,(R^2 + y^2 + z^2 - 2Ry)^{3/2}} \tag{7-39}$$

设环形平面源半径为 R，各种不同 z 值条件下的膜厚分布曲线及其膜厚变化率曲线如图 7-16 所示。

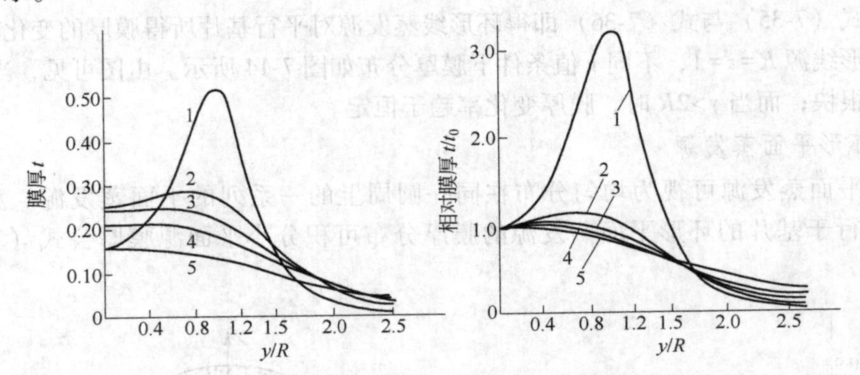

图 7-16　平行于基片的环形平面源的膜厚

1—$h/R=0.5$；2—$h/R=1.0$；3—$h/R=1.25$；4—$h/R=1.5$；5—$h/R=2.0$

C　环形柱面蒸发源

环形柱面蒸发源如图 7-17 所示。下面讨论环形柱面源在 ZOY 平面上 P 点的膜厚。

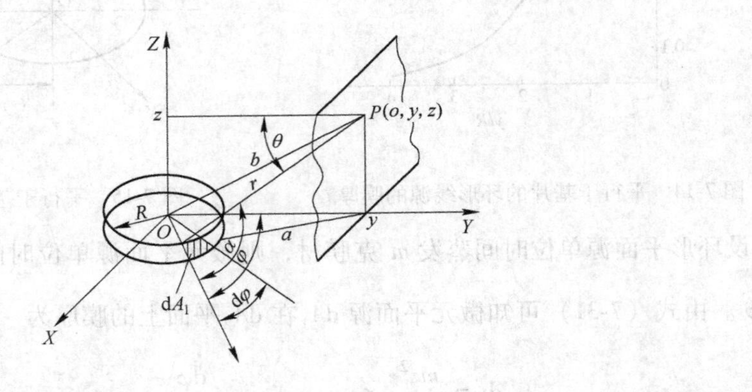

图 7-17　环形柱面蒸发源

由图可知，微元源至 P 点的距离为 r，r 与 A_2 平面上 P 点的法线夹角为 θ，r 与微元源 dA_1 的法线夹角为 α，且有

$$r^2 = R^2 + y^2 + z^2 + 2Ry\cos\varphi$$

$$\cos\theta = \frac{y - R\cos\varphi}{r}$$

$$\cos\alpha = \frac{R + y\cos\varphi}{r}$$

则由小平面源的膜厚公式可得，dA_1 微元源在 P 点的膜厚为

$$dt = \frac{dm_{A_1}}{\pi\rho} \times \frac{\cos\alpha\cos\theta}{r^2} = \frac{dm_{A_1}}{\pi\rho} \times \frac{1}{r^4}[Ry\sin^2\varphi + (y^2 - R^2)\cos\varphi] \tag{7-40}$$

设环形柱面源的蒸发速率为 m，则微元源 dA_1 的蒸发速率 $dm_{A_1} = \frac{m}{2\pi}d\varphi$。将 dm_{A_1} 代入上式，并对在 P 点蒸发的有效角度（$-\varphi \sim \varphi$）内积分 dt，则得环形柱面源在 P 点的膜厚 t 为

$$t = \int_{-\varphi}^{\varphi} dt = \frac{m}{\pi^2\rho}\left[Ry\int_{-\varphi}^{0}\frac{\sin^2\varphi}{r^4}d\varphi + (y^2 - R^2)\int_{-\varphi}^{0}\frac{\cos\varphi}{r^4}d\varphi\right]$$

$$= \frac{-m}{\pi^2\rho}\left\{\left[\frac{-\varphi}{2} - \frac{1}{4}\sin(-2\varphi)\right] + \frac{2(y^2 - R^2)}{2Ry}\right.$$

$$\left.\left[\frac{(c^2 + d^2)\tan(\frac{-\varphi}{2})}{2c^2d^2(d^2 + c^2\tan(\frac{-\varphi}{2}))} + \frac{c^2 - d^2}{2c^2d^3}\arctan(\frac{c}{d}\tan(\frac{-\varphi}{2}))\right]\right\} \tag{7-41}$$

式中，R 为环形柱面半径；y 为 P 点与环形柱面源圆心的水平距离；$\varphi = \arccos(R/y)$；$c^2 = a^2 - 1$；$d^2 = a^2 + 1$；$a^2 = \frac{R^2 + y^2 + z^2}{2Ry}$；$z$ 为 P 点与环形柱面源的垂直距离。

在已知 R、y、z、m 各参数的条件下，可用公式（7-41）求得 P 点的膜厚 t 值。

由于平面源的单向蒸发性，在 $y/R=2\sim6$ 的范围内有效蒸发角 $\varphi=60°\sim83°$。以诸 φ 值代入上述各式即可得到不同蒸距的 P 点膜厚值。若设 $z=0$，可计算出在环形柱面源对称平面上的膜厚 t_0。t/t_0 即为不同 z 值的膜厚变化率。因此对于已知环形柱面源（R 和 m 已知），通过变化 y 和 z 值可以优化膜厚均匀度。

D　环形锥面蒸发源

环形锥面蒸发源如图 7-18 所示。由于该源为轴对称式，因此研究通过 Z 轴平面的各点膜厚即可。

设环形锥面源蒸发速率为 m，微元源蒸发速率应为 $dm_{A_1} = \frac{m}{2\pi}d\varphi$。若 dA_1 法线与蒸距 r 的夹角为 α，r 与 P 点垂线的夹角为 θ，由图 7-18 可知

$$r^2 = R^2 + y^2 + z^2 + 2Ry\cos\varphi$$

$$\cos\alpha = \frac{R^2 + z_1R + zz_1 + 2Ry\cos\varphi}{r\sqrt{z_1^2 + R^2}}$$

$$\cos\theta = \frac{z}{r}\,;\ z_1 = R\tan\beta$$

由此可得 dA_1在 P 点的膜厚为

$$dt = \frac{m}{2\pi^2\rho} \times \frac{d\varphi}{r^2}\cos\alpha\cos\theta = \frac{m}{2\pi^2\rho} \times \frac{z}{\sqrt{z_1^2 + R^2}} \times \frac{R^2 + z_1R + zz_1 + 2Ry\cos\varphi}{r^4}d\varphi$$

积分 dt 则得环形锥面源在 P 点的膜厚为

$$t = \int_0^{2\pi} dt = \frac{mz}{\pi^2\rho\sqrt{z_1^2 + R^2}}\int_0^{\pi} \frac{R^2 + z_1R + zz_1 + 2Ry\cos\varphi}{(R^2 + y^2 + z^2 + 2Ry\cos\varphi)^2}d\varphi$$

积分得

$$t = \frac{mz}{\pi^2\rho\sqrt{z_1^2 + R^2}} \times \frac{(R^2 + z_1R + zz_1)(R^2 + y^2 + z^2) + 2R^2y^2\pi}{(R^2 + y^2 + z^2)^{3/2}(R^2 + y^2 + z^2 - 2Ry)^{3/2}} \tag{7-42}$$

若 $y=0$，则为相对于环形锥面源中心的膜厚 t_0，其值为

$$t_0 = \frac{mz}{\pi^2\rho\sqrt{z_1^2 + R^2}} \times \frac{R^2 + z_1R + zz_1}{(R^2 + z^2)^2} \tag{7-43}$$

上述二者的比值 t/t_0 即为不同 y 值的膜厚变化率公式。

7.1.4.4 矩形平面蒸发源

如图 7-19 所示的矩形平面蒸发源，可视为由若干个微元源 dA_1组成，积分 dA_1的膜厚就可得到矩形平面蒸发源在平行基片上的膜厚。由图 7-19 可见

$$r^2 = (x - x_1)^2 + (y - y_1)^2 + z_1^2$$

$$\cos\theta = \frac{z_1}{r}\text{；}\cos\alpha = \cos\theta = \frac{z_1}{r}$$

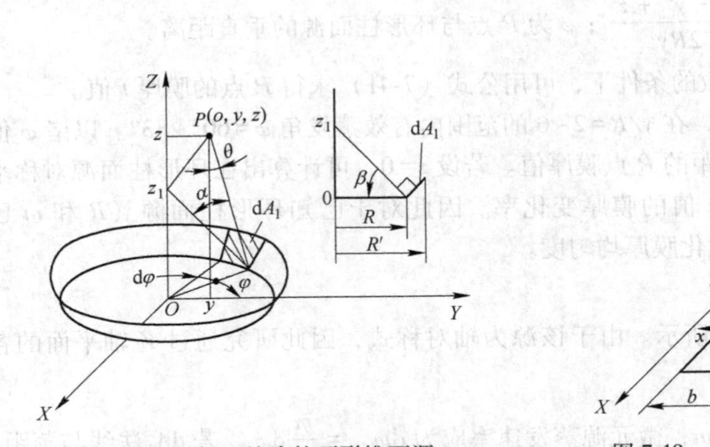

图 7-18　平行于基片的环形锥面源

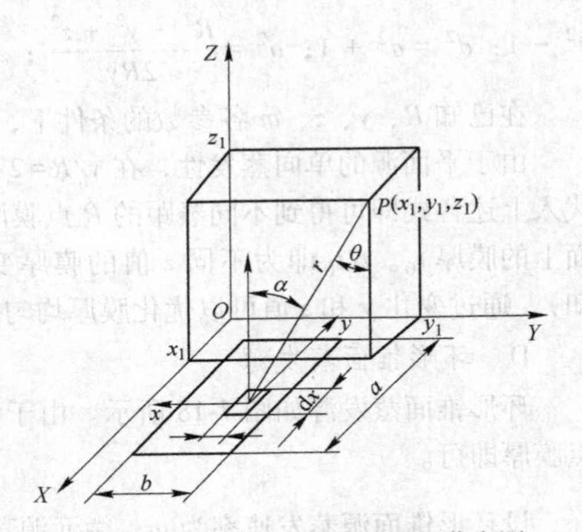

图 7-19　平行于基片的矩形平面蒸发源

若矩形平面源的蒸发速率为 m，则微元源的蒸发速率为 $dm = \frac{m}{ab}dxdy$。由于微元源在 P 点的膜厚可用式（7-31）计算，即

$$dt = \frac{dm}{\pi\rho} \times \frac{z_1^2}{r^4} = \frac{mz_1^2}{\pi\rho ab}\frac{dxdy}{[(x - x_1)^2 + (y - y_1)^2 + z_1^2]^2}$$

积分上式可得矩形平面源的膜厚如下

$$t = \int \mathrm{d}t = \frac{mz_1^2}{\pi\rho ab}\int_b \mathrm{d}y \int_a \frac{\mathrm{d}x}{[(x - x_1)^2 + (y - y_1)^2 + z_1^2]^2} \tag{7-44}$$

设矩形平面源中心的坐标为（x_0，y_0），则积分限分别为（$x_0 - \frac{a}{2}$）、（$x_0 + \frac{a}{2}$）和（$y_0 - \frac{b}{2}$）、（$y_0 + \frac{b}{2}$），所以改写上式为

$$t = \frac{mz_1^2}{\pi\rho ab}\int_{y_0-\frac{b}{2}}^{y_0+\frac{b}{2}} \mathrm{d}y \int_{x_0-\frac{a}{2}}^{x_0+\frac{a}{2}} \frac{\mathrm{d}x}{[(x - x_1)^2 + (y - y_1)^2 + z_1^2]^2} \tag{7-45}$$

采用数值积分和分步积分法，由上式可以计算出空间任一点的膜厚。在蒸距（即 z_1）一定的条件下，比较各点的膜厚就可以得到该平面上的膜厚均匀度。因此其计算结果可以作为优化镀膜设备结构的设计依据。

7.1.4.5 蒸发源与基片的相对位置

A 点源与基片的相对位置

为了获得均匀的膜厚，由式（7-31）可见，点源必须设立在由基片所围成的球体中心，如图 7-20 所示。其各基片的膜厚相等，即

$$t = \frac{m}{4\pi\rho} \times \frac{1}{R^2} \tag{7-46}$$

式中，m 为点源的膜材蒸发质量；ρ 为膜材密度；R 为球面工件架半径。

B 小平面源与基片的相对位置

由式（7-30）可以看出，欲得到均匀的膜厚，需 $\theta=\varphi$，因此基片应设置在球面上，如图 7-21 所示，其膜厚分布公式亦为式（7-46）。

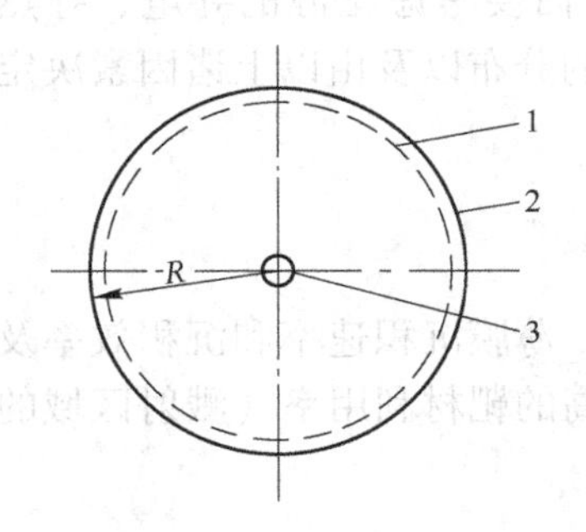

图 7-20 点蒸发源的等膜厚球面

1—基片；2—球面工件架；3—点蒸发源

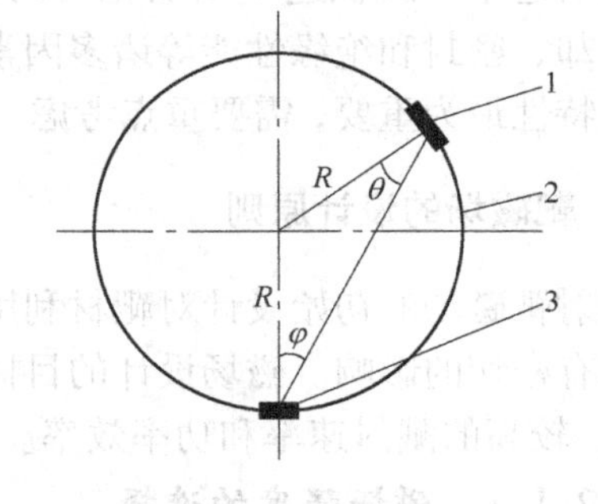

图 7-21 小平面源的等膜厚球面

1—基片；2—球面工作架；3—小平面源

C 小基片与蒸发源的相对位置

在小平面源的真空蒸发镀膜装置中，如果基片的面积较小，为了获得均匀的膜厚，应当注意基片与蒸发源的相对位置。

圆形平面源可以视为由若干个环形平面源组成的，因此圆形平面源在平行基片上的膜厚等于各个环形源的膜厚之和。设圆形平面源的半径为 R，蒸距为 L，基片上距平面源中垂线的距离为 y 的各点的膜厚分布如图 7-22 所示。

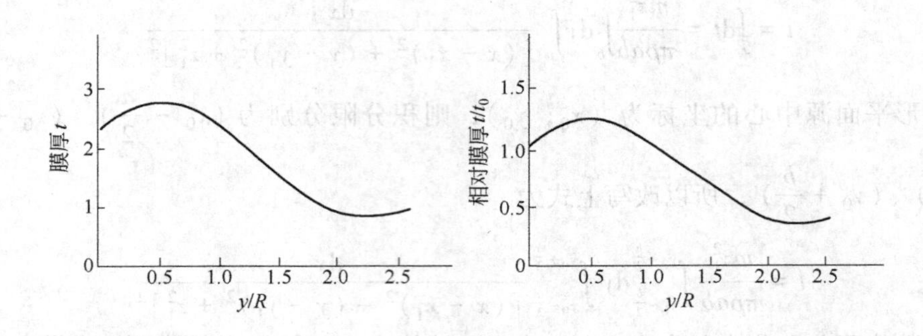

图 7-22 圆形平面源的膜厚分布

由图可见，若想获得比较均匀的膜厚，小基片与圆形平面源的相对位置应符合下列条件：

（1）蒸发源置于基片的中心线上。

（2）若蒸距为 L，蒸发源半径为 R，则 $L \geqslant 2R$。

（3）若基片直径为 D，则 $D \leqslant 2R$。

7.2 磁控溅射靶的设计

在磁控溅射镀膜机中，最重要的部件是阴极溅射靶，阴极靶为溅射镀膜机的“心脏”。阴极靶的特性直接与溅射工艺的稳定性和膜层的特性相关，与靶材的利用率及镀膜成本相关，因此提高溅射靶的设计水平、提高镀膜产品的性能价格比、增加溅射稳定性成为工业镀膜生产中的关键问题。对阴极靶的设计一方面要考虑靶面的磁场分布、工作气体分布、靶的溅射速率、沉积速率以及靶材的利用率；另一方面要考虑靶源的导电、导热、磁屏蔽、冷却、密封和绝缘性能等诸多因素，其中电磁场的分布以及由以上诸因素决定的等离子体的特性最为重要，需要重点考虑。

7.2.1 靶磁场的设计原则

溅射靶磁场的初始设计对靶材利用率、溅射速率、薄膜沉积速率和沉积效率及膜厚均匀性都有密切的影响。磁场设计的目标在于得到比较高的靶材利用率（溅射区域的均匀和扩展）、较高的溅射速率和功率效率。

7.2.1.1 磁场强度的选择

靶的磁场强度设计应考虑靶的功率效率（即靶单位功率密度下的沉积速率）。有关研究表明，在一定的参数范围内，靶刻蚀跑道的宽度与施加磁场强度的平方根成反比，与施加电压的四次方根成正比。这说明采用比较弱的磁场，可以增加刻蚀跑道宽度，提高靶材的利用率。相关实验还发现，工作气体的电离效率与靶磁场强度的关系也近似为饱和曲线。这表明，如果靶的磁场强度过低，沉积的功率效率会明显下降；但是如果靶磁场强度过高，靶的功率效率达到饱和基本不变；靶磁场只有在适中的强度范围内，其功率效率正比于磁场强度。因此，从总体上讲，靶磁场增大到一定程度，电离效率和功率效率会达到饱和。

由此可见在靶的设计时，应该选择适中的靶磁场强度。如果靶磁场强度过低，会导致沉积率降低，并且可能引起非靶材元件的溅射而污染薄膜。如果靶的磁场强度过高，尽管其初始溅射速率可以很高，但是会使靶的刻蚀形貌很窄很尖，从而导致靶的利用率迅速降低。

根据以上分析，靶磁场强度设计应该遵循的原则有：

（1）对于设计不同尺寸、相同比例的磁控靶，靶装置的尺寸越大，所选择的永磁体的磁场强度应该相对弱一些，并且如果靶材越昂贵，或者需要优先考虑靶材的利用率，靶磁场可以设计得低一些；

（2）如果优先考虑增大靶的溅射速率，初始设计的磁场强度应该强一些，但是考虑到电离效率、功率效率、溅射速率等指标不会随着磁场强度的增加而成比例增加，磁场强度可以选择在饱和曲线的起始点处，因为过高的磁场强度会降低靶材的利用率，却没有增加电离效率、功率效率和溅射速率。

7.2.1.2 磁场均匀性

总的来说，磁场在整个矩形靶面范围必须一致，不一致的磁场将引起靶材的异常刻蚀和薄膜厚度不均匀。通过靶磁场结构的优化还可以改善由于靶磁场强度较大而引起的靶材利用率低的不足，在靶设计时可以适当提高靶的磁场强度，从而提高溅射和沉积速率。

理想的靶磁场分布应该是在整个靶面范围内的均匀分布，尽量增强靶面范围内各处磁场的水平分量，提高其均匀性。但在经典的靶磁场结构中，不均匀分布的磁场会产生密度不均匀分布的等离子体，因而导致在靶面不同位置处的溅射速率不同和刻蚀速度不同，同时膜层沉积的均匀性也不好。显然增加靶磁场均匀性能够增加靶面刻蚀的均匀性，从而延长靶的寿命，提高靶材的利用率；同时合理的电磁场分布还能有效地提高溅射过程的稳定性。

靶设计时应该考虑到永磁体充磁、安装等因素，以使靶工作区域的磁场尽量保持一致。实践表明，在0.03~0.04T范围内时，磁场强度对磁控靶工作过程中的靶表面的等离子体密度影响较大。很小的磁场不均匀性会造成刻蚀区附近等离子体密度大的改变。因此，在靶磁场设计时，应对各永磁体之间的场强差别提出要求，应尽量减小各磁体之间的场强误差。由多个低磁场强度磁体组装在一起的磁体布置形式，每个永磁体剩余磁通密度的制造误差应控制在3%以内。目前国外制造磁控靶的公司所选用的永磁体在测定点的磁场强度与理论设计所要求的磁场强度的绝对误差可以控制在10^{-4}T范围内，这就为磁场分布的均匀性奠定了良好的基础。

7.2.2 磁控溅射靶设计方法

7.2.2.1 靶设计分析方法

磁控靶的设计分析步骤如下：

（1）首先给出靶的设计结构（矩形平面靶、圆形平面靶、圆柱形磁控靶等），根据靶的结构形式（靶的尺寸、磁体材料的属性及布置方式、阳极位置等），建立数学物理模型和相应的计算程序。

（2）根据所建模型和数字模拟方法，模拟计算靶的空间电磁场分布。对于溅射靶电磁场的分析计算主要采取的方法有两种：有限差分法和有限元法，其中有限元法更为常用，它将由偏微分方程表征的连续函数所在的封闭场域划分为有限个小区域，在每个小区域内把所要求的电磁场问题（即偏微分方程的边值问题）转化为与之等价的变分问题（即泛函数的极值问题），即用一个选定的近似函数来代替。于是连续函数在整个场域上被离散化，由此得到一组近似的高阶非线性方程组，对其联立求解，从而获得该场域中待求的电磁场问题（函数）的近似数值解。目前有很多对电磁场作有限元分析的软件，如 Ansys、Ansoft 和 FlexFDE 等，它们有着各自的适用范围和特点。

（3）根据靶空间磁场分布及与电场耦合模拟计算结果，进一步模拟靶放电及等离子体分布、输运，通过靶面的溅射刻蚀分布等参数（靶面刻蚀轮廓、刻蚀均匀性和靶的阻抗特性等）来确定该设计结构的合理性。若模拟结果合理，则作为最终设计；反之则修改相应的结构参数并重复以上过程。

图 7-23 给出了磁控溅射靶的设计分析流程。

靶磁场分布在靶的设计过程中起着至关重要的作用，有关研究表明，靶的刻蚀区域及其深度与靶面等离子体的浓度成正比关系，等离子体浓度又与空间中的磁场分布有着密切相连的关系。靶的刻蚀主要受靶表面的等离子体的影响，而等离子体的分布是受靶磁体产生的磁场分布影响。由此可见，提高靶面刻蚀均匀性和靶材利用率的关键是调整靶磁场结构。如何有效地分析各种设计情况下溅射室中的电磁场（主要是磁场）分布，从而确定放电情况、等离子体分布、溅射过程以及靶面的刻蚀情况，对靶和整个溅射设备的设计来说至关重要。

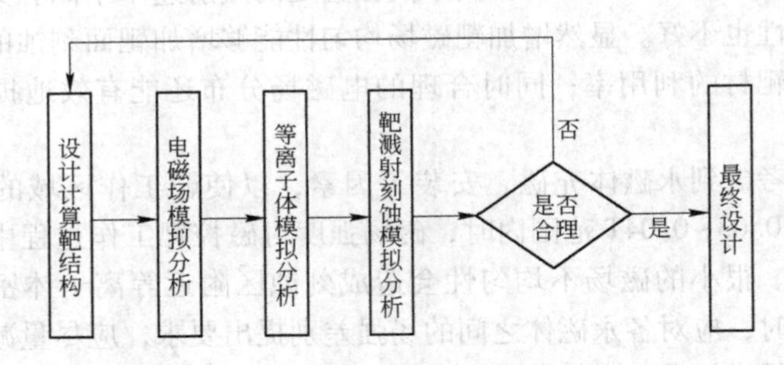

图 7-23　磁控靶设计分析流程

有效模拟分析各种靶结构中的电磁场（主要是磁场）分布，进而确定充气结构、靶放电、等离子体分布以及溅射和沉积过程等，对靶和整个溅射系统的设计来说至关重要。

7.2.2.2　磁控靶设计程序

依据上节靶的设计分析方法，根据靶的结构形式和不同的靶基形式建立磁控靶仿真模拟分析的数学物理模型。建立模型所依据的理论有：基于碰撞输运理论（分子平均自由程）和余弦分布理论；基于扩散输运理论等。根据镀膜工艺的要求，选择实际建立模型的溅射系统基本形式：

（1）矩形平面靶（基片固定）：最基本，最简单；

（2）矩形平面靶（基片直线匀速运动）：在（1）的基础上修正、完善；

（3）矩形平面靶（基片复合公自转运动）；

（4）圆平面靶（基片固定）：最基本，最简单；

(5) 圆平面靶（基片复合公自转运动）;

(6) 圆柱靶（基片固定和直线运动）。

根据所设计的系统不同（靶基情况、靶材等），对靶的实际情况进行合理简化，对所建立的数理模型通过“逆向工程，反求设计方法”（由大量的测试结果推测或修正理论模型）进行验证和修正，最后根据修正后的数理模型编制（或引用）靶的设计计算软件程序。

(1) 首先根据所设计的溅射系统结构形式（矩形平面靶、圆形平面靶、圆柱形磁控靶及其基片的相对运动等），选择不同的数学物理模型和相应的计算程序。

(2) 根据初步计算结果，设计靶的各部结构尺寸。

(3) 根据所选模型和计算程序，模拟计算系统的电磁场分布、靶基距、基片沉积膜厚等参数；采用数值模拟的方法，利用蒙特卡罗方法跟踪单个粒子的运动轨迹，以靶表面电子浓度仿真模拟靶面沟道的刻蚀轮廓。

(4) 根据仿真模拟计算结果（膜厚均匀性等）来确定该设计结构的合理性。若模拟结果合理，则作为最终设计；反之则修改相应的结构参数并重复以上过程。

由于磁控靶是溅射镀膜设备的核心部件，因此可以从磁控靶优化设计的角度出发，综合设计靶的电磁场及机械结构。图 7-24 为磁控溅射靶通用仿真设计流程图。

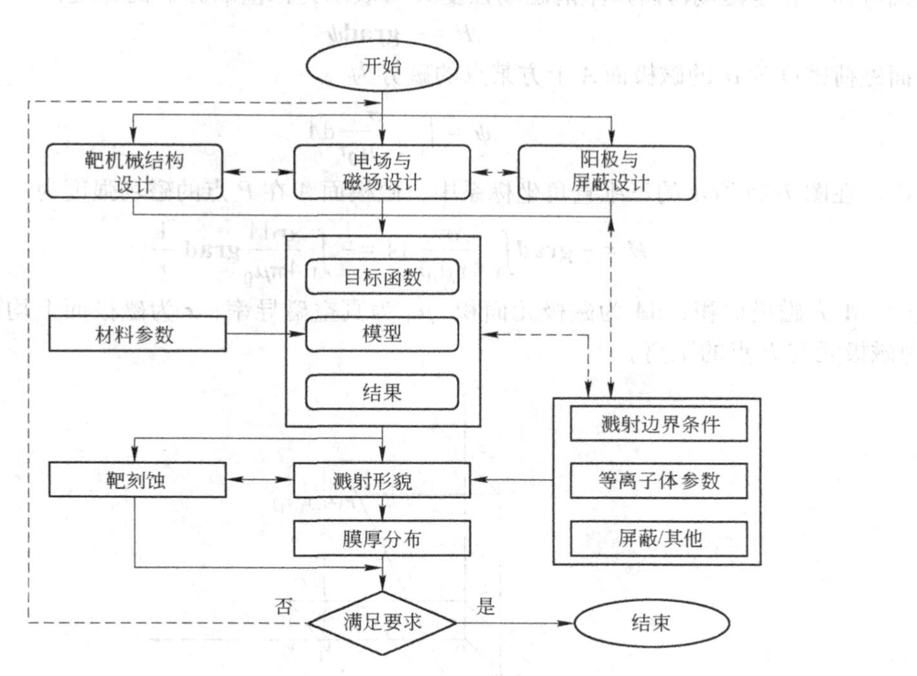

图 7-24 磁控溅射靶的计算机仿真设计流程图

7.2.3 靶磁场的设计计算

磁场分布在整个溅射过程中起着至关重要的作用，如何有效地分析各种设计情况下溅射室中的电磁场（主要是磁场）分布，从而确定放电情况、等离子体分布、溅射过程以及靶面的剥蚀情况，对靶和整个溅射设备的设计来说至关重要。磁控溅射靶的工作原理表明，靶的刻蚀区域及其深度主要受靶表面的等离子体的影响，而等离子体的浓度与靶面空间中的磁场分布有着密切相连的关系。增加靶磁场的均匀性能够增加靶面刻蚀的均匀性，从而延长靶的寿命、提高靶材的利用率，而且合理的电磁场分布还能够有效地提高溅射过程的稳定性。可以根据靶面的磁力线分布来分析靶表面的刻蚀情况，使等离子体存在于更大的靶面范围，实现靶面的均匀溅射。

溅射靶的磁场设计，即磁体（永磁体或电磁体）的布置形式十分复杂，同时也是十分灵活的。磁体之间的空间位置的变化，高低磁导率材料的选取与应用以及磁体性能参数随时间和外界条件的变化都使得磁体布置的设计始终具有完善的空间。

溅射靶的磁场设计直接影响靶的放电性能、靶材利用率以及所镀制的膜厚均匀性。溅射靶磁场设计的关键点主要是：（1）刻蚀区域加宽（磁场与电场正交区域加宽）；（2）对矩形平面靶和圆柱靶，要减小靶的端部效应影响；（3）加强靶体冷却效率，提高靶功率密度。

以下介绍各种形式的常规磁控靶的磁场设计计算。

7.2.3.1 三维直角坐标系中的靶磁场

根据磁控溅射靶的结构可知，其磁场大多是由矩形或梯形平面磁极建立的。由电磁学基础可知，稳定磁场源所产生的磁场强度 H 可表示为标量磁势 ψ 的梯度：

$$H = -\mathbf{grad}\psi \tag{7-47}$$

而面磁荷密度为 σ 的磁极面 A 上方某点的磁势为

$$\psi = \int_A \frac{\sigma}{4\pi\mu_0 r}\mathrm{d}A \tag{7-48}$$

所以，在图 7-25 所示的三维直角坐标系中，磁极面 A 在 P 点的磁场强度为

$$\boldsymbol{H} = -\mathbf{grad}\int_A \frac{\sigma}{4\pi\mu_0 r}\mathrm{d}A = -\int_A \frac{\sigma\mathrm{d}A}{4\pi\mu_0}\mathbf{grad}\frac{1}{r} \tag{7-49}$$

式中，A 为磁极面积；$\mathrm{d}A$ 为磁极元面积；μ_0 为真空磁导率；σ 为磁极面上均匀磁荷密度；r 为磁极元与 P 点的距离。

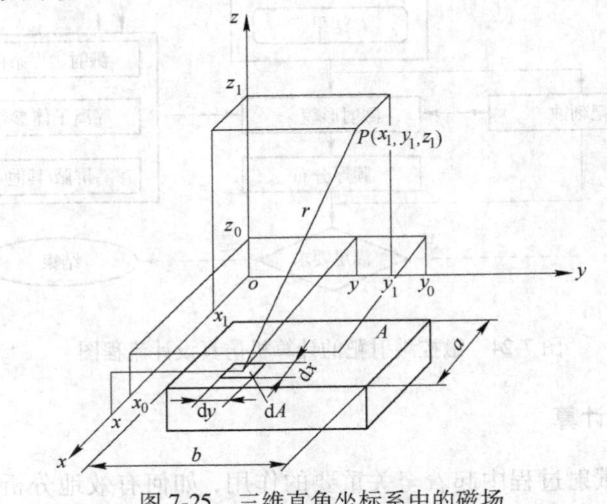

图 7-25　三维直角坐标系中的磁场

由图 7-25 可知，

$$r = [(x - x_1)^2 + (y - y_1)^2 + (z - z_1)^2]^{1/2}$$

$$\mathbf{grad}\frac{1}{r} = -\frac{(x - x_1)\boldsymbol{i} + (y - y_1)\boldsymbol{j} + (z - z_1)\boldsymbol{k}}{[(x - x_1)^2 + (y - y_1)^2 + (z - z_1)^2]^{3/2}} \tag{7-50}$$

式中，$\boldsymbol{i}$、$\boldsymbol{j}$、$\boldsymbol{k}$ 为三个方向的矢量单位。代入，并将 $\boldsymbol{H}$ 在 x、y、z 三个坐标方向上的分量分别记为 H_x、H_y、H_z，则有

$$H_x = \frac{\sigma}{4\pi\mu_0}\int_A \frac{(x - x_1)\mathrm{d}A}{[(x - x_1)^2 + (y - y_1)^2 + (z - z_1)^2]^{3/2}} \tag{7-51}$$

$$H_y = \frac{\sigma}{4\pi\mu_0}\int_A \frac{(y - y_1)\mathrm{d}A}{[(x - x_1)^2 + (y - y_1)^2 + (z - z_1)^2]^{3/2}} \tag{7-52}$$

$$H_z = \frac{\sigma}{4\pi\mu_0}\int_A \frac{(z - z_1)\mathrm{d}A}{[(x - x_1)^2 + (y - y_1)^2 + (z - z_1)^2]^{3/2}} \tag{7-53}$$

由于 $\mathrm{d}A = \mathrm{d}x\mathrm{d}y$，在 A 平面上积分即求得三个磁场强度分量分别为

$$H_x = \frac{\sigma}{4\pi\mu_0}[\ln(K_2 + \sqrt{K_2^2 + K_7^2}) - \ln(K_1 + \sqrt{K_1^2 + K_7^2}) - \ln(K_2 + \sqrt{K_2^2 + K_6^2}) + \ln(K_1 + \sqrt{K_1^2 + K_6^2})] \tag{7-54}$$

$$H_y = \frac{\sigma}{4\pi\mu_0}[\ln(K_4 + \sqrt{K_4^2 + K_9^2}) - \ln(K_3 + \sqrt{K_3^2 + K_9^2}) - \ln(K_4 + \sqrt{K_4^2 + K_8^2}) + \ln(K_3 + \sqrt{K_3^2 + K_8^2})] \tag{7-55}$$

$$H_z = \frac{\sigma}{4\pi\mu_0}\left(\arctan\frac{K_2K_4}{K_5\sqrt{K_2^2 + K_6^2}} - \arctan\frac{K_2K_3}{K_5\sqrt{K_2^2 + K_7^2}} - \arctan\frac{K_1K_4}{K_5\sqrt{K_1^2 + K_6^2}} + \arctan\frac{K_1K_3}{K_5\sqrt{K_2^2 + K_7^2}}\right) \tag{7-56}$$

式中 $K_1 = y_0 - y_1 - b/2$；
$K_2 = y_0 - y_1 + b/2$；
$K_3 = x_0 - x_1 - a/2$；
$K_4 = x_0 - x_1 + a/2$；
$K_5 = z_0 - z_1$；
$K_6 = \sqrt{K_4^2 + K_5^2}$；
$K_7 = \sqrt{K_3^2 + K_5^2}$；
$K_8 = \sqrt{K_2^2 + K_5^2}$；
$K_9 = \sqrt{K_1^2 + K_5^2}$；
x_0，y_0，z_0——永磁体磁极面中心的坐标；
x_1，y_1，z_1——P 点的坐标；
a——磁极面 x 方向尺寸（永磁体的宽度）；
b——磁极面 y 方向尺寸（永磁体的长度）；
σ——磁极面的磁荷密度；

μ_0——真空磁导率。

7.2.3.2 矩形平面磁控溅射靶的磁场计算

矩形平面磁控溅射靶的磁路系统主要由内磁条、外磁环及轭铁组成，如图7-26所示。其中内磁条和外磁环的磁荷密度分别为σ_2和σ_1，且符号相反，可以分解成若干个单元磁体。如图7-26所示的外磁环分成4个单元磁体，内磁条为一个单元磁体，各自尺寸及其中心与P点距离如图7-26所示。由于轭铁的存在，计算平面靶磁场时应做镜像磁荷面的假想，该面以轭铁界面（即气体与高磁导率介质间的界面）为对称面，在$-z_0$存在σ符号相反的磁极面。

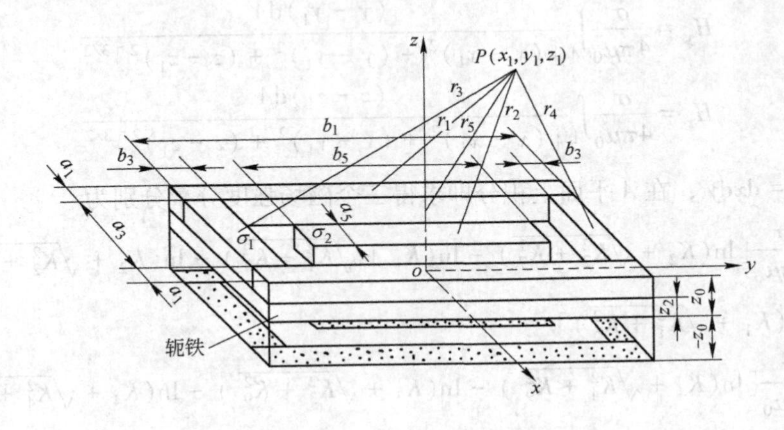

图7-26 矩形平面靶的磁路

用式（7-54）~式（7-56）分别计算各单元磁板在P点的场强，然后可用下式叠加得P点的三个磁场强度分量：

$$H_f = \sum_{i=1}^{n} H_{fi} \qquad (f = x,\ y,\ z;\ \ i = 1,\ 2,\ \cdots,\ n) \tag{7-57}$$

若单元磁体的长宽比很大，即y方向的尺寸$b \to \infty$，则式（7-54）~式（7-56）简化为：

$$H_x = \frac{\sigma}{4\pi\mu_0}\ln\left(\frac{K_6}{K_7}\right)^2 \tag{7-58}$$

$$H_y = 0 \tag{7-59}$$

$$H_z = \frac{\sigma}{2\pi\mu_0}\left(\arctan\frac{K_4}{K_5} - \arctan\frac{K_3}{K_5}\right) \tag{7-60}$$

若单元磁体的长宽比很小，即x方向的尺寸$a \to \infty$，则式（7-58）和式（7-59）变为

$$H_x = 0 \tag{7-61}$$

$$H_y = \frac{\sigma}{4\pi\mu_0}\ln\left(\frac{K_8}{K_9}\right)^2 \tag{7-62}$$

利用特斯拉计测量磁极面中心处的H_z值。由于此处满足$b \to \infty$和$K_5 = 0$的条件，由式（7-60）可得

$$\sigma = -2\mu_0 H_{z中心} = -2B_{z中心}/\mu_r \tag{7-63}$$

式中，$B_{z中心}$为磁极面中心处磁感应强度，T；μ_r为相对磁导率，其值可由表7-7查得。由表

中数据可见，空气的$\mu_r = 1$。因此用特斯拉探针紧贴磁极面中心测得磁感应强度$B_{z中心}$后，其值的2倍即为磁荷密度σ值。将σ代入上述相应公式就可以得到相应的磁场强度H_{fi}值。

表 7-7　常用材料的相对磁导率μ_r

材 料	μ_r	材 料	μ_r
钛	0.99983	2-81 坡莫合金粉（81Ni2Mo）	130
银	0.99998	钴	250
铅	0.999983	镍	600
铜	0.999991	锰锌铁氧体	1500
水	0.999991	软钢（0.2C）	2000
真空	1	铁（0.2 杂质）	5000
空气	1.0000004	硅钢（4Si）	7000
铝	1.00002	纯铁（0.05 杂质）	200000
钯	1.0008	导磁合金（5Mo79Ni）	1000000

矩形平面靶中部zox平面的磁场分布规律如图7-27所示。H_x和H_z均呈现对称分布，并且随z_1的增加而下降，其下降率分别为下列的三次倒数和二次倒数函数式形式：

$$\frac{dH_x}{dz_1} = A_1 \frac{1}{(z_0 - z_1)^3 + B_1(z_0 - z_1)^2 + C_1(z_0 - z_1) + D_1} \tag{7-64}$$

$$\frac{dH_z}{dz_1} = A_2 \frac{1}{B_2(z_0 - z_1)^2 + C_2(z_0 - z_1) + D_2} \tag{7-65}$$

式中，A、B、C、D均为系数。由此可见，随着z_1的增加，起初场强下降快，然后逐渐趋于稳定，其中H_z下降速率比H_x更大。

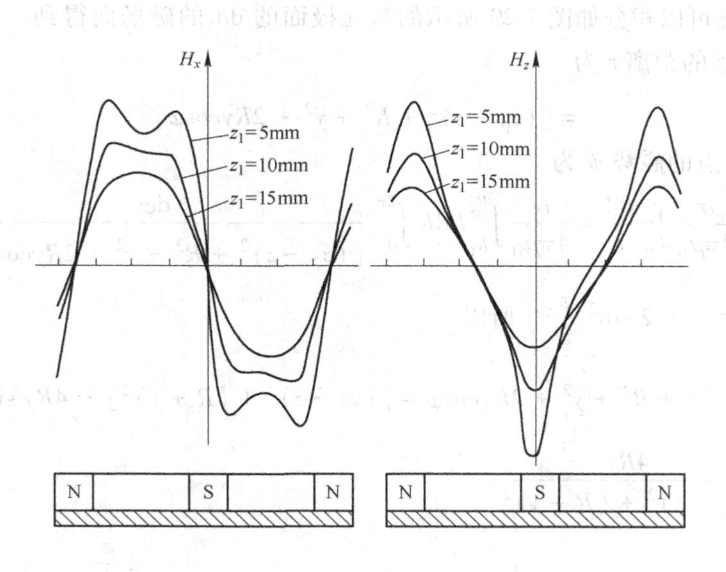

图 7-27　矩形平面溅射靶的磁场强度分布

由图7-27可见，H_z过零处基本上位于H_x分布曲线的对称面上，因此可以视此处为靶材刻蚀区的中点来设计靶材。并且，不同的z_1的H_z零处很接近，但有随z_1下降向中心靠扰的规律。

7.2.3.3 圆形平面磁控溅射靶的磁场计算

A 磁路系统

圆形平面磁控溅射靶的磁路系统如图 7-28 所示，由中心磁柱、外围磁环及极靴（轭铁）组成。磁柱与磁环的极性相反。

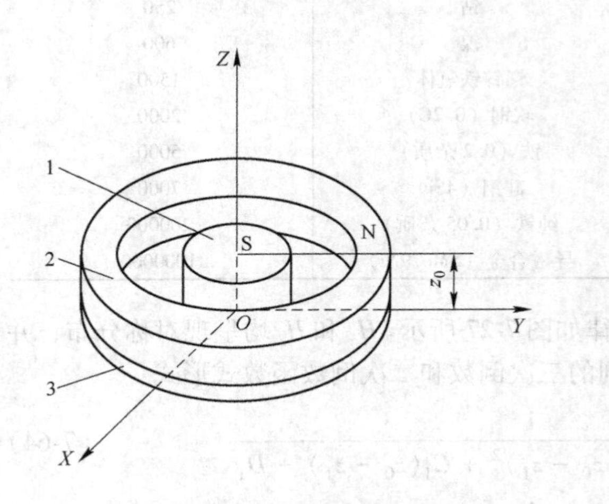

图 7-28 圆形平面磁控溅射靶的磁路系统

1—中心磁柱；2—磁环；3—极靴（轭铁）

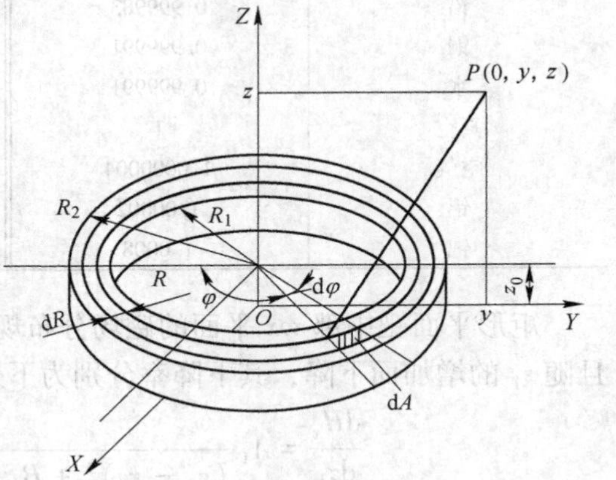

图 7-29 磁环的磁场

B 磁环的磁场

磁环的磁场可以积分如图 7-29 所示的微元极面的 dA 的磁场而得到。微元极面 dA 至 ZOY 平面上 P 点的距离 r 为

$$r = \left[(z_0 - z)^2 + R^2 + y^2 + 2Ry\cos\varphi \right]^{\frac{1}{2}}$$

则 dA 在 P 点的磁势 ψ 为

$$\psi = \frac{\sigma}{4\pi\mu_0}\int_A \frac{\mathrm{d}A}{r} = \frac{\sigma}{4\pi\mu_0}\int_{R_1}^{R_2} R\mathrm{d}R \int_0^{2\pi} \frac{\mathrm{d}\varphi}{\left[(z_0 - z)^2 + R^2 + y^2 + 2Ry\cos\varphi \right]^{\frac{1}{2}}}$$

因为 $\cos\varphi = 1 - 2\sin^2\dfrac{\varphi}{2}$，所以

$$(z_0 - z)^2 + R^2 + y^2 + 2Ry\cos\varphi = \left[(z_0 - z)^2 + (R + y)^2 \right] - 4Ry\sin^2\frac{\varphi}{2} \tag{7-66}$$

令 $K^2 = \dfrac{4Ry}{(z_0 - z)^2 + (R + y)^2}$

$$\psi = \frac{\sigma}{\pi\mu_0}\int_{R_1}^{R_2} \frac{R\mathrm{d}R}{\left[(z_0 - z)^2 + (R + y)^2 \right]^{\frac{1}{2}}} \int_0^{\pi} \frac{\mathrm{d}\dfrac{\varphi}{2}}{\sqrt{1 - K^2\sin^2\dfrac{\varphi}{2}}} \tag{7-67}$$

式中 $\int_0^{\pi}\frac{\mathrm{d}\frac{\varphi}{2}}{\sqrt{1-K^2\sin^2\frac{\varphi}{2}}}=\frac{\pi}{2}\left[1+\left(\frac{1}{2}\right)^2K^2+\left(\frac{1\times3}{2\times4}\right)^2K^4+\left(\frac{1\times3\times5}{2\times4\times6}\right)^2K^6+\cdots\right]$

由于 $K^2<1$，上式级数收敛，所以有解。

因为式（7-67）中对 R 积分较困难，故将 $R_1\to R_2$ 分成若干个等宽度的圆环，面积相等原则确定各圆环的等效半径 R 值，进行其磁势的叠加求得磁环的磁势 ψ。假设将磁环分成 n 个圆环，令

$$c=\frac{R_2-R_1}{n}\tag{7-68}$$

则有通式

$$R_i=\left\{\frac{[R_1+(i-1)c]^2+(R_1+ic)^2}{2}\right\}^{\frac{1}{2}}\tag{7-69}$$

$$K_i^2=\frac{4R_iy}{(z_0-z)^2+(R_i+y)^2}\tag{7-70}$$

式中，$i=1,2,\cdots,n$。

计算诸 R_i 和 K_i^2 值，则得

$$\psi=\frac{c\sigma}{2\mu_0}\sum_{i=1}^{n}\left\{\frac{R_i}{[(z_0-z)^2+(R_i+y)^2]^{\frac{1}{2}}}\left[1+\left(\frac{1}{2}\right)^2K_i^2+\left(\frac{1\times3}{2\times4}\right)^2K_i^4+\left(\frac{1\times3\times5}{2\times4\times6}\right)^2K_i^6+\cdots\right]\right\}\tag{7-71}$$

因为 $H_y=-\frac{\partial\psi}{\partial y}$，$H_z=-\frac{\partial\psi}{\partial z}$，$H_\varphi=-\frac{\partial\psi}{\partial\varphi}$，由于圆环形的对称结构，所以 $H_\varphi=0$。对式（7-71）求偏导可得到磁环的磁场分量如下：

$$H_y=\frac{c\sigma}{2\mu_0}\sum_{i=1}^{n}\left\{\frac{R_i(R_i+y)}{[(z_0-z)^2+(R_i+y)^2]^{\frac{3}{2}}}\times F[K_i]-\frac{R_i^2[(z_0-z)^2+R_i^2-y^2]}{[(z_0-z)^2+(R_i+y)^2]^{\frac{5}{2}}}\times D[K_i]\right\}\tag{7-72}$$

$$H_z=-\frac{c\sigma}{2\mu_0}\sum_{i=1}^{n}\left\{\frac{R_i(z_0-z)}{[(z_0-z)^2+(R_i+y)^2]^{\frac{3}{2}}}\times F[K_i]+\frac{2R_i^2y(z_0-z)}{[(z_0-z)^2+(R_i+y)^2]^{\frac{5}{2}}}\times D[K_i]\right\}\tag{7-73}$$

$$F[K_i]=1+\left(\frac{1}{2}\right)^2K_i^2+\left(\frac{1\times3}{2\times4}\right)^2K_i^4+\left(\frac{1\times3\times5}{2\times4\times6}\right)^2K_i^6+\cdots\tag{7-74}$$

$$D[K_i]=1+2\left(\frac{3}{4}\right)^2K_i^2+3\left(\frac{3\times5}{4\times6}\right)^2K_i^4+\cdots\tag{7-75}$$

C 圆形平面靶的磁场计算

若磁环的内半径 $R_1=0$，即为中心磁柱，因此可以使用式（7-71）至式（7-75）计算

其磁场。如果圆形平面靶的磁路系统中有轭铁，则其磁场计算也应考虑镜像磁极面的存在。也就是说，以轭铁与空气界面为对称面，在 z_0 和 $-z_0$ 平面上分别有 σ 和 $-\sigma$ 极面的磁环及中心磁柱，四者在 P 点磁场强度的代数和即为所求。

7.2.3.4 同轴圆柱磁环溅射靶的磁场计算

同轴圆柱形磁环溅射靶的磁路系统是由若干个单元永磁环串联而成，相邻磁环面极性相同，如图 7-30 所示。其磁场可以采用等效电流法计算，也可以采用圆形平面靶的磁场计算法。

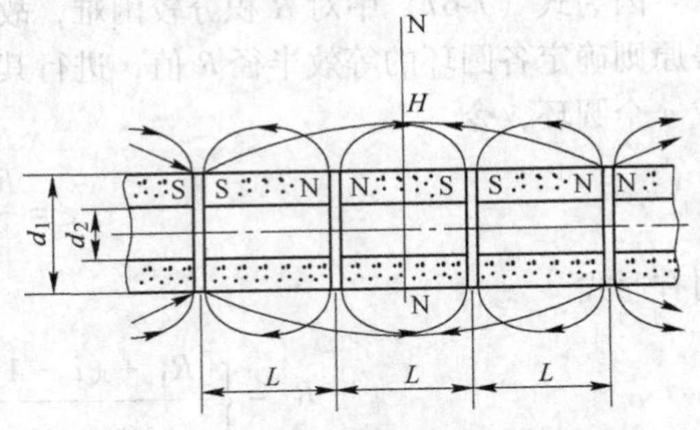

图 7-30 同轴圆柱磁环溅射靶的磁路结构

由式（7-72）和式（7-73）可知，随着图 7-30 中永磁环的增加，外端极面的磁场分量急剧下降。例如，以中间五个永磁环为研究对象，外端四个极面的磁场强度不足于中间四个极面的 10%，因此三个永磁环间的四个极面的磁场就可以代表中间磁环区域的磁场分布。

取 N—N 平面为 xoy 坐标面，轴向即为 z 轴。令 $R_2 = d_1/2$，$R_1 = d_2/2$，$z_0 = L/2$，由磁环磁场公式（7-66）~式（7-71）可以计算同轴圆柱磁控溅射靶的磁场。由于相邻磁环极面间距很小，且磁荷密度 σ 相同，所以只计算中间一个磁环的磁场，将其结果加倍即成为所求。

在同轴圆柱的两端，由于磁环的非对称布局，位于端部磁环长度 L 区域内，磁场强度的大小等于该磁场值的 1.5 倍。因此，在膜厚均匀度要求较高的场合下，应将端部磁环设计在溅射靶的有效长度之外。

7.2.3.5 同轴圆柱条形磁体溅射靶的磁场计算

A 同轴圆柱条形磁体溅射靶的磁场结构

旋转式同轴圆柱条形磁体溅射靶由类似于矩形平面溅射靶的磁场和旋转式圆柱形的靶筒组成。该靶具有膜厚均匀，靶材利用高的特点。通常，旋转式圆柱形溅射靶的磁路系统由六条（其中两条极性相反，且长度较短）和八块（每端各四块）永磁体组成。其形状相当于两块矩形平面磁控溅射靶组合成一个圆柱体，因此其典型磁场分布截面有靶中部横截面、端部横截面和端部纵截面。

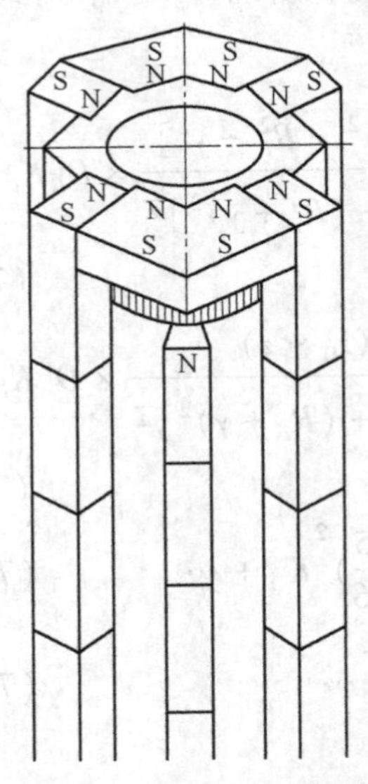

图 7-31 同轴圆柱条形磁体溅射靶磁场结构

如图 7-31 所示的圆柱双面矩形靶的磁场由 4 个较长的条状永磁体（为了加工和装配方便，每条永磁体都由若干短条形永磁体组成）、2 个较短的条状永磁体（磁极方向与长条状永磁体相反）和端部封闭用的 8 个块状永磁体（或作用相当的磁半环）组成。它们在靶材表面建立了两个类似矩形平面溅射靶的跑道式磁场。为了满足设计要求，一般选用磁感应强度 B 约为 0.4T 的条形钕铁硼材料作为永磁体。在镀膜机中，圆柱双面矩形溅射靶可接 600V 的负电位，基片接地。靶具备电磁场正交和等离子体区域封闭这两个条件，其磁力线 E 如图 7-32 所示。靶的横断面结构及溅射刻蚀情况如图 7-33 所示。

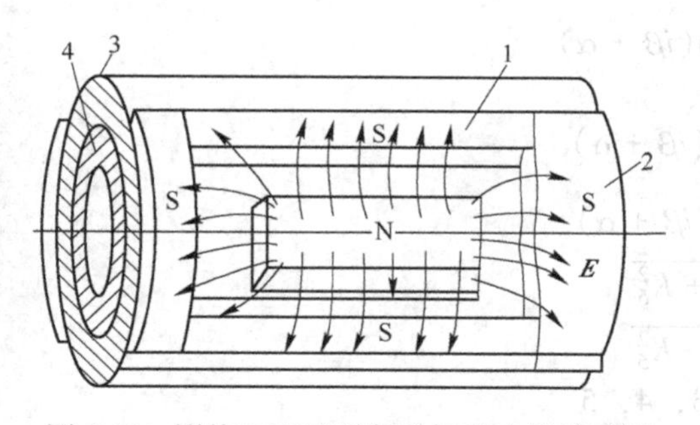

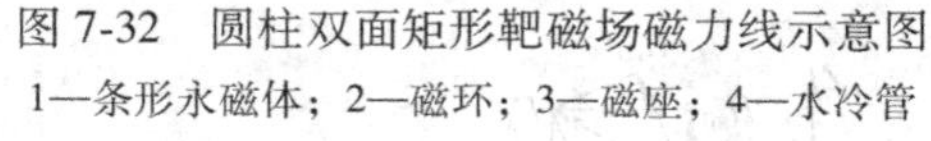

图 7-32　圆柱双面矩形靶磁场磁力线示意图
1—条形永磁体；2—磁环；3—磁座；4—水冷管

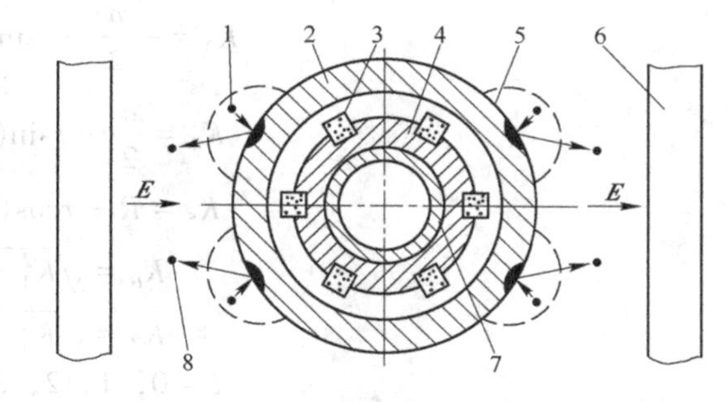

图 7-33　圆柱双面矩形靶横断面结构及溅射刻蚀示意图
1—气体离子；2—靶材；3—条形磁铁；4—磁座；5—等离子体；6—基片；7—冷却水管；8—溅射的靶材原子

由于圆柱条形磁体溅射靶的磁铁排列形式与磁环同轴圆柱靶完全不同，所以它的刻蚀沟道是两个细长形跑道式的沟道。在溅射镀膜过程中，只要永磁体的位置不变，则圆筒形靶材上的刻蚀区相对于该磁铁系统的方位是固定的。因此，当圆筒形靶材以适当的转速转动时，即可对靶材进行均匀的刻蚀。在靶磁体装配时，可调整靶磁体的位置，使长环形刻蚀沟道对着基片（即使两条较短的条形永磁体正对着基片方向）。

在图 7-34 所示的直角坐标系中，选取一条形永磁体，其磁极面长度为 b，宽度为 a，则永磁体在 P 点的磁场强度分量可分别由式（7-54）、式（7-55）和式（7-56）表述。圆柱条形磁体溅射靶的磁场是由靶中间部位的直线形磁场和靶端部的弯曲形磁场组成。

B　圆柱靶中部横截面的磁场计算

由于一般圆柱溅射靶的长度远大于靶的直径，则靶中间部分的直线形磁场可看成为长直磁场。如果取靶中心轴线为三维直角坐标系的 y 轴，则相当于磁极面的 $b \to \infty$，在沿轴向为均匀磁场的条件下，式（7-54）～式（7-56）可简化为

$$H_x = -\frac{\sigma}{4\pi\mu_0}\ln(K_6/K_7)^2 \tag{7-76}$$

$$H_y = 0 \tag{7-77}$$

$$H_z = -\frac{\sigma}{2\pi\mu_0}[\arctan(K_4/K_5) - \arctan(K_3/K_5)] \tag{7-78}$$

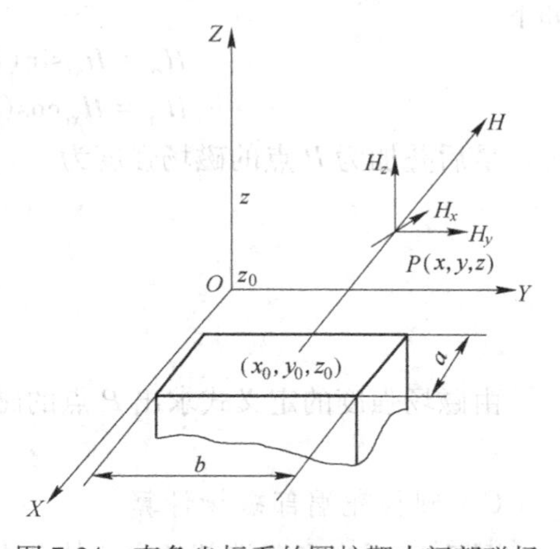

图 7-34　直角坐标系的圆柱靶中间部磁场

由以上计算可见，该靶的轴向磁场强度为零，只有沿圆截面的切向分量 H_τ 和径向分量 H_r 存在。

图 7-35 示出了靶中部横截面各磁极的分布。如果各磁极宽度均为 a，均布夹角为 β，则在各自的直角坐标系中有下列诸式：

$$x_0 = 0$$

$$z_0 = R$$

$$x_i = r\sin(i\beta + \alpha)$$

$$z_i = r\cos(i\beta + \alpha)$$
$$K_3 = -\frac{a}{2} - r\sin(i\beta + \alpha)$$
$$K_4 = \frac{a}{2} - r\sin(i\beta + \alpha)$$
$$K_5 = R - r\cos(i\beta + \alpha)$$
$$K_6 = \sqrt{K_4^2 + K_5^2}$$
$$K_7 = \sqrt{K_3^2 + K_5^2}$$
$$i = 0,\ 1,\ 2,\ 3,\ 4,\ 5$$

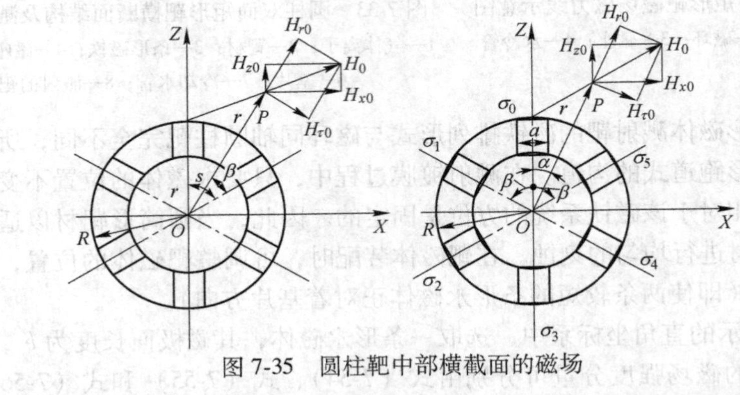

图 7-35　圆柱靶中部横截面的磁场

由 K 和式（7-58）、式（7-60）分别求得 H_{xi} 和 H_{zi}，然后变换为极坐标系的磁场分量如下：

$$H_{ri} = H_{xi}\sin(i\beta + \alpha) + H_{zi}\cos(i\beta + \alpha) \tag{7-79}$$
$$H_{\tau i} = H_{xi}\cos(i\beta + \alpha) - H_{zi}\sin(i\beta + \alpha) \tag{7-80}$$

最后叠加为 P 点的磁场强度为

$$H_r = \sum_{i=0}^{5} H_{ri} \tag{7-81}$$
$$H_\tau = \sum_{i=0}^{5} H_{\tau i} \tag{7-82}$$

由磁场强度的定义式求出 P 点的磁感应强度

$$B = \mu H \tag{7-83}$$

C　圆柱靶端部磁场计算

图 7-36 示出了靶端部的永磁体分布和磁场结构，端部磁场是由单方向无限长的 6 条条形永磁体和 4 个块状永磁体组成。

圆柱靶端部纵截面（即图中 ZOY 平面）的磁场由条形永磁体和块状永磁体的磁场叠加而成，具有 H_x、H_y、H_z 三个分量。由图 7-36 可见，靶的端部弯曲磁场可以用 ZOY 和 $Z'O'X'$ 两个相互垂直平面的磁场来描述。

a　靶端部纵截面（ZOY 平面）任意点 P_1 的磁场计算

由于条形永磁体为单方向无限长布局，所以永磁体的长度有个有效长度 b_m 问题。凡大于 b_m 的永磁体部分在 ZOY 平面上 P_1 点的磁场很微弱，可以忽略不计。

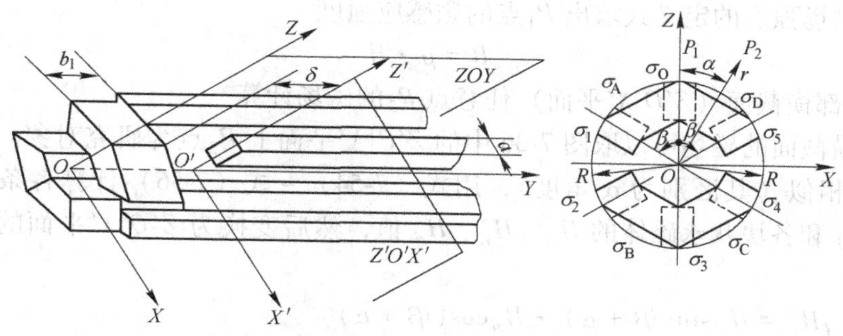

图 7-36 圆柱靶端部永磁体结构

如图 7-36 所示，取坐标系原点为 O，设条形磁极与块状磁极的端部间隙为 δ，计算各 K 值，再由式（7-54）~式（7-56）分别求得各个磁极面在自身直角坐标系中的 H_{xi}、H_{yi}、H_{zi} 值，然后利用下式变换为 ZOY 平面的磁场强度。

$$\begin{cases} H'_{xi} = H_{xi}\cos(i\beta) - H_{zi}\sin(i\beta) \\ H'_{yi} = H_{yi} \\ H'_{zi} = H_{xi}\sin(i\beta) + H_{zi}\cos(i\beta) \end{cases} \quad i = 0,\ 1,\ \cdots,\ 5$$

由图 7-36 可知，对于各块状永磁体，有

$$x_0 = 0$$
$$y_0 = b_1/2$$
$$z_0 = R\cos(\beta/2)$$
$$x_j = z\sin(j\beta + \beta/2)$$
$$y_j = y$$
$$z_j = z\cos(j\beta + \beta/2)$$
$$a = R$$
$$j = 0,\ 2,\ 3,\ 5$$

计算各 K 值，用式（7-54）~式（7-56）分别求出各磁极面在自身直角坐标系中的 H_{xj}、H_{yj}、H_{zj}，然后用下式变换为 ZOY 平面的场强，即

$$\begin{cases} H''_{xj} = H_{xj}\cos(j\beta + \beta/2) - H_{zj}\sin(j\beta + \beta/2) \\ H''_{yj} = H_{yj} \\ H''_{zj} = H_{xj}\sin(j\beta + \beta/2) + H_{zj}\cos(j\beta + \beta/2) \end{cases} \quad j=0,\ 2,\ 3,\ 5$$

将各磁极的磁场强度进行叠加，可得到 ZOY 平面上 P_1 点的磁场强度分量为

$$\begin{cases} H_x = \sum_i H'_{xi} + \sum_j H''_{xj} \\ H_y = \sum_i H'_{yi} + \sum_j H''_{yj} \\ H_z = \sum_i H'_{zi} + \sum_j H''_{zj} \end{cases} \quad i=0,\ 1,\ \cdots,\ 5;\ j=0,\ 2,\ 3,\ 5 \tag{7-84}$$

最后由磁场强度的定义式求出 P_1 点的磁感应强度

$$B = \mu \cdot H \tag{7-85}$$

b　靶端部横截面（$Z'O'X'$ 平面）任意点 P_2 的磁场计算

靶端部横截面的磁场可以取图 7-36 中的 $Z'O'X'$ 平面上 P_2 点为研究对象。与端部纵截面 ZOY 平面相似（其区别为 α 角度），用式（7-54）~式（7-56）计算各条形永磁体的 H_{xi}、H_{yi}、H_{zi} 和各块状永磁体的 H_{xj}、H_{yj}、H_{zj} 值，然后变换为 $Z'O'X'$ 平面的磁场强度分量，即

$$\begin{cases} H'_{ri} = H_{xi}\sin(i\beta + \alpha) + H_{zi}\cos(i\beta + \alpha) \\ H'_{yi} = H_{yi} \qquad\qquad i = 0,\ 1,\ \cdots,\ 5 \\ H'_{\tau i} = H_{xi}\cos(i\beta + \alpha) - H_{zi}\sin(i\beta + \alpha) \end{cases}$$

$$\begin{cases} H''_{rj} = H_{xj}\sin(j\beta + \beta/2 + \alpha) + H_{zj}\cos(j\beta + \beta/2 + \alpha) \\ H''_{yj} = H_{yj} \qquad\qquad j = 0,\ 2,\ 3,\ 5 \\ H''_{\tau j} = H_{xj}\cos(j\beta + \beta/2 + \alpha) + H_{zj}\sin(j\beta + \beta/2 + \alpha) \end{cases}$$

叠加上述两式各分量，则得 $Z'O'X'$ 平面上 P_2 点的磁场强度分量为

$$\begin{cases} H_r = \sum\limits_i H'_{ri} + \sum\limits_j H''_{rj} \\ H_y = \sum\limits_i H'_{yi} + \sum\limits_j H''_{yj} \qquad i = 0,\ 1,\ \cdots,\ 5;\ j = 0,\ 2,\ 3,\ 5 \\ H_\tau = \sum\limits_i H'_{\tau i} + \sum\limits_j H''_{\tau j} \end{cases} \tag{7-86}$$

最后由磁场强度定义式即可求得 P_2 点的磁感应强度。

$$B = \mu \cdot H \tag{7-87}$$

7.2.4　靶永磁体的设计

磁控靶中的永磁体是控制等离子体区域及其工作特性的磁场源。一般各磁体的几何尺寸（长度或直径）选择相同为宜，特别是相邻磁体的连接表面要平整光滑，连接面无间隙。永磁体要求整体充磁均匀，磁体端面场强最好接近 0.15T，这样可保证靶表面平行磁场 $B \approx 0.03$T。

当前磁控溅射装置中常用的永磁体材料主要有铝镍钴、钐钴、钕铁硼合金等。铝镍钴永磁体具有高的使用温度、低的温度系数，可以定量充磁，充磁时磁场大小调整方便，缺点是容易受外磁路影响而退磁，磁性能不强。钐钴材料使用温度很高，温度系数很低，同时又具有很强的磁性能，缺点是价格偏高。钕铁硼永磁材料磁性能很强，价格适中，但是其工作温度比较低，温度系数很大，因此其受温度影响较大，而且容易被氧化腐蚀。

为了满足磁控溅射所用磁场的要求，永磁体一般可以做成圆柱形、U 形、环形或条形。制作 U 形或环形磁体，比较适合采用 AlNiCo124、AlNiCo5 等低磁性能的各向同性材料。如果采用钐钴、钕铁硼等磁性能较强的各向异性永磁材料，则磁体可以采用条形、环形或圆柱形结构。条状永磁体充磁方便，可以通过改变条状永磁体的几何尺寸方便地设计磁场。

永磁体的磁场强度在 0.03~0.04T 范围内时，磁场强度对磁控靶工作过程中的靶表面

的等离子体密度影响较大。很小的磁场不均匀性会造成刻蚀区附近等离子体密度大的改变。因此，由多个低磁场强度磁体组装在一起的磁体布置形式，每个磁体剩余磁通密度的制造误差应控制在3%以内，由磁体间距造成的磁场强度的降低应小于5%。

磁控靶端部磁体和中部磁体的性能参数通过优化设计后不会完全相同，目前国外制造磁控靶的公司所选用的永磁体在测定点的磁场强度与理论设计所要求的磁场强度的绝对误差可以控制在1Gs范围内，这就为磁场分布的均匀性奠定了良好的基础。

磁控靶内永磁体之间的距离对磁场均匀性有影响。常用永磁材料（钡锶铁氧体、铝镍钴、钐钴、钕铁硼）在常温、常压、中性、无外加退磁场、无强烈振动冲击等条件下，即在最良好的条件下，其稳定性不会发生明显变化，可以永久使用。但是在高温、负温、酸碱腐蚀、外加退磁场（复合磁路中的近邻退磁场）、强烈的振动冲击等不良因素的作用下，常用永磁材料的特性（表观的和内在的）就会变得不稳定，同时发生不同程度的变化。例如，常见的钕铁硼永磁体在高温下要变质老化，酸碱物质会对钕铁硼永磁体腐蚀，水分子也会腐蚀它，因此对永磁体表面加以涂层保护是十分必要的。

7.2.5 靶水冷系统的设计计算

各种类型的溅射镀膜设备都必须设置相应的水冷系统，以便保证其正常运转。溅射镀膜设备包括溅射靶、真空抽气机组和真空镀膜室三个水冷部分。其中真空室的水冷系统是否设置，可根据镀膜工艺的最高温度而定。抽气机组的水冷系统，可根据所选用的真空泵或真空机组的具体要求，将冷却水通入并计算其流量即可。而且，真空室水冷系统的设计与计算完全可以参考溅射靶或其他真空应用设备（水冷真空炉）的水冷系统。靶的冷却很重要，特别是使用电流密度高的磁控靶时，对于价格适中的整体金属靶可直接用水冷却靶的背面。机械强度差的靶材或非导体材料靶则必须和作为真空密封或以非导体材料为电极的金属背衬结构连接。连接材料一般用低温金属、合金或导电树脂。如对靶纯度要求严格，则连接材料及介质不能向靶材内扩散使靶沾污。用非导体靶材料，靶材的低热导率将限制溅射速率。

7.2.5.1 冷却水流速率的计算

各种类型的溅射靶，都因在辉光放电中受离子轰击而升温发热，靶的温度会对靶的溅射速率和溅射功率产生影响。为保证溅射靶的正常工作温度，应设置冷却系统。水冷却是一种磁控溅射靶常用的冷却方法。

为保证冷却水的流速和进出口水温差在预定的范围内，要求溅射靶冷却水系统应具有小流阻；溅射靶材和水冷背板（如果设置）的导热性能良好；进水压力保持稳定，进水压力一般为0.2MPa以上。

对于具体的溅射靶，可由其几何尺寸和材料，根据表7-8计算保证靶温度梯度为100℃/cm条件下的靶最大功率密度值，然后确定靶冷却水进出口温度差ΔT。根据该功率密度，参考表7-9中的数据，确定满足靶最大功率密度及冷却水进出口温差为ΔT时的水流速率。

如果靶材厚度不是1cm，或温度差ΔT不是30℃，则应按比例选取表7-8或表7-9中的数据。例如，直径为11.5cm，厚度为1cm的圆形平面铝靶，由表7-8得温度梯度为100℃/cm的功率值为24.6kW，设其冷却水进出口温差为30℃，由表7-9算出其限定进出口水温差为30℃时的水流速率为$11.5\times10^{-3}m^3/min$。

若溅射靶的表面积较大，则应适当减小表7-8中的数据值，以保证溅射靶的正常工作。磁控溅射靶的功率密度通常为$1\sim36W/cm^2$。

表7-8 通过厚度1cm的阴极靶，温度梯度为100℃/cm时的功率密度

靶材类别	靶材材料	功率密度/$W\cdot cm^{-2}$	靶材类别	靶材材料	功率密度/$W\cdot cm^{-2}$
非金属介质	玻璃 透明石英（熔融石英） 大多数硼硅酸盐、铝硅酸盐、钠钙玻璃 80∶20$PbO\text{-}SiO_2$	2~4	金属	Ag	427
				Cu	398
				Au	315
				Al	237
				W	178
	氧化物（多晶）	0.6		Si	149
	BeO	51		Mo	138
	Al_2O_3	30		Cr	94
	MgO	8.7		Ni	91
	氧化物（单晶）	7.7~8.3		In	82
合金	In-Sn 50∶50	70		Fe	80
	Pb-Sn 60∶40	47		Ge	76
	Pb-Sn 50∶50	43		Pt	73
	不锈钢（300系列）	13.4~15.5		Sn	67
导电化合物	二硅化钼	31		Ta	58
	Ta、Ti、Zr的碳化物	21		Pb	35
				Ti	22

表7-9 与$\Delta T=10$℃对应的水流速率

耗散功率/kW	水流流速/$m^3\cdot min^{-1}$	耗散功率/kW	水流流速/$m^3\cdot min^{-1}$
2	2.8×10^{-3}	15	21×10^{-3}
4	5.6×10^{-3}	20	28×10^{-3}
6	8.4×10^{-3}	25	35×10^{-3}
8	11.2×10^{-3}	30	42×10^{-3}
10	14.0×10^{-3}	40	56×10^{-3}

7.2.5.2 冷却水管内径的计算

如果已知冷却水流速率，则冷却水管内径d（m）可由下式求得：

$$d \geqslant 0.146\,(Q/v)^{\frac{1}{2}} \tag{7-88}$$

式中，Q为冷却水流速率，m^3/min；v为冷却水流速，一般取$v=1.5m/s$。

若已知溅射靶的功率，也可按下式计算冷却水管内径d(m)

$$d \geqslant \left(\frac{4P}{\pi v\rho .\, c\Delta t}\right)^{\frac{1}{2}} \tag{7-89}$$

式中，P为溅射靶功率，W；v为冷却水流速，一般取$v=1.5m/s$；c为水的比热容，

$c=4.2\times10^3$ J/(kg·K)；ρ 为水的密度，$\rho=10^3$ kg/m^3；Δt 为进出口水温差，℃。

在溅射沉积过程中，磁控靶的电源功率大部分转化成热量，为保证磁控靶稳定工作，通常磁控靶的水冷计算功率可按照靶电源功率的75%考虑。

7.2.5.3 冷却水管长度

为防止漏电，冷却水的导电率应当尽量低。如果采用橡胶或聚四氯乙烯等材质的绝缘水管，则只考虑管路中水的电阻值是否合适。

一般较纯净的水的电阻率为10kΩ·cm。在一定电压 V 和电流 I 条件下，如果允许冷却水的漏电流为1mA以下，则对于溅射镀膜装置的漏电损失仅为千分之几至万分之几，是很微小的。所以，溅射镀膜装置冷却水管的长度 L(m)可由下式计算：

$$L \geqslant U/1000 \tag{7-90}$$

式中，U 为溅射靶电压，V。

7.2.6 靶材的设计选择

在溅射镀膜技术中靶材的选择与制作是十分重要的。

7.2.6.1 靶材的种类

靶材的种类很多，包括金属及合金靶材、无机非金属靶材和复合靶材等。无机非金属靶材又分为氧化物、硅化物、氮化物和氟化物等不同种类。根据不同的几何形状，靶材分为矩形平面靶材、圆形平面靶材、圆柱体形靶材和不规则形状靶材。

目前最常用的分类方法是根据靶材的应用进行划分。按靶材的应用领域、材质及靶材形状的不同所给出的分类如表7-10所示。

表7-10 靶材的分类

应用领域	装饰膜、硬质膜、光学膜、显示膜、半导体膜、介质膜、磁性膜、传感功能膜
靶材的材质	金属靶材（Al、Cu、Ag、Au、Ta、Sn、Zn、Ti、Cr、Ni、Zr、Ir、Pt、Hf、Nb、W、Mo等）
	合金靶材（不锈钢、镍铬、铜锡、钛铝、钛锆、金银、金镍、金钯、钨钼、铟锡等）
	磁性靶材（纯铁、纯镍、坡莫合金等）
	化合物靶材（氧化铟锡、陶瓷等）
靶材形状	矩形板状平面、圆形板状平面、圆柱管状、圆柱形状等

7.2.6.2 靶材的选用原则

由于靶材对溅射膜的质量有着重要的影响，因此对靶材的要求也更加严格。在靶材选用上，除了应按其膜本身的用途进行选择外，考虑如下几个问题是十分必要的：

（1）靶材成膜后应具有良好的机械强度和化学稳定性。

（2）靶材成膜后与基材的结合必须牢固，否则应采取与基材具有较好结合力的膜材，先溅射一层底膜后再进行所需膜层的制备。

（3）作为反应溅射成膜的膜材必须易与反应气体生成化合物膜。

（4）在满足膜性能要求的前提下，靶材与基材的线膨胀系数的差值越小越好，借以减小溅射膜热应力的影响。

（5）根据膜的用途与性能的要求，所选用的靶材必须满足纯度、杂质含量、组分均匀性、机械加工精度等技术要求。

7.2.6.3 对靶材的技术要求

A 靶材的纯度

靶材的纯度对溅射薄膜的性能影响很大。靶材的纯度越高，溅射薄膜的性能越好。以纯 Al 靶为例，Al 靶材纯度越高，所得的 Al 膜的耐蚀性及电学、光学性能越好。不过在实际应用中，不同用途的靶材对纯度的要求不同。例如，一般工业用靶材对纯度并不苛求，而半导体、显示器件等领域用靶材对纯度的要求十分严格；磁性薄膜用靶材的纯度要求一般为99.9%以上，ITO 靶中 In_2O_3 和 SnO_2 的纯度则要求不低于 99.99%。表 7-11 列出了常用金属靶材的纯度。

表 7-11 常用金属靶材的纯度

金 属	纯度/%	金 属	纯度/%
Al	99.99	Pb	99.99
Cr	99.98	Bi	99.50
Co	99.90	Sb	99.90
Cu	99.99	Zn	99.99
Au	99.99	Ni	99.90
Ag	99.99	Mn	99.95
Pt	99.95	Mo	99.90
Pd	99.90	W	99.90
Hf	99.90	Ta	99.95
In	99.99	Ti	99.50
Fe	99.90	Zr	99.90
Sn	99.99	V	99.90

由于碱金属离子（Na^+、K^+）易在绝缘层中成为可移动性离子，降低元器件性能，铀（U）和钛（Ti）等元素会释放 α 射线，造成器件产生软击穿，铁、镍离子会产生界面漏电及氧元素增加等，所以靶材生产厂必须要标明其含杂质的种类与数量。而作为使用者在膜层沉积时也应选择相应纯度的靶材。

近年来随着微电子产业的迅速发展，硅片尺寸迅速增大，布线宽度由 0.5μm 减小到 0.1μm。所以用于微电子产业（集成电路、数据存储等）的靶材，要求其纯度优于（4N）99.99%。以前 99.995% 的靶材纯度可满足 0.35μm 的 IC 工艺要求，现在如果制备布线宽度 0.18μm 以下的芯片（硅片），对成膜面积的薄膜均匀性要求必须提高，才能确保如此细小的布线质量，则要求靶材的纯度在 99.999%（5N），甚至 99.9999%（6N）。

作为溅射镀膜的阴极靶源，靶材中的杂质和靶材气孔中的 O_2 和 H_2O 是沉积薄膜的主要污染源。靶材对纯度的要求也就是对杂质总含量的要求。杂质总含量越低，纯度就越高。此外，不同用途靶材对单个杂质含量也有不同的要求。

B 成分与结构均匀致密性

成分与结构均匀性是考察靶材质量的重要指标之一。对于复相结构的合金靶材和混合靶材，不仅要求成分的均匀性，还要求组织结构的均匀性。例如 ITO 靶为 In_2O_3-SnO_2 的混合烧结物，为了保证 ITO 膜的质量，要求 ITO 靶中 In_2O_3-SnO_2 组成均匀，都为 93 : 7 或

91∶9（分子质量比）。

为了减少靶材固体中的气孔，提高薄膜的性能，一般要求溅射靶材具有较高的密实度。通常靶材的密实度不仅影响溅射时的沉积速率、溅射膜粒子的密度和放电现象等，还影响着溅射薄膜的电学和光学性能。靶材越致密，沉积薄膜的性能也越好。靶材的密实度主要取决于制备工艺。一般而言，熔炼铸造靶材的密实度高，而烧结靶材的密实度则相对较低。因此提高靶材的密实度是烧结法制备靶材的技术关键之一。

靶材直接影响涂层的质量和均匀程度。化合物靶一般用热压粉末制得，但普通热压靶易受沾污。在要求严格的场合下，新靶使用前最好先测定其化学成分。还应指出的是，大多数金属靶标明纯度等级并不包括其中的气体杂质（如氧等）。

C　靶材的几何形状与质量

靶材的宏观加工精度和质量，如表面平整度、粗糙度等，必须符合技术要求。

本章小结

（1）主要有3种类型的真空蒸发源，其加热原理分别为：电阻加热、电子束加热和感应加热。不同类型的蒸发源适合蒸镀不同种类的膜材。在真空蒸发镀膜过程中，能否在基片上获得均匀的膜厚是个极其重要的问题。真空蒸发沉积在基片不同位置的膜厚与蒸发源的蒸发特性、基片和蒸发源的几何形状、蒸发源与基片的相对几何位置及膜材的蒸发量有关。

（2）在磁控溅射镀膜机中，最重要的部件是阴极溅射靶。阴极靶的特性直接与溅射工艺的稳定性和膜层的特性相关。影响磁控溅射镀膜机性能的关键问题是溅射靶的设计制造。对阴极靶的设计一方面要考虑靶面的磁场分布、工作气体分布、靶的溅射速率、沉积速率以及靶材的利用率；另一方面要考虑靶源的导电、导热、磁屏蔽、冷却、密封和绝缘性能等诸多因素。其中磁控靶电磁场的分布以及由以上诸因素决定的等离子体的特性最为重要，需要重点考虑。

思考题

7-1　三种不同类型的真空蒸发源各自特点是什么？

7-2　蒸镀难溶膜材采用哪种蒸发源比较适合，为什么？

7-3　设计磁控靶时应该优先考虑哪些因素？

7-4　圆形平面磁控靶磁场的设计计算与矩形磁控靶磁场的设计计算有何区别？

7-5　对磁控靶中的永磁体有何要求？

8　薄膜厚度的测量与监控

本章学习要点：

了解各种薄膜厚度测量与监控技术及装置的基本原理；了解不同薄膜厚度测量与监控技术的各自特点和应用区别；了解不同薄膜厚度测量与监控技术的测量精度与应用范围；了解薄膜厚度测量与监控技术的发展态势。

薄膜的性能取决于薄膜的生长条件和它的真实厚度，薄膜的形成和结构状态受到生产条件的影响和制约，因此对膜厚进行测量与监控是非常重要的。

薄膜厚度的测量有多种方法，本章主要讨论常用的光学测量法、机械测量法和电学测量法等测量方法。

8.1　光学测量方法

8.1.1　光学干涉法

光学干涉法以光的干涉现象作为膜厚测量的物理基础，等厚干涉法和等色干涉法是最常用的两种测量薄膜厚度的光学干涉方法。

利用等厚干涉法和等色干涉法测量薄膜厚度时，需要在试样的有膜区和无膜区交界处制备台阶。在镀膜前对试样一部分进行遮挡，镀膜后在有膜区和无膜区之间便可形成高度差，即台阶。如果采用褪膜的方法能在试样表面获得有膜区和无膜区之间的台阶，也可以不在镀膜前对试样的一部分进行遮挡。

为了提高等厚干涉法和等色干涉法的测量精度，测量时还需要在所制台阶上下，即薄膜表面和基体表面沉积一层高反射率的金属层，如 Ag 或 Al。

图 8-1 是等厚干涉法测量薄膜厚度的装置及原理示意图。具有半反射半透射功能的参考玻璃片覆盖在台阶上，在单色光的照射下，参考玻璃片和薄膜之间、参考玻璃片与无膜区的基体表面之间的光的反射将导致光的干涉现象。台阶厚度（即膜厚）会引起光程差的改变，从显微镜观察到的光的干涉条纹会发生位移 Δ，设参考玻璃片和薄膜之间的光的干涉条纹间距为 Δ_0，则 Δ 与 Δ_0 的关系可用下式表示。

$$h\frac{\Delta_0}{\Delta}=\frac{\lambda}{2} \tag{8-1}$$

式中，h 为薄膜厚度；λ 为入射的单色光的波长。用光学显微镜测量 Δ 与 Δ_0 便可根据式（8-1）计算得到薄膜厚度。

等色干涉法与等厚干涉法的主要区别是使用非单色光源照射薄膜表面。利用光谱仪可

以测得一系列满足干涉极大条件的光波波长 λ。由光谱仪检测到的相邻两次干涉极大的条件为

$$2S = N\lambda_1 = (N+1)\lambda_2 \tag{8-2}$$

式中，S 为参考玻璃片与薄膜的间距；λ_1、λ_2是非单色光中引起干涉极大的光波波长；N 是相应干涉的级数。在台阶上下形成 N 级干涉条纹的波长也不相同，波长差 $\Delta\lambda$ 可表示为

$$2h = N\Delta\lambda \tag{8-3}$$

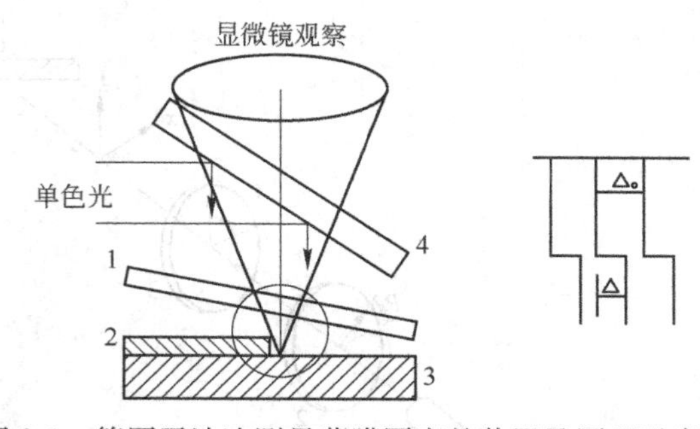

图 8-1　等厚干涉法测量薄膜厚度的装置及原理示意图
1—参考玻璃片；2—薄膜；3—基体；4—分光镜

将式（8-2）和式（8-3）相结合得到

$$h = \frac{\Delta\lambda}{\lambda_1 - \lambda_2} \times \frac{\lambda_2}{2} \tag{8-4}$$

从式（8-4）中可以看到，用光谱仪测量引起相邻两个干涉极大条件下的光波波长 λ_1、λ_2 和由台阶引起的波长差 $\Delta\lambda$，就能计算得到薄膜厚度 h。

等色干涉法的厚度分辨率高于等厚干涉法，可以达到 1nm 的水平。

透明薄膜的上下表面本身可以引起光的干涉现象，在利用光学干涉法测量膜厚时可以不必制备台阶和沉积反光层。由于透明薄膜的上下表面属于不同材料之间的界面，因此要在光程差计算中考虑不同界面造成的相位移动。正入射时（入射角为0°），光在反射回光疏物质中时，相位移动为 π；光在反射回光密物质中时相位不变。透明薄膜厚度测量的光学干涉法主要有两种：一种是利用单色光入射，通过改变入射角及反射角度的方法来满足干涉条件从而求出膜厚，被称为变角度干涉法；另一种方法是使用非单色光入射薄膜表面，入射角固定，用光谱仪分析光的干涉波长从而求出膜厚，被称为等角度反射干涉法。

8.1.2　椭偏仪法

椭偏仪法又称偏光分解法，可以对透明薄膜的厚度以及折射率进行精确测量，不仅可用于薄膜沉积后的测量，还可用于复杂环境下薄膜生长的实时监测。大多数透明薄膜对于入射光具有各向同性的性质，此时，入射偏振光的偏振分量在反射和折射后偏振状态不变。但反射系数和透射系数发生了变化。椭偏仪法的工作原理就是利用分析偏振光分量的相对变化来确定透明薄膜的光学性质。

图 8-2 是椭偏仪结构示意图，主要部件包括单色准直光源、起偏镜、1/4 波长片、样品台、检偏镜和光检测器。测量时，薄膜样品放置在样品台位置，处于光路的中心。单色光先经过起偏镜成为线偏振光，再经过 1/4 波长片成为椭圆偏振光，以一定入射角入射到薄膜样品表面并发生相互作用，最后用检偏镜和光检测器测量出射椭圆偏振光的强度。如图 8-2 所示，将起偏镜、1/4 波长片和检偏镜的方位角分别标为 P、C 和 A，测量时，C 固定为 π/4，根据偏振光的传播特性，则椭偏仪测量得到的偏振光强度取决于 P、A 以及薄膜样品对偏振光分量的反射系数。调整 P 与 A，使偏振光强度为零，利用此时的 P 值和 A 值可求出薄膜样品对不同偏振光分量的反射系数比，通过计算机拟合可以进一步得到薄膜厚度以及折射率。

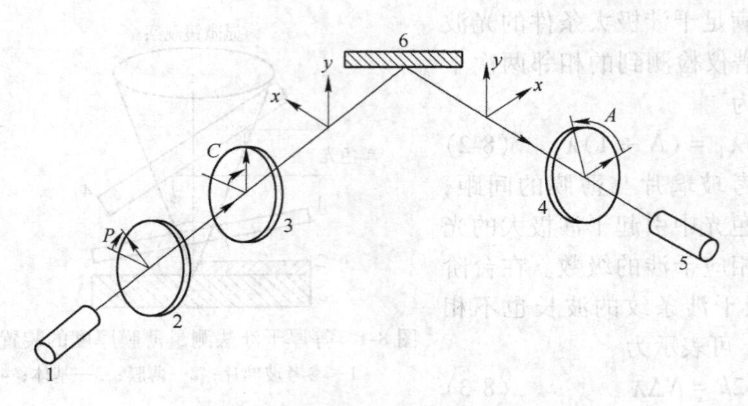

图 8-2 椭偏仪结构示意图

1—单色准直光源；2—起偏镜；3—1/4 波长片；4—检偏镜；5—光检测器；6—样品

8.1.3 极值法

垂直入射于薄膜的波长为 λ 光，随着薄膜光学厚度的增加，薄膜的反射和透射将会出现极值。如果薄膜的折射率低于基片，则随着膜厚的增加而反射减小。当薄膜光学厚度 = λ/4 时，反射达到最小值，如继续增加膜厚，反射又随之增加，并在光学厚度 = λ/2 时，达到最大值，若继续增加膜厚，反射又随之下降，其反射与光学膜厚的关系为图 8-3 所示的虚线。如果薄膜的折射率高于基片，则极大值发生在图中实线顶部所示的膜厚处。

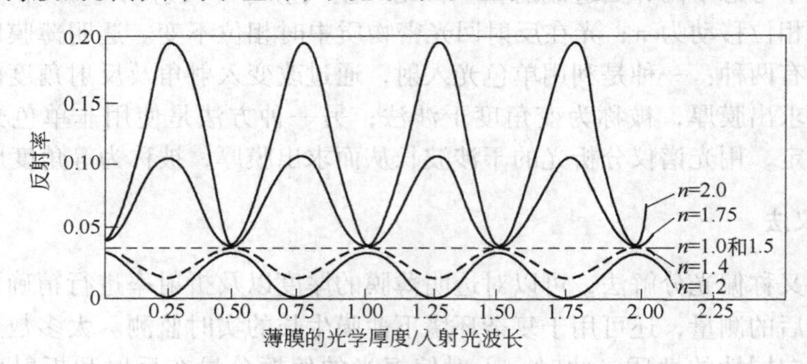

图 8-3 反射与光学膜厚的关系

由图 8-3 可见，无论薄膜折射率如何，出现反射极值（包括最大值或最小值）的光学膜厚必为入射光波长的四分之一的整数倍，即是：

$$n_m \cdot h = m(\lambda/4) \quad (8\text{-}5)$$

式中，n_m 为沉积薄膜的折射率；h 为沉积薄膜的厚度；$n_m \cdot h$ 为沉积薄膜的光学膜厚；λ 为入射光的波长；m 为反射光强（或透射光强）经过极值点的数，$m=0, 1, 2, \cdots$。

利用上述原理便可测量和控制薄膜厚度。图 8-4 给出了极值法测量膜厚的原理图。由近似点光源的白炽灯发出的光，经过一个转动扇形板调制后入射到控制片，再通过几个透镜最后聚集在分光器（单色干涉滤光片）上，由此取得的单色光照到光电接收器（如光电管、光电倍增管、光电池、光敏电阻等）上，产生的光电流再经相应的放大器放大，最终由监视器显示出表征试样光学膜厚的光强度信号。随着薄膜光学厚度（与薄膜厚度有关，但其值并不相等）的变化，通过薄膜的光强度也发生相应的变化，导致光电流也随之变化。这样在薄膜的沉积过程中，记录反射光强（或透射光强）经过极值点的数，就可以通过监视器监控薄膜的厚度。

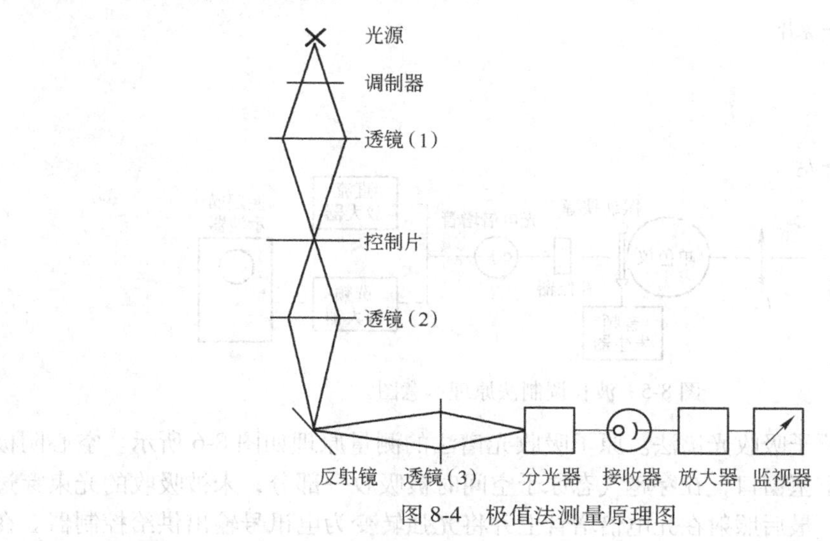

图 8-4 极值法测量原理图

如果在薄膜沉积中经过极值点的次数为 m，则薄膜的光学膜厚为 $m\lambda/4$，由于薄膜的折射率 n_m 已知，所以得到薄膜的质量膜厚为

$$h = \frac{m \cdot \lambda}{4n_m} \tag{8-6}$$

例如，欲镀制厚度为 2μm 的 SiO 膜，其折射率 $n_m = 2$，基片为玻璃，折射率 $n_m = 1.5$；用波长 $\lambda = 1\mu m$ 的单色光监控，假定薄膜的吸收为零。由式（8-6）解得 $m = 16$，若只计算最大值，则只需要注意观察第 8 个最大值即可。

8.1.4 波长调制法（振动狭缝法）

由于极值位置的反射变化率为零，所以极值法控制膜厚的精度不高。为制备要求较高的薄膜，常用波长调制法（或称为振动狭缝法）来控制膜厚。

图 8-5 为波长调制法原理示意图。光源发出的光讯号经过控制片及一系列透镜聚焦后进入单色仪。单色仪的出射狭缝为一个由音频讯号发生器带动的振动着的狭缝（故波长调制法又称为振动狭缝法），其振动频率可根据具体情况选定，应尽量避开可能产生干扰讯号的频率。通过振动狭缝的光，经过补偿器（用于补偿光电倍增管的响应曲线）进入光电倍增管并产生相应的电讯号。为了提高控制的可靠性，可以用直流放大器和选频放大器同时放大其直流讯号和基频讯号。基频讯号用示波器显示（也有用中间指零的直流微安表），直流讯号用直流微安表指示。如当沉积薄膜厚度达到 1/4 波长时，直流微安表出现极值，中间指零微安表又回到零位。两者配合，便可得到精确的读数。

波长调制法控制膜厚精度比较高，用它制备的窄带干涉滤光片，其峰值波长的偏差小于 0.5%。

8.1.5 原子吸收光谱法

元素的气态自由原子具有吸收同种元素原子所发射的光谱的特性。利用该特性测量薄膜

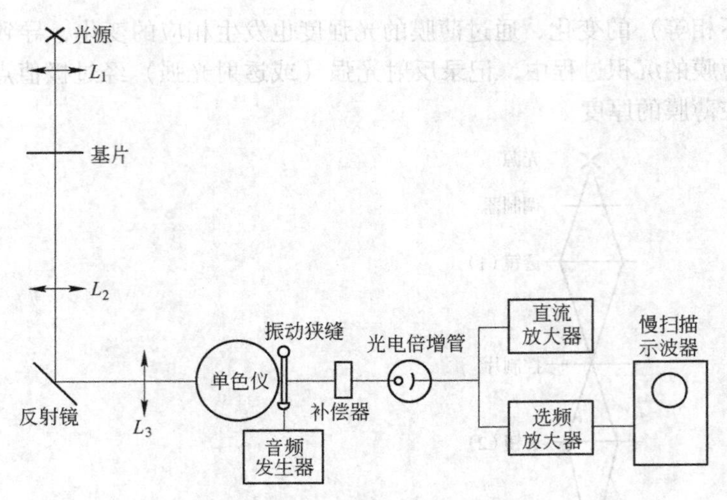

图 8-5　波长调制法原理示意图

沉积速率的方法称为原子吸收光谱法。原子吸收光谱法的测量原理如图 8-6 所示。空心阴极光源发射的光进入真空室窗口，在穿越气态原子空间时被吸收一部分，未被吸收的光束穿过另一个窗口和滤光片，最后照射在光电倍增管上并将光强转变为电讯号输出供给控制器。在光源的光强一定的条件下，光电倍增管的输出讯号与气态原子空间的原子密度成反比，因此，可以用其输出的讯号表征薄膜的沉积速率。如果加上时间参量，即可表达薄膜厚度。

原子吸收光谱膜厚监控仪能输入速率、膜厚、功率、时间及其他的参数数据。发射光谱经气态原子吸收后的余量由光电倍增管转换成电讯号，然后由仪器中的微型计算机处理，最后将沉积速率、膜厚等参数以数字形式显示出来，同时还能输出 0~10V 的模拟量供记录仪记录。蒸发源（或溅射靶）的供电程序及断电器触点动作可由仪器调整。原子吸收光谱法膜厚监控仪能在很宽的压力范围（$100\sim10^{-9}$Pa）内工作，特别适用于溅射镀膜。如果监控仪使用不同的光源还能对合金膜中的每一组分进行速率和膜厚的测量和控制。

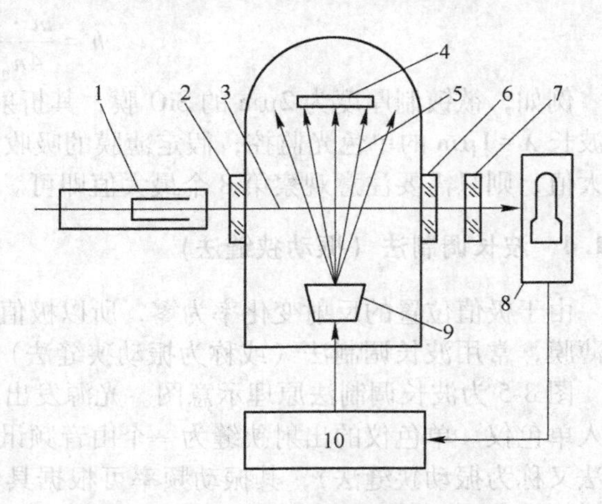

图 8-6　原子吸收光谱法测量原理图

1—空心阴极光源；2，6—窗口；3—光束；4—基片；5—膜材粒子流；7—滤光片；8—光电倍增管；9—蒸发源；10—控制器

8.2　机械测量方法

8.2.1　轮廓仪法

轮廓仪又称表面粗糙度仪、台阶仪，是一种测量表面一维形貌和粗糙度的仪器，也常

用来测量薄膜厚度。如图 8-7 所示，轮廓仪的工作原理是利用直径很小的触针滑过被测试样的表面，同时记录下触针在试样垂直方向位移随水平滑动长度的变化，即可测量计算得到试样表面的粗糙度和薄膜厚度等信息。

图 8-8 所示为美国 Thermo Veeco 公司生产的 Dektak 6M 型轮廓仪，主要技术指标：触针压力 1~15mg、垂直测试范围 1nm~262μm、可容最大样品厚度为 25mm、垂直高度测量重复性 1nm，触针为金刚石，曲率半径 2.5μm。工作时，驱动器带动传感器沿试样表面做匀速运动，传感器的触针随试样表面的微观起伏做上下运动，触针的运动经传感器转换为电信号的变化，电信号的变化量再经后端电路的处理和计算便可得到试样表面薄膜厚度及粗糙度等信息。

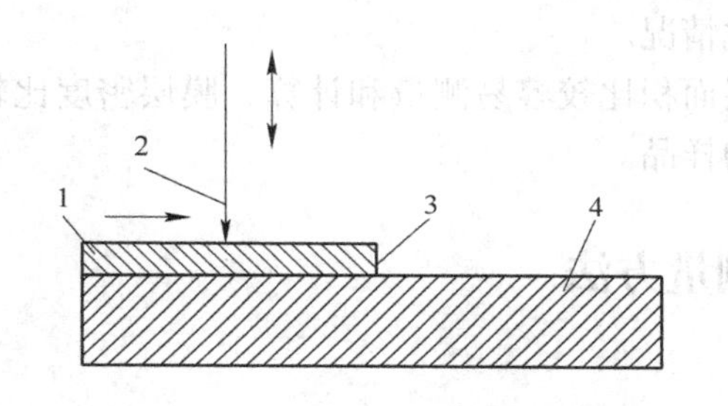

图 8-7 表面粗糙度仪工作原理示意图
1—薄膜；2—触针；3—台阶；4—基体

图 8-8 Dektak 6M 型轮廓仪
1—光学显微镜；2—触针；3—试样台

轮廓仪法测量薄膜厚度时，一方面要求被测试样表面水平，另一方面和光学干涉法测膜厚的要求一样，需要在试样的有膜区和无膜区之间形成台阶。对于比较软的试样表面或薄膜，测试时要选用比较小的载荷和比较大的触针，避免触针划伤试样表面或薄膜而造成测量误差。但选用大触针不能分辨表面形貌小的起伏变化。

8.2.2 显微镜观察断口

用显微镜观察断口是一种最直观的测量表面改性层或薄膜厚度的方法。该方法要求试样在处理后、测试前先制备断口，然后用光学显微镜或扫描电子显微镜对断口进行观察和测量。如果断口是斜面，还需要依据一定的方法进行计算，从而得到表面改性层深度或薄膜膜厚。

常用的断口获得方法有三种：（1）用球磨仪将试样表面的改性层或薄膜磨穿，获得倾斜断口。这种方法在 GB/T 18682—2002 中被称做球痕法；（2）用脆性物质做试样，如抛光单晶硅片，薄膜沉积后将试样沿解理面掰断获得断口；（3）用切割机等设备沿与试样表面垂直的方向将试样切开以获得断口。此时获得的试样断口通常会因切割而受到氧化等污染，需要随后用塑料镶嵌并研磨抛光，将氧化层去除后才能获得真实的清晰完整的膜层断口。

8.2.3　称重法测量薄膜的厚度

称重法是一种间接测量薄膜厚度的方法。薄膜厚度和质量之间的关系可以用下式表示

$$h = \frac{m}{\rho s} \tag{8-7}$$

式中，h 为膜层厚度；m 为膜层质量；ρ 为膜层密度；s 为膜层面积。

膜层质量 m 通过沉积前后对基片称重得到，称重仪器精度越高，如采用精度为 10^{-8}g 的精密微量天平，测得的 m 值越准确，计算得到的膜厚值就越准确。

称重法所测膜厚值还依赖于膜层密度 ρ 和膜层面积 s 的测量精度。如果膜层密度 ρ 依据与膜层成分相同的块材的密度选取，则可能会造成较大误差，因为随着薄膜制备工艺的不同，膜层密度可以有很大的变化。通常情况下制备的薄膜膜层密度小于块材的密度，用块材的密度作为膜层密度来计算膜层厚度会得到比实际厚度小的结果。称重法只能测量薄膜的平均厚度，不能测出薄膜厚度随位置的变化情况。

从上述分析可以看到，称重法只适合于膜层面积比较容易测量和计算、膜层密度比较容易精确得到、膜层厚度较厚而且面积比较大的样品。

8.3　电学测量方法

8.3.1　石英晶体振荡法

石英晶体振荡法是薄膜厚度实时在线测量的一种方法，常用于薄膜沉积过程中膜层厚度以及沉积速率的监测，与电子技术和通讯技术结合可实现薄膜沉积过程的自动控制。

石英晶体振荡法是一种动力学测量方法，通过沉积物使机械振动系统的惯性增加，从而减小振动频率。石英晶体振片的固有振动频率为

$$f_0 = \frac{\nu}{2h_q} \tag{8-8}$$

式中，f_0 为石英晶体振片的固有振动频率；h_q 为石英晶体振片的厚度；ν 为石英晶体振片厚度方向弹性波的波速。从式中可以看到石英晶体振片厚度变化会引起固有振动频率的变化，参考前述称重法的原理，石英晶体振片厚度变化还可以用石英晶体振片质量的增加量、石英晶体振片的密度以及面积来表示，则石英晶体振片固有振动频率变化可表示为

$$\Delta f = -\frac{\Delta h_q}{h_q} f_0 = -\frac{\Delta m}{\rho_0 A h_q} f_0 \tag{8-9}$$

式中，Δf 为石英晶体振片固有振动频率变化；Δh_q 为石英晶体振片厚度变化；Δm、ρ_0 和 A 分别为石英晶体振片质量的增加量、石英晶体振片的密度以及面积。当石英晶体振片上沉积一层其他物质时，固有振动频率发生变化，可用如下公式表示

$$\Delta f \approx -\frac{h_f \rho_f}{\rho_0 h_q} f_0 = -\frac{2h_f \rho_f}{\rho_0 v} f_0^2 \tag{8-10}$$

式中，h_f、ρ_f 分别为沉积物的厚度和密度。石英晶体振片的固有振动频率 f_0、厚度方向弹

性波的波速 v 和密度 ρ_0 已知，只要知道沉积物的密度 ρ_f 并测得石英晶体振片固有振动频率的变化 Δf，便可通过式（8-10）计算得到沉积物的厚度。

石英晶体温度变化会引起固有振动频率的漂移，因此使用石英晶体振荡器测量薄膜厚度时，一方面要选线膨胀系数最小的方向切割石英晶体振片，另一方面要通过减小石英晶体振片受热面积、采用水冷却等措施来尽可能减小由温度变化而带来的石英晶体振片固有振动频率的漂移，以保证更精确的测量膜厚。

需要指出的是，使用石英晶体振荡器测量薄膜厚度时，石英晶体振片上沉积的薄膜的性能与石英晶体不同，而且沉积有效面积也并不完全等同于石英晶体振片的面积，因此用公式（8-10）计算得到的薄膜厚度与实际有偏差。如果要更精确地测量薄膜厚度，还应在测量前通过实验的方法对薄膜实际的沉积速率进行标定。

8.3.2 电离式监控计法

电离式监控计是基于电离真空计的工作原理，在真空镀膜过程中，膜材的蒸气通过一只类似 B-A 规式的传感器时，与电子碰撞并被电离成离子，离子流的大小与膜材蒸气的密度成正比。但由于真空室内残余气体的存在，传感器收集到的离子流由膜材蒸气和残余气体两部分离子流组成。如果利用一只补偿规测出传感器接受的残余气体离子流的大小，并将两只规的离子流送到差动放大器，利用电子线路来抵消残余气体的离子流，这时得到的差动讯号就是膜材的蒸发速率讯号。利用该讯号可以控制蒸发速率的大小，因此，便实现了蒸发速率的测量和控制。由于沉积速率与蒸发速率为线性关系，所以，当传感器经过标定后，根据蒸发速率讯号和蒸镀时间，就可以得到沉积薄膜的平均膜厚，并可实现真空蒸发镀膜沉积速率及薄膜厚度的测量与控制。由于电离式监控计的电离原理，该类监控计只适于真空蒸发镀膜。

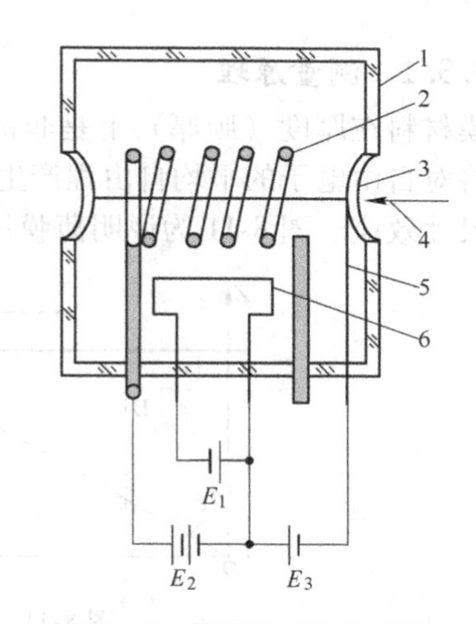

图 8-9　传感器结构示意图

1—水冷罩；2—加速极；3—孔口；4—膜材粒子流；5—收集极；6—发射极；E_1，E_2，E_3—传感器电源

电离式监控计所用的传感器是一只改型的裸式 B-A 真空规，其结构如图 8-9 所示。冷却罩的两侧对准加速极中心轴线开孔，测量使用时让孔轴对准蒸发源，一般让蒸发物能通过传感器。为避免蒸发物沉积在电极上，加速极和收集极分别通以交流电，加热到 1000℃以上。收集极的温度不宜过高，以免产生电子发射。为防止测量工作时冷却罩放气，可对其采用水冷却降温。

补偿规的尺寸与传感器完全相同，并且尽可能使它们的灵敏度一致。补偿规的加速极和收集极不需加热，无水冷套，就是一只普通的 B-A 规，安放在镀膜室内避开蒸发物蒸气的地方。

图 8-10 示出了电离式监控计的控制原理方框图。差动放大器将传感器和补偿规两个离子流之差进行放大，即为蒸发速率讯号。将该讯号输送到自动平衡记录仪记录，同时送

到 PID 放大调节器及磁放大器，就可以对蒸发电源进行自动调节，从而控制蒸发速率。

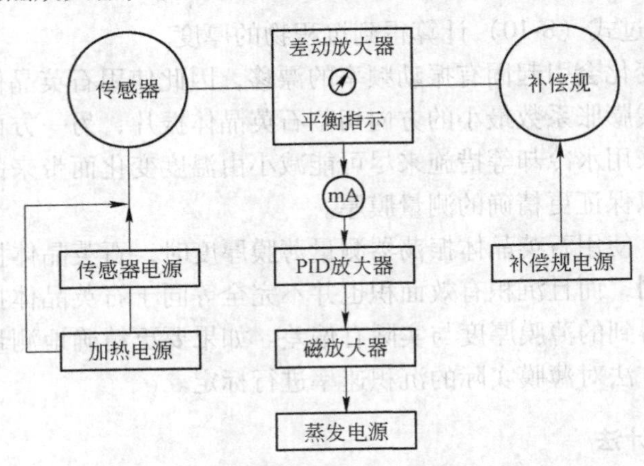

图 8-10　监控计控制原理图

8.3.3　面电阻法

面电阻法是测量绝缘体上导电薄膜膜厚的一种方法，在 ITO 导电玻璃生产中得到普遍应用。

8.3.3.1　测量原理

薄膜材料在厚度（膜厚）上是非常薄的。如果导电薄膜的膜厚小于某一个值时，薄膜的厚度将对自由电子的平均自由程产生影响，从而影响薄膜材料的电阻率，这就是所说的薄膜的尺寸效应。图 8-11 为说明薄膜尺寸效应的示意图。

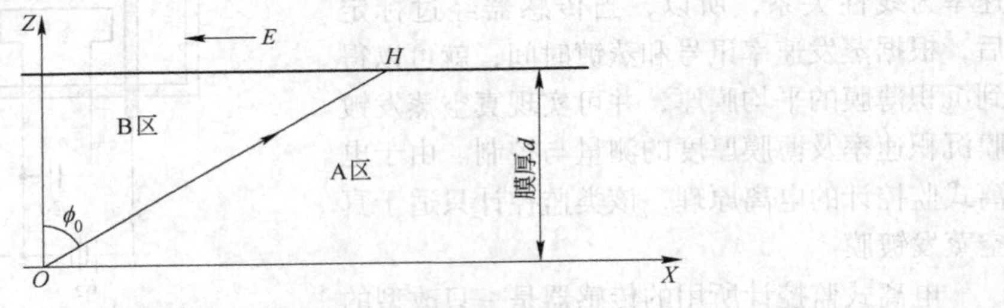

图 8-11　薄膜的尺寸效应示意图

图 8-11 中导电薄膜的膜厚为 d，电场 E 是沿着 $-X$ 方向。假定自由电子从 O 点出发到达薄膜表面的 H 点，OH 的距离同导电块体材料中自由电子的平均自由程 λ_B 相等，即：$OH=\lambda_B$，自由电子的运动方向与 Z 轴（薄膜膜厚方向）的夹角为 φ_0，在 φ_0所对应的立体角范围内（图 8-11 中显示的 B 区），由 O 点出发的自由电子运动到薄膜表面并同其发生碰撞时所走过的距离小于自由电子的平均自由程 λ_B。这意味着，在 B 区中的自由电子在同声子和缺陷发生碰撞之前就同薄膜的表面发生碰撞，即薄膜 B 区中自由电子的平均自由程小于块体材料中自由电子的平均自由程。但是，在大于 φ_0所对应的立体角范围内（图8-11 中显示的 A 区），由 O 点出发的自由电子运动到薄膜表面并同其发生碰撞时所走过的距离大于自由电子的平均自由程 λ_B，即自由电子的平均自由程没有受到薄膜表面的影响。综合上述分析，导电薄膜材料中有效自由电子平均自由程是由 A 区和 B 区两部分组成，由于

B 区中自由电子的平均自由程小于块体材料中自由电子的平均自由程，所以导电薄膜材料中有效自由电子平均自由程小于块体材料中自由电子的平均自由程，从而使薄膜材料的电阻率高于块体材料的电阻率。当薄膜的膜厚远远大于块体材料的自由电子的平均自由程时，薄膜表面对在电场作用下自由电子的定向运动将没有影响，这时薄膜的电阻率将表现为块体材料的电阻率，也即当薄膜的膜厚很厚时，薄膜也就变成了块体材料。

8.3.3.2 导电薄膜面电阻和膜厚的测量

在生产、科研中，常通过采用四探针面电阻仪直接测量导电薄膜的面电阻来计算膜厚。

应用四探针法测量导电薄膜的电阻率如图 8-12（a）所示。测量导电薄膜的面电阻 R 时，让四探针面电阻仪的四个探针的针尖同时接触到薄膜表面上，四个探针作为角点在薄膜表面形成一个边长为 a 的正方形测试区域，如图 8-12（b）所示。

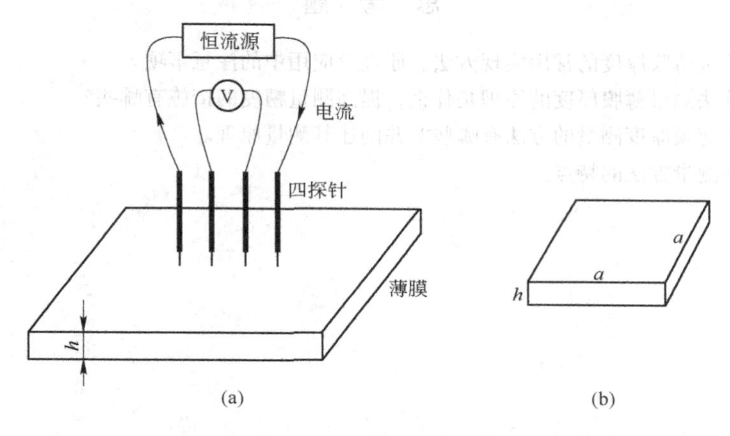

图 8-12　四探针法测量原理图

（a）四探针测量法；（b）面电阻测试区域示意图

四探针外侧两个探针同恒流源相连接，四探针内侧两个探针连接到电压表上。当电流从恒流源流出流经四探针的外侧两个探针时，流经薄膜而产生的电压将可从电压表中读出。在薄膜的面积为无限大或远远大于四探针中相邻探针间距离的时候，导电薄膜的电阻率 ρ_F 可由下式给出：

$$\rho_F = C \times \frac{V}{I} \tag{8-11}$$

式中，C 为四探针的探针系数，它的大小取决于四根探针的排列方法和针距；I 是流经薄膜的电流，即图 8-12（a）中所示恒流源提供的电流；V 是电流流经薄膜时产生的电压，即图 8-12（a）中所示电压表的读数。在知道流经薄膜的电流 I 和产生的电压 V 后，应用式（8-11）就可以计算出导电薄膜的电阻率 ρ_F。

常用的四探针面电阻仪是测试方块电阻的，如图 8-12（b）所示，设薄膜厚度为 h，导电薄膜电阻率为 ρ_F，则面电阻 R 可用下式表示：

$$R = \frac{\rho_F a}{ah} = \frac{\rho_F}{h} \tag{8-12}$$

式中，a 为测量时面电阻仪测量探针的间距。从式（8-12）中可以看到，薄膜的面电阻 R 只取决于薄膜电阻率 ρ_F 和膜厚 h，而与面电阻仪的探针间距 a 无关。薄膜越厚，面电阻越小。当薄膜沉积工艺稳定时，可认为薄膜电阻率 ρ_F 为一固定值。用面电阻仪测量出薄膜的电阻率 ρ_F 的值，便可通过式（8-12）的变换式 $h = \rho_F/R$ 求得膜厚。

本章小结

（1）光学测量膜厚方法：光学干涉法、椭偏仪法、极值法、波长调制法（振动狭缝法）、原子吸收光谱法。

（2）机械测量膜厚方法：轮廓仪法、显微镜观察断口方法、称重法。

（3）电学测量膜厚方法：石英晶体振荡法、电离式监控计法、面电阻法。

思考题

8-1　光学干涉法测量薄膜厚度的常用实现方法、原理及应用中的注意事项。

8-2　石英晶体振荡法测量薄膜厚度的原理是什么，提高测量精度的措施有哪些？

8-3　能够实现在线薄膜厚度测量的方法有哪些？并阐述其测量原理。

8-4　简述不同膜厚测量方法的特点。

9 表面与薄膜分析检测技术

本章学习要点：

了解如何表征薄膜与材料表面的性质；了解各种表面结构分析与检测技术的工作原理及仪器构造；了解不同表面结构分析与检测技术的特点和应用区别；了解各种表面成分分析与检测技术的工作原理及仪器构造；了解不同表面成分分析与检测技术的各自特点和应用区别；了解薄膜与材料表面分析检测技术和仪器的发展态势。

9.1 概 述

超高真空技术、电测技术和计算机技术的进步和发展，大大促进了表面与薄膜分析技术水平的提高，许多高水平的分析技术和新型的试验仪器设备相继问世。现在，对表面几个原子层甚至单个原子层的成分和结构分析已经成为可能，人们可以从原子、分子水平去认识表面现象，大大提高和深化了人们对表面现象的认知，进一步推动了表面科学和表面技术的发展。

表面与薄膜的分析检测是以获得固体表面（包括薄膜、涂层）成分、组织、结构及表面电子态等信息为目的的试验技术和方法。基于电磁辐射和运动粒子束（或场）与物质相互作用的各种性质而建立起来的各种分析方法构成了现代表面分析方法的主要组成部分，它们大致可分为衍射分析、电子显微分析、扫描探针分析、电子能谱分析、光谱分析及离子质谱分析等几类主要分析方法。

当电磁辐射（X 射线、紫外光等）或运动载能粒子（电子、离子、中性粒子等）与物质相互作用时，会产生反射、散射及光电离等现象。这些被反射、散射后的入射粒子和由光电离激发的发射粒子（光子、电子、离子、中性粒子或场等）都是信息的载体，这些信息包括强度、空间分布、能量（动量）分布、质荷比（M/e）及自旋等。通过对这些信息的分析，可以获得有关表面的微观形貌、结构、化学组成、电子结构（电子能带结构和态密度等）和原子运动（吸附、脱附、扩散、偏析等）等性能数据。此外，采用电场、磁场、热或声波等作为表面探测的激发源，也可获得表面的各种信息，构成各种表面分析方法。目前表面分析方法已达百余种，但由于种种原因（或条件要求高，或实验技术复杂，或理论解释困难等），并非所有表面分析技术都具有很强的实用性，有些分析技术还处于实验室研究阶段。表面分析所用的部分方法列于表 9-1。

表9-1 表面分析所用部分方法名称及用途

探测粒子	发射粒子	分析方法名称	简称	主要用途
电子	电子	低能电子衍射	LEED	结构
	电子	反射式高能电子衍射	RHEED	结构
	电子	俄歇电子能谱	AES	成分
	电子	扫描俄歇探针	SAM	微区成分
	电子	电离损失谱	ILS	成分
	光子	能量弥散X射线谱	EDXS	成分
	电子	俄歇电子出现电势谱	AEAPS	成分
	光子	软X射线出现电势谱	SXAPS	成分
	电子	电子能量损失谱	EELS	原子及电子态
	离子	电子诱导脱附	ESD	吸附原子态及其成分
	电子	透射电子显微镜	TEM	形貌
	电子	扫描电子显微镜	SEM	形貌
	电子	扫描透射电子显微镜	STEM	形貌
离子	离子	离子探针质量分析	IMMA	微区成分
	离子	二次离子质谱	SIMS	成分
	离子	离子散射谱	ISS	成分、结构
	离子	卢瑟福背散射谱	RBS	成分
	光子	离子激发X射线谱	IEXS	原子及电子态
光子	电子	X射线光电子谱	XPS	成分
	电子	紫外线光电子谱	UPS	分子及固体的电子态
	光子	红外吸收谱	IR	原子态
	光子	拉曼散射谱	RAMAN	原子态
	光子	角分辨光电子谱	ARPES	原子及电子态、结构
	离子	光子诱导脱附	PSD	原子态
电场	电子	场发射显微镜	FEM	结构
	离子	场离子显微镜	FIM	结构
	离子	原子探针场离子显微镜	APFIM	结构及成分
	电子	场电子发射能量分布	FEED	电子态
	电子	扫描隧道显微镜	STM	形貌
热	中性粒子	热脱附谱	TDS	原子态
中性粒子	光子	中性粒子碰撞诱导辐射	SCANIIR	成分
	中性粒子	分子束散射	MBS	结构、原子态
声波	声波	声显微镜	AM	形貌

9.2 表面与薄膜分析方法分类

表面分析依据表面性能的特征和所要获取的表面信息的类别可分为：表面形貌分析、表面成分分析、表面结构分析、表面电子态分析和表面原子态分析等几方面。同一分析目的可能有几种方法可采用，而各种分析方法又具有自己的特性（长处和不足）。因此，必须根据被测样品的要求来正确选择分析方法。如有需要甚至需采用几种方法对同一样品进行分析，然后综合各种分析方法所测得的结果来作出最终的结论。

9.2.1 表面形貌分析

表面形貌分析包括表面宏观形貌和显微组织形貌的分析，主要由各种能将微细物相放大成像的显微镜来完成。利用各种不同原理而构成的各类显微镜具有不同的分辨率，适应各种不同要求的用途。光学显微镜作为观察金属材料微观组织的手段应用极为广泛。然而，由于受到可见光波长（400~760nm）的限制，其分辨率最大为200nm，最大放大倍数为（2~5）$\times 10^3$，远远不能满足现代科技发展的需求。随着显微技术的发展，相继出现了一系列高分辨本领的显微分析仪器，其中主要有以电子束特性为技术基础的透射电子显微镜（TEM）和扫描电子显微镜（SEM）等；以电子隧道效应为技术基础的扫描隧道显微镜（STM）和原子力显微镜（AFM）等；以场离子发射为技术基础的场离子显微镜（FIM）和以场电子发射为技术基础的场发射显微镜（FEM）等。这些新型的显微镜最高已达到原子分辨能力（约0.1nm），可直接在显微镜下观察到表面原子的排列，不但能获得表面形貌的信息，而且可进行真实晶格的分析。

许多现代显微镜中多附加一些其他信号的探测和分析装置，这可使显微镜不但能做高分辨率的形貌观察，还可做微区成分和结构分析，人们可以在一次实验中同时获得同一区域的高分辨率形貌像、化学成分和晶体结构参数等其他信息数据。各种显微镜的特点及应用列于表9-2。

表 9-2 各种显微镜的特点和应用

名 称	检 测 信 号	样 品	分辨率 /nm	基 本 应 用
透射电子显微镜（TEM）	透射电子和衍射电子	薄膜和复型膜	点分辨率 0.3~0.5 晶格分辨率 0.1~0.2	1. 形貌分析（显微组织、晶体缺陷）； 2. 晶体结构分析； 3. 成分分析（配附件）
扫描电子显微镜（SEM）	二次电子、背散射电子、吸收电子	固体	6~10	1. 形貌分析（显微组织、断口形貌）； 2. 结构分析（配附件）； 3. 成分分析（配附件）； 4. 断裂过程动态研究
扫描隧道显微镜（STM）	隧道电流	固体（有一定导电性）	原子级 垂直 0.01，横向 0.1	1. 表面形貌与结构分析（表面原子三维轮廓）； 2. 表面力学行为、表面物理与化学研究

续表 9-2

名称	检测信号	样品	分辨率/nm	基本应用
原子力显微镜（AFM）	隧道电流	固体（导体、半导体、绝缘体）	原子级	1. 表面形貌与结构分析；2. 表面原子间力与表面力学性质的测定
场发射显微镜（FEM）	场发射电子	针尖状（电极）	2	1. 晶面结构分析；2. 晶面吸附、脱附和扩散等分析
场离子显微镜（FIM）	正离子	针尖状（电极）	当尖半径为100nm时，室温0.55，低温0.15	1. 形貌分析（直接观察原子组态）；2. 表面重构、扩散等分析

9.2.2 表面成分分析

表面成分分析内容包括测定表面的元素组成、表面元素的化学态及元素在表面的分布（横向分布和纵向深度分布）等。表面成分分析方法的选择需要考虑的问题有：能否测定元素的范围、能否判断元素的化学态、检测的灵敏度、表面探测深度、横向分布与深度剖析及能否进行定量分析等。其他如谱峰分辨率及识谱难易程度、探测时对表面的破坏性以及理论的完整性等也应加以考虑。

用于表面成分分析的方法主要有：电子探针X射线显微分析（EPMA）、俄歇电子能谱（AES）、X射线光电子谱（XPS）、二次离子质谱（SIMS）等。几种常用的主要成分分析方法的比较示于表9-3。

表9-3 表面成分分析方法的比较

名称	可测定范围	探测极限	探测深度	横向分辨率/nm	信息类型
电子探针显微分析（EPMA）	≥Be	0.1%	1~10μm	10^3	元素
俄歇电子能谱（AES）	≥Li	0.1%	0.4~2nm（俄歇电子能量50~2000eV范围）	50	元素、一些化学状态
X射线光电子能谱（XPS）	>He	1%	0.5~2.5nm（金属和金属氧化物）4~10nm（有机物）	约30	元素、化学状态
二次离子质谱（SIMS）	≥H	10^{-6}~10^{-9}（根据分析元素、样品基体及分析条件而变）	0.3~2nm	约100	元素、同位素、有机化合物

此外，出现电势谱（APS）、卢瑟福背散射谱（RBS）、二次中性粒子质谱（SNMS）和离子散射谱（ISS）等方法也常用于表面成分分析。

9.2.3 表面结构分析

固体表面结构分析的主要任务是探知表面晶体的诸如原子排列、晶胞大小、晶体取向、结晶对称性以及原子在晶胞中的位置等晶体结构信息。此外，外来原子在表面的吸附、表面化学反应、偏析和扩散等也会引起表面结构的变化，诸如吸附原子的位置、吸附模式等也是表面结构分析的内容。

表面结构分析主要采用衍射方法，它们有X射线衍射、电子衍射、中子衍射等。其中的电子衍射特别是低能电子衍射（LEED，入射电子能量低）和反射式高能电子衍射（RHEED，入射电子束以掠射的方式照射试样表面，使电子弹性散射发生在近表面层）给出的是表层或近表层的结构信息，是表面结构分析的重要方法。

随着显微技术的日益进步，一些显微镜如高分辨率电子显微镜、场离子显微镜（FIM）和扫描隧道显微镜（STM）等已具备原子分辨能力，可以直接原位观察原子排列，成为直接进行真实晶格分析的技术。此外，其他一些谱仪，如离子散射谱（ISS）、卢瑟福背散射谱（RBS）和表面增强拉曼光谱（SERS）等均可用来间接进行表面的结构分析。

9.2.4 表面电子态分析

固体表面由于原子的周期排列在垂直于表面方向上中断以及表面缺陷和外来杂质的影响，造成表面电子能级分布和空间分布与固体体内不同。表面的这种不同于体内的电子态（附加能级）对材料表面的性能和发生在表面的一些反应都有着重要的影响。

研究表面电子态的技术主要有X射线光电子能谱（XPS）和紫外线光电子能谱（UPS）。X射线光电子能谱测定的是被光辐射激发出的轨道电子，是现有表面分析方法中能直接提供轨道电子结合能的唯一方法；紫外线光电子能谱方法通过光电子动能分布的测定，可以获得表面有关价电子的信息。XPS和UPS已广泛用于研究各种气体在金属、半导体及其他固体材料表面上的吸附现象，还可用于表面成分分析。此外，用于表面电子态分析的方法还有离子中和谱（INS）和能量损失谱（ELS）等。

9.2.5 表面原子态分析

表面原子态分析包括表面原子或吸附粒子的吸附能、振动状态以及它们在表面的扩散运动等能量或势态的测量。通过测量到的数据可以获得材料表面许多诸如吸附状态、吸附热、脱附动力学、表面原子化学键的性质以及成键方向等信息。用于表面原子态分析的方法主要有热脱附谱（TDS）、光子和电子诱导脱附谱（EDS和PSD）、红外吸收光谱（IR）和拉曼散射光谱（RAMAN）等。

热脱附谱方法是将一定压强的试验气体引入高真空容器中，使容器中事先经去气处理的丝状或带状试样吸附气体，然后在连续抽气的条件下将试样按一定规律升温，记录下温度与压力的变化即成脱附谱。不同气体在脱附谱上对应于不同的峰位置。热脱附谱是目前研究脱附动力学，测定吸附热、表面反应阶数、吸附状态数和表面吸附分子浓度最为广泛的技术。当它与质谱技术相结合时，还可以测定脱附分子的成分。此外，低能电子、光子等与表面相互作用也可导致脱附，对每一种脱附方式的研究都能在不同程度和从不同角度提供吸附键和吸附态的信息。

红外吸收光谱和拉曼散射光谱是分子振动谱，通过对表面原子振动态的研究可以获得表面分子的键长、键角大小等信息，并可推断分子的立体构型或根据所得的力常数间接得知化学键的强弱等。

9.3 表面与薄膜的力学性能表征

硬度、弹性模量、摩擦系数以及抗磨损能力是材料表面改性主要关注的几个力学性能，对于薄膜沉积来说，除前述几种力学性能外，更要重视薄膜与基体的结合力。

9.3.1 硬度和弹性模量测试

表面与薄膜的硬度测量分铅笔硬度测量、显微硬度测量、纳米硬度测量等多种形式。铅笔硬度测量主要针对有机材料表面和有机薄膜；以金属、金属化合物以及硬质合金为主要成分的表面与薄膜一般采用显微硬度测量方式；近几年获得迅速发展的纳米硬度测量更适合于较薄的表面改性层和薄膜的硬度测量，纳米硬度计除测量硬度外，还可以得到材料的弹性模量等力学性能。宏观硬度、显微硬度和纳米硬度的最大不同在于测试时使用的载荷大小，对于宏观硬度，日本、美国等定义为 10N 以上，欧洲国家和一些国际机构则定为 2N 以上；与宏观硬度的划分相对应，显微硬度通常划定上限为 10N 或 2N，下限为 10mN；对于纳米硬度，目前一般定义加载载荷在 700mN 以下。

显微硬度是一种压入硬度，采用显微硬度计进行测量，反映被测物体对抗另一硬物体压入的能力。显微硬度计是一台设有加负荷装置并带有目镜测微器的显微镜。图 9-1 所示为 HXD-1000TMC 型显微硬度计，带自动转塔系统和图像分析处理系统，物镜与压头切换时自动转塔，试样打点能精确定位，像质清晰，计算机系统能自动测量压痕并显示硬度值。该机直观性强，测量方便，减少了人为误差，大大提高了测量精度，避免了使用者的视觉疲劳。测量时将被测试样置于显微硬度计的载物台上，通过加负荷装置对四棱锥形的金刚石压头加压。负荷的大小可根据被测材料的硬度不同而增减。金刚石压头压入试样后，在试样表面上产生一个压痕。把显微镜对准压痕，用目镜测微器测量压痕对角线长度。根据所加负荷及压痕对角线长度就可计算出所测物质的显微硬度值。

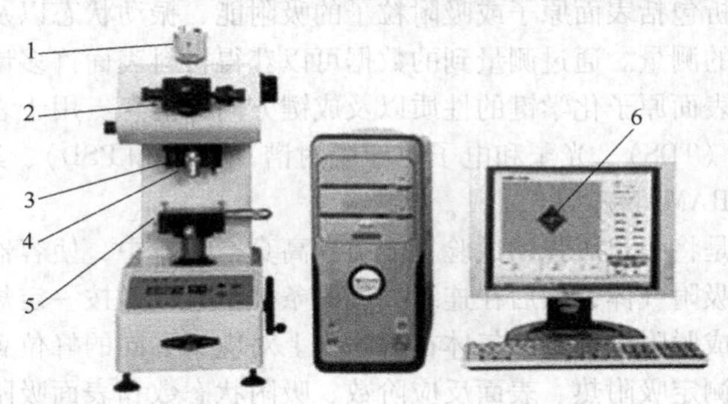

图 9-1 HXD-1000TMC 型显微硬度计

1—数码摄像头；2—目镜；3—物镜；4—压头；5—载物台；6—压痕

根据所用压头形状的不同，显微硬度又分为维氏显微硬度和努普显微硬度两种。维氏显微硬度所用金刚石压头形状是棱角为130°的金刚石四棱锥；努普显微硬度所用金刚石压头形状是对棱角为170°30′和130°的金刚石四棱锥。

维氏显微硬度用下式计算：

$$HV = 18.18 \times \frac{P}{d^2} \tag{9-1}$$

式中，HV为维氏硬度，MPa；P为荷重，kg；d为压痕对角线长度，mm。

努普显微硬度用下式计算：

$$HK = 139.54 \times \frac{P}{L^2} \tag{9-2}$$

式中，HK为努氏硬度，MPa；P为荷重，kg；L为压痕对角线长度，mm。

MPa是显微硬度的法定计量单位，而kg/mm^2是以前常用的硬度计算单位，二者之间的换算公式为$1kg/mm^2 = 9.80665MPa$。

对于比较薄的表面改性层和薄膜的硬度测量而言，通常需要加小载荷，使压入深度小于表面改性层和薄膜膜厚的1/5甚至1/10，以减小基体效应对硬度测试结果的影响，使结果更接近表面改性层和薄膜的本征硬度。显微硬度计的最小载荷一般为5g，不能满足薄的表面改性层和薄膜测试的要求，需要用到纳米硬度计。纳米硬度计又称力学探针，主要特征包括：1）采用电磁力加载，载荷可到毫牛甚至微牛级别；2）采用精密深度传感器技术测量压头的压入深度。通过测量在压入试验中压头压入和卸载过程中压痕深度的变化，不仅可获得材料的硬度，还可以得到弹性模量等各种力学性质和力学行为的信息。下面对纳米硬度测试的基本原理进行简要介绍。

纳米硬度测试时，先加小载荷将金刚石压头压入材料表面，压入深度（又称压入位移）随所加载荷的增加而单调增加，同时压头与材料表面的接触面积也随着增加。在一个完整的加载-卸载测量周期中，获得所需的压痕数据，从而可以计算出纳米硬度和弹性模量等力学性能。

图9-2所示为瑞士CSM公司生产的纳米力学综合测试系统。纳米力学综合测试系统是一种多功能的力学测试设备，由纳米硬度计、纳米划痕仪、原子力显微镜和光学显微镜组成。通过压头压痕（施加正向垂直载荷力）和划痕（施加侧向载荷力）来测量材料表面微区的硬度、弹性模量和结合强度等力学性能。原子力显微镜具有原位观察成像功能，能够获得压痕或划痕后的表面三维形貌。图9-3是用该设备配备的原子力显微镜测得的纳米压痕形貌。图9-4是测试过程中对应的加载-卸载曲线。测试中使用的最大载荷为15mN，根据加载-卸载曲线，分析得到硬度为1676.3HV。

9.3.2 薄膜与基体的结合力测试

对薄膜最基本的性能要求之一就是薄膜与基体的结合要好。测试薄膜与基体的结合力有多种方法，包括划痕法、压痕法、拉伸法、胶带剥离法、摩擦法、超声波法等，共同特点是对薄膜施加载荷，测量薄膜被破坏到一定程度时的加载条件，这些测试方法得到的结果一般只有定性的意义。

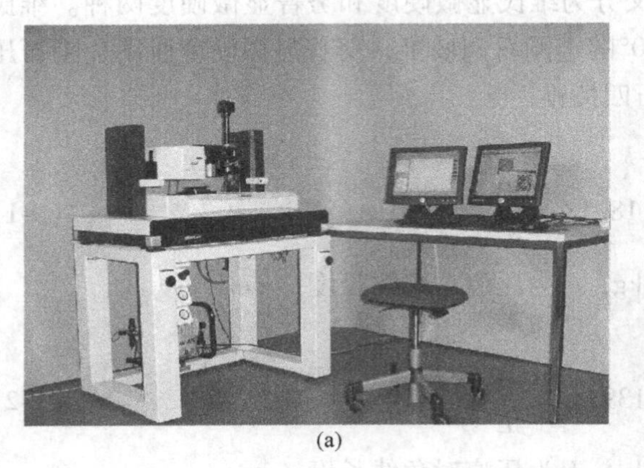
(a)

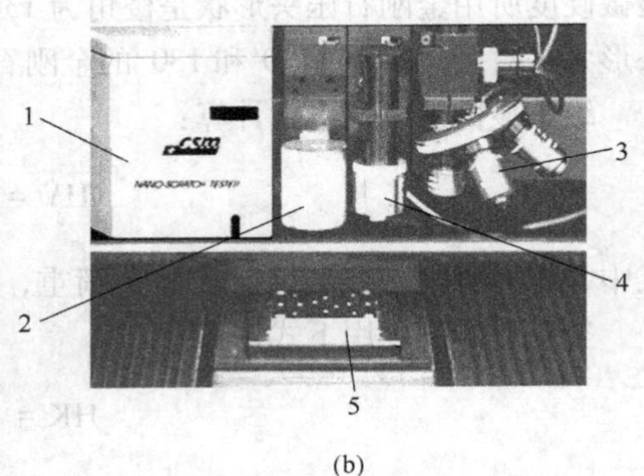

(b)

图 9-2 纳米力学综合测试系统

1—纳米划痕仪；2—纳米硬度计；3—光学显微镜；4—原子力显微镜；5—试样台

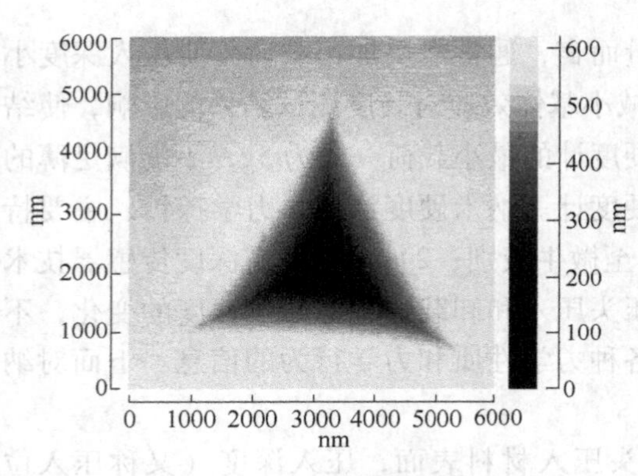

图 9-3 纳米压痕形貌

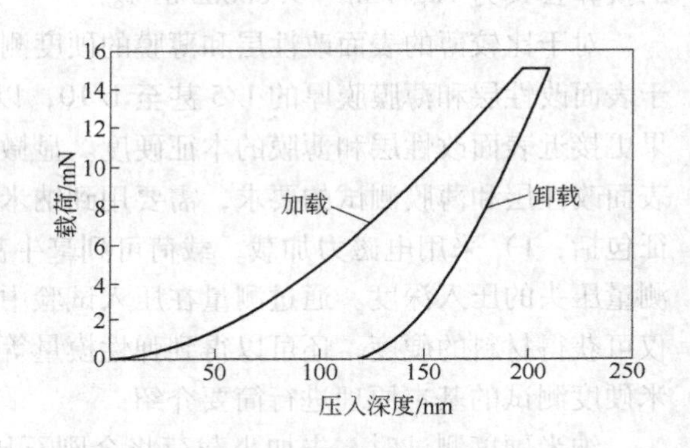

图 9-4 纳米硬度测量时的加载-卸载曲线

划痕法测试薄膜与基体的结合力以其操作简便、直观、可量化等特点已被世界上多数国家所采用，国内已有部颁行业标准《气相沉积薄膜与基体附着力的划痕试验法》（JB/T 8554—1997），对用划痕仪测试硬质薄膜与基体的结合力做了比较详尽的说明和规定。基本方法是用划痕仪的压头，在镀层上进行直线滑动，滑动过程中载荷从零不断加大，通过监测声发生信号和滑动摩擦力变化，结合对划痕形貌的观察，定量判定镀层破坏时对应的临界载荷，将此载荷作为薄膜与基体结合力的表征值。

划痕法测量的基本过程是用压头，通常是洛氏硬度计压头，在薄膜-基体组合体的薄膜表面上滑动，在此过程中载荷 L 从 0 连续增加，当达到其临界值 L_c（临界载荷）时，薄膜与基体开始剥离，压头与薄膜-基体组合体的摩擦力相应发生变化，如果是脆性薄膜还会产生声发射信号，此时对应的临界载荷 L_c 即为薄膜与基体结合力的判据。结合对划痕形貌的显微观察可以更准确地判断薄膜与基体开始剥离的时间。

脆性硬质膜划痕试验过程可分为三个区段：

Ⅰ区：载荷 L 较小时，划痕内部光滑，随 L 增大划痕内薄膜上开始出现少数裂纹，此时的 L 即薄膜内聚失效的临界载荷，这个过程划痕宽度小、摩擦力小、有轻微塑性变形。

Ⅱ区：载荷 L 较大时，划痕内部的薄膜表面出现规则的横向裂纹，这些裂纹是压头划过后因薄膜-基体的组合体弹性恢复引起的。随 L 继续增大，裂纹逐渐变密且方向变得不规则，直至划痕内部薄膜开始出现大片剥离，此时划痕宽度明显变宽，摩擦力及塑性变形突然增大，有时还会出现划痕边界处薄膜局部小片剥落的现象。此时的 L 即薄膜-基体界面附着失效的临界载荷 L_c。

Ⅲ区：在 $L \geqslant L_c$ 以后，压头与基体直接接触，使基体塑性变形快速增大，声发射强度和摩擦力均较大，但无明显继续增大的趋势。

图 9-5 所示为瑞士 CSM 公司生产的 Revetest 型划痕仪。压痕法测试薄膜与基体的结合力有德国标准可参考，基本方法是先用硬度计，通常是洛氏硬度计，加一定载荷在薄膜试样上进行压痕，然后在显微镜下观察压痕及边缘变化，参照标准，根据膜层裂纹、剥落程度判断结合力。

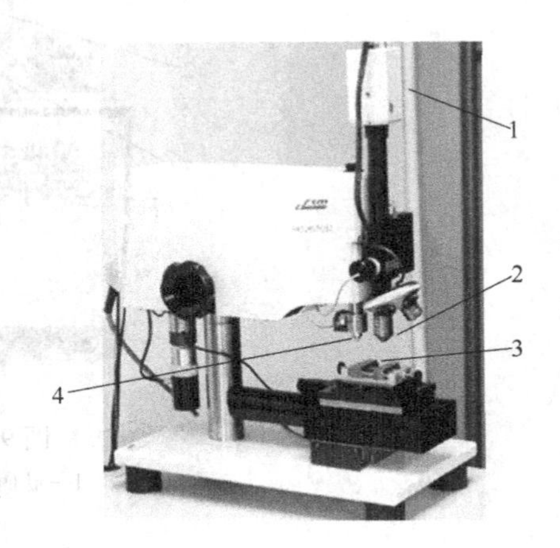

图 9-5 Revetest 型划痕仪
1—数码摄像头；2—光学显微镜；
3—试样台；4—压头

拉伸法是利用胶粘或焊接的方法将薄膜与拉伸体固定在一起，然后加载荷进行拉伸，测量将薄膜从基体上拉下来所需的载荷的大小用以表征结合力。

胶带剥离法是将一定黏着力的胶带粘到薄膜表面，在剥离胶带的同时，观察薄膜从基体上被剥离的难易程度。对于比较软的薄膜也可以参考涂料与基体的结合力测试标准，先用针在薄膜表面划网格线，形成 10×10 个 1mm×1mm 的方格，注意要使膜层被彻底划穿，然后用 3M 公司 600 号胶带进行粘贴并剥离，用被破坏的方格的数量来表征薄膜与基体的结合力。

摩擦法是用橡皮、毛刷、布等材料在一定力作用下往复摩擦薄膜表面，以薄膜脱落时所需的摩擦次数和力的大小来表征薄膜与基体的结合力。

超声波法需要先在薄膜试样周围充填一定液体介质，比如水，然后用超声波的方法造成介质发生振动，从而对薄膜产生破坏作用，用薄膜剥落时对应的超声波的能量水平以及超声振动时间来反映薄膜与基体的结合程度。

9.3.3 表面与薄膜的摩擦系数及耐磨性检测

对表面和薄膜而言，抗磨损性能是基体硬度、表面和薄膜硬度、表面和薄膜厚度、表面粗糙度、表面与薄膜摩擦系数以及薄膜与基体结合力等力学性能的综合反映。摩擦磨损试验机是一种对陶瓷、金属、高分子、润滑剂、油添加剂等材料表面的摩擦系数、抗摩擦磨损能力、磨损体积等力学性能进行测试的一种仪器。常用的摩擦磨损试验机有往复式和旋转式两种，基本工作原理是：通过加载机构在压头上加上试验所需载荷，压头材质通常是钢、Al_2O_3、SiC 的小圆球或金刚石头，驱动样品或压头，使两者之间形成滑动摩擦，试样与压头之间的滑动摩擦产生摩擦力，造成在试样表面的摩擦轨迹处产生磨损。计算机实时采集摩擦过程中各时刻的载荷和切向摩擦力的数据，并记录它们的变化，可以计算出薄膜的摩擦系数在整个磨损过程中的变化，试验完成后，还可以结合显微镜和轮廓仪测得磨痕尺寸并计算出磨损量等与摩擦学性能相关的数据。

图 9-6 所示为日本 Sciland 公司生产的旋转模式工作的摩擦磨损试验机，随机附带的轮廓仪可以测量磨痕的截面轮廓。用该设备对沉积 DLC 以及过渡层的 M2 高速钢试样进行摩擦磨损试验，结果如图 9-7 所示。

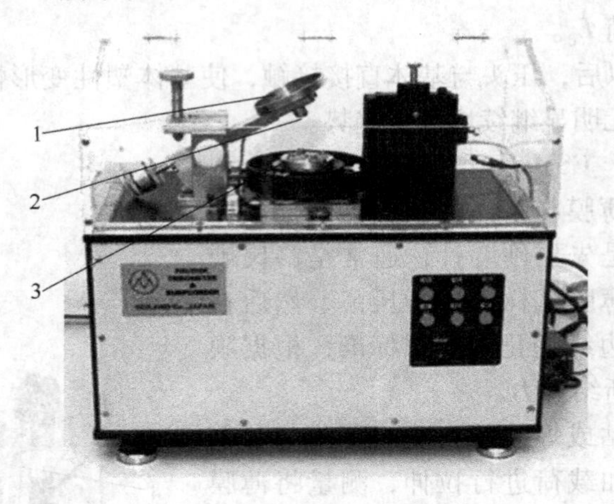

图 9-6　摩擦磨损试验机
1—砝码盘；2—压头；3—试样台

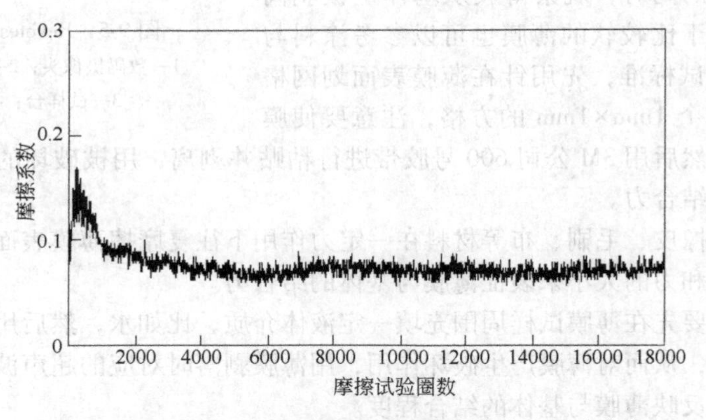

图 9-7　M2/Ti/TiN/TiCN/DLC 薄膜的摩擦磨损试验曲线

9.4　表面与薄膜的组织形貌及晶体结构分析

表面与薄膜的结构研究按分析尺度不同可大致划分为宏观形貌、微观形貌、晶体结构以及显微组织等几大类。表面与薄膜的组织形貌分析内容主要包括表面形貌、层间形貌、与基体结合界面的断口形貌以及金相组织等。分析目的是了解表面与薄膜的组织形态、界面的组织结构、晶体缺陷和晶粒尺寸等，还可以通过进一步的分析，研究表面与薄膜材料的生长机理、力学性能和物理性能。此外，表面与薄膜结构分析的另一个重要内容是晶体结构分析，主要用于确定相组成和晶体点阵参数。

表面与薄膜的微观组织和形貌观察最简单的方法是用金相显微镜观察表面与薄膜的表面形貌和金相组织，完整直观地了解表面与薄膜的形貌特征。传统金相显微镜的最大放大倍数为1000倍，只能用来测量表面与薄膜的概貌、大尺寸晶粒和较大的缺陷，更微观的分析需要用到扫描电子显微分析、透射电子显微分析以及扫描探针显微分析。表面与薄膜的晶体结构分析方法以各种衍射分析为主，包括X射线衍射分析、低能电子衍射分析、反射式高能电子衍射分析和中子衍射分析等。其中中子衍射分析应用不广泛，但对于结构分析中确定轻元素原子的坐标位置、磁结构的测定和某些固溶体的研究具有特殊意义。

近年来，金刚石薄膜和类金刚石薄膜的应用受到人们关注，拉曼光谱作为研究分子结构的一种手段在金刚石薄膜和类金刚石薄膜的结构研究中得到普遍应用，本节最后也将进行论述。

9.4.1 光学显微分析

光学显微镜作为观察金属材料微观组织的手段应用极为广泛，然而，由于受到可见光波长（400~760nm）的限制，其分辨率最大为200nm，目前最先进的光学显微镜的最大放大倍数为（2~5）$\times10^3$，远远不能满足现代科技发展的需求。

9.4.2 扫描电子显微分析

表面与薄膜的扫描电子显微分析要用到扫描电子显微镜（SEM）。SEM是介于透射电子显微镜（TEM）和光学显微镜之间的一种微观组织形貌观察手段，可直接利用表面材料的物质性能进行微观成像。SEM的优点主要有：（1）有较高的放大倍数，利用热灯丝产生电子的SEM放大倍数在20~20万倍之间；（2）有很大的景深，视野大，成像富有立体感，可直接观察各种试样表面凹凸不平的微观结构；（3）试样制备简单。实际使用中SEM大都配有X射线能谱仪（EDX）或X射线波谱仪（WDX）装置，不但可以进行显微组织形貌的观察还可以同时进行微区成分分析。

SEM从原理上讲就是利用聚焦非常细的高能电子束在试样表面进行扫描，激发出各种物理信息，通过对这些信息的处理获得试样表面形貌。具有高能量的入射电子束与固体样品的原子核及核外电子发生作用后，可产生多种物理信号，包括二次电子、背反射电子、特征X射线以及俄歇电子等，如图9-8所示。

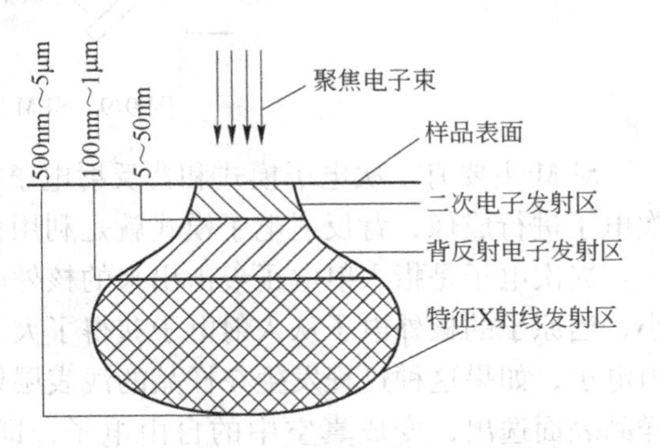

图9-8 SEM聚焦电子束与样品表面相互作用示意图

SEM主要由电子光学系统、信号收集与显示系统、真空系统、电源以及控制系统组成。图9-9为SEM的原理结构示意图。工作时，由炽热的灯丝阴极发射出的电子在2~30kV阳极电压的加速下获得一定的能量，然后进入由两组或更多组电磁透镜组成的电子光学系统，在试样表面会聚成束斑为5~10nm的入射电子束。末级透镜上边装有扫描线圈，在它的作用下，电子束在试样表面扫描。高能电子束与样品物质相互作用产生的信号分别被不同的接收器接收，经放大后用来调制荧光屏的亮度。由于经过扫描线圈上的电流与显像管相应偏转线圈上的电流同步，因此，试样表面任意点发射的信号与显像管荧光屏上相应的亮点一一对应。也就是说，电子束打到试样上一点时，在荧光屏上就有一亮点与之对应，其亮度与激发后的电子能量成正比。换言之，扫描电镜是采用逐点成像的图像分解法进行的。

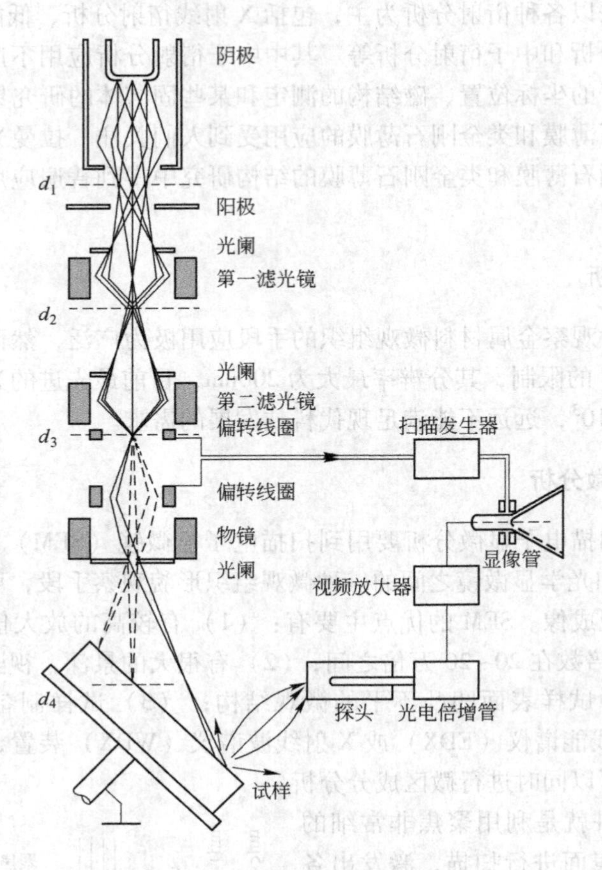

图 9-9 SEM 工作原理示意图

SEM 主要有二次电子模式和背反射电子模式两种工作模式。二次电子模式就是利用二次电子进行成像，背反射电子模式就是利用背反射电子进行成像。

二次电子是指入射电子轰击出来的核外电子，由于原子核和外层价电子间的结合能很小，当原子的核外电子从入射电子获得了大于相应的结合能的能量后，可脱离原子成为自由电子，如果这种过程发生在样品的浅表层处，那些能量大于材料逸出功的自由电子可从样品表面逸出，变成真空中的自由电子，即二次电子。二次电子主要来自材料表面 5~50nm 的区域，能量为 0~50eV，如图 9-8 所示。二次电子对试样表面状态非常敏感，能有效显示试样表面的微观形貌组织。另外，由于二次电子发自试样表层，入射电子还没有被多次反射，因此产生二次电子的面积与入射电子的照射面积没有多大区别，所以二次电子的分辨率较高，一般可达到 5~10nm。SEM 的分辨率一般就是指二次电子分辨率。二次电子产额随原子序数的变化不大，主要和试样表面形貌有关。SEM 的主要工作模式就是二次电子模式，即利用二次电子进行成像。对于二次电子成像来说，几乎任何形状的样品都可以被直接观察，并不都需要经过精细的抛光处理。对于导电不良的试样，一般在测试前需要喷涂一薄层导电性较好的材料，常用的有 C、Au 和 Pt。

背反射电子是指被固体样品原子反射回来的一部分入射电子，其中包括弹性背反射电子和非弹性背反射电子。弹性背反射电子是指被样品中原子核反弹回来的入射电子，对于散射角大于90°的那些入射电子，其能量基本上没有变化，一般为数千到数万电子伏。非弹性背反射电子是入射电子和核外电子撞击后产生的非弹性散射电子，不仅能量变化，而且方向也发生变化。非弹性背反射电子的能量范围很宽，从数十电子伏到数千电子伏。从数量上看，弹性背反射电子远比非弹性背反射电子所占的份额多。背反射电子的产生范围在100nm~1mm深度，如图9-8所示。背反射电子成像分辨率一般为50~200nm。背反射电子的产额随原子序数的增加而增加，因此利用背反射电子作为成像信号不仅能分析形貌特征也可以用来显示原子序数衬度，样品表面原子序数大的区域将与背反射电子像中背反射电子信号强的区域相对应。因此背反射电子像可以用来分辨表面成分的宏观差别。

特征X射线是原子的内层电子受到激发以后在能级跃迁过程中直接释放出来的具有特征能量和波长的一种电磁波辐射，一般在试样表面层以下500nm~5μm深处发出，如图9-8所示。9.5.1节中讲到的EDX和WDX就是通过测量这一部分信息来进行成分分析。

此外，如果原子内层电子能级跃迁过程中释放出来的能量不是以X射线的形式释放而是用该能量将核外另一电子打出，脱离原子变为二次电子，这种二次电子称为俄歇电子。因每一种原子都有自己特定的壳层能量，所以它们的俄歇电子能量也各有特征值。俄歇电子能量在50~1500eV范围内。俄歇电子是由试样表面极有限的几个原子层中发出的，这说明俄歇电子信号适用于表层化学成分分析。9.5.2节中讲到的俄歇能谱仪就是通过测量这一部分信息来进行表面成分分析的。

分辨率是SEM的主要性能指标。对微区成分分析而言，它是指能分析的最小区域；对成像而言，它是指能分辨两点之间的最小距离。分辨率大小由入射电子束直径和调制信号类型共同决定。电子束直径越小，分辨率越高。但由于用于成像的物理信号不同，例如二次电子和背反射电子，在样品表面的发射范围也不相同，从而影响其分辨率。一般二次电子像的分辨率约为5~10nm，背反射电子像的分辨率约为50~200nm。

景深是指一个透镜对高低不平的试样各部位能同时聚焦成像的一个能力范围。SEM的末级透镜采用小孔径角、长焦距，所以可以获得很大的景深，它比一般光学显微镜景深大100~500倍，比透射电镜的景深大10倍。由于景深大，SEM图像的立体感强，形态逼真。对于表面粗糙的端口试样来讲，光学显微镜因景深小无能为力，TEM对样品要求苛刻，即使用复型样品也难免出现假象，且景深也较扫描电镜小，因此用SEM观察分析断口试样具有其他分析仪器无法比拟的优点。

9.4.3 透射电子显微分析

用透射电子显微镜（TEM）对固体结构进行分析是一种传统而常用的方法，与SEM相比，TEM的入射电子束通常不扫描而是固定在样品的一个微区内进行分析测试，检测对象是穿透样品的电子束。晶体点阵对电子的散射能力很强，而且随原子序数的增大而增大，为了获得检测用的透射电子束，通常样品要减薄到很薄的厚度（如几十纳米）才能用于测试。TEM的工作模式主要有两种：衍射模式和显微像模式，如图9-10所示。两种模式之间的转换主要依靠改变物镜光阑、电磁透镜系统电参数和成像平面位置来进行。

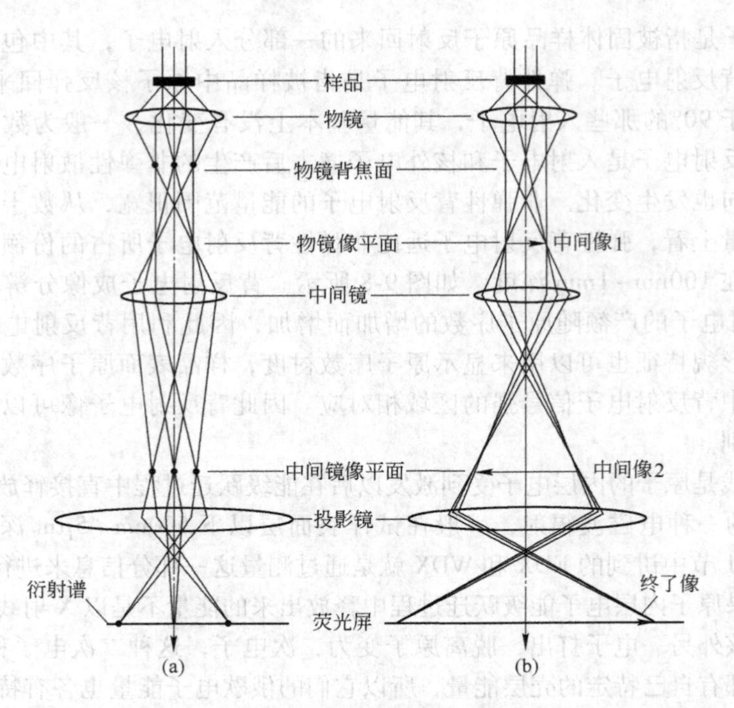

图 9-10　透射电子显微镜的两种工作模式

（a）衍射模式；（b）显微像模式

与 SEM 相似，TEM 主要由电子光学系统、信号收集与显示系统、真空系统、电源以及控制系统组成。在电子光学系统中，电子枪发射电子，通过栅极上的小孔形成射线束，经阳极电压 100~1000kV 加速后射向磁聚焦透镜，起到对电子束加速、加压的作用。磁聚焦透镜聚光镜将电子束聚集。电子枪源和聚光镜在样品上方位置，图 9-10 中未示出。待观察的样品放置在样品室样品台上，样品台可变倾角。物镜是放大率很高的短距透镜，作用是放大电子像。物镜是决定透射电子显微镜分辨能力和成像质量的关键。中间镜是可变倍的弱透镜，作用是对电子像进行二次放大，通过调节中间镜的电流可选择物体的像或电子衍射图来进行放大。投影镜是高倍的强透镜，用来放大中间像后在荧光屏上成像。

加速后的聚焦电子束照射在样品上会发生弹性散射或衍射现象。在衍射工作模式下，电子被样品晶体点阵衍射以后又被分成许多束，包括直接透射电子束和对应不同晶体学平面的衍射束。根据量子力学原理，被高压加速的电子具有很短的波长，如下式所示

$$\lambda = \frac{h}{\sqrt{2mqv}} \tag{9-3}$$

式中，h 为普朗克常数；m、q 为电子的质量和电量；v 为加速电压。当加速电压为 100kV 时，通过上式计算可得电子波长为 0.0037nm。电子在晶体中发生衍射要满足布拉格方程

$$2d\sin\theta = n\lambda \tag{9-4}$$

式中，d 是晶体学平面间距；θ 是入射电子掠射角，又称半衍射角或布拉格角；n 为衍射级数，可以是任意自然数；λ 是电子的波长。

布拉格方程是 X 射线衍射晶体学和电子衍射晶体学中最基本的公式之一，在 9.4.5 节中会进一步论述。根据布拉格方程，因为入射电子的波长很短，所以半衍射角很小，造成

透射电子束和衍射电子束之间近乎平行。将透射电子束和衍射电子束斑点组成的图像投影到荧光屏上就成了晶体在特定方向上的衍射谱。它包含了如下结构信息：(1) 晶体点阵类型和点阵常数；(2) 晶体相对位相；(3) 晶体缺陷。

9.4.4 扫描探针显微分析

作为一类表面分析仪器，扫描探针显微镜（SPM）在20世纪80年代被科学家发明，可以在纳米级甚至原子级的水平上研究物质表面原子和分子结构及相关的物理、化学性质。SPM主要用于自然科学的研究，但近年也逐渐应用于工业技术领域。SPM的应用主要有两方面：一是进行样品的表面分析，即根据样品与SPM各种特性的针尖之间在电、力、磁、光等方面相互作用的极敏感性，在纳米尺度或原子尺度研究被测样品微观结构形貌及与电、力、磁、光等相互作用的有关现象；二是进行纳米尺度操作，即在某一特定区域使SPM探针产生具有操作原子的能量，对表面原子或分子进行搬迁、移动、沉积等操作，这样就可对样品表面进行重构、刻蚀、缺陷修补，以及对原子运动、生长等特征进行研究。

SPM用极小的显微探针（俗称针尖）对试样进行测量，用压电陶瓷材料制备的三维压电驱动装置在长、宽和高三个方向上控制探针的位置，当探针与试样表面间距小到纳米级时，按照近代量子力学的观点，试样表面某种物理效应会随探测距离而发生变化，依据位移变化和这些物理效应变化可以构建三维的表面图像。依据不同的物理效应进行测量就得到了很多种类的SPM，主要包括以下几大类：扫描隧道显微镜（STM）、扫描力显微镜（SFM）、弹道电子发射显微术（BEEM）、扫描离子电导显微镜（SICM）、扫描热显微镜（SThM）、扫描隧道电位仪（STP）、光子扫描隧道显微镜（PSTM）和扫描近场光学显微镜（SNOM）。其中扫描力显微镜（SFM）又可以划分为原子力显微镜（AFM）、摩擦力显微镜（FFM）、化学力显微镜（CFM）、磁力显微镜（MFM）、静电力显微镜（EFM）、激光力显微镜（LFM）和扫描电容显微镜（SCM）。不同类型SPM间的区别在于显微探针的特性及相应显微探针与样品间相互作用的不同。表9-4列出了已得到广泛应用的几种SPM仪器和它们的特点。接下来重点介绍近年来应用最广泛的两种SPM：STM和AFM。

表9-4 各类SPM的技术特点

序号	SPM	传感方式	纵向分辨率	横向分辨率	技术特点
1	STM	隧道电流	0.01nm	0.1nm	原子分辨力，三维像，不破坏样品，任意环境
2	AFM	原子间力	0.1nm	2nm	可测非导体，工作环境任意
3	FFM	横向摩擦	—	<1nm	表面横向力分布
4	CFM	侧向力	—	几纳米	物质黏附性
5	MFM	磁力	—	25nm	可测微磁区域分布
6	EFM	静电	—	几十纳米	测量表面静电力分布
7	LFM	共振频率	—	几纳米	力梯度与位移间距成比例
8	SCM	电容分布	—	几十纳米	试样表面电容分布

续表 9-4

序号	SPM	传感方式	纵向分辨率	横向分辨率	技术特点
9	BEEM	电场	—	1nm	测表面及界面，界面改性
10	SICM	离子电导	—	>100nm	离子浓度
11	SThM	热散失传递	—	几十纳米	表面温度分布
12	STP	隧道电压	—	—	试样表面的电位分布
13	PSTM	光子	—	光波波长	光相互作用
14	SNOM	近场光学	—	30~100nm	光谱分析，信息存储

要了解 STM 的工作原理，首先要熟悉隧道效应。隧道效应是微观粒子具有波动性所产生的，由量子力学可知当一粒子进入一势垒中，势垒的高度 φ_0 比粒子能量 E 大时，粒子穿过势垒出现在势垒另一边的几率 $p(z)$ 不为零，如图 9-11 所示。如果两个金属电极用非常薄的绝缘层隔开，在极板上施加电压 U_T，电子则会穿过绝缘层由负电极进入正电极，这称为隧道效应，此时电流密度为

$$J = \frac{e^2}{h}\left(\frac{k_0}{4\pi^2 s}\right) U_T \cdot \exp(-2k_0 s) \tag{9-5}$$

式中，s 为两个电极的间距；$k_0 = h\sqrt{m \times (\Phi_1 + \Phi_2)} = h\sqrt{m\Phi}$，其中 Φ_1、Φ_2 分别为两个电极的逸出功函数。

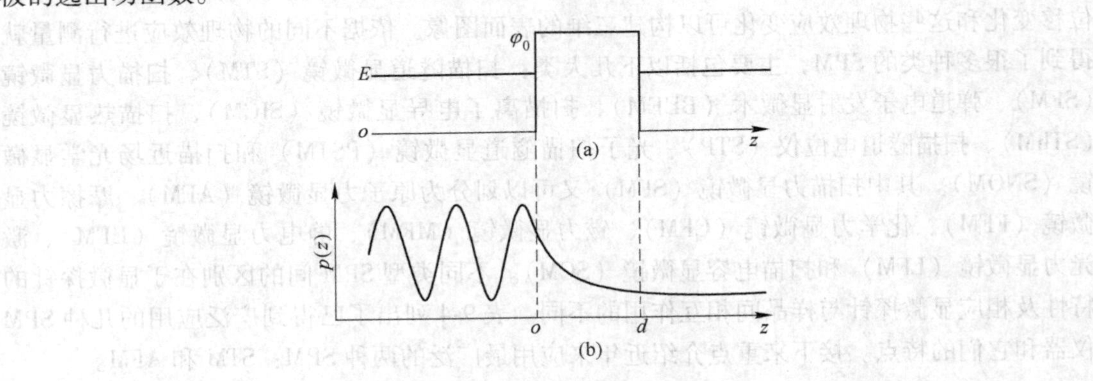

图 9-11 粒子对势垒的隧穿

(a) 一个高度为 φ_0 的矩形势垒；(b) 一个典型的（矩形）势垒穿透几率密度函数 $p(z)$

由式 (9-5) 可知，J 和极间距 s 成指数关系，若 $\varphi \approx 5\text{eV}$，则 s 增加 0.1nm 时，电流改变一个数量级。当一个电极由平板状改变为针尖状时就要用隧道结构的三维理论来计算隧道电流。计算结果是

$$I = \frac{2\pi e}{h}\sum_{\mu\nu} f(E_\mu)[1 - f(E_\nu + eV)] M_{\mu\nu} |^2 \sigma(E_\mu - E_\nu) \tag{9-6}$$

其中 $f(E)$ 是费米统计分布函数，

$$f(E) = \frac{1}{1 + \exp\left(\frac{E - E_F}{kT}\right)} \tag{9-7}$$

式中，V 是针尖和表面之间电压；E_μ 和 E_ν 分别是针尖和表面的某一能态；$M_{\mu\nu}$ 是隧道矩

阵元

$$M_{\mu\nu} = \frac{h^2}{2m}\int dS(\Psi_\mu^* \nabla\Psi_\nu - \Psi_\nu \nabla\Psi_\mu^*) \tag{9-8}$$

式中，Ψ 是波函数，括号中的量是电流算符，积分对整个表面进行。由式（9-6）可知，隧道电流含有表面电子态密度的信息，这一点在对图像进行解释时必须加以注意。改变偏压 V 或电极间距 s 观察隧道电流的变化，即可得出电流-电压隧道谱和电流-间隙特性谱，隧道谱含有丰富的表面电子结构信息。

若以针尖为一电极，被测固体表面为另一电极，当它们之间的距离小到纳米数量级时根据公式（9-6），电子可以从一个电极通过隧道效应穿过空间势垒到达另一个电极形成电流，其电流大小取决于针尖与表面间距及表面的电子状态。如果表面是由同一种原子组成，由于电流与间距成指数关系，当针尖在被测表面上方做平面扫描时，即使表面仅有原子尺度的起伏，电流却有成十倍的变化，这样就可用现代电子技术测出电流的变化，它反映了表面的起伏，如图 9-12（a）所示，这种运行模式称为恒高度模式（保持针尖高度）。图中 U_b 为针尖上施加的偏压，I 为隧道电流，U_z 为反馈电路施加在压电陶瓷 L_z 上的电压，控制针尖 z 方向位移。当样品表面起伏较大时，由于针尖离样品仅纳米高度，恒高度模式扫描会使针尖撞击样品表面造成针尖损坏，此时可将针尖安放在压电陶瓷上，控制压电陶瓷上电压，使针尖在扫描中随表面起伏上下移动，在扫描过程中保持隧道电流不变（即间距不变），压电陶瓷上的电压变化即反映了表面的起伏，这种运行模式称为恒电流模式，如图 9-12（b）所示，目前 STM 大都采用这种工作模式。

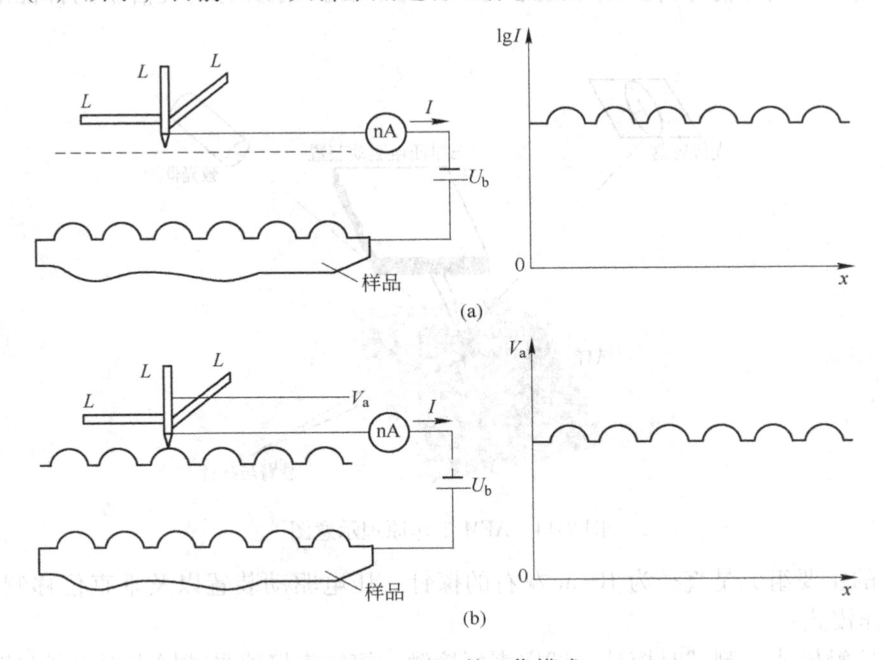

图 9-12 STM 的工作模式
（a）恒高度模式；（b）恒电流模式

一般 STM 的针尖是安放在一个可进行三维运动的压电陶瓷支架上，如图 9-13 所示，L_x、L_y、L_z 分别控制针尖在 x、y、z 方向上的运动，在 L_x、L_y 上施加电压使针尖沿表面做扫描，测量隧道电流并以此反馈控制施加在 L_z 上的电压 V_z 使得针尖与表面的间距 s 不变。当 s 变大时，I 有变小的趋向，反馈放大器改变 L_z 上电压使 L_z 伸长导致 s 变小，反过来亦一样。电压 V_z 的值反映了表面的轮廓。由式（9-6）可知，隧道电流还与逸出功函数有关。这样样品表面上具有不同功函数的区域即使它们在同一平面上，隧道电流也不相同，反映在最终图像上会被误认为是外形的起伏。因此，STM 测量的不单纯是样品的表面形貌，还包括样品表面电子态密度的分布信息。

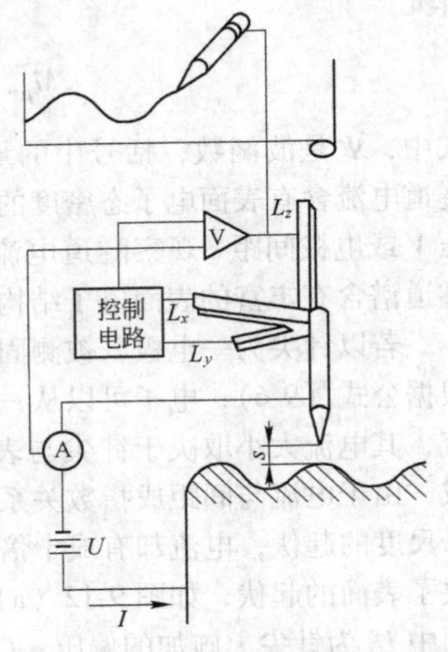

图 9-13　STM 工作原理示意图

STM 的观测对象为导体和半导体，另外为了反映表面与薄膜的真实状态，通常要在高真空环境下工作。根据不同测量的需要，探针尺寸可以从 0.1～10μm 进行选择。

AFM 是根据悬臂下极细探针接近试样表面时探针与试样之间的原子力来观察表面形貌的，其工作原理如图 9-14 所示。用压电陶瓷材料制备的三维压电驱动装置在长、宽和高三个方向上控制探针的位置，在三维方向上对试样表面进行高精度扫描，悬臂跟踪试样表面细微的表面形态，一束来自激光器的激光从悬臂上反射回光传感器，实时给出精度较高的高度的偏移值，利用计算机控制与处理，就可得到纳米以下的分辨率、百万倍以上放大倍率的样品表面三维形貌。

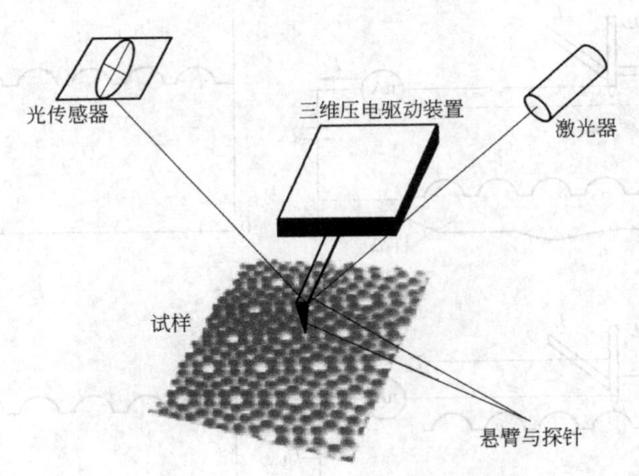

图 9-14　AFM 工作原理示意图

AFM 的主要组成是直径为 10nm 左右的探针、压电驱动装置以及垂直位移测量装置。有三种工作模式：

（1）接触模式。测试时探针与试样表面接触，探针直接感受试样表面原子与探针间的排斥力，通常在 10^{-6}～10^{-7}N，这种模式的深度分辨能力较高。

（2）非接触模式。测试时探针以一定的频率在距试样表面 5～10nm 的距离上振动，探针感受的力是试样表面原子与探针间的吸引力，通常在 10^{-12}N 量级，这种模式的深度分辨能力较低，但优点是探针不直接接触试样表面，既不会污染试样，也不会破坏试样。

（3）点击模式。测试时探针处于上下振动状态，振幅约100nm，每振动一次探针与试样表面接触一次，这种模式可以达到与接触模式相接近的分辨率，对样品的污染和破坏比非接触模式小。

AFM 的最大优点有两个：一是可以在大气中高倍率地观察材料的表面形貌；二是测试对象包括了导体和绝缘体。用 AFM 不仅可以获得高质量的表面结构信息，而且可以研究固体界面的相互作用。

9.4.5 X 射线衍射分析

波长为 λ 的 X 射线束与晶体学平面发生相互作用时会发生 X 射线衍射现象，如图 9-15 所示。X 射线在晶体中发生衍射必须满足布拉格方程

$$2d\sin\theta = n\lambda \tag{9-9}$$

式中，d 为晶体学平面间距；θ 为入射 X 射线掠射角，又称半衍射角或布拉格角；n 为衍射级数，可以是任意自然数；λ 为入射 X 射线的波长。布拉格方程是 X 射线晶体学中最基本的公式之一，当晶体学平面和入射 X 射线之间满足上述几何关系时，X 射线的衍射强度将相互加强。

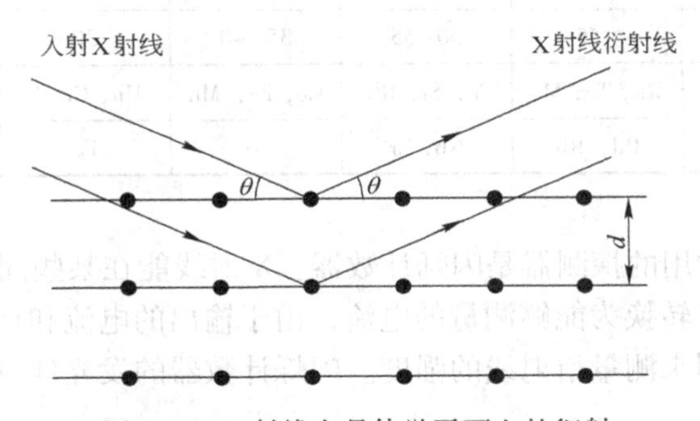

图 9-15 X 射线在晶体学平面上的衍射

根据 X 射线的衍射线的位置、强度及数量来鉴定结晶物质物相的方法就是 X 射线物相分析法。每一种结晶物质都有各自独特的化学组成和晶体结构。没有任何两种物质，它们的晶胞大小、质点种类及其在晶胞中的排列方式是完全一致的。因此，当 X 射线被晶体衍射时，每一种结晶物质都有自己独特的衍射花样，它们的特征可以用各个衍射晶面间距和衍射线的相对强度来表征。其中晶面间距与晶胞的形状和大小有关，相对强度则与质点的种类及其在晶胞中的位置有关，所以任何一种结晶物质的衍射数据是其晶体结构的必然反映，通过收集入射和衍射 X 射线的角度信息及强度分布并进行计算处理，可以得到被测样品的组成相、晶体学点阵类型、点阵常数和晶体取向等信息。

X 射线衍射仪（XRD）是进行 X 射线衍射分析的测试仪器，在材料研究领域应用广泛，主要由 X 射线管、测角仪、X 射线探测器、计算机控制处理系统等组成，其中 X 射线管和 X 射线探测器是核心部件。

X 射线管主要分密闭式和可拆卸式两种。广泛使用的是密闭式，由阴极灯丝、阳极、聚焦罩等组成，功率大部分在 1~2kW。可拆卸式 X 射线管又称旋转阳极靶或转靶，其功

率比密闭式大许多倍，一般为12~60kW。常用的X射线靶材有W、Ag、Mo、Ni、Co、Fe、Cr和Cu等。必须根据试样所含元素的种类来选择最适宜的特征X射线波长，即选择最合适的阳极靶材。当X射线的波长稍短于试样成分元素的吸收限时，试样强烈地吸收X射线，并激发产生成分元素的荧光X射线，背底增高，造成衍射图谱谱线难以分清。X射线衍射分析用常用X射线管的特征波长及相关数据参看表9-5。

表9-5　X射线衍射分析用X射线管的特征波长及有关数据

阳极（靶）元素		Ag	Mo	Cu	Co	Fe	Cr
原子序数		47	42	29	27	26	24
K_{α_1}/Å		0.55941	0.70930	1.54056	1.78897	1.93604	2.28970
K_{α_2}/Å		0.56380	0.71359	1.54439	1.79285	1.93998	2.29361
K_{α}/Å（平均K线波长）		0.56087	0.71073	1.54184	1.79026	1.93735	2.29100
K_{β_1}/Å		0.49707	0.63229	1.39222	1.62079	1.75661	2.08487
K吸收限λ_k/Å		0.4859	0.6198	1.3806	1.6082	1.7435	2.0702
K系激发电压V_k/kV		25.5	20.0	8.86	7.71	7.10	5.98
X光管工作电压/kV		>55	50~55	35~40	30	25~30	20~25
能吸收该靶K系辐射，产生严重荧光的元素	K_{α}	Ru，Tc，Mo	Y，Sr，Rb	Co，Fe，Mn	Mn，Cr，V	Cr，V，Ti	Ti，Sc，Ca
	K_{β}	Pd，Rh	Nb，Zr	Ni	Fe	Mn	V

注：1Å=0.1nm。

X射线衍射仪中常用的探测器是闪烁计数器。X射线能在某些固体物质（磷光体）中产生荧光，将这些荧光转换为能够测量的电流，由于输出的电流和计数器吸收的X光子能量成正比，因此可以用来测量衍射线的强度。闪烁计数器的发光体一般是用微量铊活化的碘化钠（NaI）单晶体。

9.4.6　低能电子衍射与反射式高能电子衍射

具有确定能量的电子束也可以被晶体点阵的周期势场所衍射，周期排列的原子产生相干电子衍射波的条件也是9.4.3节和9.4.5节中提到的布拉格方程，低能电子衍射（LEED）与反射式高能电子衍射（RHEED）就是依据这种衍射效应发展起来的。

LEED是将低能量的电子束入射于样品表面，通过电子与晶体相互作用，一部分电子以相干散射的形式反射到真空中，所形成的衍射束进入可移动的接收器进行强度测量，或者被加速至荧光屏，给出可观察的衍射图像。低能电子衍射仪的工作原理如图9-16所示，第一栅接地，使衍射电子自由飞过样品和栅之间的空间，第二栅加几十伏负电压，可滤去非弹性散射电子，荧光屏施加千伏高压，使电子有足够的能量激发荧光物质。LEED采用波长较长的入射电子束，能量范围一般为5~1000eV，穿透样品的深度很浅，通常一般在1nm以下，因此只能测量晶体的二维周期场。近年来，随着表面科学的发展，LEED在研究表面结构、表面缺陷、薄膜外延生长、氧化膜的结构、气体的吸附和催化过程等方面得到了广泛的应用。

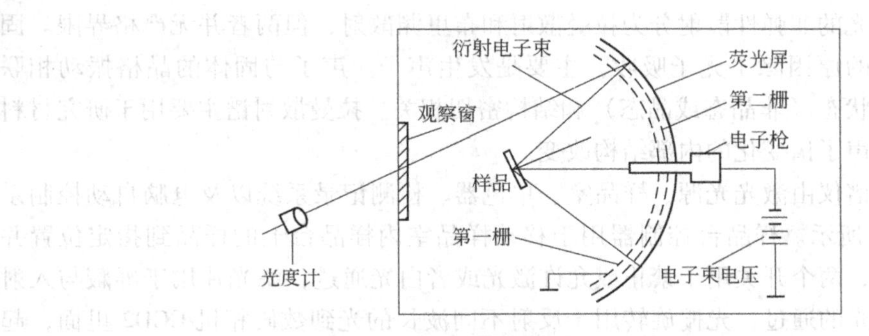

图 9-16 低能电子衍射仪的工作原理示意图

入射电子束如果采用 30～50kV 的加速电压，则电子波长范围在 0.00698～0.00536nm 之间，用这样能量的平行电子束以小于 1°的掠射角入射样品表面，即为反射式高能电子衍射（RHEED）。RHEED 也能以与 LEED 相当的灵敏度检测表面结构。如图 9-17 所示，RHEED 通常将高能电子束以小角掠射方式入射到样品表面，衍射电子束以很小的衍射角，即近似平行于入射方向的角度射出，因而衍射装置与其他设备之间在空间位置方面较少干扰，可与一些分子束外延沉积设备复合在一起进行实时的结构表征。反射式高能电子衍射是一种研究晶体外延生长、精确测定表面结晶状态以及表面氧化、还原过程等的有效分析手段。近年来，由于接收系统的改进，在多功能表面分析仪中 RHEED 和 LEED 都能进行，使表面结构的研究更为方便。

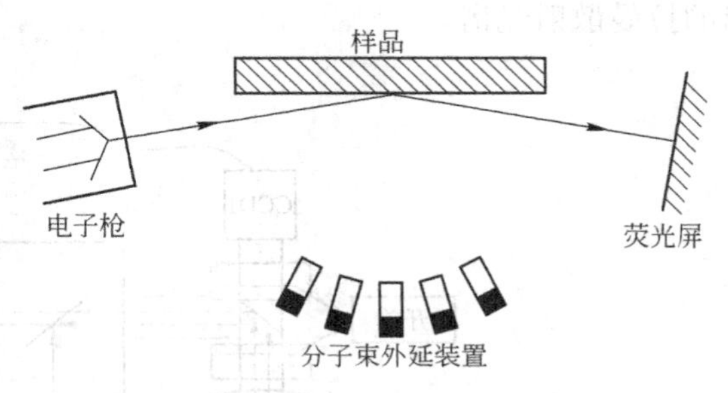

图 9-17 反射式高能电子衍射方法的工作原理示意图

RHEED 和 LEED 都需要在超高真空环境（10^{-7}～10^{-8}Pa）中进行工作，也常与俄歇电子能谱仪（AES）、X 射线光电子能谱仪（XPS）等组合成多功能表面分析仪进行使用，主要是因为它们在超高真空要求和被检测电子信息的能量范围等方面都比较接近，联用更节省设备成本。

9.4.7 激光拉曼光谱分析

1928 年印度物理学家 C. V. Raman 发现了拉曼效应。20 世纪 30 年代拉曼光谱作为研究分子结构的一种手段得到应用，但此时的光源技术比较落后，以汞弧灯做光源，物质产生的拉曼散射谱线极其微弱，因此应用受到限制。直到 20 世纪 60 年代，激光技术的快速发展以及激光光源的引入才进一步推动了拉曼光谱分析技术的发展。现在，拉曼光谱作为一种鉴定物质结构的分析测试手段而被广泛应用于有机材料、无机材料、高分子材料以及生物、环保和地质等领域。

拉曼光谱属于光的散射谱。当一束入射光照到物体后会产生散射或反射，光的散射包括弹性散射和非弹性散射，光的非弹性散射就是拉曼散射。入射光产生非弹性散射时，光子能量发生变化，即频率略微增大或减小，这种变化被称为频移。根据引起频移的不同原因，有时又将入射光的非弹性散射分为拉曼散射和布里渊散射，但两者并无严格界限。固体中拉曼散射产生的原因除了光子吸收，主要是发生声子。声子与固体的晶格振动相联系，进而与固体的状态（非晶态或晶态）和结构密切相关。拉曼散射谱主要用于研究材料的声子谱以及引起声子谱变化的内部结构改变。

一般的拉曼光谱仪由激光光源、样品室、单色器、检测记录系统以及电脑自动控制系统组成，如图 9-18 所示。样品台控制器用于移动样品室内样品台上的样品到指定位置并且实现入射光聚焦，两个开关用于禁止或允许激光或者白光通过，滤光片用于屏蔽与入射光相同波长的散射光的通过，光栅旋转用于反射不同波长的光到数码相机 CCD2 里面，起到单色器的作用，数码相机 CCDl 用于观察样品图像，数码相机 CCD2 用于观察从样品发出的拉曼散射光谱。

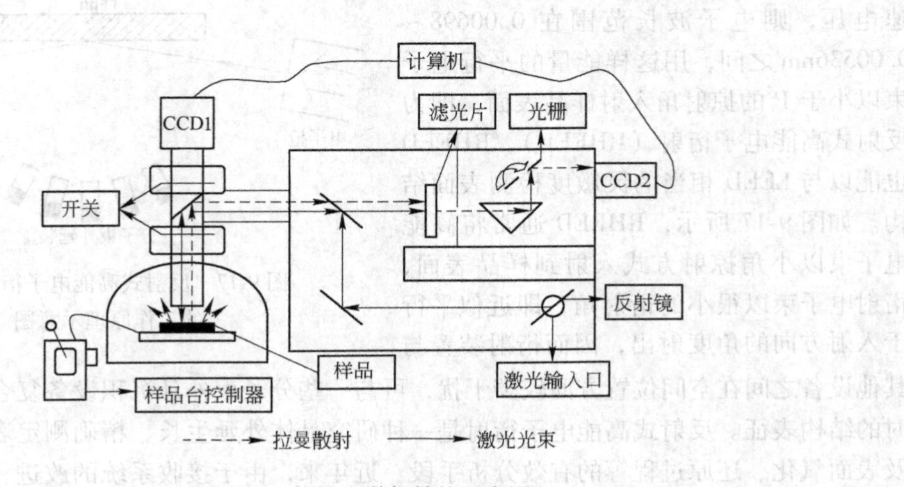

图 9-18　拉曼光谱仪结构示意图

氩离子激光器的 514. 6nm 谱线、488. 9nm 谱线和氦-氖激光器的 632. 8nm 谱线是激光拉曼光谱仪常用的光源。

拉曼光谱曲线的横坐标常用散射光波数的改变值（对应于频移）表示，波数是每厘米内波的数量；纵坐标用散射光的强度表示。拉曼散射的频移与入射光频率无关，只与分子的能级结构有关，波数变化的范围一般为 4000/cm 以下。

9.5　表面与薄膜的成分表征方法

常用的表面与薄膜成分的表征方法包括：X 射线能量色散谱（EDX）、X 射线波长色散谱（WDX）、俄歇电子能谱（AES）、X 射线光电子能谱（XPS）、二次离子质谱（SIMS）、辉光放电光谱（GDOES）和卢瑟福背散射技术（RBS）等。其中，EDX 通常安装在扫描电子显微镜上，是最常用的常规材料成分分析仪器；AES、XPS 和 SIMS 是三种应用广泛的真正意义上的表面分析谱仪。各种成分分析方法的特点参见表 9-6。除 EDX 和 WDX 外，上述其他几种分析方法都可以进行深度剖析，即在测试过程中，用离子溅射轰击试样，获得成分随深度变化的信息。

表 9-6 各种表面与薄膜成分分析方法的特点

分析方法	分析元素范围	检测极限	空间（水平）分辨率	深度分辨率
EDX	Na～U	约千分之一	约 1μm	约 1μm
WDX	B～U	约万分之一	约 1μm	约 1μm
AES	Li～U	约千分之一～百分之一	50nm	约 1.5nm
XPS	Li～U	约千分之一～百分之一	约 100μm	约 1.5nm
SIMS	H～U	约百万分之一	约 1nm	约 1.5nm
GDOES	H～U	约百万分之一	—	约 2nm
RBS	He～U	约百分之一	约 1mm	约 20nm

9.5.1 X 射线能量色散谱和 X 射线波长色散谱

X 射线能量色散谱仪通常被简称为能谱仪（Energy Dispersive Spectrometer，EDS），X 射线波长色散谱通常被简称为波谱仪（Wavelength Dispersive Spectrometer，WDS），作为常规的分析仪器，二者被广泛安装于扫描和透射电子显微镜上，用于分析研究材料微区成分。基本工作原理是利用高能细聚焦电子束与试样表面相互作用，在一个有限深度及侧向扩展的微区体积内，激发产生特征 X 射线信息，由探测器接收，通过 X 射线谱仪测量它的波长或能量，确定被分析微区内所含元素的种类，即定性分析成分。由特征 X 射线强度还可计算出该元素的浓度，即进行定量分析成分。能谱仪和波谱仪的纵向分辨率约 1μm。

能谱仪利用 X 射线光子能量的不同进行成分分析。主要由检测系统、信号放大系统、数据处理系统和显示系统组成，工作过程简述如下。聚焦电子束与试样表面相互作用激发特征 X 射线，这些特征 X 射线穿过薄铍窗（厚约 7.5μm）到达处于液氮冷冻环境下的反向偏置（500～1000V）的 p-i-n（p 型、本征、n 型）锂漂移硅 Si（Li）探测器，使硅原子电离，产生若干电子-空穴对，进而在 pn 结偏置电压的作用下形成电荷脉冲。为了进一步提高探测灵敏度，电荷脉冲通过场效应管转化为电压脉冲，该信号送入主放大器进一步整形和放大，最后送到多道脉冲分析器进行记数分析。此时可在显示系统上采集到一组直方图（即谱线），横坐标代表 X 射线光子能量，纵坐标表示 X 射线光子强度。根据谱线横坐标位置可以确定被检元素种类（即定性分析），由谱线纵坐标高度可计算得到元素的相对含量（即定量分析）。由于 Si（Li）探测器的能量分辨率为 150eV 左右，因而若被分析的元素的原子序数很接近，或其 K 系、L 系射线能量相近时，常造成成分分析的困难。

波谱仪的工作原理和能谱仪相似，在这类仪器中，被电子束激发出来的特征 X 射线是按照波长，而不是按照能量被分析记录的。波谱仪的基本分析元件是一套单晶分光晶体，其作用是在自身旋转的同时，以其晶体学平面对 X 射线进行衍射分光，从而使得闪烁计数器可以按波长记录下特征 X 射线的强度。目前通用的形式是线性（直进式）全聚焦谱仪。与能谱仪相比，波谱仪的主要优点在于晶体分光方法的波长分辨率很高，因而仪器的能量分辨率也较高，缺点是分析过程采用一个波长一个波长扫描的方式进行，分析速度低。两种仪器更详细的比较参见表 9-7。除此之外，WDS 的成本和价格高，也是导致应用不如 EDS 广泛的主要原因之一。

表 9-7 EDS 和 WDS 工作特性比较

工作特性	EDS	WDS
可检元素范围	Na~U（有 Be 窗），B~U（无 Be 窗）	Be~U
实用能量范围	1~20keV	0.5~15keV
分辨率	与特征 X 射线能量有关，5.9keV 时约为 150eV	与晶体有关，10eV
谱失真	主要有：逃逸峰、脉冲堆积、谱峰重叠和窗口吸收效应等	很少
探测效率	立体角大，探测效率高，可用小束流（10^{-11}~10^{-9}）	立体角小，探测效率低，需用大束流（10^{-9}~10^{-6}）
最小有效探针尺寸	约 5nm	约 200nm
最小可检浓度	≤0.1%（1000×10^{-6}）	≤0.01%（100×10^{-6}）
定量分析精度	0.5%~1%（有重叠峰时精度下降）	0.5%~1%
分析方式	可进行多元素的同时显示和定性、定量分析	用几个分光晶体顺序进行分析
分析时间	1min 到几分钟	几分钟到几十分钟
工作条件	对聚焦无要求	需要严格聚焦，满足衍射条件
日常维护	长期需补给液氮	分析时需氩/甲烷气体

9.5.2 俄歇电子能谱

用一定能量的电子束激发样品中元素的内层电子，使该元素发射出俄歇电子，接收这些俄歇电子并进行能量分析来确定样品成分的仪器称为俄歇电子能谱仪（Auger Electron Spectroscopy，AES）。

1925 年俄歇首次发现俄歇电子。20 世纪 50 年代，有人首次用电子激发源进行表面分析，并从样品背散射电子中辨认出俄歇线。但是由于俄歇信号强度低、探测困难，因此在相当长的时期未能得到实际应用。直至 1967 年采用电子能量微分技术，研制出了把微弱的俄歇电子信号从很大的背景和噪声中检测出来的方法之后，才使俄歇电子能谱成为一种实用的表面分析方法。1969 年使用筒镜分析器后，大幅度提高了仪器的分辨率、灵敏度和分析速度，使其应用日益扩大。到了 20 世纪 70 年代，扫描俄歇微探针（Scanning Auger Microprobe，SAM）问世，俄歇电子能谱学逐渐发展成为表面分析的重要技术。

入射电子束和物质作用，可以激发出原子的内层电子。外层电子向内层跃迁过程中所释放的能量，可能以 X 光的形式放出，既产生特征 X 射线，也可能又使核外另一电子激发成为自由电子，这种自由电子就是俄歇电子。对于一个原子来说，激发态原子在释放能量时只能进行一种发射：特征 X 射线或俄歇电子。原子序数大的元素，特征 X 射线的发射几率较大；原子序数小的元素，俄歇电子发射几率较大；当原子序数为 33 时，两种发射几率大致相等。因此，俄歇电子能谱更适用于轻元素的分析。

如果电子束将某原子 K 层电子激发为自由电子，L 层电子跃迁到 K 层，释放的能量又将 L 层的另一个电子激发为俄歇电子，这个俄歇电子就称为 KLL 俄歇电子。同样，LMM 俄歇电子是 L 层电子被激发，M 层电子填充到 L 层，释放的能量又使另一个 M 层电子激发所形成的俄歇电子。

对于原子序数为 Z 的原子和俄歇电子的能量可以用下面经验公式计算：

$$E_{WXY}(Z) = E_W(Z) - E_X(Z) - E_Y(Z+\Delta) - \Phi \quad (9\text{-}10)$$

式中 $E_{WXY}(Z)$——原子序数为 Z 的原子，W 层空穴被 X 层电子填充，Y 层逸出俄歇电子的能量；

$E_W(Z) - E_X(Z)$——X 层电子填充 W 层空穴时释放的能量；

$E_Y(Z+\Delta)$——Y 层电子电离所需的能量；

Φ——样品表面功函数。

因为 Y 层电子是在已有一个空穴的情况下电离的，因此，该电离能相当于原子序数为 Z 和 $Z+1$ 之间的原子的电离能，其中 $\Delta = 1/2 \sim 1/3$。根据式（9-10）和各元素的电子电离能，可以计算出各俄歇电子的能量，制成谱图手册。因此，只要测定出俄歇电子的能量，对照现有的俄歇电子能量图表，即可确定样品表面的成分。

由于一次电子束能量远高于原子内层轨道的能量，可以激发出多个内层电子，会产生多种俄歇跃迁，因此，在俄歇电子能谱图上会有多组俄歇峰，虽然使定性分析变得复杂，但依靠多个俄歇峰，会使得定性分析准确度很高，可以进行除氢、氦之外的多元素一次定性分析。同时，还可以利用俄歇电子的强度和样品中原子浓度的线性关系进行元素的半定量分析，俄歇电子能谱法是一种灵敏度很高的表面分析方法，其信息深度为1.0~3.0nm。

AES最主要的应用是进行表面元素的定性分析。AES谱的范围可以收集到20~1700eV。因为俄歇电子强度很弱，用记录微分峰的办法可以从大的背景中分辨出俄歇电子峰，得到的微分峰十分明显，很容易识别。在分析AES谱时，还要考虑绝缘样品的荷电位移效应和相邻峰的干扰影响。AES只能给出半定量的分析结果。AES法也可以利用化学位移分析元素的价态，但是由于很难找到化学位移的标准数据，因此谱图的解释比较困难。要判断价态，必须依靠自制的标样进行。

由于俄歇电子能谱仪的初级电子束直径很细，并且可以在样品上扫描，因此它可以进行定点分析、线扫描、面扫描和深度分析。在进行定点分析时，电子束可以选定某分析点，或通过移动样品使电子束对准分析点，可以分析该点的表面成分、化学价态和元素的深度分布。电子束也可以沿样品某一方向扫描，得到某一元素的线分布，并且可以在一个小面积内扫描得到元素的面分布图。利用氩离子枪刻蚀样品表面，俄歇电子能谱仪还可以进行元素的深度分布分析。由于俄歇电子能谱仪的采样深度比XPS浅，因此有比XPS更好的深度分辨率。

AES用于分析测试，主要有如下优点：1）可测元素范围广，能对除H、He以外的所有元素进行分析；2）有很高的空间分辨率，特别适合于微区分析，进行扫描容易获得样品表面形貌像和元素分布像；3）配合离子枪刻蚀，在成分深度剖析中，具有良好的深度分辨率；4）俄歇分析技术应用广泛，有大量分析数据可供参考。AES分析方法的局限性主要表现在对绝热、绝缘样品分析不利，电子束轰击易引起绝热样品表面损伤和绝缘样品发生严重的荷电从而影响分析结果。

还应注意，与其他表面分析技术比较，AES的灵敏度最低值为0.1%，远不如SIMS，而且所用电子束对样品表面的损伤也比XPS分析方法大得多。

9.5.3 X射线光电子能谱

X射线光电子能谱（X-ray Photoelectron Spetroscopy，XPS）又名化学分析电子能谱

(ESCA)，是现代表面分析技术中最有用的三大谱分析技术（XPS、AES 和 SIMS）之一，广泛应用于催化、微电子、冶金、电化学、环保、材料以及高分子等领域，可对样品表面进行元素组成的定性分析与半定量分析、元素化学价态与化学结构鉴定以及深度剖析。

具有足够能量的入射光子（$h\nu$）与样品（主要是固体）相互作用时，把它的全部能量转移给原子、分子或固体的某一束缚电子，使之电离。由于原子、分子或固体的静止质量远大于电子的静止质量，故在发射光电子后，原子、分子或固体的反冲能量通常可忽略不计。此时，光子的一部分能量用于克服轨道电子结合能（E_B）和样品表面功函数（Φ_S），余下的能量便成为发射光电子所具有的动能（E_K^1）。当定义费米能级为参考点，把电子从所在能级转移到费米能级所需能量称为电子结合能；把电子由费米能级转移到真空能级所需的能量称为表面逸出功或功函数。根据能量守恒定律，可得到如下关系式：

$$h\nu = E_K^1 + E_B + \Phi_S \tag{9-11}$$

式中的轨道电子结合能 E_B 仅是样品材料表面原子核外电子能级的特征值，与晶体势场及表面状态函数无关，不受表面状况的影响。

此外，样品分析测试过程中，样品与谱仪之间会产生接触电势差，对光电子产生加速或减速作用，可用如下关系式表示：

$$E_K^1 + \Phi_S = E_K + \Phi_{SP} \tag{9-12}$$

式中，E_K 为接触电势作用下光电子动能；Φ_{SP} 为谱仪功函数。
结合式（9-11），可得

$$h\nu = E_K + E_B + \Phi_{SP} \tag{9-13}$$

一台 X 射线光电子能谱仪确定后，谱仪功函数 Φ_{SP} 容易准确测定，在入射光能量 $h\nu$ 已知的情况下，只要通过能量分析器准确测量光电子能量 E_K，便可以得到电子在原子中的结合能 E_B，进而获取原子核外的电子结构信息，对样品进行表面成分分析和元素化学态的分析。

被电离的光电子在逸出时要经历一系列弹性和非弹性碰撞，只有样品表面下较浅部位中产生的光电子才能逃逸出样品，进入真空，被谱仪所接收，这一本质决定了 XPS 是一种表面灵敏的表面分析技术。

X 射线光电子能谱仪主要由五部分组成：激发源、样品室、电子能量分析器、数据接收和处理系统（含电子倍增器）以及超高真空（UHV）系统。通常用作激发源的是轻元素 Mg 或 Al 的 K_α 特征 X 射线，能量分别为 1253. 6eV 和 1486. 6eV，经衍射晶体单色化后可以获得更高分辨率。电子能量分析器一般由两个同心的金属半球组成，又称静电型半球状分析器，能量分辨率较高，可达 10^{-4} eV。

绝缘体进行 XPS 测试时，会因非导体样品荷电而引起谱图位移（又称荷电位移），从而给化学态鉴别带来困难。为此，人们在实践中采用不同方法，进行荷电补偿试图解决或减小荷电位移，如使用中和电子枪、低能正离子中和枪、在样品附近放置负电位栅板等等，但均难以彻底解决。最常用的解决方法就是对谱图进行校准，具体包括蒸金等外标法以及选择样品中已知其结合能值的基团等作为结合能参照物的内标法等。另一个有效方法为修正型俄歇参数法。

XPS 用于分析测试，主要有如下优点：（1）可测元素范围广，能对除 H、He 以外的所有元素进行分析；（2）相邻元素的同种能级的光电子谱峰相隔较远，相互干扰小，检测元素的标识性强；（3）不但可探测元素种类，还可以获得原子所带电荷以及原子所处化学环境等化学信息；（4）对深度分析具有较高灵敏度，金属及氧化物分析深度约 0.5~4nm，有机物、高分子聚合材料分析深度约 4~10nm；（5）用软 X 射线作激发，对试样损伤小，试样经 XPS 分析后还可以进一步做其他分析测试。XPS 的主要缺点是水平表面的空间分辨率和纵向剖面的深度分辨率较差，不能进行微区分析。针对这样的缺点，20 世纪 90 年代后半期以来不同制造厂商以不同形式对激发源、电子透镜和能量分析器等进行改进，目前市场已有空间分辨率达到 3μm 的成像 X 射线光电子能谱仪。

本 章 小 结

（1）依据表面性能的特征和所要获取的表面信息的类别，表面分析可分为：表面形貌分析、表面成分分析、表面结构分析、表面电子态分析和表面原子态分析等几种类型。

（2）表面形貌分析手段主要包括：1）以电子束特性为基础的透射电子显微镜（TEM）和扫描电子显微镜（SEM）；2）以电子隧道效应为基础的扫描隧道显微镜（STM）和原子力显微镜（AFM）；3）以场离子发射为基础的场离子显微镜（FIM）；4）以场电子发射为基础的场发射显微镜（FEM）等。

（3）纳米力学综合测试系统由纳米硬度计、纳米划痕仪、原子力显微镜和光学显微镜组成，可以用来测量材料表面微区的硬度、弹性模量和结合强度等力学性能，并可通过原子力显微镜的原位观察成像功能获得压痕或划痕后的表面三维形貌。

（4）扫描探针显微镜（SPM）的主要应用：

1）进行样品的表面分析，即根据样品与 SPM 各种特性的针尖之间在电、力、磁、光等方面相互作用的极敏感性，在纳米尺度或原子尺度研究被测样品微观结构形貌；

2）进行纳米尺度操作，即在某一特定区域使 SPM 探针产生具有操作原子的能量，对表面原子或分子进行搬迁、移动、沉积等操作，可对样品表面进行重构、刻蚀、缺陷修补，对原子运动、生长等特征进行研究。

（5）原子力显微镜（AFM）的三种工作模式及其分辨能力：

1）接触模式。探针与试样表面接触，探针直接感受试样表面原子与探针间的排斥力，深度分辨能力较高；

2）非接触模式。探针以一定的频率在距试样表面 5~10nm 的距离上振动，探针感受的力是试样表面原子与探针间的吸引力，深度分辨能力较低；

3）点击模式。探针处于上下振动状态与试样表面接触，与接触模式的分辨率相接近。

（6）俄歇电子能谱（AES）和 X 射线光电子能谱（XPS）都能对除 H、He 以外的所有元素进行分析。主要区别在于：

1）AES 有很高的空间分辨率，适合进行微区分析，而 XPS 水平表面的空间分辨率和纵向剖面的深度分辨率较差，不能进行微区分析；

2）AES 分析方法因电子束轰击易引起绝热样品表面损伤和绝缘样品发生严重荷电而影响分析结果，XPS 用软 X 射线作激发，对试样损伤小，试样经 XPS 分析后还可以进一步做其他分析测试。

思 考 题

9-1 薄膜与基体结合力的测试方法有哪些?

9-2 阐述宏观硬度、显微硬度和纳米硬度的不同之处。

9-3 图示说明透射电子显微镜两种工作模式的区别。

9-4 薄膜的耐磨性检测需采用什么仪器进行?试述其检测原理。

9-5 俄歇电子能谱作为一项重要的表面分析技术,主要可用于分析什么,其原理是什么?

9-6 表面成分分析方法有几种,在选用某种分析方法时需要考虑哪些实际问题?试举例说明。

参考文献

[1] 戴达煌，周克崧，袁镇海，等．现代材料表面技术科学［M］．北京：冶金工业出版社，2004.

[2] 李云奇．真空镀膜技术与设备［M］．沈阳：东北工学院出版社，1989.

[3] 张以忱，等．真空工程技术丛书：真空镀膜技术［M］．北京：冶金工业出版社，2009.

[4] 张以忱．电子枪与离子束技术［M］．北京：冶金工业出版社，2004.

[5] 张树林．HCD 枪平行场偏转极的数学物理分析及电算模拟［J］．真空，1984（2）．

[6] 钱苗根，姚寿山，张少宗．现代表面技术［M］．北京：机械工业出版社，2001.

[7] 杨文茂，刘艳文，徐禄祥，等．溅射沉积技术的发展及其现状［J］．真空科学与技术学报，2005，25（3）：204~210.

[8] Kelly P J，Arnell R D. Magnetron sputtering：a review of recent developments and applications［J］．Vacuum，2000（56）：159~172.

[9] Seino T，Sato T. Aluminum oxide films deposited in low pressure conditions by reactive pulsed dc magnet ron sputtering［J］．Vacuum Science Technology，2000，20（3）：634.

[10] West G T，Kelly P J. Improved mechanical properties of optical coatings via an enhanced sputtering process［J］．Thin Solid Films，2004（20）：447.

[11] 董骐，范毓殿．非平衡磁控溅射及其应用［J］．真空，1996，16（1）：51~57.

[12] 张以忱．真空工程技术丛书：真空工艺与实验技术［M］．北京：冶金工业出版社，2006.

[13] 王浩．过滤式真空电弧离子镀膜技术及应用［J］．真空与低温，1997，3（2）：108~110.

[14] 茅昕辉，陈国平，蔡炳初．反应磁控溅射的进展［J］．真空，2001（4）：1~7.

[15] 张以忱．真空工程技术丛书：真空镀膜设备［M］．北京：冶金工业出版社，2009.

[16] 张以忱，黄英．真空工程技术丛书：真空材料［M］．北京：冶金工业出版社，2005.

[17] 姜岩峰，郝达兵，黄庆安．RF 等离子辅助热丝 CVD 法制备大面积 β-SiC 薄膜［J］．固体电子学研究与进展，2005，25（2）：181~183.

[18] 黑立富，等．线形同轴耦合式微波等离子体 CVD 法硬质合金微型钻头金刚石涂层沉积［J］．人工晶体学报，2005，34（5）：795~798.

[19] 宋华，池成忠．化学气相沉积技术在模具表面强化中的应用研究［J］．山西机械，2002（3）：20~21.

[20] Kaufman H R. Modular Linear Ion Source，Society of Vacuum Coaters，2004，505/856-7188.

[21] Bernick M，Belan R，Hrebik J. High，continuous power magnetron sputtering［C］//SVC-47th Annual Technical Conference Proceedings，2004：742.

[22] Kupfer H，Kleinhempel R，et al. AC powered reactive magnetron deposition of indium tin oxide（ITO）films from a metallic target［J］．Surface and Coatings Technology，2006，201（7）：3964~3969.

[23] Yagisawa T，Makabe T. Modeling of dc magnetron plasma for sputtering：Transport of sputtered copper atoms［J］．J. Vac. Sci. Technol.，A，2006，24（4）：908~913.

[24] Vopsaroiu，Marian Novel. Sputtering Technology for Grain Size Control［J］．IEEE Transactions on Magnetics，2004，40（4）Ⅱ：2443~2445.

[25] Seino T，Sato T，Kamei M. 650 mm×830 mm area sputtering deposition using a separated magnet system［J］，Vacuum，2000，59（2-3）：431~436.

[26] Sproul W D，Christie D J，Carter D C. Control of reactive sputtering processes［J］．Thin Solid Films，2005，491（1-2）：1~17.

[27] Jin J. The finite element method in electromagnetics［M］．second edition. John Wiley & Sons，Inc.，2002.

[28] Sheridan T E, Goeckner M J, GoreeJ. The role of microbiological testing in systems for assuring the safety of beef [J] . Vac Sci. Technol. , 2000, 62 (1-2): 7~16.

[29] Penfold A S. Handbook of Thin Film Process Technology [M]. Bristol: IOP Publishing, 1995, A3: 21.

[30] Shidoji E, Nemoto M, Nomura T. An anomalous erosion of a rectangular magnetron system [J]. J. Vac. Sci. Technol. , A, 2000, 18 (6): 2858~2863.

[31] May C, Strümpfel J. , Schulze D. Magnetron sputtering of ITO and ZnO films for large area glass coating [C] //SVC-43th Annual Technical Conference Proceedings, 2000: 137~142.

[32] Kadlec S. Computer simulation of magnetron sputtering-Experience from the industry [J] . Surface and Coatings Technology, 2007, 202 (4-7): 895~903.

[33] 陆家河，陈长彦，等．表面分析技术［M］．北京：电子工业出版社，1987.

[34] 王浩，邹积岩．薄膜厚度测量技术［J］．微细加工技术，1993，11（1）：55~60.

[35] 刘新福，孙以材，刘东升．四探针技术测量薄层电阻的原理及应用［J］．半导体技术，2004，29（7）：49~53.

[36] 马胜歌．一种测量透明薄膜折射率的方法［J］．真空，2001，38（3）：23~25.

[37] 华中一，罗维昂．表面分析［M］．上海：复旦大学出版社，1989.

[38] 张有纲，罗迪民，宁永功．电子材料现代分析概论［M］．第二分册．北京：国防工业出版社，1993.

[39] 张泰华，杨业敏．纳米硬度技术的发展和应用［J］．力学进展，2002，32（3）349~363.

[40] 张泰华．微/纳米力学测试技术及其应用［M］．北京：机械工业出版社，2005.

[41] 于大洋，马胜歌，张以忱，等．非平衡磁控溅射结合电弧离子镀制备掺杂 DLC 硬质膜性能研究［J］．中国表面工程，2006，19（6）：43~46.

[42] 周宇超．拉曼光谱仪［J］．中国医学装备，2004，1（4）：58~59.

[43] 石中兵，童洪辉，赵喜学．磁控溅射矩形靶磁场的优化设计［J］．真空与低温，2004，10（2）：112~116.

[44] 刘翔宇，赵来，许生，等．磁控溅射镀膜设备中靶的优化设计［J］．真空，2003，40（4）：16~21.

[45] Richard P. Welty. Magnetically Permeable Segments [P] . US Patent 4892633. 1990.

[46] Ian Stevenson , Frank Zimone, Dale Morton. 镀膜工艺与镀膜系统配置［J］．真空科学与技术学报，2003，23（6）.

[47] Bernick M, Belan R, Hrebik J. High, continuous power magnetron sputtering [C] //SVC-47th Annual Technical Conference Proceedings, 2004: 742.

[48] 邱清泉，励庆孚，Yu Jiao. 矩形平面直流磁控溅射装置工作区域磁场分析［J］．西安交通大学学报，2007，41（12）：1441~1445.

[49] Goree J, Sheridan T E. Magnetic field dependence of sputtering magnet ron efficiency [J] . Appl. Phys. Lett. , 1991, 59 (9): 1052~1054.

[50] Thomas C Grove. Arcing problems encountered during sputter deposition of aluminum [M] . White paper, Advanced Energy Inc. , 2000: 1~8.

[51] Lingwal V, Panwar N S. Scanning magnet ron sputtered TiN coating as diffusion barrier for silicion devices [J]. Appl. Phys. , 2005, 97 (10).

[52] 邱清泉，励庆孚，Yu Jiao. 矩形平面直流磁控溅射装置端部磁场分析［J］．中国电机工程学报，2006，26（25）：119~124.

[53] 汪礼胜. 线性阳极层离子源磁路设计与电磁场数值模拟［J］．核聚变与等离子体物理，2006，26（1）：54~58.

[54] Fan Qihua, Zhou Liqin, Gracio J J. A cross-corner effect in a rectangular sputtering magnetron [J]. J. Phys. D: Appl. Phys, 2003, 36: 244~251.

[55] 范毓殿，王怡德，唐祥. 平面磁控溅射靶的磁场设计 [J]. 真空，1982, 5: 1~7.

[56] 黄英，张以忱. 柱旋转双面矩形磁控溅射靶磁场的设计计算 [J]. 真空与低温，2001, 7: 233~237.

[57] Milde F., Teschner G., May C.. Gas inlet systems for large Area linear magnetron sputtering sources [C] //SVC-44th Annual Technical Conference Proceedings, 2001: 235~239.

冶金工业出版社部分图书推荐

书　名	作　者	定价(元)
真空工程技术丛书	张以忱　主编	
真空材料		29.00
真空工艺与实验技术		45.00
电子枪与离子束技术		29.00
真空镀膜设备		26.00
真空镀膜技术		59.00
真空系统设计		48.00
真空技术（本科教材）	王晓冬　等编	50.00
真空获得设备（第2版）	杨乃恒　主编	35.00
真空低温技术与设备（第2版）	徐成海　主编	45.00
有色金属真空冶金（第2版）	戴永年　主编	36.00
稀有金属真空熔铸技术及其设备设计	马开道　主编	79.00
现代材料表面技术科学	戴达煌　等著	99.00
金刚石薄膜沉积制备工艺与应用	戴达煌　等著	20.00
功能薄膜及其沉积制备技术	戴达煌　等著	99.00
薄膜材料制备原理、技术及应用（第2版）	唐伟忠　著	28.00
现代薄膜技术	张济忠　著	76.00
多弧离子镀Ti-Al-Zr-Cr-N系复合硬质膜	赵时璐　著	28.00
金属基纳米复合材料脉冲电沉积制备技术	徐瑞东　著	36.00
脉冲复合电沉积的理论与工艺	郭忠诚　著	29.00
机械振动学（第2版）（本科教材）	闻邦椿　主编	28.00
机电一体化技术基础与产品设计（第2版）（本科教材）	刘　杰　主编	46.00
现代机械设计方法（第2版）（本科教材）	臧　勇　主编	36.00
机械优化设计方法（第4版）	陈立周　主编	42.00
机械电子工程实验教程（本科教材）	宋伟刚　主编	29.00
液压与气压传动实验教程（本科教材）	韩学军　等编	25.00
环保机械设备设计（本科教材）	江　晶　编著	45.00
污水处理技术与设备（本科教材）	江　晶　编著	35.00
机械工程实验综合教程（本科教材）	常秀辉　主编	32.00
机械制造工艺及专用夹具设计指导（第2版）	孙丽媛　主编	20.00